21 世纪全国高职高专电子电工类规划教材

电工电子技能实训项目教程

主　编　卢孟常

副主编　姜孝均　郭丽丽

参　编　汶小勇　尹全杰

郭克朝　逄兆闵

内 容 简 介

本书为高职高专院校电子与电气控制类专业的实训指导教材。全书分为两大板块，共十二个项目。第一板块为前七个项目，主要内容为电子技术类的实训项目，包括用电安全文明，常用电工电子仪器仪表，常用元器件的识别与检测，手工焊接与拆焊技术，电子产品整机装配与调试，印刷电路板的设计与制作，以及电子产品检修技术基础。第二板块为后五个项目，主要内容为电工及电气控制类实训项目，包括电工基本技能训练，家用照明电路的设计与安装，机床电气线路的安装与检修，小型变压器的设计与手工制作，以及三相异步电动机的拆装与重绕。

本书可作为高职高专院校电子与电气控制类专业的实训指导教材。

图书在版编目(CIP)数据

电工电子技能实训项目教程/卢孟常主编. —北京：北京大学出版社，2012.1
(21世纪全国高职高专电子电工类规划教材)
ISBN 978-7-301-19979-4

Ⅰ. ①电… Ⅱ. ①卢… Ⅲ. ①电工技术—高等职业教育—教材②电子技术—高等职业教育—教材 Ⅳ. ①TM②TN

中国版本图书馆 CIP 数据核字(2011)第273895号

书　　名：电工电子技能实训项目教程
著作责任者：卢孟常 主编
策 划 编 辑：周　伟
责 任 编 辑：傅　莉
标 准 书 号：ISBN 978-7-301-19979-4/TM · 0043
出 版 发 行：北京大学出版社
地　　址：北京市海淀区成府路205号　100871
电　　话：邮购部62752015　发行部62750672　编辑部62754934　出版部62754962
网　　址：http://www.pup.cn
电 子 信 箱：zyjy@pup.cn
印　刷　者：三河市博文印刷有限公司
经　销　者：新华书店
787毫米×1092毫米　16开本　20.5印张　486千字
2012年1月第1版　2020年7月第4次印刷
定　　价：41.00元

前　言

高职教育不同于一般的学科式教育模式，其专业设置具有强烈的行业性和职业性。本书正是根据高等职业教育的培养要求和职业技能鉴定的等级考核要求，以职业标准为依据，以符合国家有关部门颁发的相关标准为准绳进行编写的。

本书突出高职教育"以实践为核心"的新型教学模式，结合具体的专业课程，采用项目教学的模式展开讲解。在项目内容的编排上，本书着重强调学生实际操作动手能力的培养，通过各项目的学习逐步提高技能，以达到相关职业等级标准的目的。在项目体例的编排上，本书采用"项目分析"和"情景设计"导入，使学生对学习项目首先有一个感性认识；然后由浅入深、循序渐进地由"任务训练"引入"知识链接"，将理论知识渗透到实际操作中，以项目训练进一步深化技能；最后再由指导教师进行教学检查和评估，达到控制整个教学过程的目的。

全书分为两大板块，共十二个项目。第一板块为前七个项目，主要内容为电子技术类的实训项目，包括用电安全文明，常用电工电子仪器仪表，常用元器件的识别与检测，手工焊接与拆焊技术，电子产品整机装配与调试，印刷电路板的设计与制作，以及电子产品检修技术基础。第二板块为后五个项目，主要内容为电工及电气控制类实训项目，包括电工基本技能训练，家用照明电路的设计与安装，机床电气线路的安装与检修，小型变压器的设计与手工制作，以及三相异步电动机的拆装与重绕。本书可作为高职高专院校电子与电气控制类专业的实训指导教材。

本书由贵州航天职业技术学院的卢孟常主编，具体编写分工如下：汶小勇编写项目1和项目2；郭丽丽编写项目3和项目4；卢孟常编写项目5、项目6和项目7；姜孝均编写项目8和项目9；郭克朝编写项目10；尹全杰编写项目11和项目12；逄兆闵负责全书的校对和部分内容的编写。此外，本书的编写还得到了贵州航天职业技术学院实训中心的大力支持，同时，晋其纯教授和周惠老师为本书的编写及出版提出了许多宝贵意见和建议，在此一并表示感谢！

当今电子技术发展迅速，新兴的电子产品日新月异，本书在编写的过程中难以求全，加之时间仓促，不妥和疏漏之处，敬请读者指正。

编　者

2011年11月

目　　录

项目1　用电安全文明

项目分析

在日常生活生产中，人们无时无刻都在使用电。难以想象，如果没有电世界将会是什么样子。可以说，电的使用改变了人类的历史进程。但是，因用电不当引起的触电和电气火灾事故也给人类带来了巨大的经济损失和人员伤亡。究其原因，主要是人们对安全用电常识掌握不够和用电违章操作造成的。本项目将从安全用电常识、触电急救方法和电气防火措施等几个方面的内容展开阐述，使读者提高安全用电的意识。

情景设计

案例分析：

【案例1】2003年11月24日凌晨，坐落在莫斯科西南部的俄罗斯人民友谊大学6号学生宿舍楼由于电线的过载，电线失火而引起重大火灾事故，造成38名留学生丧生，168人在医院接受治疗。这是莫斯科近十年来影响最大、损失最大、性质最恶劣的电气火灾事故。

【案例2】2001年7月25日晚7时，在西安某学校工作的赵先生到文艺路父母住处看望老人。进屋后，他发现69岁的父亲和70岁的母亲竟双双倒在卫生间早已身亡。经现场勘查，赵母右手指有电击伤。经分析认为，赵母在洗澡时遭到电击，老父闻讯搭救，不幸也触电身亡。

【案例3】2005年5月10日，某钢铁股份有限公司冷轧热镀锌定修，设备检修有限公司电修厂开关三组王某（班长）等五人接受冷轧厂点检作业区点检人员章某的书面委托，对二号热镀锌高压变电室高压柜做“开关试验”。在开关试验项目基本结束后时，冷轧厂点检人员文某要求追加高压开关接地刀闸维护、清灰项目。结果王某在开启未停电的高压柜下柜盖板时，触及高压柜内带电裸露部分，发生触电事故，经医院抢救无效死亡。

教师讲述：通过上述案例的分析我们知道，因为用电的违规操作给人们的生产生活造成了多大的危害。我们将通过本次实训的学习，让大家掌握用电的基本常识，使大家在日常生活中做到用电安全，避免事故的发生。

任务1.1　安全文明用电常识

【任务目的】

1. 了解安全用电的基础知识。
2. 掌握防雷、防静电和防电磁技术。
3. 了解电气检修技术。

【任务内容】

1. 安全电压。
2. 接地接零。
3. 触电危害。
4. 防雷、防静电和防电磁技术。
5. 电气检修技术。

任务训练　安全用电常识

1. 训练目的：掌握安全用电的基本常识。

2. 训练内容：

（1）参观配电房、实验室的线路布设；

（2）观摩专业维修电工整修电网的现场；

（3）对生活中发生的安全用电事故进行分析。

3. 训练方案：5个学生组成一个小组，每个小组挑选一名组长，每个学生均要对用电安全事故案例进行分析，并写出分析报告。组长负责分析报告的收集并组织讨论，完成任务后对每个组员做出评价。

【注意事项】

1. 参观配电房时，要在教师的监护下有序的进入，并在警戒线外观察。

2. 观摩专业维修电工整修电路时，要保持安全间距，避免因现场的高空坠物伤及人体。

知识链接1　安全用电基础

电是看不见摸不得的，因此国家人力资源和社会保障部把“电工”列为特殊工种之首。凡是从事与电有关的人员，必须注意安全问题，不能拿生命财产当儿戏、盲目蛮干、违章操作。安全第一，预防为主，警钟长鸣，规范作业，避免触电伤害造成的严重后果。

安全用电执行现行的《农村低压电气安全工作规程》和《安全用电规程》。在用电作业过程中要贯彻安全第一的思想，做到“安全用电，人人有责”。按章操作，确保生命财产安全。

一、我国的供配电系统

我国的供配电系统由三相三线制一直发展到三相五线制。三相三线制只用三根相线，

适用于三相平衡负载；三相四线制是在三相三线制的基础上加一根零线，可适应三相负载基本平衡情况；三相五线制则是在三相四线制的基础上加一根保护接地线，目的是防止发生用电设备漏电时对人身安全造成伤害。

电力系统用三相四线制供电（如图1-1所示）。其中A、B、C三相均为火线，N为中性线，A、B、C任意两线间的电压为线电压，电压值为380 V，为动力用电；A、B、C任意一线与N之间的电压为相电压，电压值为220 V，为民用电。

三相五线制（如图1-2所示）是指A、B、C、N和PE线，其中，PE线是保护地线，也叫安全线，专门用于诸如变压器、电机等设备的外壳或外露导电部分的接地。关于A、B、C、N和PE线，应用中最好使用标准、规范的导线颜色：A相用黄色，B相用绿色，C相用红色，N线用蓝色，PE线用黄绿双色。

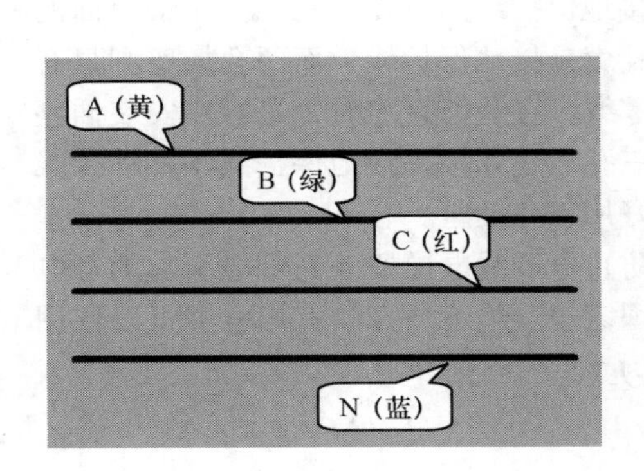

图1-1　三相四线制

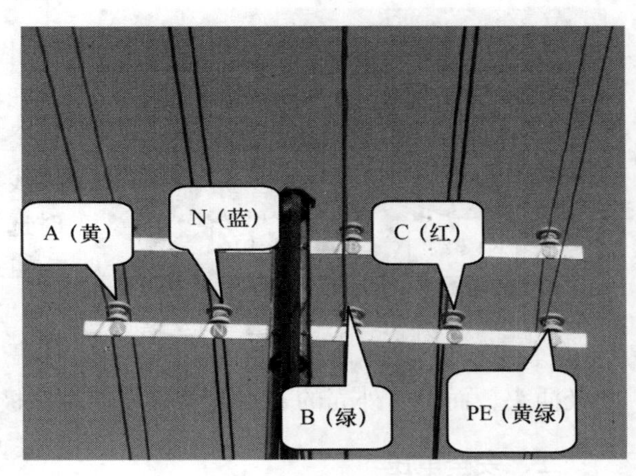

图1-2　三相五线制

PE线在供电变压器侧和N线接到一起，但进入用户侧后绝不能当做N线使用，否则发生混乱后就与三相四线制无异了；而这种混乱容易让人丧失警惕，故可能在实际中更加容易发生触电事故。现在民用住宅供电已经规定要使用三相五线制。

以上所讲的“三相三线制”、“三相四线制”以及“三相五线制”为通俗的说法，其内涵并不是十分严格。国际电工委员会（IEC）对此做了统一规定，将供电系统分为TT系统、TN系统和IT系统。其中TN系统又分为TN-C、TN-S和TN-C-S系统。

1. TT方式供电系统

TT方式供电系统是指将电气设备的金属外壳直接接地的保护系统，也称为保护接地系统。第一个符号T表示电力系统中性点直接接地；第二个符号T表示负载设备外不与带电体相接的金属导电部分与大地直接连接，而与系统如何接地无关。在TT方式供电系统中负载的所有接地均称为保护接地。

2. TN方式供电系统

TN方式供电系统是将电气设备的金属外壳与工作零线相接的保护系统，称作接零保护系统，用TN表示。TN系统又可分为TN-C、TN-S和TN-C-S系统。

（1）TN-C方式供电系统（三相四线制）：是用工作零线兼做接零保护线，可以称作保护中性线。可用 NPE 表示。

（2）TN-S 方式供电系统（三相五线制）：是把工作零线 N 和专用保护线 PE 严格分开的供电系统。

（3）TN-C-S 方式供电系统（伪三相五线制）：是在临时用电中，如果前部分是 TN-C 方式供电，而用电端规定必须采用 TN-S 方式供电系统，则可以在系统的后部分分出 PE 线。

3. IT 方式供电系统

IT 方式供电系统中，I 表示电源侧没有工作接地，或经过高阻抗接地；T 表示负载侧电气设备进行接地保护。

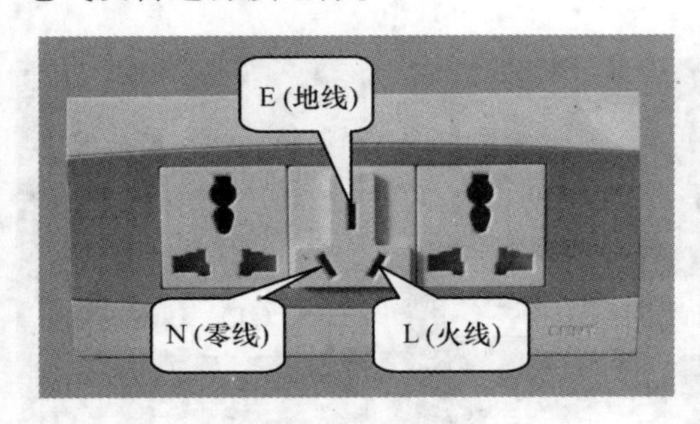

图 1-3　家用插座

在家庭中经常见到两孔插座和三孔插座（如图 1-3 所示）。两孔插座和三孔插座的区别就在于接地保护线的有无。三孔插座最上面的一个插孔就是接地保护线，而两孔插座则只有火线和零线。在装修新房时，最好在安装插座时选用三孔插座并接好接地保护线，移动接线板也最好用三孔插座。

为防止电器漏电导致外壳带电引起的触电伤害，国家规定绝缘外壳的家用电器可以使用两极插头，而金属外壳的家用电器必须使用三极插头。

二、安全电压

安全电压是指人体较长时间接触而不致发生触电危险的电压。国家标准《安全电压》（GB 3805—83）规定我国的安全电压额定值为 42 V、36 V、24 V、12 V、6 V 五个等级。

1. 安全电压对供电电源的要求

（1）安全电压的特定电源是指单独自成回路的供电系统，与其他电气回路，包括零线和地线，不应有任何联系，如安全隔离变压器都可视为安全电压电流。

（2）不允许用自耦变压器作为安全电压电源。

2. 安全电压的选用

42 V、36 V 可在一般和干燥的环境中使用，而 24 V 以下是在较恶劣的环境中允许使用的电压等级。本标准不适合用于水下等特殊场所，也不适合用于带电部分能伸入人体的医疗设备。

3. 我国电力网电压等级的划分

我国的电力网额定电压等级有：220 V、380 V、3 kV、6 kV、10 kV、35 kV、60 kV、110 kV、220 kV、330 kV、500 kV。习惯上称 10 kV 以下线路为配电线路，35 kV、60 kV 线路为输电线路，110 kV、220 kV 线路为高压电路，330 kV 以上线路称为超高压线路；把 60 kV以下电网称为地域电网，110 kV、220 kV 电网称为区域电网，330 kV 以上电网称为超高压电网。

通常把1 kV以下的电力设备及装置称为低压设备，1 kV以上的设备称为高压设备。

三、电流对人体的作用

当电流流过人体时对人体内部生理机能造成的伤害事故，称为人身触电事故。电流对人体伤害的严重程度一般与通过人体电流的大小、时间、部位、频率和触电者的身体状况有关。流过人体的电流越大，危险越大；电流通过人体、脑部和心脏时最为危险；工频电流危害要大于直流电流。

1. 电流对人体作用的划分

（1）感知电流：引起人的感觉的最小电流。成年男性平均为1.1 mA，女性为0.7 mA。

（2）摆脱电流：人触电后能自行摆脱电流的最大电流。成年男性平均为16 mA，女性为10.5 mA。

（3）致命电流：在较短时间内危及生命的电流，当电流达到50 mA以上就会引起心室颤动，有生命危险，100 mA以上足以致命。

（4）安全电流：人体触及带电体，产生30 mA以下的电流，通常不会有生命危险。

2. 影响触电伤害程度的因素

（1）电流的大小：电流越大，危险性增大。

（2）电流的途径：头部、心脏危险性最大。

（3）电流的频率：低于20 Hz与2000 Hz以上时死亡性降低，直流电比交流电危险性小很多。

（4）电流通过人体的持续时间：通电时间越长，电击伤害程度越严重。

（5）人体健康状况。

四、电流对人体的伤害

1. 电流对人体伤害的类型

在人体触电后，电流流经人体产生的伤害不同，根据其性质可分为电击和电伤两种。

（1）电击。电击是指电流对人体内部组织器官造成的伤害。在触电后，电流陆续通过人体，使肌肉收缩，神经系统受到损伤，最后使呼吸及心脏器官停止正常工作，造成伤亡事故。电击是最危险的触电伤害，大部分触电死亡事故都是由电击造成。

（2）电伤。电伤是电流所产生的热、化学、光效应而对人体外部皮肤所造成的伤害。电流会在人体上留下明显的伤痕，如灼伤、电烙印和皮肤金属化三种。

2. 人体触电的三种类型

（1）单相触电：指人体某一部位触及一相带电体的触电事故。在低压供电网中，单相触电时人体受到的电击电压为220 V（如图1-4所示）。

（2）两相触电：指人体两处同时触及两相带电体而发生的触电事故。两相触电时，人体受到的电击电压为380 V（如图1-5所示）。

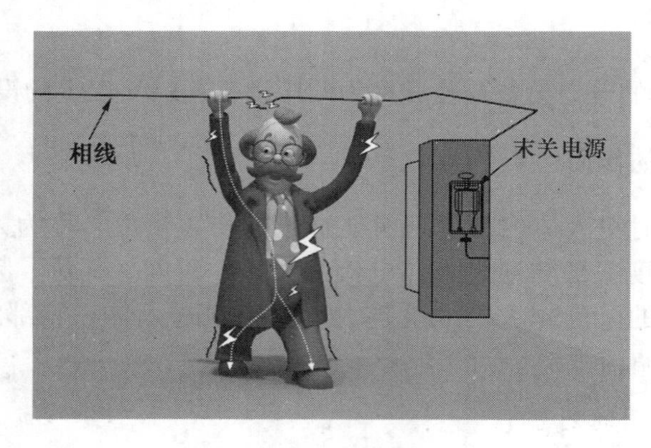

图 1-4　单相触电

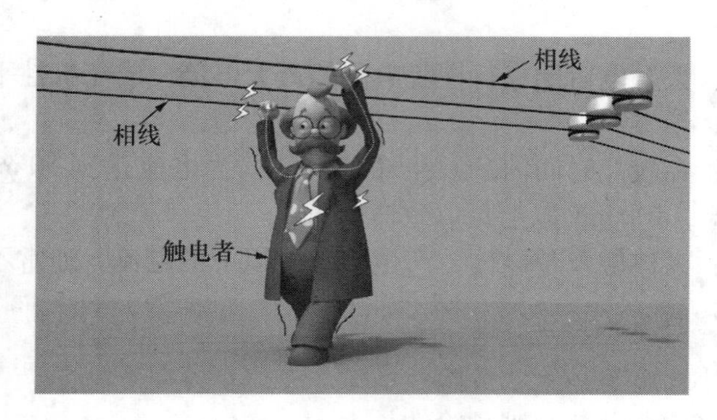

图 1-5　两相触电

（3）跨步电压的触电：指电网或电气设备发生接地故障时，流入地中的电流在土壤中形成电场，当人行走时前后两脚之间的电位差达到危险电压而造成的触电事故。人走到离接地点越近，跨步电压越高，危险越大。一般距接地点 20 米以外可以认为电位为零(如图 1-6 所示)。

图 1-6　跨步电压的触电

五、防止触电的技术措施

1. 绝缘、屏护和间距

（1）绝缘：即使用绝缘物把带电体封闭起来，从而防止人体触及。瓷、玻璃、云母、

橡胶、木材、胶木、塑料、布、纸和矿物油等都是常用的绝缘材料。必须注意：很多绝缘材料受潮后会丧失绝缘性能，或是在强电场作用下遭到破坏而丧失绝缘性能。

（2）屏护：即采用遮拦、护照、护盖、箱闸等把带电体同外界隔绝开来。电器开关的可动部分一般不能使用绝缘，而需要屏护；高压设备不论是否有绝缘，均应采取屏护。

（3）间距：即保证必要的安全距离。间距除了防止触及或接近带电体外，还能起到防止火灾、防止混线、方便操作的作用。在低压工作中，最小检修距离不应小于0.1 m。

2. 保护接地与保护接零

触电可能是由于人体直接接触带电体造成的直接触电或间接触电，例如电气设备绝缘层损坏，带电体与金属体相接使工作人员触及金属体触电等。保护接地与保护接零是防止间接触电的最基本的措施。

（1）保护接地：指电气设备与带电部分绝缘的金属外壳以及和它连接的金属部分与接地体相连接。只要能控制接地电阻的阻值$\leqslant 4\Omega$时就可以把漏电设备的对地电压控制在安全范围之内。这种接地措施能保护工作人员避免因绝缘层损坏而遭受触电危险。

（2）保护接零：指电气设备上与带电部分绝缘的金属外壳和零线相接。一旦电气设备发生漏电，即形成单相短路，短路电流促使线路上的保护装置动作，在规定时间内将故障设备断开电源，消除电击危险。

3. 装设漏电保护装置

为了保证在故障情况下人身和设备的安全，应尽量装设漏电流动作保护器。它可以在设备及线路漏电时自动切断电源，起到保护作用。

六、设备运行安全知识

（1）在电气设备出现过热、冒烟、异声、异味等异常现象时，应立即切断电源进行检修，在确保故障排除后方可继续运行。

（2）对于开关设备在合、断电源时，要按照操作规程进行。合上电源时，应先合隔离开关，再合负荷开关；断开电源时，应先断负荷开关，再断隔离开关。

（3）在切断故障区域电源时，要做到小范围停电。有分路开关的，尽量切断故障区域的分路开关，避免越级断电。

（4）电气设备要做好防潮、防水和防火的措施，对于正在运行的电气设备还要有良好的通风条件，以防电气设备过度发热。

（5）有裸露带电体的设备，特别是高压设备，要防止小动物和导电的细小导体进入造成短路。

（6）所有电气设备的金属外壳，都必须有可靠的保护接地或接零。

（7）对于有可能被雷击的电气设备，要安装防雷装置。

知识链接2　防雷、防静电和防电磁场技术

一、防静电、防雷和防高频电磁场

静电、雷击和高频电磁场会导致火灾或爆炸，对人体、电气设备、线路都存在威胁，

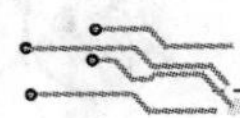

所以静电、雷击和高频电磁场的防护有很重要的意义。

1. 雷电的防护

雷电的种类较多，按危害方式可分为直击雷、感应雷和雷电侵入波，按形状可分为线形、片形和球形三种。

雷电的危害分为电作用的破坏、热作用的破坏和机械作用的破坏。

（1）电作用的破坏：雷电数十万伏特至数百万伏特的冲击电压可能毁坏电气设备的绝缘，造成大面积停电。

（2）热作用的破坏：巨大的雷电流通过导体，在极短的时间内转换成大量的热能，使金属熔化飞溅而引起火灾和爆炸。

（3）机械作用的破坏：巨大的雷电流通过被击物时，瞬间产生大量的热，使被击物内部的水分或其他液体急剧汽化，剧烈膨胀大量气体，致使被击物破坏或爆炸。

雷电危害的防护一般采用避雷针、避雷器、避雷网、避雷线等装置（如图 1-7 所示）将雷电直接导入大地。避雷针主要用来保护露天变配电设备、建筑物和构筑物；避雷线主要用来保护电气线路；避雷网和避雷带（如图 1-8 所示）主要用来保护建筑物；避雷器主要用来保护电气设备。

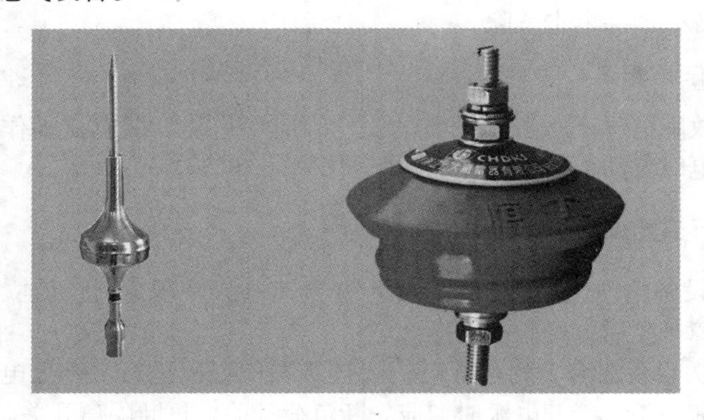

图 1-7 避雷针和避雷器

图 1-8 避雷带

2. 静电的防护

与流电相比，静电是相对静止的电荷。静电现象是一种常见的带电现象，如雷电和电容器的残留电荷、摩擦带电等。静电电量虽然不大，但其电压可能很高，容易发生静电放电而产生火花，有引爆、引燃、电击妨碍生产等多方面的危险和危害。

(1) 爆炸和火灾。在有可燃液体的作业场所（如油料装运等），可能因静电火花放出的能力已超过爆炸性混合物的最小引燃能量而引起爆炸和火灾；在有可燃气体或蒸汽、爆炸性混合物或粉尘、纤维爆炸性混合物的场所（如氧、乙炔、煤粉等），当浓度已达到混合物爆炸的极限，则可能因静电火花引起爆炸和火灾。

(2) 静电电击。静电电击可能发生在人体接近带静电物体的时候，也可能发生在带静电的人体接近接地导体或其他导体的时候。静电电击的伤害程度与静电能量大小有关，静电导致的电击一般不会达到致命的程度，但是因电击的冲击能使人身失去平衡，从而发生坠落、摔伤，或碰触机械设备，造成二次伤害。

(3) 妨碍生产。生产过程中，如不消除静电，往往会妨碍生产或降低产品质量。

静电防护一般采用静电接地，增加空气的湿度，在物料内加入抗静电剂，使用静电中和器和工艺上采用导电性能较好的材料，降低摩擦、流速以及惰性气体保护等方法来消除或减少静电产生。

3. 电磁的防护

随着科学技术的进步和电子工业的迅速发展，广播通信与射频设备在我国得到广泛的应用。然而，大强度射频电磁场对人体的影响作用正逐渐扩大，程度日趋严重。

在一定的电磁场强度辐射下，人体主要的表现是神经衰弱症，多以头痛头胀、失眠多梦、疲劳无力、记忆力减退、心悸最为严重。当然这些影响并不是绝对的，常因人体状况的不同而有所差异。同时，电磁场对人体的影响是可逆的，只要脱离电磁场的作用，其症状就会减少或消失。电磁场对人体的伤害程度与电磁场强度、电磁波频率、作用时间与周期、人员状况等因素都有关。

电磁危害的防护一般采用电磁屏蔽装置。高频电磁屏蔽装置可由铜、铝或钢制成。金属或金属网可有效地消除电磁场的能量，因此可以用屏蔽室、屏蔽服等方式来防护。屏蔽装置应有良好的接地装置，使屏蔽系统与大地之间等电位分布，以提高屏蔽效果。

二、电气检修技术

当需要对线路或电气设备进行检修时，为保证安全，有技术措施和组织措施两个规程。

1. 技术措施

技术措施包含停电、验电、装设接地线、悬挂标志牌和装设遮拦等措施。

(1) 停电。停电拉闸操作必须按照“先断断路器，后断负荷侧刀开关，最后断母线侧刀开关”的顺序进行，严禁带负荷拉闸。送电时，在确定断路器断开后，先合母线侧刀开关，后合负荷侧刀开关，最后合断路器。

(2) 验电。待检修的电气设备或线路在停电后，必须进行验电，确定电气设备或线路无电压。其操作顺序：先验低压，后验高压；先验下层，后验上层，且三相均验。验电时，需选用电压等级匹配且合格的验电器。

（3）装设接地线。为防止在检修过程中因操作不当或其他原因突然来电，应给已验明无电的电气设备或线路装设三相短路接地线，以避免工作人员的人身伤害。

装设接地线时，应先将接地端可靠接地，当验明电气设备或线路无电后，再将接地线的另一端接在设备或线路的导电部分上。若检修部分为几个在电气上不连接的部分，则各段均应分别验电并装设接地线。装拆接地线时均应使用绝缘棒或戴绝缘手套，人体不得接触接地线。

（4）悬挂标志牌和装设遮拦。

① 在检修的电气设备或线路的开关或刀开关上，均应悬挂“禁止合闸，有人工作”或“禁止合闸，线路有人工作”的标志牌。

② 在高压设备和线路上工作时，应在工作地点四周用绳子做好围栏，悬挂“止步，高压危险”的标志牌。

③ 在工作地点，根据实际的情况悬挂不同的标志牌，如“从此上下”、“禁止攀登，高压危险”等标志牌。

④ 严禁工作人员在作业过程中移动或拆除遮拦、接地线和标志牌。

2. 组织措施

组织措施包括工作票制度，工作许可制度，工作监护制度，以及工作间断、转移和终结制度。

工作票是批准在电气设备上工作的书面命令；工作许可制度是工作许可人在审查工作票中所列各项安全措施后决定是否许可工作的制度；工作监护制度是工作负责人在工作过程中对工作人员进行不间断监护的制度；工作间断、转移和终结制度是指工作中途进行暂停、转移或工作完成后的许可手续制度。组织措施是为了明确安全职责，是实施保证安全技术措施的书面依据。

【任务检查】

任务检查单	任务名称	姓　名	学　号
检 查 人	检查开始时间	检查结束时间	

检查内容		是	否
1. 安全用电基础	（1）是否掌握我国供配电系统基本概念		
	（2）是否明确电流对人体的作用		
	（3）是否掌握防治触电的技术措施		
2. 防雷、防静电和防电磁场技术	（1）是否掌握防雷电的方法		
	（2）是否掌握防静电的方法		
	（3）是否掌握防电磁场的方法		
	（4）是否掌握电气检修的措施		

任务1.2　触电急救与电气防火措施

【任务目的】

1. 掌握触电急救的方法。
2. 掌握电气防火的措施。

【任务内容】

1. 触电时急救方法。
2. 触电后急救方法。
3. 电气防火。

任务训练　触电急救与电气防火措施

1. 训练目的：掌握触电急救方法与电气防火的措施。

2. 训练内容：

（1）分组模拟人工呼吸和胸外心脏按压两种急救方法；

（2）排除实训场地可能发生电气火灾的隐患；

（3）模拟电气柜火灾现场，正确使用合适灭火器灭火。

3. 训练方案：5个学生组成一个小组，每个小组挑选一名组长，每个学生均要完成训练内容。组长负责组织对组员的完成情况进行检查并组织讨论，完成任务后对每个组员做出评价。

【注意事项】

1. 在触电者触电时进行施救，要判明情况做好自我保护，不得与触电者直接接触，以防连电。

2. 在对体弱者或者儿童进行人工呼吸时，要小口吹气，以免伤者因被吹入的气体过多而造成肺泡破裂。

3. 使用灭火器时，要注意判别风向，在上风方向喷射。对于二氧化碳灭火器，使用时手指不宜触及喇叭筒，以防冻伤。

4. 在发生电气火灾的场所，如果有带电体导线断落地面，进行灭火时要划出一定范围警戒区域防止跨步电压触电。

知识链接1　触电急救的方法

由以往的触电实例表明，得当的触电急救可以有效地减少触电伤亡。人体触电后，会失去知觉或者假死，这时，触电者能否得到及时有效的救治是最为关键的。在实际生活中，除了因为发现过晚等其他原因外，还有因救护者不懂得触电急救方法和缺乏救护技术而造成的触电者死亡。因此，掌握触电急救知识尤为重要。在人体触电后，应采取以下措施施行救护。

一、脱离电源

在人体触电后，电流对人体的作用时间越长，对生命的威胁越大。所以迅速地使触电者脱离电源或电线，才能最大限度地挽救触电者。以下分两种情况讲述脱离电源的方法。

1. 低压触电脱离电源

救护者在开关附近时应立即切断电源开关。如果救护者不能立即关闭电源开关，则可以使用绝缘斧将触电者供电一侧的电路斩断。

当触电者不能脱离电线时，应使用干燥木板或其他绝缘物体使触电者与地面完全隔离，然后再将触电者脱离电线。当电线压在触电者身体上面时，应使用干燥的木棍、竹竿等绝缘体把电线从触电者身上挑离。

2. 高压触电脱离电源

（1）立刻通知相关电力部门断电，千万不能在没有断电的情况靠近触电者进行施救，以免救护者受到伤害。

（2）在高压情况下不能使用一般的低压等级的绝缘体剥离电源，需要利用高压等级的绝缘工具进行操作，如高压绝缘手套、高压绝缘鞋等。

（3）抛金属线法：先将金属线的一端接地，再将另外一端抛向触电的高压电源部分。需要注意：救护者在抛金属线时要与断线点保持 8 ～10 m 的距离，以防跨步电压伤人。

二、现场救护

当触电者脱离电源后，应将触电者移至通风干燥的地方，在通知医务人员前来救护的同时，还应现场就地检查和抢救。首先使触电者仰天平卧，松开其衣服和裤带；检查瞳孔是否放大，呼吸和心跳是否存在；再根据触电者的具体情况而采取相应的急救措施。对于没有失去知觉的触电者，应对其进行安抚，使其保持安静；对触电后精神失常的，应防止发生突然狂奔的现象；对失去知觉的触电者，若呼吸不齐、微弱或呼吸停止而有心跳的应该立即实施正确的现场救护，同时通知医务人员到现场并做好将触电者送往医院的准备工作。以下介绍两种常用的现场救护方法。

1. 人工呼吸

在触电后，如果触电者没有呼吸但仍然有心跳时，应采用人工呼吸的方法施救，其操作方法如下。

（1）如图 1-9 所示，使触电者仰卧，头部后仰并迅速解开触电者衣服、腰带，让触电者的胸腹部能够自由扩张。

（2）如图 1-10 所示，救护者除去口腔中的杂物，如黏液、食物、义齿等。如果触电者牙关紧闭，可采用口对鼻吹气的方法使触电者嘴巴张开。

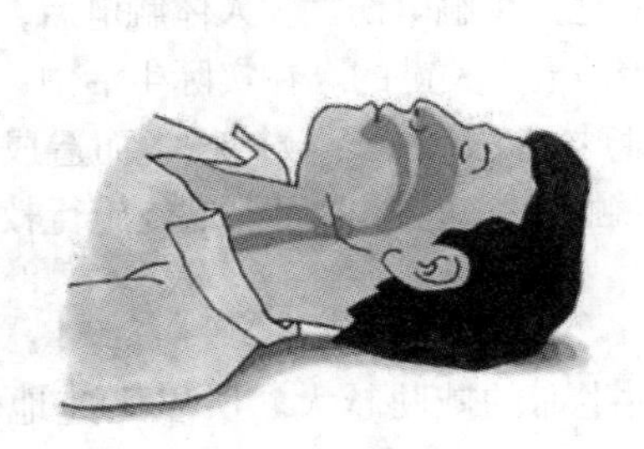

图 1-9　触电者平躺

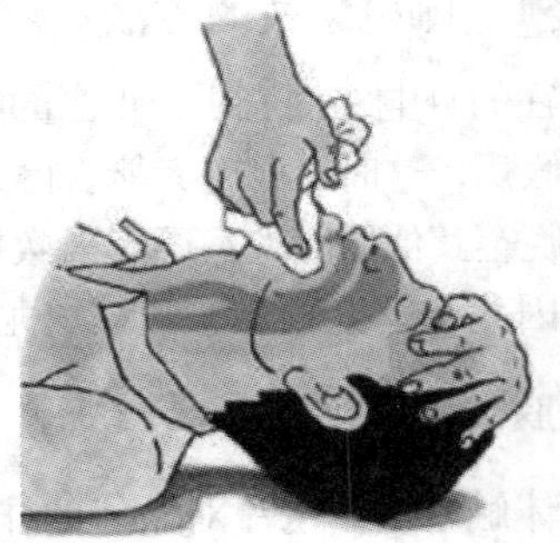

图 1-10　清理口腔杂物

（3）如图1-11所示，救护者深吸一口气，紧贴触电者嘴巴大口吹气，使其胸部膨胀，然后救护者换气，并放开触电者的嘴鼻让其自由呼吸。吹气和换气时间大约为2～3 s，如此反复操作，直到触电者苏醒。

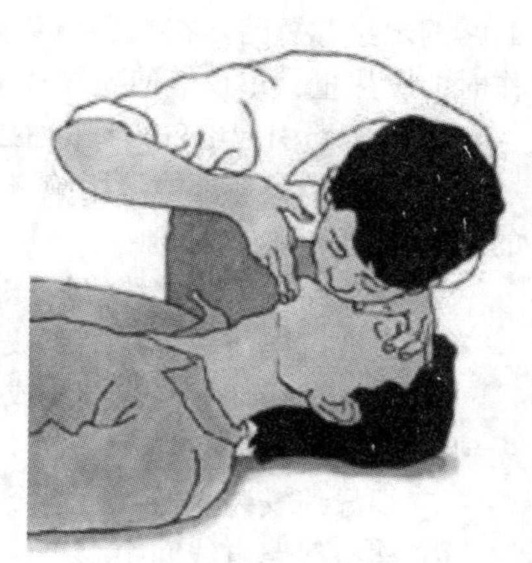

图1-11　进行人工呼吸

2. 胸外心脏按压

在触电后，触电者心音微弱，或心跳停止，或脉搏短而不规的情况下，应采用胸外心脏按压的方法施救。其操作方法如下。

（1）使触电者仰卧，并解开衣服和腰带，让触电者头部稍后仰。

（2）救护者跪在触电者腰部两侧或跪在触电者一侧。

（3）救护者按图1-12所示定位按压部位。

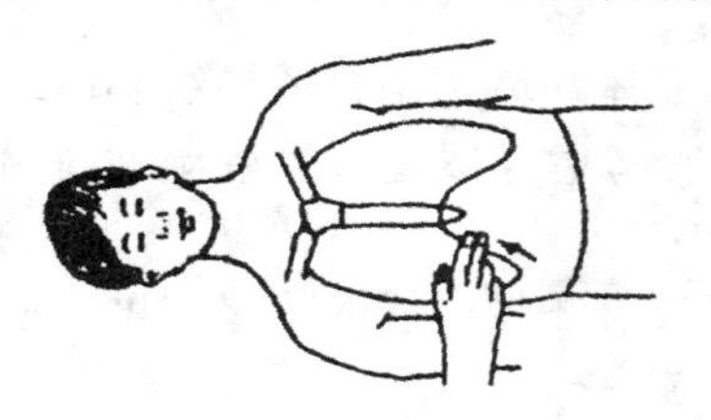

第一步：沿肋弓向中间滑移

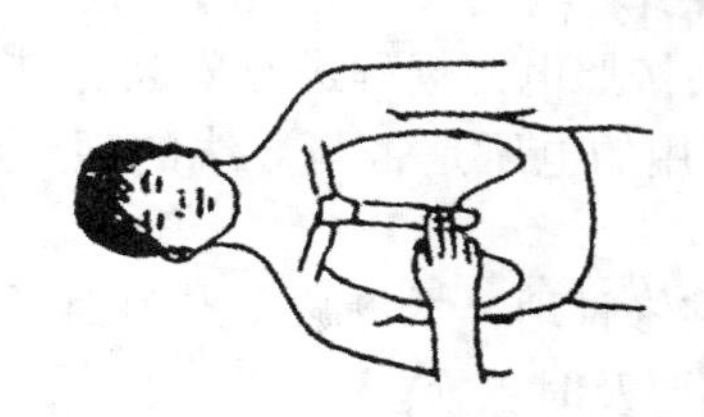

第二步：胸骨与剑突交界处向上二横指

第三步：一手掌根部放在按压区

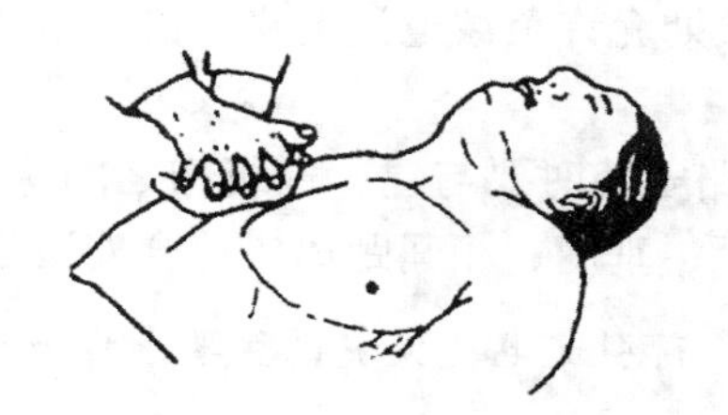

第四步：四指交叉进行按压

图1-12　胸外按压救助的操作步骤

（4）救护者将双手四指交叉，用力垂直向下挤压，然后再松开。挤压和松开的时间大约为2～3 s，如此反复操作，直至触电者恢复心跳为止。

知识链接2　电气防火措施

一、电气火灾产生的主要原因及其预防措施

1. 短路引起电气火灾的主要原因及预防措施

电气线路上，由于种种原因相接或相碰，电流不经过线路中的用电设备而直接构成

回路的现象称短路。在短路电流忽然增大时，其瞬间放热量很大，大大超过线路正常工作时的发热量，不仅能使绝缘烧毁，而且能使金属熔化，引起可燃物燃烧发生火灾。

（1）短路引起电气火灾的主要原因。

① 没有按具体环境选用绝缘导线、电缆，使导线的绝缘受高温、潮湿、腐蚀等作用的影响而失去绝缘能力。

② 线路年久失修，绝缘层陈旧老化或受损，使线芯裸露。

③ 电线过电压使导线绝缘被击穿。

④ 用金属线捆扎绝缘导线或把绝缘导线挂在钉子上，日久磨损和生锈腐蚀，使绝缘受到破坏。

⑤ 裸导线安装太低，搬运金属物件时不慎碰撞电线，金属物件搭落或小动物跨接。

⑥ 架空线路电线间距太小，挡距过大，电线松弛，有可能发生两线碰撞。

⑦ 管理不当，维护不善造成短路。

（2）短路引起电气火灾的预防措施。

① 要严格按照电力规程进行安装、维修，根据具体环境选用合适导线和电缆。选用导线要考虑使用的电压是否与导线的额定电压相符，考虑导线是否受潮湿、高温和化学腐蚀的影响。

② 强化维修管理，尽量减少人为因素，经常用仪表测量电线的绝缘强度，遇有绝缘层陈旧、破损要及时更换。

③ 选用合适的安全保护装置。当采用熔断器保护时，熔体的额定电流不应大于线路长期允许负载电流的2.5倍；用自动开关保护时，瞬时动作过电流脱扣器的整定电流不应大于线路长期允许负载电流的4.5倍。熔断器应装在引线上，变压器的中性线上不允许安装熔断器。

④ 线路安装时要与建、构筑物之间保持适当的水平距离；电杆要夯实，转角杆要加拉线；挡距、垂度、相间距离应符合安装标准。

2. 过负荷引起电气火灾的主要原因及预防措施

一定材料和一定大小横截面积的电线有一定的安全载流量。如果通过电线的电流超过它的安全载流量，电线就会发热。超过得越多，发热量越大。当热量使电线温度超过250℃时，电线橡胶或塑料绝缘层就会着火燃烧。如果电线“外套”损坏，还会造成短路，火灾的危险性更大。另外，如果选用了不合规格的保险丝，电路的超负载不能及时发现，隐患就会变成现实。

（1）过负荷引起电气火灾的主要原因。

① 导线截面选用过小。

② 在线路中接入过多的负载。

③ 用电设备功率过大。

（2）过负荷引起电气火灾的预防措施。

① 要合理选用导线截面，并考虑负荷的发展规划。

② 随时检查线路的负荷情况，发现过负荷现象，应及时更换大截面的导线，或适当减少线路中的负荷。

③ 安装适当的保险装置。

3. 接触电阻过热引起电气火灾的主要原因及预防措施

由于电线接头不良，造成线路接触电阻过大而发热起火。凡电路都有接头，或是电线之间相接，或是电线与开关、保险器或用电器具相接。如果这些接头接得不好，就会阻碍电流在导线中的流动，而且产生大量的热。当这些热足以熔化电线的绝缘层时，绝缘层便会起火，从而引燃附近的可燃物。

（1）接触电阻热引起电气火灾的主要原因。

① 导线与导线或导线与电气设备的接触点连接不牢，连接点由于热作用或长期震动造成接触点松动。

② 铜铝导线相连，接头没有处理好。

③ 在连接点中有杂质，如氧化层、油脂、泥土等。

（2）接触电阻热引起电气火灾的预防措施。

① 导线与导线或导线与电气设备的连接点应牢固可靠；对于重要的母线与干线的连接点，接好后要测量其接触电阻情况，通常要求接触电阻值不应大于相同长度母线的电阻值的1.2倍。

② 对运行中的设备连接点，应经常检查，发现松动或发热情况时应及时处理。

③ 铜铝导线相接时，应采用并头套方式连接，最好能用银焊焊接（铜铝导线不宜相接，因为接触部位会形成电化学腐蚀而使电阻增大，造成接触不良而发热）。

④ 在易造成接触电阻过大的地方，应涂以变色漆或安放试温蜡片，以便能及时发现接触点的过热情况。

4. 电火花和电弧引起电气火灾的主要原因及预防措施

电火花是两极间放电的结果；电弧则是由大量密集的电火花构战，其温度高达数千摄氏度，轻则损坏设备，重则可以产生爆炸，酿成火灾，威胁生命和财产的安全。

（1）电火花和电弧引起电气火灾的主要原因。

① 绝缘导线漏电处、导线断裂处、短路点、接地点及导线连接松动均会有电火花、电弧产生。

② 各种开关在接通或切断电路时，动、静触头（电压不小于10～20 V）在即将接触或者即将分开时就会在间隙内产生放电现象。如果电流小，就会发生火花放电；如果电流大于80～100 mA，就会发生弧光放电，也就是电弧。

③ 架空的裸导线混线、相碰或在风雨中短路时，就会发生放电而产生电火花、电弧。

④ 大负荷导线连接处松动，在松动处会产生电弧和电火花；这些电火花、电弧如果落在可燃、易燃物上，就可能引起火灾。

（2）电火花和电弧引起电气火灾的预防措施。

① 保持电气设备的电压、电流、温度等参数不超过允许值。

② 严禁乱拉线、乱接线，保持线路的绝缘良好，保持电气连接部位接触良好。

③ 开关、插销、熔断器、电热器具、电焊设备、电动机等应根据需要，适当避开易燃物或易燃建筑构件。

④ 在有爆炸危险的场所，采取各种防爆措施。

⑤ 电气设备（机壳、导线管、防护装置等）应进行可靠接地。

⑥ 保持电气设备清洁。

⑦ 采取相应的防静电措施。

二、电气灭火常识

1. 断电后灭火

（1）火灾发生后，拉闸断电时要使用绝缘工具操作。

（2）高压设备应先操作油断路器，而不应先拉隔离刀闸，以防止引起弧光短路。

（3）切断电线时，不同相线应在不同部位剪断，防止造成相间短路。

（4）切断电源的地点要适当，防止影响灭火工作。

（5）带负载线路应先停掉负载，再切断着火现场电线。

2. 选择适当的灭火器

二氧化碳、二氟一氯一溴甲烷（代号：1211）或干粉灭火器的灭火剂都是不导电的，可用来对带电物灭火；而泡沫灭火器不能用于带电灭火。

3. 正确使用灭火器

（1）以常见的干粉灭火器和二氧化碳灭火器为例。

干粉灭火器（如图 1-13 所示）最常用的开启方法为压把法，将灭火器提到距火源适当距离后，先上下颠倒几次，使筒内的干粉松动，然后让喷嘴对准火源中心位置，拔去保险销，压下压把，灭火剂便会喷出灭火。

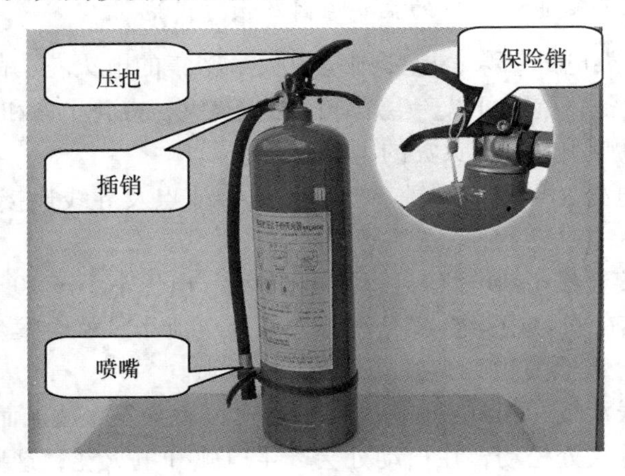

图 1-13　干粉灭火器

二氧化碳灭火器（如图 1-14 所示）是以高压气瓶内储存的二氧化碳气体作为灭火剂进行灭火。二氧化碳灭火后不留痕迹，适宜于扑救贵重仪器设备、档案资料、计算机室内火灾；同时，二氧化碳不导电，故它也适宜于扑救带电的低压电器设备火灾和油类火灾。但不可用二氧化碳灭火器扑救钾、钠、镁、铝等物质火灾。二氧化碳灭火器有鸭嘴

式和手轮式两种。使用时，鸭嘴式的先拔掉保险销，然后压下压把即可；手轮式的要先取掉铅封，然后按逆时针方向旋转手轮，药剂即可喷出。注意使用二氧化碳灭火器时手指不宜触及喇叭筒，以防冻伤。

（2）对架空线路或高空设备，人体与带电体之间仰角不超过45°，其正确操作如图1-15所示。

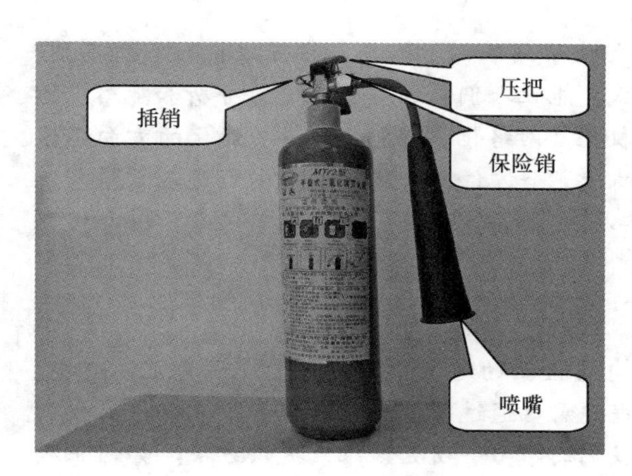

图1-14 二氧化碳灭火器

图1-15 对空火源灭火

（3）人体与带电体之间要保持必要的安全距离。

【任务检查】

任务检查单	任务名称	姓 名	学 号
检 查 人	检查开始时间	检查结束时间	

检查内容		是	否
1. 触电急救方法	（1）是否掌握触电后正确脱离电源的操作		
	（2）是否能正确进行人工呼吸急救的操作		
	（3）是否能正确进行胸外心脏按压急救的操作		
2. 电气防火措施	（1）是否掌握电气火灾的预防措施		
	（2）是否能正确使用灭火器		

项目2　常用电工电子仪器仪表

项目分析

在电工电子技术中，仪器仪表是经常要使用到的测量工具。它可以把一些看不到、摸不着的参量具体反映成数字、图形等形式，能让人们更加直观的进行分析和观察。随着科技的发展，现代仪器仪表将向着计算机化、网络化、智能化、多功能化的方向迅速发展，向着更高速、更灵敏、更可靠、更简捷、全方位、信息化的方向迈进。掌握电工电子仪器仪表的使用方法和技巧是每位电类从业者的必备技能。

情景设计

教师讲述： 我们在电工电子的实验和电路检测的过程中常常需要测量电压、电流、电阻、频率、功率等参量，而获取这些数据就需要通过一些专门的仪器仪表。仪器仪表将这些参量反映成直观的图像、数值，为我们的学习、研究、维修提供方便。如何正确的使用仪器仪表进行测量就是本项目的重点内容。

媒体播放： 展示常用电工电子仪器仪表的图片，并介绍其发展历程。

任务2.1　常用电工仪器仪表的使用

【任务目的】

掌握常用电工仪器仪表的用途和使用方法。

【任务内容】

1. 万用表的使用。
2. 兆欧表的使用。
3. 功率表的使用。
4. 钳形电流表的使用。
5. 接地摇表的使用。

任务训练　常用电工仪器仪表的使用

1. 训练目的：掌握常用电工仪器仪表的使用方法。
2. 训练内容：

（1）使用指针式万用表测量电阻、电压、电流；

（2）使用数字万用表进行测量；

（3）使用兆欧表测量电机的电阻；

（4）使用功率表测量白炽灯功率；

（5）使用钳形电流表测量电机工作电流；

（6）使用接地摇表测量数控车间的接地电阻。

3. 训练方案：2个学生组成一个小组，每个小组挑选一名组长，每个学生均要熟练运用常用的几种电工仪器仪表进行常规操作。组长负责组织对组员的操作完成情况进行检查并组织讨论，完成任务后对每个组员做出评价。

【注意事项】

1. 使用仪器仪表在进行带电测量时应注意防止触电事故。

2. 万用表在不使用时，切换开关不要停在欧姆挡，以防止表笔短接时使万用表内电池放电。

3. 万用表在测量电压的时候，尽量使用单手操作，而且最好用右手。

4. 不可用万用表的电阻挡和电流挡去测量电压，以免烧坏表头。

5. 兆欧表和接地摇表在测试过程中两手不得同时接触两根线。

知识链接1　万用表的使用

万用表又叫多用表、三用表、复用表，是一种多功能、多量程的测量仪表。一般万用表可测量直流电流、直流电压、交流电流、交流电压、电阻和音频电平等参数，有的还可以测电容量、电感量及半导体的一些参数。

万用表广泛应用于无线电、通信和电工测量等领域。万用表的种类和型号很多，量程也各不相同。根据工作原理的不同，万用表一般可以分为指针式万用表和数字式万用表两大类，如图2-1所示是几种常见的万用表。

图2-1　几种常见的万用表

一、指针式万用表

指针式万用表是一种用途广泛的常用测量仪表，其型号很多，但使用方法基本一样。指针式万用表主要由表头、测量电路及转换开关等三个主要部分组成，外配一副测量用的表笔。如图2-2所示是500型指针式万用表的外部结构，下面以500型万用表为例介绍指针式万用表的使用方法。

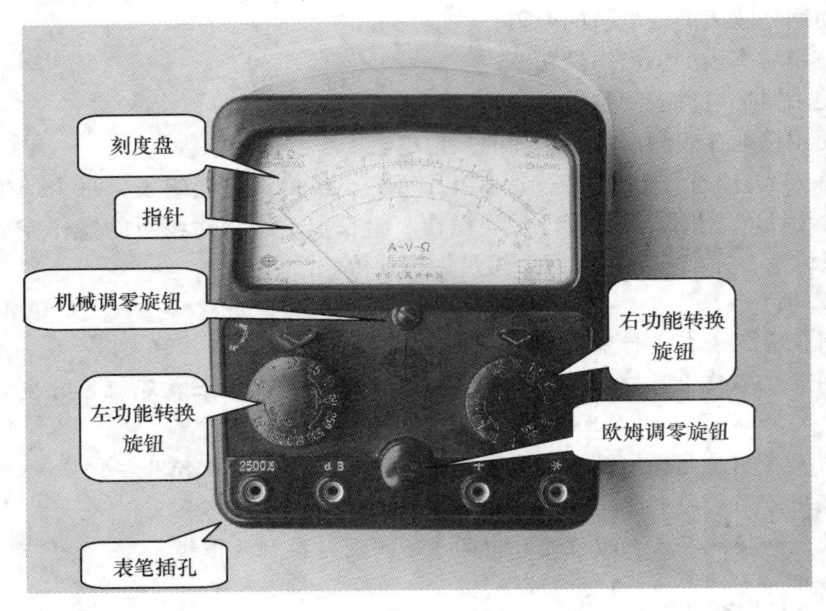

图 2-2 500 型万用表

1. 指针式万用表的结构

（1）转换开关。万用表的转换开关是两个多挡位的旋转开关，用来选择测量功能和量程。当转换开关位于不同位置时，即可组成不同的测量电路，以测量不同的电量。转换开关多采用多刀多掷开关，左面开关是二层三刀十二掷开关，共十二个挡位；右面开关是二层二刀十二掷，也有十二个掷位。如图 2-3 所示是不同测量功能时的挡位状态。

（2）表盘。表盘上有指针、刻度线、数值和各种符号，其中 A-V-Ω 表示可以测量电流、电压和电阻值。表盘上有四条刻度线（如图 2-4 所示），其功能如下。

第一刻度线标有“Ω”符号，指示的是电阻值。当转换开关在欧姆挡时，即读此条刻度线。

第二刻度线标有“∽”符号，指示的是交、直流电压和直流电流值。当转换开关在交、直流电压或直流电流挡，量程在除交流 10 V 以外的其他位置时，即读此条刻度线。

第三刻度线标有“10 V”符号，指示的是 10 V 的交流电压值。当转换开关在交、直流电压挡，量程在交流 10 V 时，即读此条刻度线。

第四刻度线标有“dB”符号，指示的是音频电平。

（3）调零旋钮和表笔插孔。

① 调零旋钮。指针式万用表的调零旋钮有机械调零和欧姆调零两个旋钮。万用表在不使用时，指针停在表盘最左边的零位置处；在测量时，指针在电流产生的磁力作用下向右偏转。面板上的机械调零旋钮用来校正指针指在左边的零位，一般在出厂时已校正好。当万用表在受到剧烈振动后，指针可能会偏离零位，此时可通过调整机械调零旋钮使指针指回零位。使用机械调零旋钮进行万用表调零的方法如图 2-5 所示。欧姆调零旋

钮的作用是在测量电阻时消除万用表本身的测量误差，其具体操作方法将在“指针式万用表的使用”中介绍。

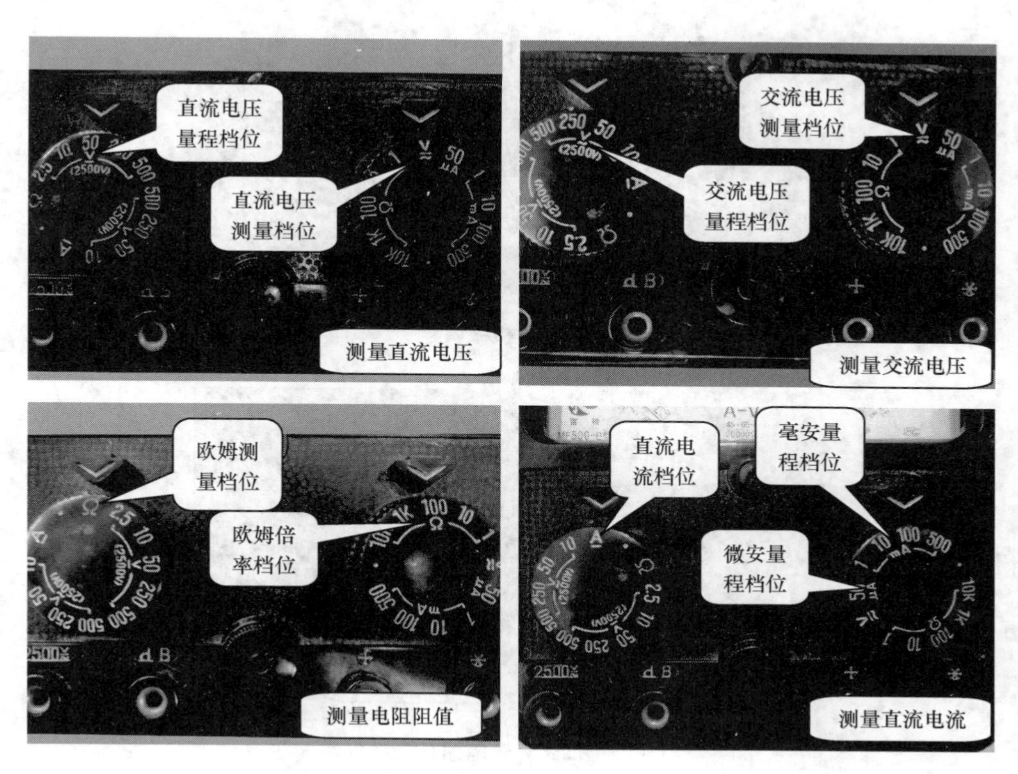

图2-3　量程开关

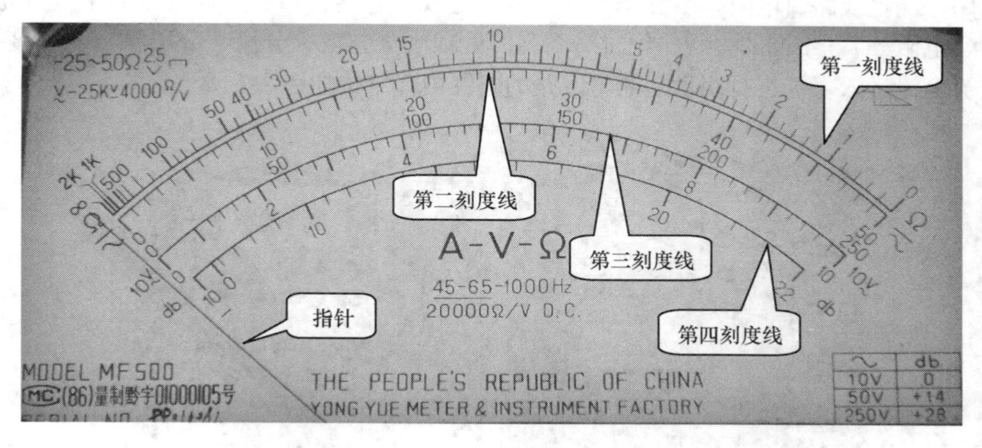

图2-4　刻度线

② 表笔插孔。500型指针万用表有4个表笔插孔，在测量不同的参量时需要将表笔插入相应的插孔中。4个表笔插孔各自的含义如图2-6所示。

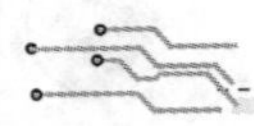

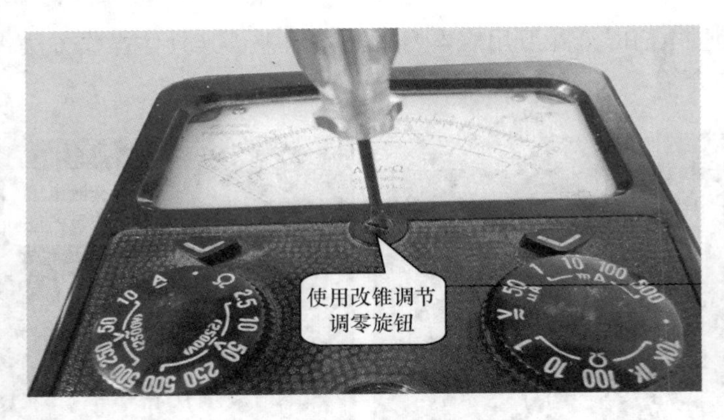

图 2-5 机械调零

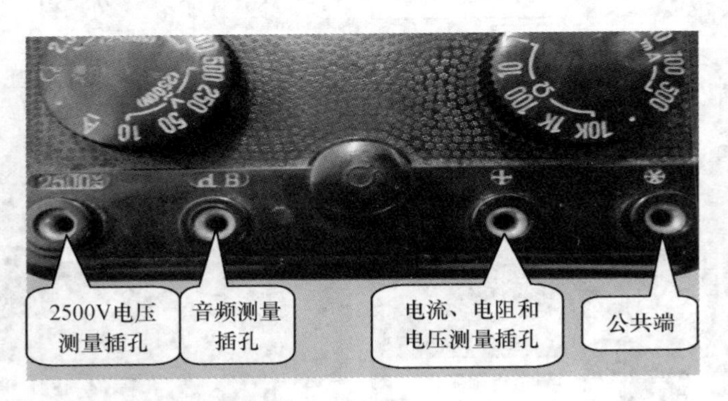

图 2-6 表笔插孔

（4）测量线路。测量线路是用来把各种被测量转换为适合表头测量的微小直流电流的电路。测量线路由电阻、半导体元件及电池组成，它能将各种不同的被测量（如电流、电压、电阻等）、不同的量程，经过一系列的处理（如整流、分流、分压等）统一变成微小直流电流送入表头进行测量。测量线路的实际内部结构如图 2-7 所示。

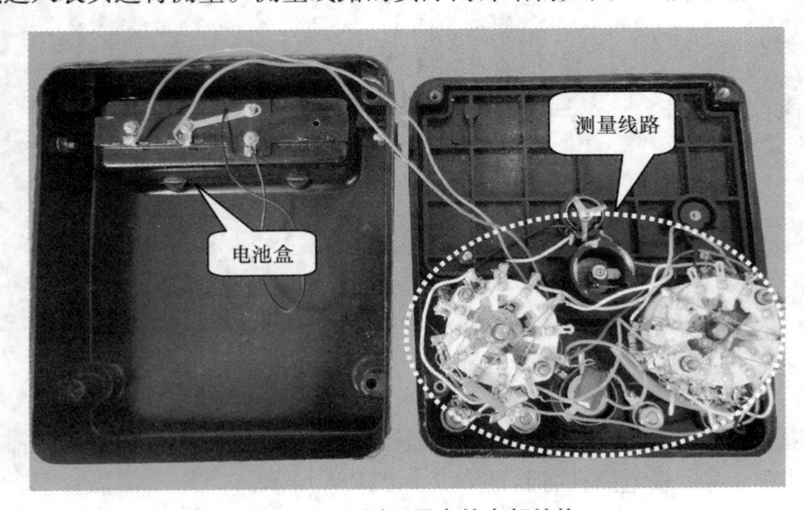

图 2-7 500 型万用表的内部结构

2. 指针式万用表的工作原理

指针式万用表的工作原理比较简单，主要是采用一些电阻器件进行分流分压来实现的，其工作原理大致可以用以下电路进行分析。

（1）当测量电阻时，在表头上并联和串联适当的电阻，同时串接一节电池，使电流通过被测电阻，根据电流的大小，就可测量出电阻值（如图 2-8 所示）。改变分流电阻的阻值，就能改变电阻的量程。

（2）当测量直流电压时，在表头上串联一个适当阻值的电阻（称为倍增电阻）降压，从而扩展电压量程（如图 2-9 所示）。改变倍增电阻的阻值，就可以改变电压的测量范围。

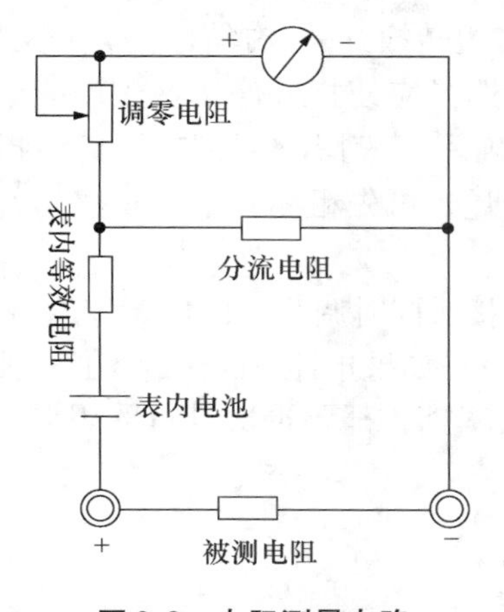

图 2-8　电阻测量电路

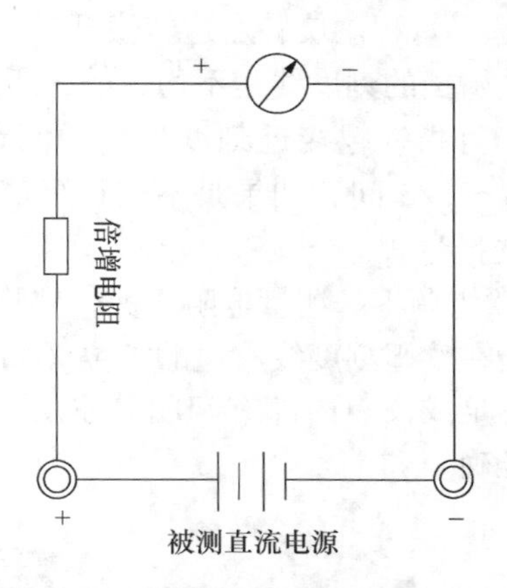

图 2-9　直流电压测量电路

（3）当测量交流电压时，因为表头是直流表，所以测量交流时，需加装一个并、串式半波整流电路，将交流进行整流变成直流后再通过表头，这样就可以根据直流电的大小来测量交流电压（如图 2-10 所示）。扩展交流电压量程的方法与直流电压量程相似。

（4）当测量直流电流时，在表头上并联一个适当阻值的电阻（称为分流电阻）分流，从而扩展电流量程（如图 2-11 所示）。改变分流电阻的阻值，就可以改变电流测量的范围。

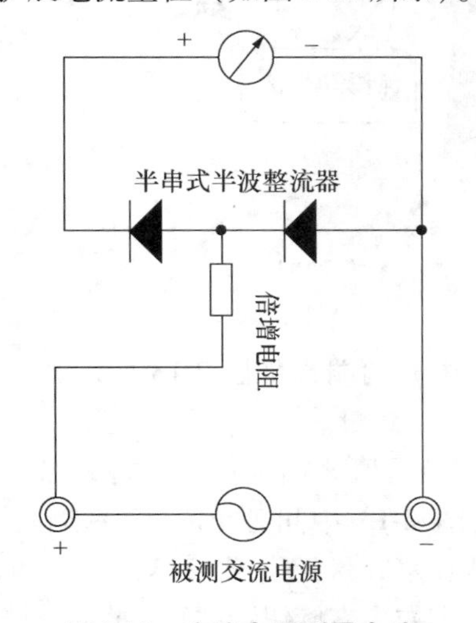

图 2-10　交流电压测量电路

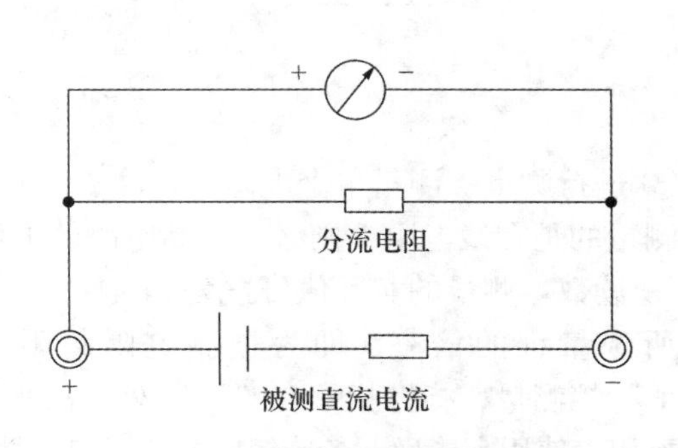

图 2-11　直流电流测量电路

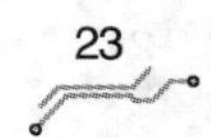

3. 指针式万用表的使用

（1）测量前的准备。

① 熟悉转换开关、旋钮和插孔的作用。

② 了解刻度盘上刻度线所对应的被测电量，根据被测量的种类及大小，选择转换开关的挡位及量程，找出对应的刻度线。

③ 选择表笔插孔的位置。

④ 机械调零。使指针调整到最左边零刻度线，其操作参见图2-5。

（2）测量电阻。

① 选择量程。旋转左边转换开关到欧姆挡，右边转换开关选择合适的倍率挡。因为万用表欧姆挡的刻度线是不均匀的，所以倍率挡的选择应使指针停留在刻度线较稀的部分为宜，且指针越接近刻度尺的中间，读数越准确。一般情况下，应使指针指在刻度尺的1/3～2/3间，如果是不知道阻值的情况下测量，可先粗测一下，观察指针的偏转情况再选择量程。

② 欧姆调零。测量电阻之前，应将2个表笔短接，同时调节“欧姆调零旋钮”，使指针刚好指在欧姆刻度线右边的零位（如图2-12所示）。如果指针不能调到零位，则说明电池电压不足或仪表内部有问题。注意：每换一次倍率挡，都要再次进行欧姆调零，以保证测量准确。

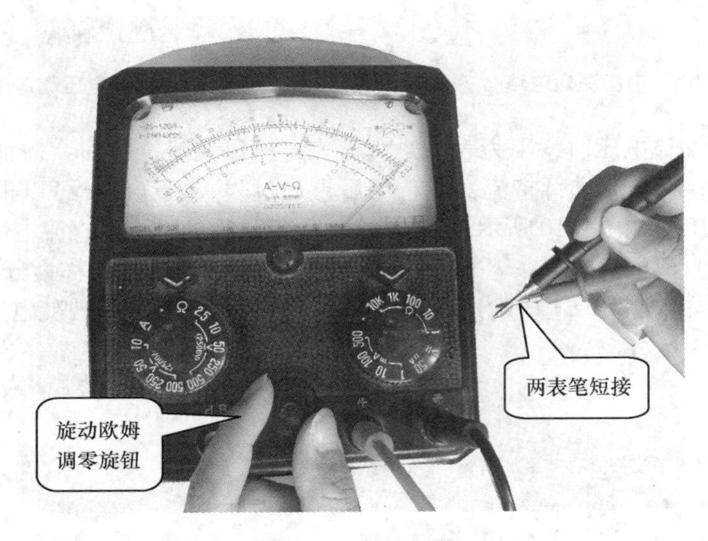

图2-12　欧姆调零

③ 进行测量。测量单个电阻时，将表笔直接接至电阻两端（如图2-13所示）。注意：如果测量的是在线电阻，则必须关断电路的电源，再进行测量。

④ 读数。测量的实际值可按公式读数：实际值 = 指示值 × 挡位量程。将表盘的读数乘以所选量程的倍率，即为被测电阻的阻值。从图2-13中可看出，倍率挡位旋在“×1 K”挡测量，指针指示在“22”处，故被测电阻值为22 ×1 K，即22 kΩ。

万用表使用完毕后，各旋钮应放置于安全挡位上，即左、右旋钮置“V”挡或空挡上。

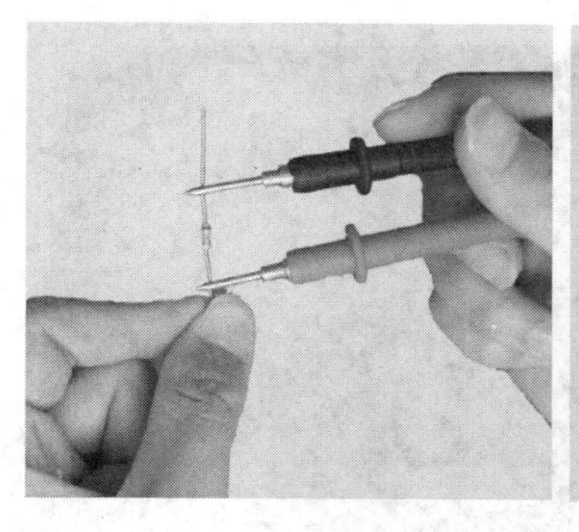

图 2-13　电阻的测量

（3）测量交、直流电压。

测量电压时要选择好量程。如果用小量程去测量大电压，则会有烧表的危险；而如果用大量程去测量小电压，则指针偏转太小，无法读数。量程的选择应尽量使指针偏转到满刻度的2/3 左右。如果事先不清楚被测电压的大小时，一般应先选择最高量程挡；如果指针偏转太小，再逐渐减小到合适的量程。

① 测量直流电压。先将万用表的一个转换开关置于交、直流电压档，另一个转换开关置于直流电压的合适量程上，且“ + ”表笔（红表笔）接到高电位处，“ - ”表笔（黑表笔）接到低电位处，即让电流从“ + ”表笔流入，从“ - ”表笔流出。若表笔接反，表头指针会反方向偏转，容易撞弯指针。

电压值的读数：不同于第一刻度，交、直流电压刻度是等距分布的，共有5 大格，每个大格分为2 个小格，每个小格又再分为5 个最小格，其中每格代表的电压值因挡位不同而不一样（每最小格电压值 = 量程开关挡位值 ÷ 50）。如图 2-14 所示，功能旋钮旋在 50 V 挡位，故每大格表示为 10 V，每一最小格表示为 1 V。从图 2-14 中可看出，指针指在第 7 小格处，故被测电压读出为 7 V。注意，刻度线上并没有写出所有量程的数值，当量程开关旋至哪一挡位，该挡位即为最大值。

② 测量交流电压。将万用表的一个转换开关置于交、直流电压挡，另一个转换开关置于交流电压的合适量程上；万用表两表笔与被测电路或负载并联，不必分正负极。交流电压的测量和读数方法与直流电压的基本一致（如图 2-15 所示）。

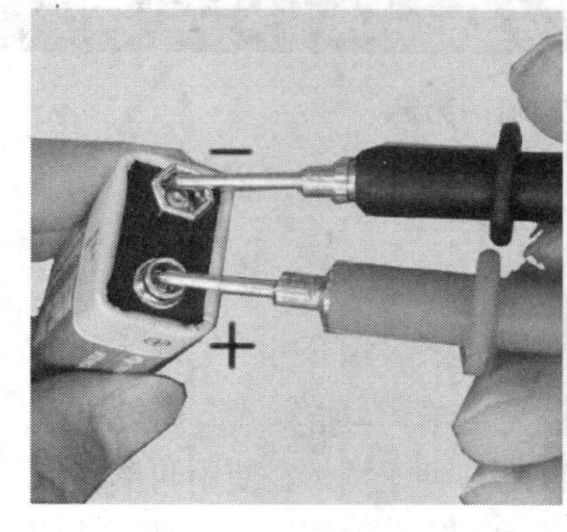

图 2-14　直流电压的测量

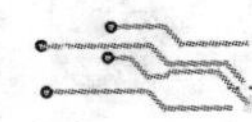

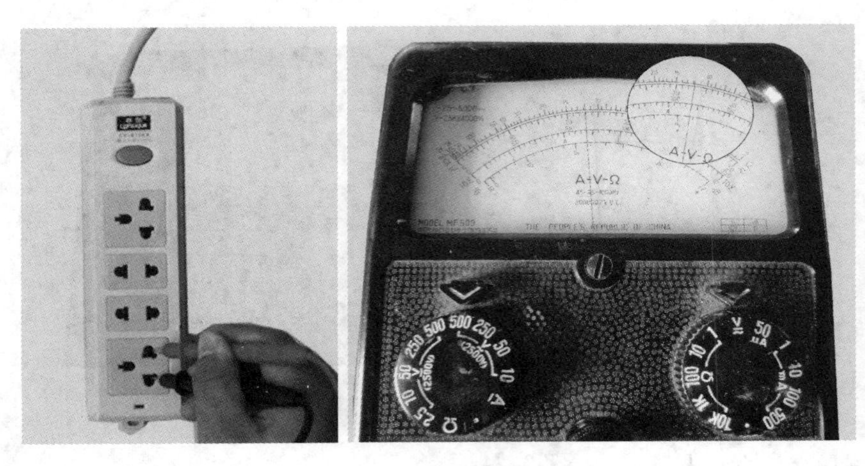

图 2-15　交流电压的测量

（4）测量交、直流电流。

测量直流电流时，将万用表的一个转换开关置于直流电流挡，另一个转换开关置于 50 μA 到 500 mA 的合适量程上。电流的量程选择和读数方法与电压一样。测量时必须先断开电路，然后按照电流从“+”到“-”的方向，将万用表串联到被测电路中，即电流从红表笔流入，从黑表笔流出（如图 2-16 所示）。注意，如果误将万用表与负载并联，则因表头的内阻很小，会造成短路而烧毁仪表。测量交流电流的方法与测量直流电流的方法基本一致，可参照上述步骤进行。

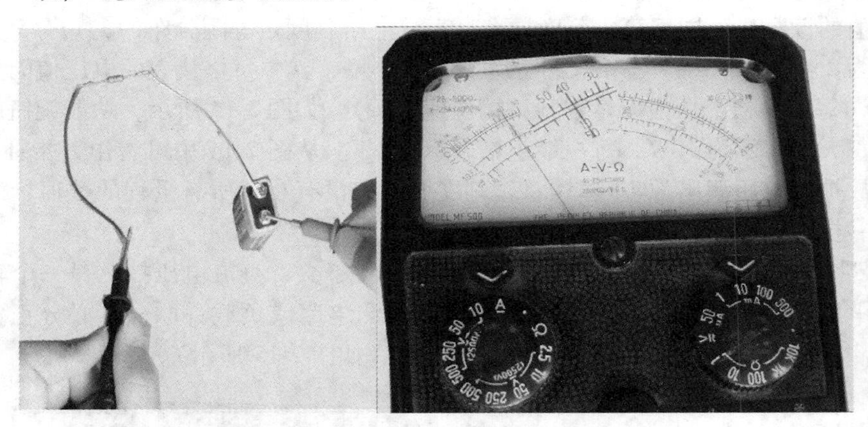

图 2-16　直流电流的测量

二、数字式万用表

1. 数字式万用表的结构

数字式万用表简称数字万用表，现在已经成为主流。与指针式万用表相比，数字式万用表具有灵敏度高、精确度高、显示清晰、过载能力强、便于携带、使用简单等特点。本书以型号为 VC9805 的数字万用表为例进行介绍。VC9805 型数字式万用表的外部结构如图 2-17 所示。

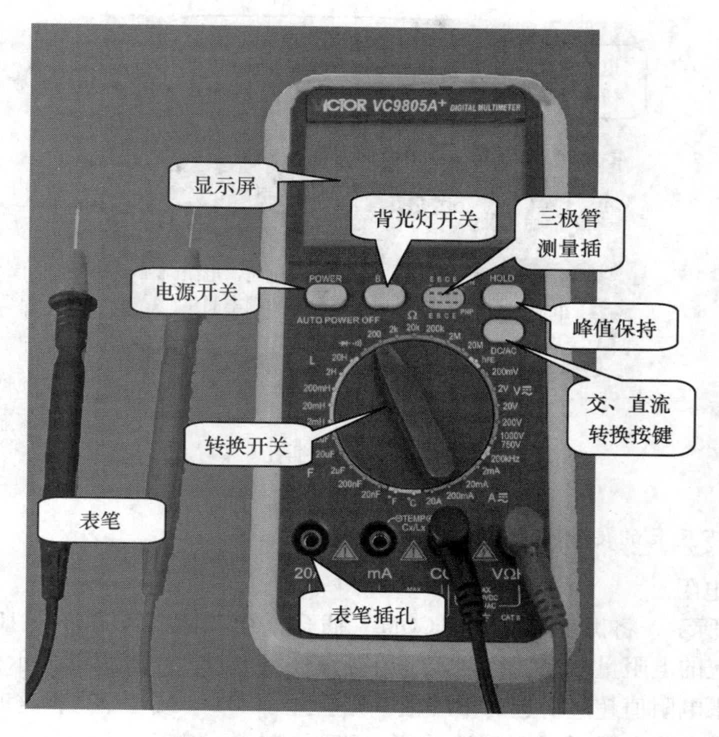

图2-17　VC9805型数字式万用表

数字万用表的核心是直流数字电压表DVM（基本表），其主要由外围电路、双积分A/D转换器及显示器组成。数字万用表的外部结构主要由显示屏、转换开关和表笔插孔组成。

（1）转换开关。转换开关主要用来进行测量种类选择和量程选择（如图2-18所示）。

（2）表笔插孔。数字万用表4个表笔插孔的含义及用途如图2-19所示。

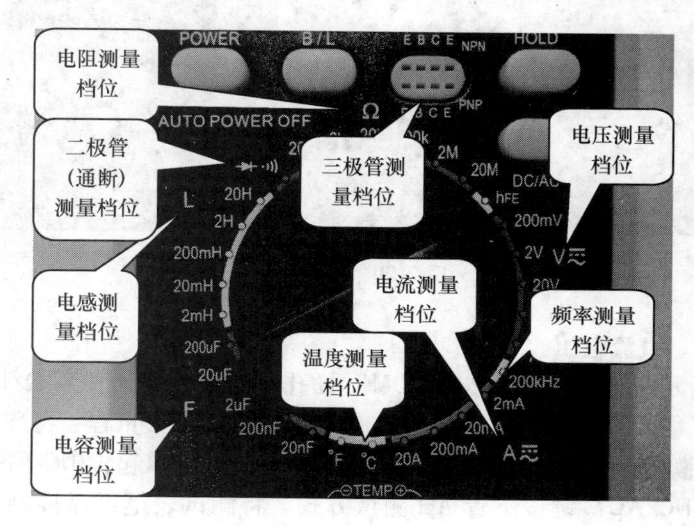

图2-18　转换开关

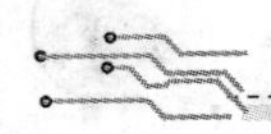

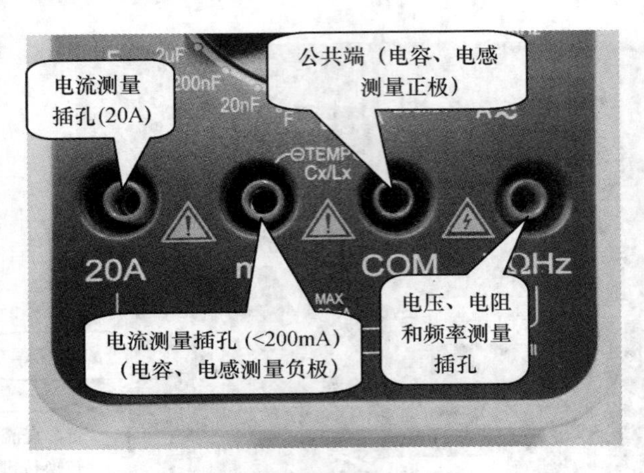

图 2-19 表笔插孔

2. 数字式万用表的使用

（1）测量电阻。

如图 2-20 所示，将黑表笔插入“COM”插孔，红表笔插入“V/Ω/Hz”插孔；将转换开关转至相应的电阻量程上，将两表笔跨接在被测电阻上。屏幕即显示被测电阻阻值。

注意，如果电阻值超过所选的量程值，则会显示“1”或“OL”，这时应将转换开关转高一挡；测量在线电阻时，要确认被测电路所有电源关断而且所有电容都已完全放电时，才可进行；当测量电阻值超过 1 MΩ 以上时，读数需几秒时间才能稳定，这在测量高电阻时很正常。

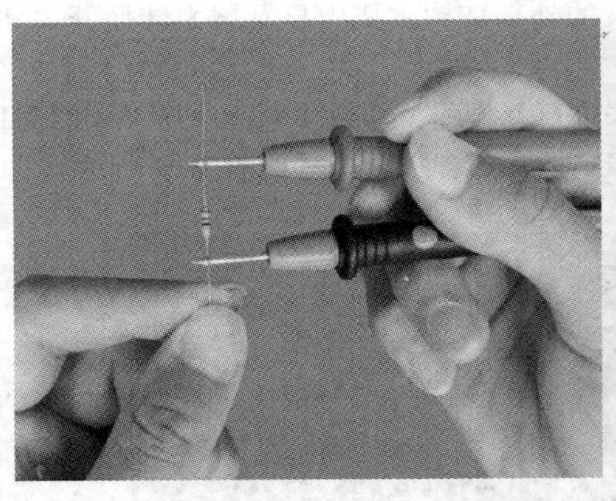

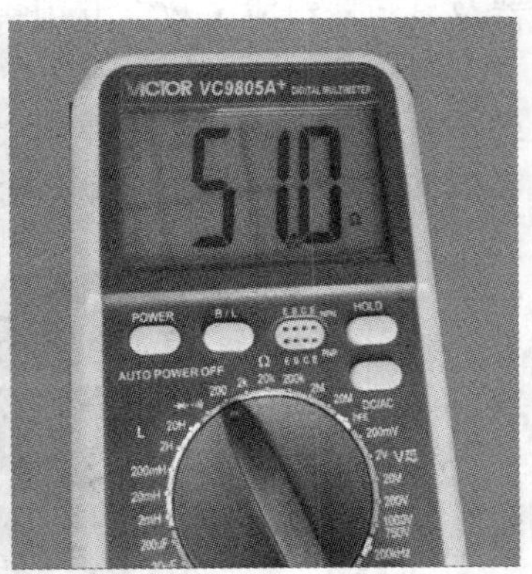

图 2-20 电阻测量

（2）测量交、直流电压。

如图 2-21 所示，将黑表笔插入“COM”插孔，红表笔插入“V/Ω/Hz”插孔；将转换开关转至“V”挡，如果被测电压大小未知，应先选择最大量程，再逐步减小，直至获得分辨率最高的读数。测量直流电压时，使“DC/AC”键弹起置 DC 测量方式；测量交流电压时，使“DC/AC”键按下置 AC 测量方式。将测试表笔可靠接触测试点，屏幕即显示被测电压值。测量直流电压时，显示的为红表笔所接的该点电压与极性。

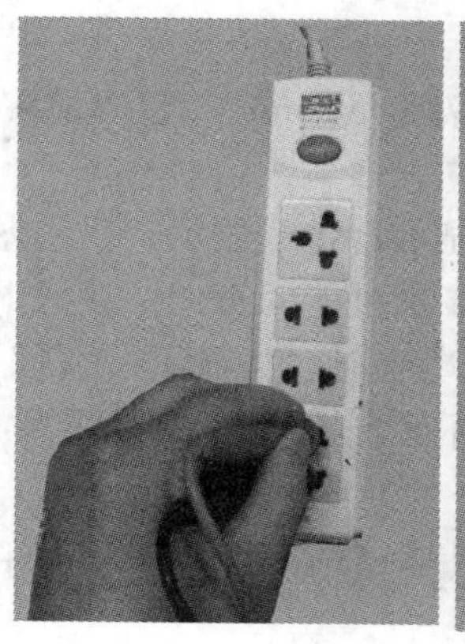

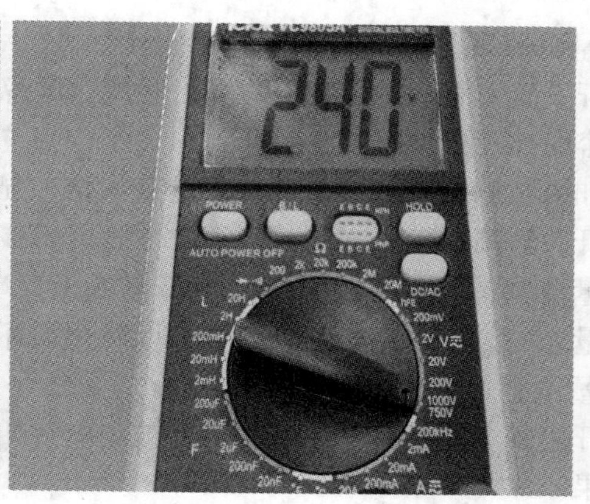

图 2-21 电压的测量

注意，如果显示“1”或“OL”，则表明已超过量程范围，须将转换开关转至高一挡；测量电压不应超过1000 V直流和750 V交流；转换功能和量程时，表笔要离开测试点；当测量高电压时，千万注意避免触及高压电路。

(3) 测量交、直流电流。

如图2-22所示，将黑表笔插入“COM”插孔，红表笔插入“mA”或“20 A”插孔中；将转换开关转至“A”挡，如果被测电流大小未知，应选择最大量程，再逐步减小，直至获得分辨率最高的读数。测量直流电流时，使“DC/AC”键弹起置DC测量方式；测量交流电流时，使“DC/AC”键按下置AC测量方式。将仪表的表笔串联接入被测电路上，屏幕即显示被测电流值。测量直流电流时，显示的为红表笔所接的该点电流与极性。

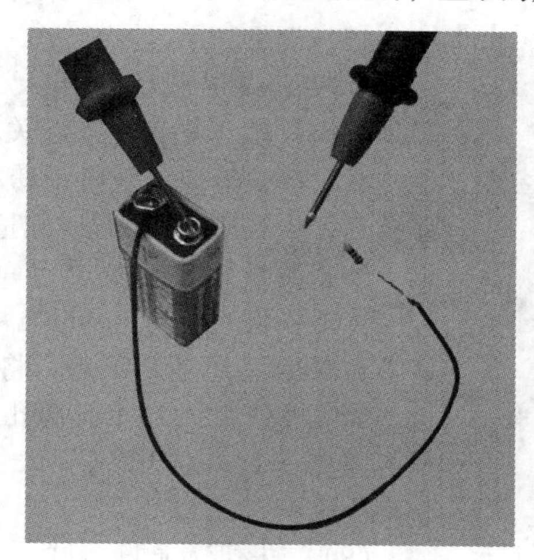

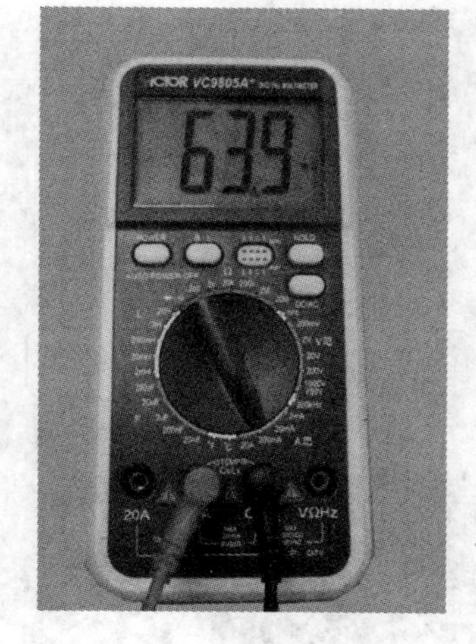

图 2-22 电流测量

注意，如果显示“1”或“OL”，则表明已超过量程范围，须将转换开关转至高一挡；测量电流时，“mA”孔不应超过200 mA，“20 A”孔不应超过20 A（测量时间小于10 s），而且20 A孔对应的量程挡位只可选择20 A挡位；调节转换开关时，表笔要离开测试点。

（4）测量电容量。

将转换开关置于相应的电容量程上，将测试电容插入“mA”及“COM”插孔。在测量有极性电容时注意极性不要接反。

注意，如果被测电容超过所选量程的最大值，显示器将只显示“1”或“OL”，此时则应将转换开关转高一挡；在测试电容之前，屏幕显示可能尚有残留读数，属正常现象，不会影响测量结果；大电容挡测量严重漏电或击穿电容时，将显示一数值且不稳定；在测试电容容量之前，应对电容充分放电，以防止损坏仪表。

（5）测量电感量。

将转换开关置于相应的电感量程上，被测电感插入“mA”及“COM”插孔。显示器显示测量结果。

注意，如果被测电感超过所选量程的最大值，显示将只显示“1”或“OL”，此时则应将转换开关转高一挡；同一电感量存在不同阻抗时测得的电感值不同；在使用小量程时，应先将表笔短接，测得引线电感值，然后在实测中减去引线电感值，即为实际电感值。

（6）测量温度。

将转换开关置于“℃”“℉”量程上；将热电偶传感器的冷端（自由端）和负极（黑色插头）插入“mA”插孔中，正极（红色插头）插入“COM”插孔，热电偶的工作端（测温端）置于待测物上面或内部。可直接从显示器上读取温度值，读数为摄氏度或华氏度。

注意，当输入端开路时，操作环境高于18℃且低于28℃时，显示环境温度；低于18℃或高于28℃时，显示只供参考。

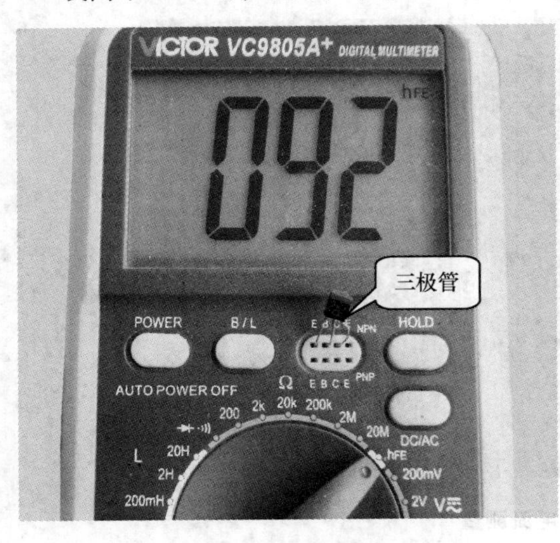

图2-23　三极管测量

（7）测量频率。

将表笔或屏蔽电缆接入“COM”和“V/Ω/Hz”输入端，转换开关转到频率挡上；然后将表笔或屏蔽电缆跨接在信号源或被测负载上，显示器显示测量结果。

（8）测量hFE值。

将转换开关置于“hFE”挡；根据晶体管为NPN型还是PNP型，将发射极、基极、集电极分别插入相应插孔。显示器显示测量结果，即为电流放大倍数（如图2-23所示）。

（9）二极管及通断测试。

将黑表笔插入“COM”插孔，红表笔插入“V/Ω/Hz”插孔，将转换开关置于二极管（通断）测量挡位，并将表笔连接到待测二极管。红表笔接二极管正极，读数为二极管正向压降近似值；将表笔连接到待测线路的两点，如果内置蜂鸣器发声，则说明两点之间导通。

（10）读数保持。

按下读数保持开关，当前数据就会保持在显示器上，此时屏幕读数被锁定，所有操作均无效。再按一次读数保持开关，则保持取消。

知识链接2　兆欧表的使用

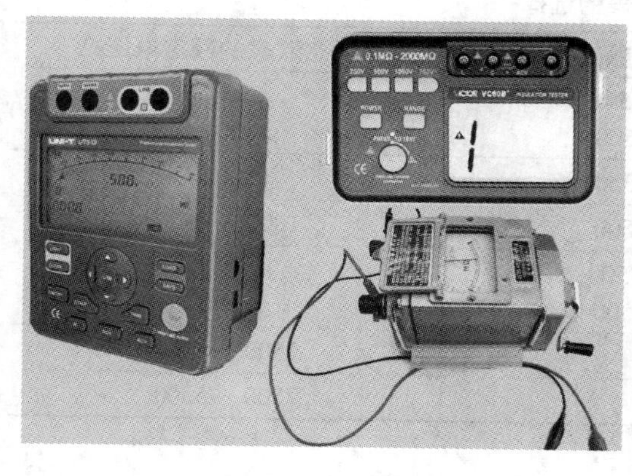

图2-24　兆欧表

电气设备绝缘性能的好坏，关系电气设备的正常运行和操作人员的人身安全。为了检查绝缘材料由于发热、受潮、污染、老化等原因所造成的损坏，以及检查修复后的设备绝缘性能是否达到规定的要求，都需要经常测量其绝缘电阻。为什么绝缘电阻不能用万用表的欧姆挡测量呢？这是因为绝缘电阻的阻值比较大，常在几十兆欧以上，而万用表在测量电阻时的电源电压很低（9伏以下），在低电压下呈现的电阻值并不能反映在高电压作用下的绝缘电阻的真正数值。因此，绝缘电阻必须用备有高压电源的兆欧表进行测量。兆欧表又称绝缘电阻表，也称摇表，它是测量绝缘电阻最常用的仪表。如图2-24所示是几种不同类型的兆欧表。

一、兆欧表的结构

本书以较普遍使用的型号为ZC29B的指针式兆欧表为例进行讲解。兆欧表的基本结构是由一台手摇发电机、一只磁电系比率表以及测量线路组成。兆欧表的接线柱共有三个，其中“L”为线端，“E”为地端，“G”为屏蔽端（也叫保护环）。指针式兆欧表的外形结构如图2-25所示。一般被测绝缘电阻都接在“L”和“E”端之间，但当被测绝缘体表面漏电严重时，必须将被测物的屏蔽环或不需测量的部分与“G”端相连接。

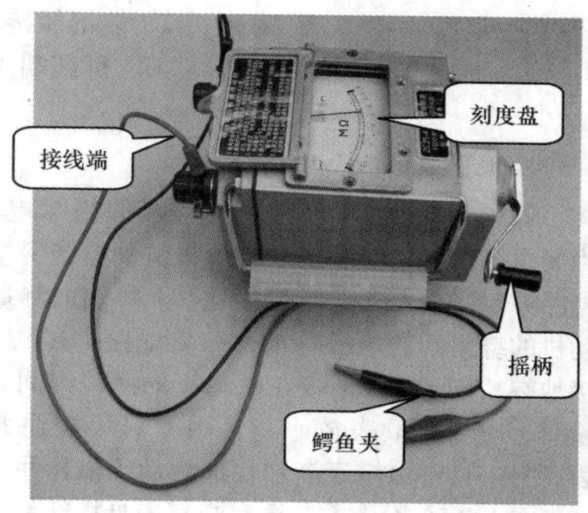

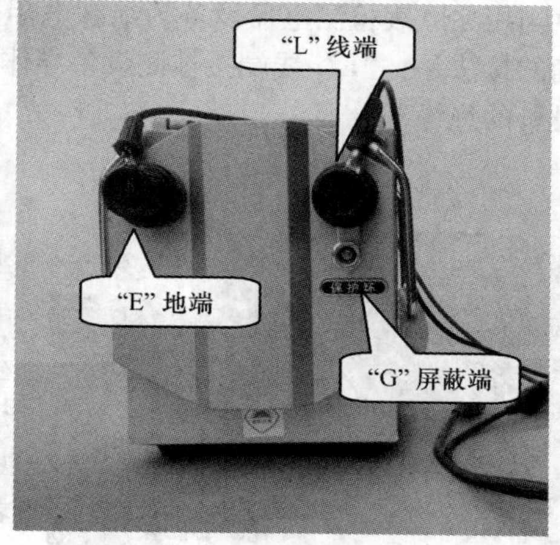

图2-25　指针式兆欧表外形结构

二、兆欧表的使用

1. 兆欧表的选择

应根据测试对象及其被测设备的额定电压选择相应额定电压的兆欧表（参见表2-1）。

表2-1 兆欧表的选择

测试对象	被测设备的额定电压/V	所选兆欧表的额定电压/V
线圈的绝缘电阻	＜500 ≥500	500 1000
发电机线圈的绝缘电阻	≤380	1000
电力变压器、电动机线圈的绝缘电阻	≥500	1000～2500
电气设备绝缘	＜500 ≥500	500～1000 2500
瓷　瓶		2500～5000
母线、刀闸		2500～5000

2. 使用前的准备

（1）测量前必须将被测设备的电源切断，并对地短路放电。决不允许设备带电进行测量，以保证人身和设备的安全。

（2）对可能感应出高压电的设备，必须在消除这种可能性后才能进行测量。

（3）被测物表面要清洁、干燥，并减少接触电阻，以确保测量结果的准确性。

（4）兆欧表使用前应先进行开路和短路试验。摇动手柄，快速接触两个鳄鱼头，刻度表指示会指向“0”刻度；在不接触两个鳄鱼头的情况下，快速摇动手柄，刻度盘指示会指向“∞”刻度。这就说明此表能正常工作。

（5）兆欧表使用时应放在平稳、牢固的地方，且远离大的外电流导体和外磁场。

3. 兆欧表的接线

当用兆欧表检测电器设备的绝缘电阻时，一定要注意“L”端和“E”端不能接反。正确的接法是：“L”线端接被测设备导体，“E”地端接地的设备外壳，“G”屏蔽端接被测设备的绝缘部分。

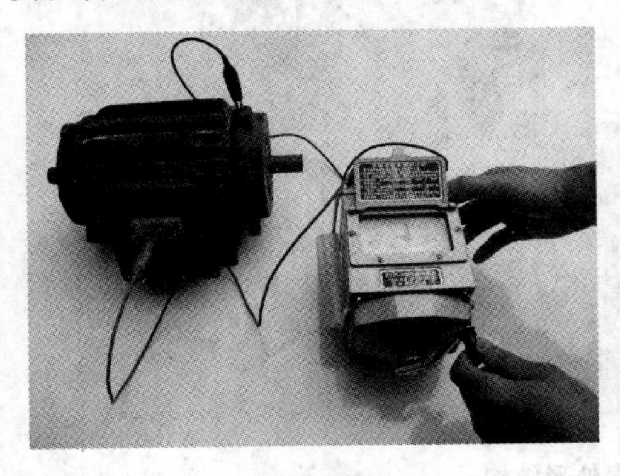

图2-26 兆欧表测量电机的绝缘电阻

4. 兆欧表的测量

如图2-26所示为测量电动机的绝缘电阻。当测量绕组对地绝缘电阻时，将电动机绕组接于电路“L”端，机壳接于接地“E”端；测量电动机的绕组间的绝缘性能时，将电路“L”端和接地端“E”端分别接在电动机的两绕组间。测量时，应把兆欧表放平稳，用一只手按住兆欧表，另一只手由慢逐渐加快地摇动手柄，并保持速度在120转/分左右；同时观察表盘指针偏转情况。如果被测设备短路，指针将摆到“0”刻度，

此时应立即停止摇动手柄，以免烧坏仪表。读数的时间以摇表达到一定转速 1 分钟后读取的测量结果为准。

此外，测量电缆芯对电缆外壳的绝缘电阻时，除将电缆芯接电路“L”端和电缆外壳接接地端（“E”端）外，还需要将电缆壳与电缆芯之间的内层绝缘部分接保护环“G”端，以消除表面漏电产生的误差。

知识链接 3　钳形电流表的使用

钳形电流表又称测流表，常用来测量交流电流。用普通电流表测量电流时，通常需要将电路断开后才能将电流表接入进行测量，这就给测量带来了麻烦，而且有时正常运行的电器设备不允许这样做。如果使用钳形电流表就要方便很多，因为它可以在不切断电路的情况下测量电流。钳形电流表从显示方式上可分为数字式和指针式两种（如图2-27所示）。

一、钳形电流表的结构

钳形电流表从工作原理上可分为磁电式和电磁式两类。其中测量工频交流电的是磁电式，而电磁式为交、直流两用式。本书以磁电指针式钳形电流表为例进行介绍，其结构如图 2-28 所示。

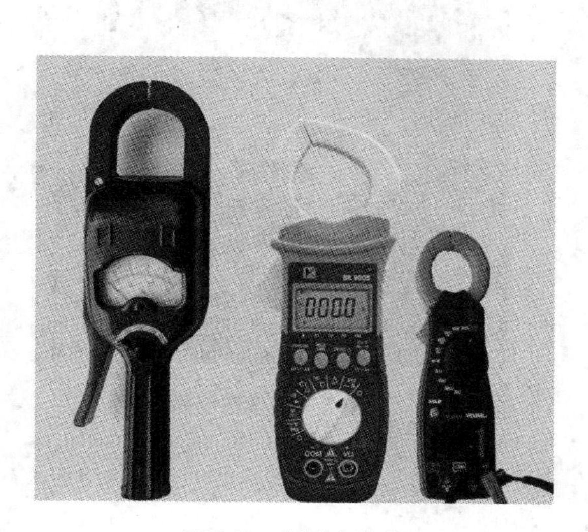

图 2-27　钳形电流表

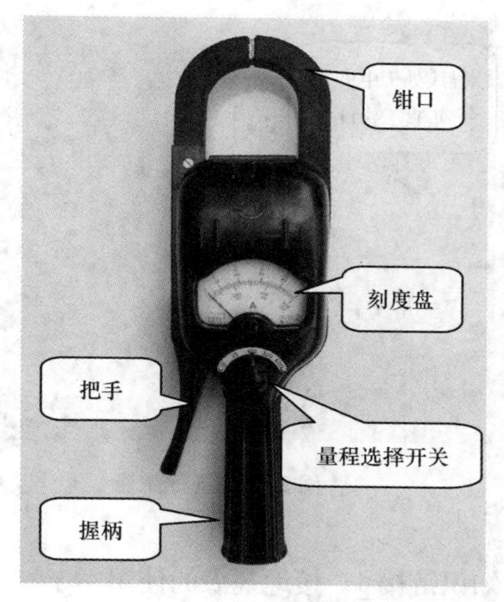

图 2-28　磁电指针式钳形电流表

磁电钳形电流表主要由穿心式电流互感器、整流电路、磁电系电流表、量程转换开关及测量电路组成。其中，穿心式电流互感器是最核心的部件，它是由铁芯制成活动开口，且成钳形。测量时，将被测电流的导线放入钳口中；然后松开手柄使铁芯闭合。此时载流导体相当于互感器的一次绕组，铁芯中的磁通在二次绕组中产生感应电流，并通过整流电路后使电流表指示出被测电流的数值。

二、钳形电流表的使用

（1）根据待测对象的不同选用不同型号的钳形表。

（2）测量前，应检查电流表指针是否指向零位，否则，应进行机械调零。

（3）估计被测电流的大小，选择合适的量程。若无法估计则应先用较大量程测量，然后根据被测电流的大小再逐步换到合适的量程上。每次换量程时，必须打开钳口，再转换量程。

（4）在进行测量时，为减小误差，应用手捏紧扳手使钳口张开，被测载流导线的位置应放在钳口的中央，并且垂直于钳口（如图 2-29 所示）。然后松开扳手，使钳口闭合，表头上即有指示（如图 2-30 所示）。若导线夹入钳口后发现有震动、噪声等现象，则要将仪表把手转动几下，或将钳口开合一次，没有噪声后才能读取电流。

（5）测量较小的电流（5 A 以下）时，为测量更加准确，在条件允许的情况下，可将被测载流导线在钳口多绕几圈再进行测量。最后将读数除以钳口导线的圈数即为被测电流的实际值。

（6）钳形电流表不能用于高压（380 V 以上）电路的测量。被测线路的电压不能超过钳形表所规定的使用电压，以防绝缘层被击穿，造成人身触电。

（7）测量完毕后，应将钳形表量程选择开关置于最高挡位，以免下次使用时不慎损坏仪表。

图 2-29　进行测量

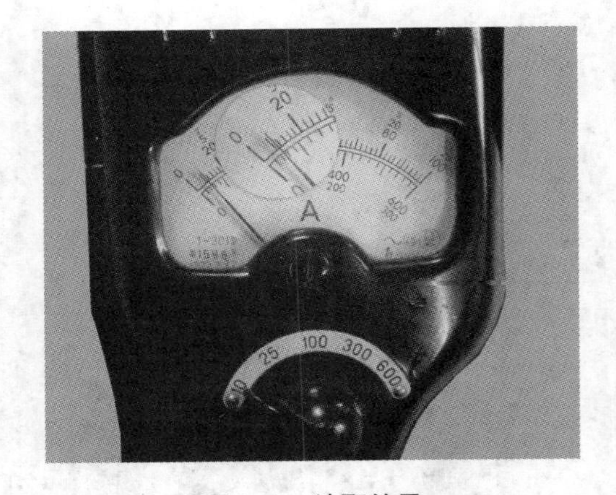

图 2-30　读取结果

知识链接 4　接地摇表的使用

接地摇表又称接地电阻表或接地电阻测量仪，主要用于电气设备以及避雷装置等接地电阻的测量。在接地系统中，接地电阻的大小直接关系人身和设备的安全，其大小与大地的结构、土壤的电阻率、接地体的几何尺寸等因素有关。各种不同电压等级的电气设备和输电线路对接地电阻的标准要求都有相应的规定，而接地摇表正是用来测试测量各种装置的接地电阻、低电阻的导体电阻值和土壤电阻率等参数的仪器。如图 2-31 所示是几种不同类型的接地摇表。

一、接地摇表的结构

接地摇表按供电方式可分为手摇式和电池驱动式，按显示方式可分为数字式和指针

式，按测量方式又可分为打地桩式和钳式。指针式或数字式接地摇表都较常见，在电力系统以及电信系统中比较普及的是钳式接地摇表。本书以打地桩指针式 ZZC29B-2 型接地摇表（如图 2-32 所示）为例进行介绍。

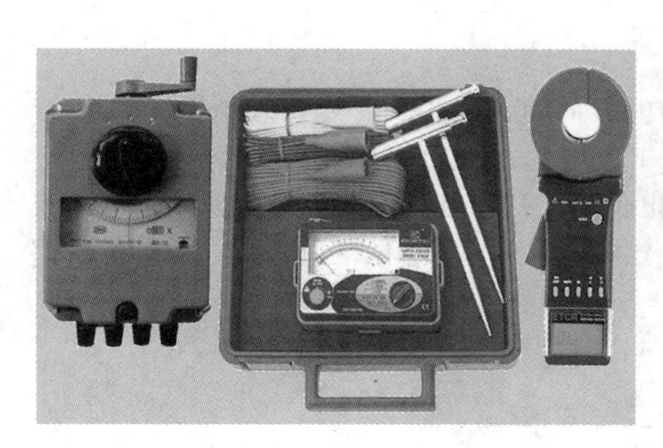

图 2-31　接地摇表

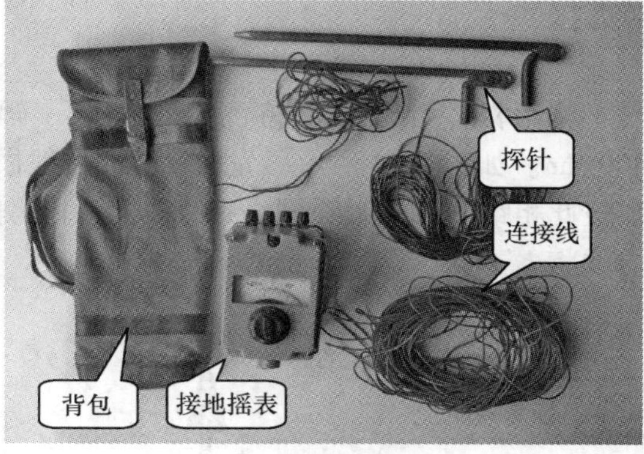

图 2-32　ZZC29B-2 型接地摇表及其附件

如图 2-33 所示，接地摇表由刻度盘、刻度盘旋钮、挡位选择、摇柄和接线端子几部分组成。打地桩式接地摇表一般配有两根用于打地桩的探针（即一根电位探针和一根电流探针）以及一根 5 m、一根 20 m 和一根 40 m 的多股铜芯软线。其中，5 m 的铜线一端接表，另一端接接地体；20 m 和 40 m 铜线一端接表，另一端接探针。表上有四个接线端子。其中，标有“C2”和“P2”的两个端子用镀铬铜连片短路，用于接 5 m 线；标有“P1”的端子用于接 20 m 线，标有“C1”的端子用于接 40 m 线。

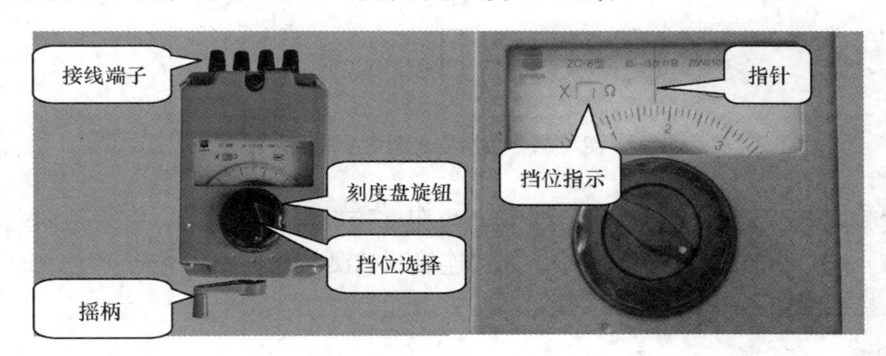

图 2-33　ZZC29B-2 型接地摇表

二、接地摇表的使用

1. 使用前的准备

（1）雨后连续 7 个晴天后才能进行接地电阻的测试。

（2）测量时，需先将待测接地体与接地线路断开，使待测接地体脱离任何线路成为独立体。

（3）待测接地体应先进行除锈等处理，以保证可靠的电气连接。

（4）测试前，将仪表水平放置在离测试点 1～3 m 处。检查指针是否指在零位上。否则，应将指针调整至中心线零位上。

（5）选择打探针的地域土质必须坚实，不能设置在泥地、回填土、树根旁、草丛等位置。

2. 连接线路

将两根探针分别沿待测接地体同一辐射方向 20 m 和 40 m 处打入地下，深度为 400 mm。如图 2-34 所示，先确定被测接地极 E′，并使电位探针 P′和电流探针 C′与接地极 E′彼此相距 20 m，且在同一条直线上；再将电位探针 P′和电流探针 C′打入地下，然后用导线将 E′、P′、C′与仪表的测量端子连接。

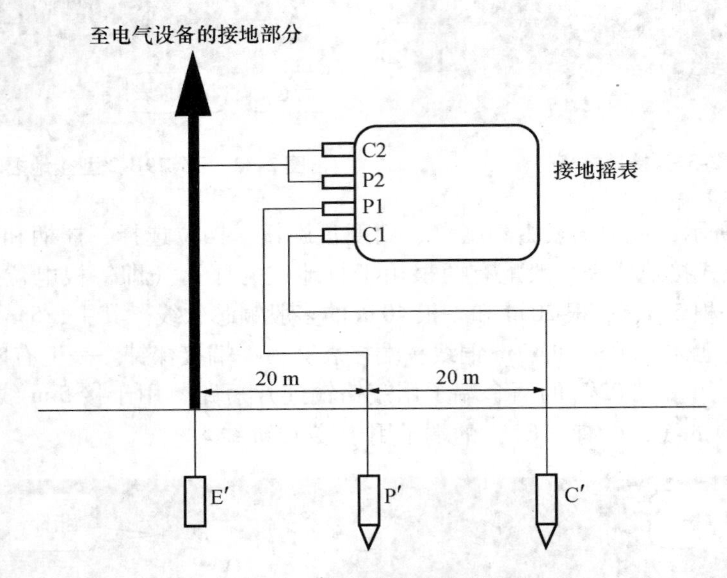

图 2-34　接地摇表测量接线图

当被测电阻小于 1 Ω 时，为了消除接线电阻和接触电阻的影响，宜采用四端钮连线。测量时将“C2”和“P2”连片打开，分别连接到被测接地体上，并将 P2 接在靠近接地体一侧，接线图如图 2-35 所示。

3. 测量

先将倍率标度盘旋钮置于最大倍数 ×10 挡位，调节接地电阻值旋钮应放置在 6～7 Ω位置。摇动发电机手柄，若指针从中间的“0”平衡点迅速向右偏转，则说明量程挡位选择过大，可将挡位选择到 ×1 挡位；若偏转方向依旧，可将挡位选择转到 ×01 挡位。

如图 2-36 所示，缓慢转动手柄，若指针从“0”平衡点向右偏移，则说明接地电阻值仍偏大；在缓慢转动手柄的同时，接地电阻旋钮应缓慢顺时针转动；当检流表指针归“0”时，逐渐加快手柄转速，使手柄转速达到 120 转/分，此时接地电阻指示的电阻值乘以挡位的倍数，就是测量接地体的接地电阻值。如果指针缓慢向左偏转，则

说明接地电阻旋钮所处在的阻值小于实际接地阻值，此时可缓慢逆时针旋转，调大仪表电阻指示值。如果缓慢转动手柄时，检流表指针跳动不定，则说明两支接地插针设置的地面土质不密实或有某个接头接触点接触不良，此时应重新检查两插针设置的地面或接头。

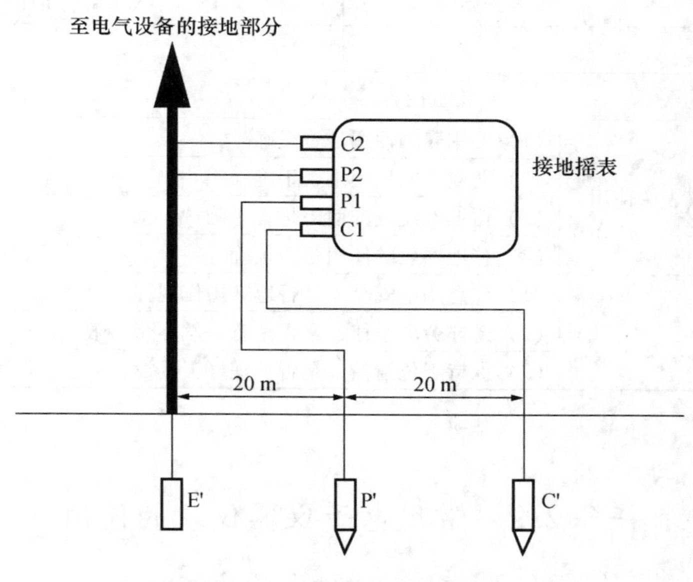

图2-35 小阻值测量接线图

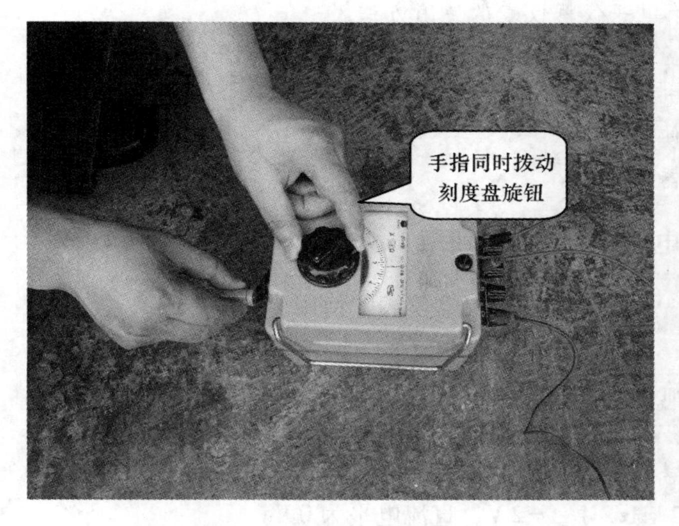

图2-36 进行测量、读数

测量完毕后，仪表阻值挡位要放置在最大位置（即×10挡位）。整理好三条随仪表配置来的测试导线，清理两根探针上的脏物，装袋收纳。

【任务检查】

任务检查单	任务名称	姓　名	学　号
检　查　人	检查开始时间	检查结束时间	

检查内容		是	否
1. 常用电工仪器仪表的使用	（1）万用表的使用是否正确		
	（2）兆欧表的使用是否正确		
	（3）钳形电流表的使用是否正确		
	（4）接地摇表的使用是否正确		
2. 安全文明操作	（1）注意用电安全，是否遵守操作规程		
	（2）遵守劳动纪律，是否注意一丝不苟的敬业精神		
	（3）保持工位清洁，是否整理好工具设备		

任务 2.2　常用电子仪器仪表的使用

【任务目的】

熟练掌握常用电子仪器仪表的使用方法。

【任务内容】

1. 直流稳压电源的使用。
2. 示波器的使用。
3. 信号发生器的使用。

任务训练　常用电子仪器仪表的使用

1. 训练目的：掌握常用电子仪器仪表的使用。

2. 训练内容：

（1）使用直流稳压电源给出 3 V 电压使收音机正常工作；

（2）使用示波器观测信号发生器给出的 $f=2\text{ kHz}$，$V_{p\text{-}p}=2\text{ V}$ 的信号；

（3）使用信号发生器给出：

正弦波，$f=2\text{ kHz}$，$V_{p\text{-}p}=2\text{ V}$，直流电平为 0 V。

三角波，$f=2\text{ kHz}$，$V_{p\text{-}p}=5\text{ V}$，直流电平为 2.5 V。

方波，$f=500\text{ Hz}$，低电平 0 V，高电平 5 V。

3. 训练方案：2 个学生组成一个小组，每个小组挑选一名组长，每个学生均要完成训练内容中的项目。组长负责组织对组员的完成情况检查并组织讨论，完成任务后对每个组员的完成情况做出评价。

【注意事项】

1. 使用仪器仪表时，在接通电源之前需检查仪器仪表的 POWER 开关是否置于“OFF”。

2. 每个仪器都有自己的探头或馈线。有的仪器的探头里含有某种电路（例如衰减器、检波器等），这种仪器探头一般不能与其他仪器的探头互换。

3. 在仪器使用过程中出现过载或短路时，应先关闭仪器，在排除故障之后再重新启动。

知识链接1 直流稳压电源的使用

直流稳压电源是指能为负载提供稳定直流电源的电子装置。它的供电电源大都是交流电源。当交流供电电源的电压和负载电阻变化时，稳压器的直流输出电压都会保持稳定。直流稳压电源随着电子设备向高精度、高稳定性和高可靠性的方向发展，对电子设备的供电电源提出了更高的要求。

一、PS-303D 直流稳压电源概述

本书以 PS-303D 可调直流稳压电源（如图 2-37 所示）为例来介绍直流稳压电源的使用方法。PS-303D 直流稳压电源是专门为实验室、学校和生产线的使用而设计的，其输出电压在 0 V 和标称值之间连续可调，输出负载电流同样也可在 0 V 和标称值之间连续可调。

直流稳压电源面板介绍如图 2-38 和图 2-39 所示。

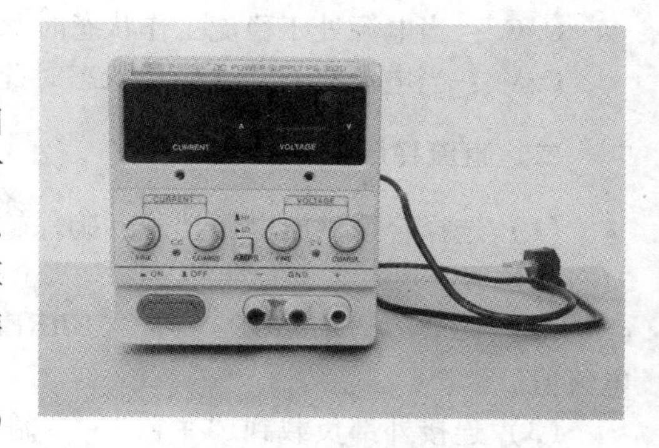

图 2-37 PS-303D 直流稳压电源

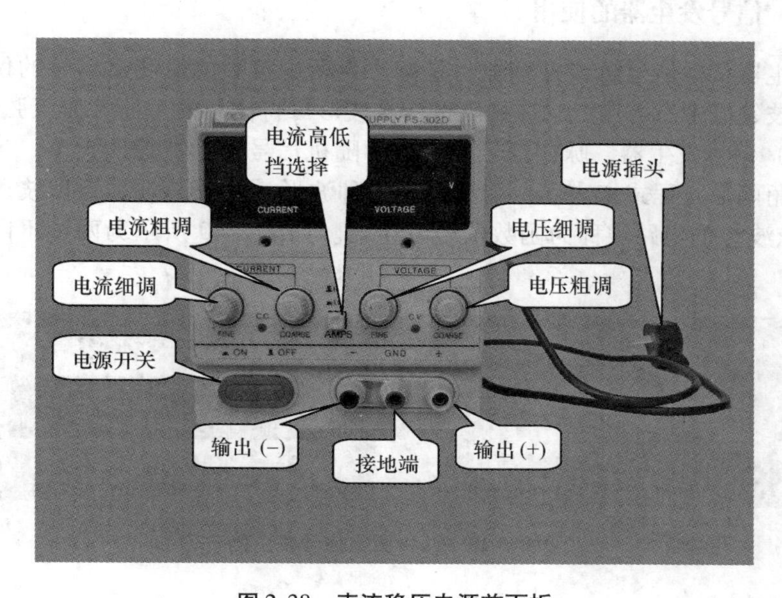

图 2-38 直流稳压电源前面板

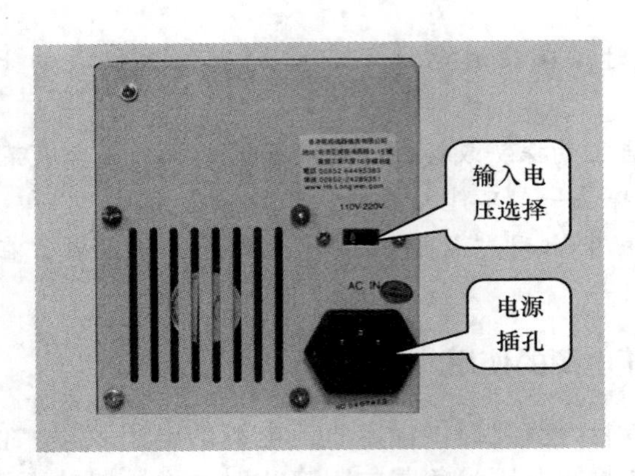

图2-39　直流稳压电源后面板

前面板上两个指示灯的作用为：

C. C.：当电源处于稳流工作状态时此灯亮；

C. V.：当电源打开并在稳压状态时此灯亮。

二、直流稳压电源的使用

（1）选择合适供电电源挡位，确保输入电源电压正确。接通电源，将电源开关置于“NO”位置。

（2）调节“VOLTAGE”和“CURRENT”旋钮（粗调和细调）到需要的输出电压和电流值。

（3）连接外部负载到“+”“-”输出端子。

知识链接2　信号发生器的使用

信号发生器又称信号源或振荡器，是指产生所需参数的电测试信号的仪器，它在生产实践和科技领域中有着广泛的应用。按信号波形可将信号发生器分为正弦信号发生器、函数（波形）信号发生器、脉冲信号发生器和随机信号发生器等四大类。各种波形曲线均可以用三角函数方程式来表示。能够产生多种波形［如三角波、锯齿波、矩形波（含方波）、正弦波］的电路被称为函数信号发生器。如图2-40所示为两种不同的函数信号发生器。

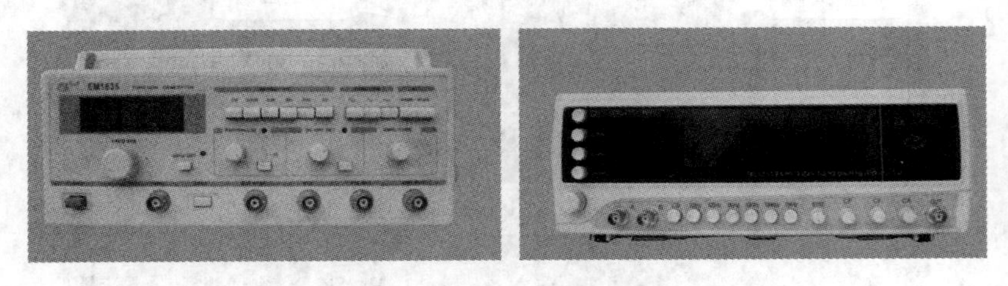

图2-40　两种函数信号发生器

一、函数发生器概述

本书以 EM1635 函数发生器为例讲解信号发生器的工作原理和使用方法。EM1635 函数发生器能产生正弦波、方波、三角波、脉冲波、锯齿波等波形，频率范围宽，最高可达 5 MHz。它具有直流电平调节、占空比调节、VCF 功能，具有 TTL 电平，可单次脉冲输出，频率显示采用数字显示。

函数发生器的各旋钮功能见函数发生器附带的说明书，其实物外形和面板说明如图 2-41 所示。

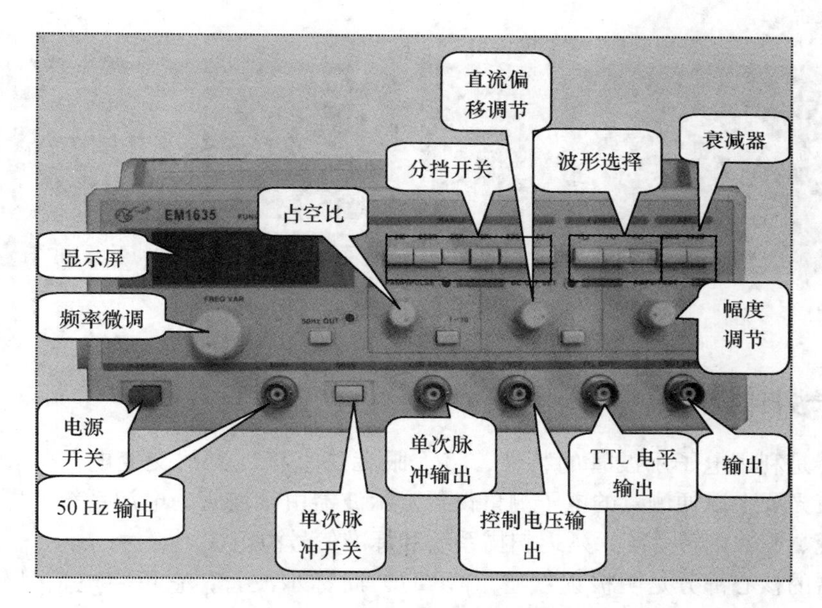

图 2-41　函数信号发生器面板

二、信号发生器的使用

（1）将仪器接入 AC 电源，按下电源开关。

（2）按下所需选择波形的功能开关。

（3）当需要脉冲波和锯齿波时，按入 $f\div10$ 按钮并调节 RAMP/PUSE 旋钮，此时频率值 ÷10；其他状态时按出 $f\div10$ 按钮。

（4）当需要小信号输出时，按入衰减器。

（5）调节频率微调旋钮至所需的输出频率。

（6）调节幅度至所需的输出幅度。

（7）调节直流电平偏移至所需要设置的电平值，其他状态时关掉直流电平偏移调节旋钮，直流电平将为零。

（8）当需要 TTL 信号时，从 TTL 输出端输出，此电平将不随功能开关改变。

（9）VCF：把控制电压从 VCF 端输入，则输出信号频率将随输入电压值而变化。

（10）需要单次脉冲时，从 OUT SPSS 端输出，按动一次 SPSS 开关，即可得到一个单次脉冲。

知识链接3　示波器的使用

在电子产品的研发、调试和维修工作中，常常需要对各种电路进行检测，其中示波器是一种最常用的测试仪表。示波器是测量信号波形的专用仪器，除了用于观测信号波形外还能测量信号的电压、电流、频率、相位差及失真度等。因此，正确掌握示波器的使用，能够为科研、生产调试及维修工作带来高效率。如图 2-42 所示为模拟示波器和数字存储示波器。

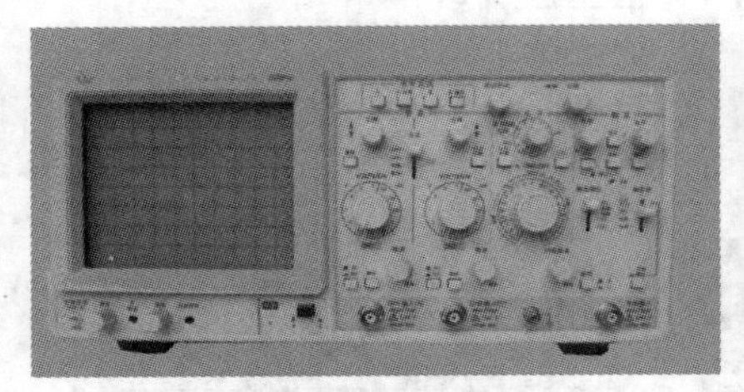

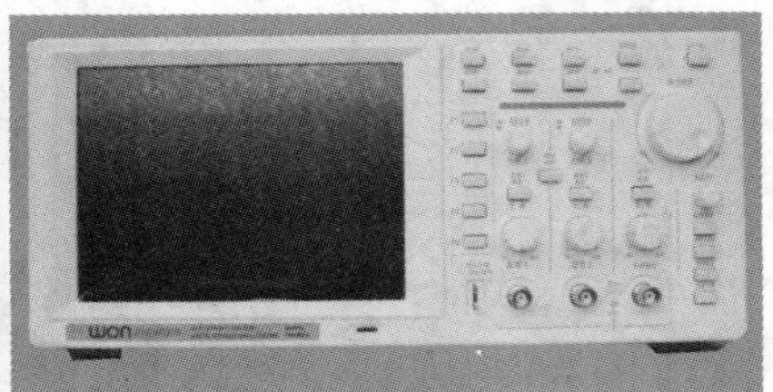

图 2-42　示波器

一、示波器概述

示波器是利用电子示波管的特性，将人眼无法直接观测的交变电信号转换成图像，并显示在荧光屏上以便测量的电子测量仪器。示波器由示波管、电源系统、同步系统、X 轴偏转系统、Y 轴偏转系统、延迟扫描系统和标准信号源组成。

示波器的核心部分是阴极射线管（CRT），简称示波管，它可将电信号转换成光信号。电子枪、偏转系统和荧光屏三部分密封在一个真空玻璃壳内，构成一个完整的示波管。本书以 YB4320G 型双踪模拟示波器为例讲解示波器的基本使用，其各旋钮功能见示波器附带的说明书，实物外形如图 2-43 所示。

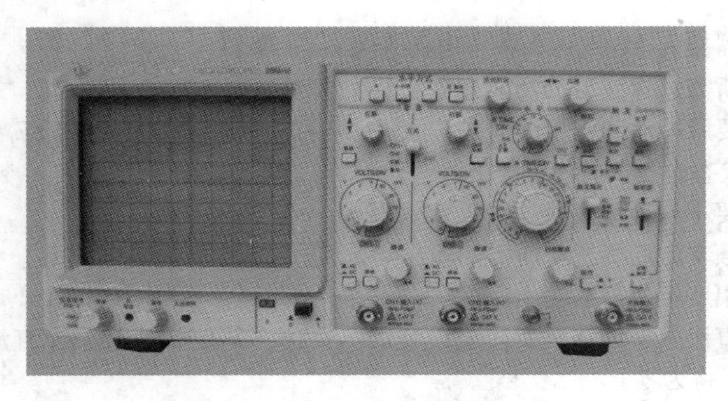

图 2-43　YB4320G 型双踪模拟示波器

二、示波器的使用方法

1. 示波器使用前的设置和调整

示波器旋钮设置参见表2-2。使用示波器对电路进行检测前要注意示波器的初始设置位置，在开机前应对这些旋钮的位置进行检查调整。

表2-2　示波器初始设置位置

垂直位移	中间位置
水平位移	中间位置
垂直方式	CH1
扫描方式	AUTO
触 发 源	CH1
时 间 格	1mSec
辉　　度	中间位置

2. 示波器的开机及调整

检测信号之前，应先使示波器进入准备状态。按下电源开关按钮，此时电源指示灯亮；约10s后，屏幕上显示出一条水平亮线，这条水平亮线就是扫描线；然后再微调聚焦旋钮，使扫描线略为清晰，这时就完成了示波器的初始准备（如图2-44所示）。

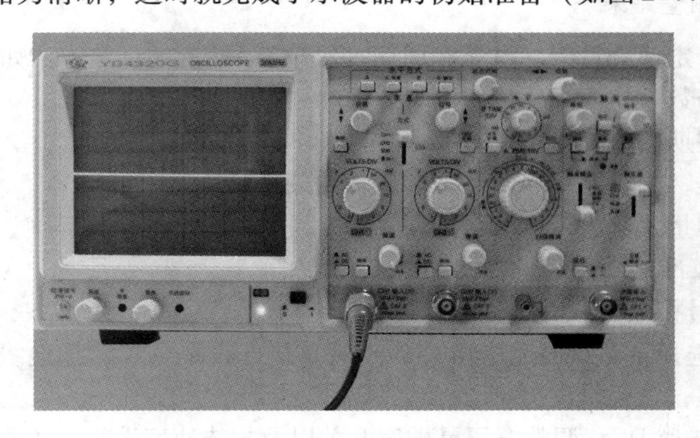

图2-44　示波器开机显示

在测试信号之前应检查探头、插头、引线电缆及按钮是否正常，还可以采用输入一个人体感应信号进行测试。简单的做法是用手摸一下示波器探头，测试在示波管是否会出现一个不规则的干扰信号。也可使用示波器上的标准1 kHz的校准信号输入至示波器，有波形出现则表明示波器已处于准备状态。

3. 输入被测信号

信号的输入是由探头（如图2-45所示）来完成。探头的一端具有一个挂钩，检测波形时可以钩到电路的元件引脚上；挂钩外有一个护套，内有弹簧。检测时用手将护套拉下，

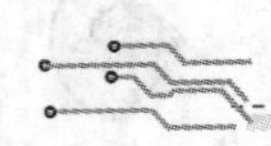

挂钩才露出来（如图2-46所示）。探头中间有个接地环和接地夹，用于与被测电路的地线相接。在探头的尾部有一个衰减开关，可以进行×1挡或是×10挡的选择。×10挡即表示检测送入的信号被衰减1/10，因此示波器上的观测值要乘以10才是真实结果。注意，在×10挡测量信号波形时必须调整探头上的电容，以使方波的顶部平直。在×1挡测量实际上就是被测量信号直接送到示波器，而没有衰减，此时示波器上的观测值即为真实结果。

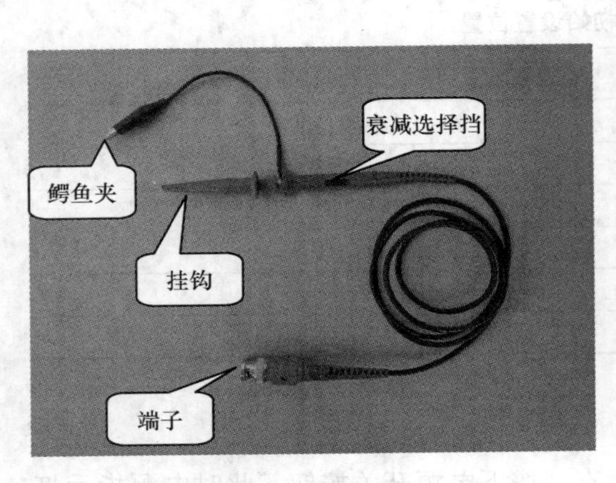

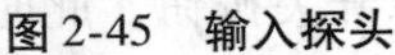

图2-45　输入探头

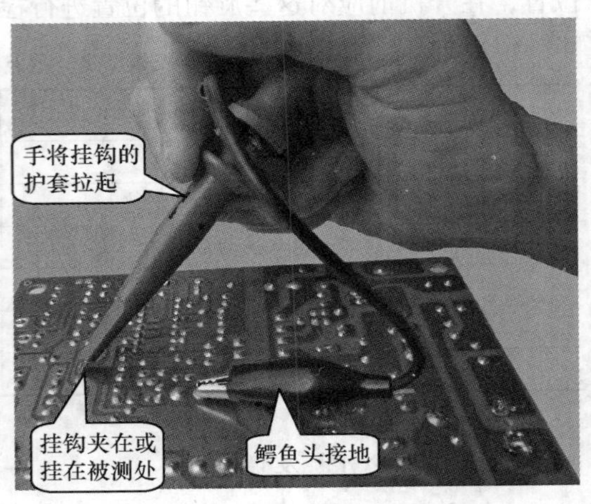

图2-46　测量电路板波形

4. 观测读取测量结果

示波器有两个定值测量值：电压和周期（频率）。两者的读数方法如下：

电压＝纵向格数×VOLTS/DIV

周期＝一个周期格数×TIME/DIV

需要注意的是，在读取结果时，微调旋钮要旋至最小值。

下面以两个测量实例进行讲解。

【例2-1】　校准信号的测量。

① 把校准信号接入CH1通道；

② 扫描方式选择自动，通道选择CH1，耦合方式选择GND，把地线通过垂直位移旋钮调整到屏幕中央；

③ 耦合方式选择DC，调整电压灵敏度开关以及扫描速率选择开关到合适位置，读出幅度和周期（如图2-47所示）。

读数： $V_{pp}=4\text{DIV}\times0.5\ \text{V/DIV}=2\ \text{V}$

$T=5\text{DIV}\times0.2\ \text{ms/DIV}=1\ \text{ms}$

$f=1/T=1\ \text{kHz}$

【例2-2】　$f=2\ \text{kHz}$；$V_{pp}=5\ \text{V}$的正弦波的测量，实验步骤与【例2-1】基本相同，对于正弦波耦合方式选择AC（如图2-48所示）。

读数： $V_{pp}=5\text{DIV}\times1\ \text{V/DIV}=5\ \text{V}$

$T=5\text{DIV}\times0.1\ \text{ms/DIV}=0.5\ \text{ms}$

$f=1/T=2\ \text{kHz}$

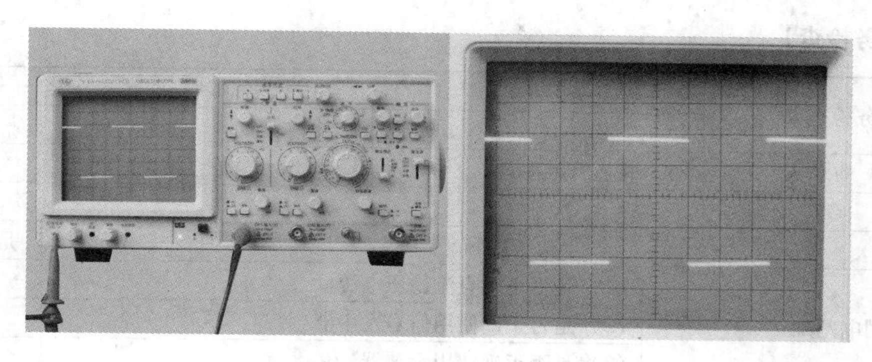

图 2-47　基准信号测量

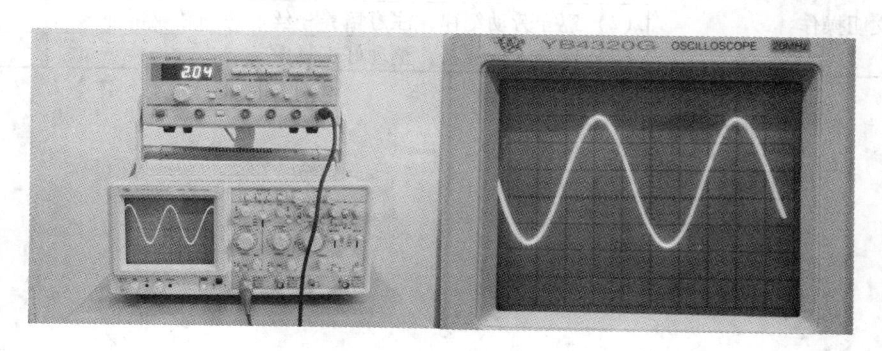

图 2-48　正弦波测量

5. 双通道波形对比

双踪示波器可同时由 CH1 和 CH2 输入两个待观察信号，并将两个信号波形同时显示在显示屏上进行对比观测。如图 2-49 所示，将垂直方式调至双踪，由 CH1 输入示波器的基准信号，由 CH2 输入信号发生器给出的信号。

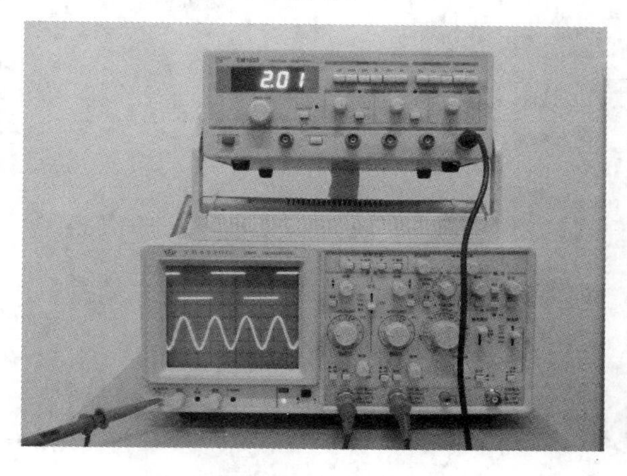

图 2-49　信号对比

注意，关闭电源之前，将“辉度”按逆时针方向旋至最小。

【任务检查】

任务检查单	任务名称	姓　名	学　号
检　查　人	检查开始时间	检查结束时间	

检查内容		是	否
1. 安全用电基础	(1) 是否正确直流稳压电源		
	(2) 是否正确使用信号发生器		
	(3) 是否正确使用示波器		
2. 安全文明操作	(1) 注意用电安全，遵守操作规程		
	(2) 遵守劳动纪律，注意培养一丝不苟的敬业精神		
	(3) 保持工位清洁，整理好工具设备		

项目3　常用元器件的识别与检测

项目分析

通过专业理论知识的学习后，我们掌握了电子线路的基本知识，学会了看电路图。而当我们打开任何一款电子产品的后盖，都会看到电路板上装满了各式各样密密麻麻的电子元器件。那么，这些花花绿绿的电子元器件都是什么呢？上面的标志又是什么含义呢？如何对它们的好坏进行检测？又如何将它们与所学的电路中的图形符号结合起来？本项目将分别从识别、分类和检测等几个方面对常用电子元器件进行阐述和学习。

情景设计

场景布置：教师在实验室的每个工作台上准备电阻、电容等各种类型的电子元器件。
媒体播放：展示各种电子产品电路板上的电子元件的图片。

任务3.1　无源元器件的识别与检测

【任务目的】

1. 了解电阻器、电容器、电感器的分类、主要参数及标志方法。
2. 掌握电阻器、电容器、电感器的识别与检测。

【任务内容】

1. 色环电阻器的识读。
2. 电阻器的识别与检测。
3. 电容器的识别与检测。
4. 电感器的识别与检测。

任务训练1　电阻器的识别与检测

1. 训练目的：学会识读色环电阻器和测量电阻器。

2. 训练内容：认识电阻器，了解电阻器的分类、色环电阻器的识读，并能用万用表检测电阻器。

3. 训练方案：5个学生组成一个小组，每个小组挑选一名组长。每人领固定电阻器、可调电阻器和敏感电阻器各5只，先自己熟悉色环电阻器的识读与检测，并用万用表测量验证是否识读正确，然后再互相检查，在规定时间1分钟内完成20支色环电阻的识读。组长负责对组员的电阻数据检查并组织讨论，完成任务后对每个组员的测试结果做出评价。

【注意事项】

1. 由于人体有一定的阻值，因此在测量大于10 kΩ以上的电阻器时，手不要触及万用表的表笔和电阻器的引脚部分，以免人体电阻增大测量误差。

2. 在电路板上在路测量元器件电阻值时，应先切断电源。

知识链接1　电阻器

一、电阻器的识别

在电路中，电流通过导体时，导体对电流有一定阻碍作用，利用这种阻碍作用做成的元件称为电阻器。电路中常见的固定电阻器和电位器如图3-1所示。

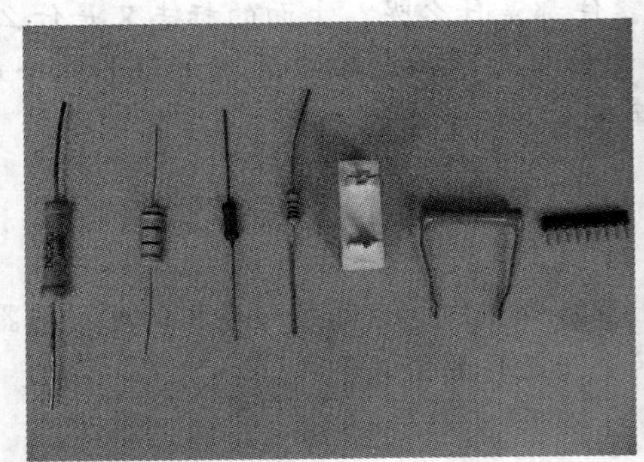

图3-1　常见的固定电阻器和电位器

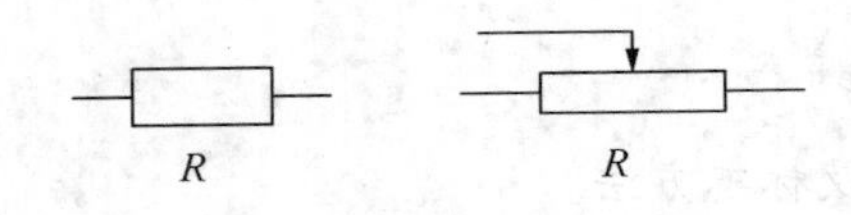

图3-2　电阻器的符号

电阻器是最基本的电子元器件之一，在电路中起分压、分流和限流作用。在电原理图中，电阻器一般用字母“*R*”加数字表示，如*R*8表示编号为8的电阻器。常用电阻器的图形符号如图3-2所示。

1. 电阻器的参数

（1）标称阻值和允许误差。标称阻值指电阻器出厂时标注在电阻体表面的值。电阻器的基本单位用欧姆（Ω）表示，还有较大的单位千欧（kΩ）和兆欧（MΩ），其换算关系为$1\ M\Omega = 10^3\ k\Omega = 10^6\ \Omega$。由于工艺、环境、运输等原因，一般电阻器的标称阻值与实际阻值之间都有一定偏差，此偏差通常称为阻值的允许误差。通用电阻器的阻值误差分为3个等级：Ⅰ级为±5%，Ⅱ级为±10%，Ⅲ级为±20%。精密电阻器的阻值误差有以下11个等级：±2%、±1%、±0.5%、±0.25%、±0.2%、±0.05%、±0.02%、±0.01%、±0.005%、±0.002%、±0.001%。

（2）额定功率。额定功率是指电阻器在直流或交流电路中，在规定的额定温度下长期安全使用所允许消耗的最大的功率值，通常称为标称功率。电阻器的额定功率有两种表示方法：一种是2 W以上的电阻器直接用阿拉伯数字标注在电阻体表面；另一种是2 W以下的碳膜或金属膜电阻器，可以根据其几何尺寸判断其额定功率的大小。

（3）电阻器的温度系数。一般情况下，电阻器的阻值会随着工作温度变化而变化。这种变化直接影响电路工作的稳定性，因此应使温度影响尽量小。通常用电阻温度系数来表示电阻器的温度稳定性。电阻温度系数是指温度每升高或降低1℃所引起的电阻值的相对变化量。电阻温度系数越大，则该电阻器的温度稳定性越差。

2. 电阻器的标示方法

电阻器主要有以下四种标示方法。

（1）直标法：指将电阻器的类别、标称阻值、允许误差、额定功率等参数用阿拉伯数字和单位符号直接标注在电阻体表面。其优点是便于观察（如图3-3所示）。

（2）文字符号法：指为了防止小数点在印刷不清时引起误解，用阿拉伯数字和单位文字符号有规律的组合起来表示标称阻值和允许误差的方法（如图3-4所示）。文字符号法规定，用于表示阻值时，字母符号R、Ω、K、M、G等之前的数字表示阻值的整数部分，之后的数字表示阻值的小数部分，字母的符号表示单位。文字符号法中表示允许误差的符号参见表3-1。

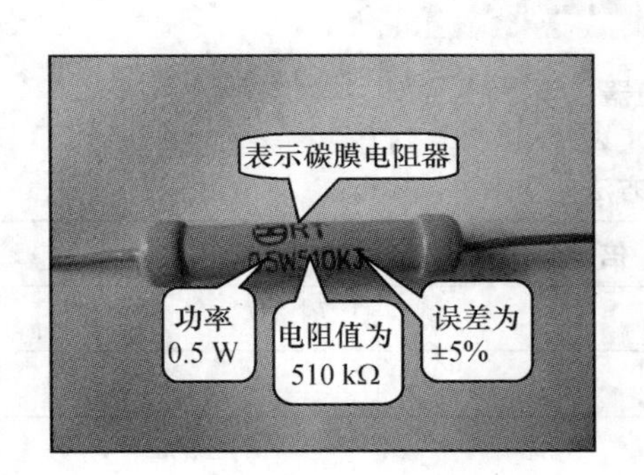

图3-3　直标法电阻器

图3-4　文字符号法电阻器

表3-1　文字符号法允许误差标识符号

文字符号	B	C	D	F	G	J	K	M	N
允许误差	±0.1%	±0.25%	±0.5%	±1%	±2%	±5%	±10%	±20%	±30%

（3）数码法：指用三位整数表示电阻阻值的方法。数码顺序是从左向右，前面两位数表示有效值，第三位表示倍率（即10的n次方），单位为Ω。如贴片电阻器标示为“473”，则表示其电阻值为47×10^3 Ω，即47 kΩ（如图3-5所示）。

（4）色环法：指用不同颜色的色环在电阻器表面标出标称阻值和允许误差的方法，其颜色规定参见表3-2。

目前，有四色环电阻器和五色环电阻器两种表示法（如图3-6所示）。

四色环：前两位色环代表的数字为有效数字，第三位色环代表倍率（即10的n次方），最后一条色环表示允许误差。

五色环：前三位色环代表的数字为有效数字，第四位色环代表倍率（即10的n次方），最后一条色环表示允许误差。对于五色环电阻，由于精度较高，其允许误差值往往不再是金色、银色等较易判别的颜色，这就导致了不好判别第一环和最后一环。此时，可采用排除法来判别。例如，参照表 3-2 可看出，橙色、黄色、灰色不可做允许误差，不可能为最后一环。再如，我国生产的标准电阻最大阻值一般不超过 20M，像紫色、灰色、白色等作为倍率过大，故一般应为第二环，而不应作为倍率。

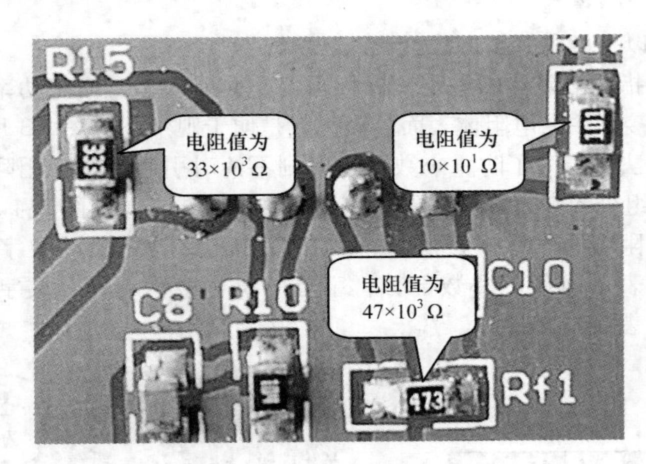

图 3-5　数码法电阻器

表 3-2　色环的表示方法

颜　　色	有效数字	倍　　率	允许误差
黑色	0	10^0	–
棕色	1	10^1	±1%
红色	2	10^2	±2%
橙色	3	10^3	–
黄色	4	10^4	–
绿色	5	10^5	±0.5%
蓝色	6	10^6	±0.2%
紫色	7	10^7	0.1%
灰色	8	10^8	–
白色	9	10^9	±（50%～20%）
金色	–	10^{-1}	±5%
银色	–	10^{-2}	±10%
无色	–	–	±20%

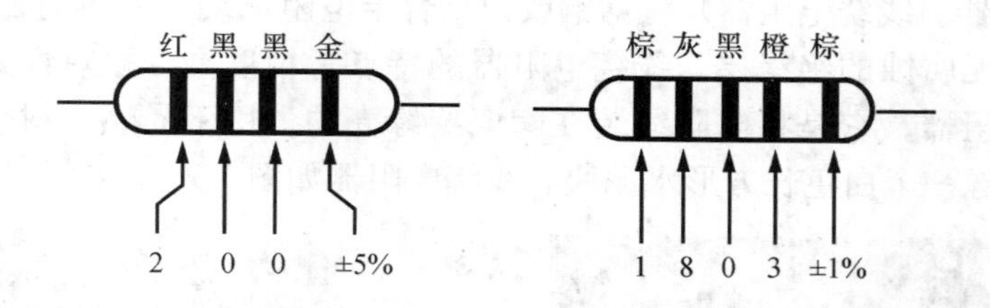

(a) 电阻值为$20\times10^0=20\Omega$，误差±5%　(b) 电阻值为$180\times10^3=180k\Omega$，误差±1%

图3-6　色环电阻读数

二、电阻器的种类

电阻器的种类很多。根据电阻器的工作特性可将之分为固定电阻器和可调电阻器：阻值固定不变的电阻器称为固定电阻器，阻值在一定范围内连续可调的电阻器称为可调电阻器或电位器。根据材料不同，电阻器可分为碳膜电阻器、金属膜电阻器、线绕电阻器等；根据用途不同，电阻器可分为高频电阻器、大功率电阻器、热敏电阻器等；根据封装不同，电阻器又可分为引线电阻器、贴片电阻器等。下面对这些电阻器进行分类介绍。

1. 常用固定电阻器

（1）碳膜电阻器（RT）。碳膜电阻器是按照一定的工艺要求在陶瓷棒上涂一层碳膜，并在碳膜上刻出螺纹槽来调整电阻值，然后两端压装引线帽，并在表面涂上保护漆，最后在漆膜表面印上标志。碳膜电阻器具有稳定性好、阻值范围宽等优点，其阻值可以制成几欧至几十兆欧，而且价格低。从颜色上区分，碳膜电阻器一般外壳为土黄色。碳膜电阻器是目前使用最广的电阻器（如图3-7所示）。

（2）金属膜电阻器（RJ）。金属膜电阻器外形和碳膜电阻器相近，只是电阻膜是在陶瓷棒表面用蒸镀法完成，经过切割调试以达到要求的阻值。金属膜电阻器外壳的颜色一般为蓝灰色（如图3-8所示），它比碳膜电阻器的精度更高，稳定性更好，阻值范围更宽。

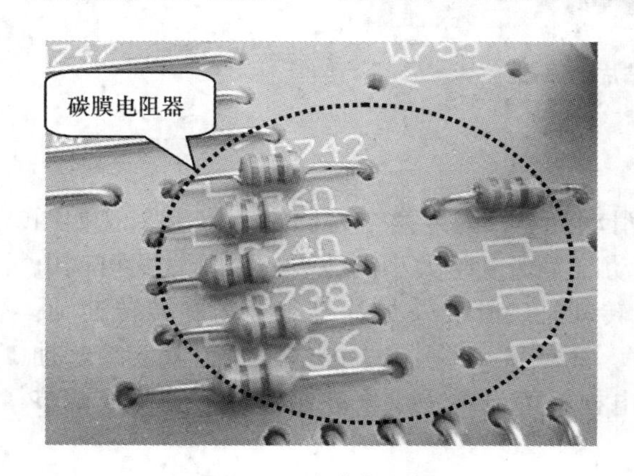

图3-7　碳膜电阻器

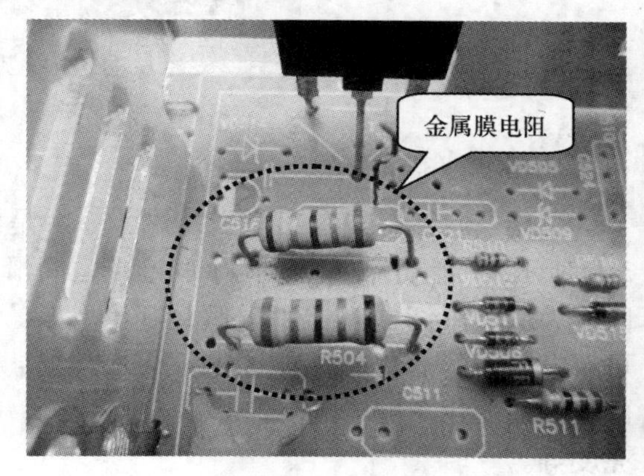

图3-8　金属膜电阻器

（3）线绕电阻器。线绕电阻器是将锰铜或镍铬合金电阻丝绕在耐热的瓷体上制成的，在外层涂上耐湿、无腐蚀的绝缘层。线绕电阻器的特点是精度高、耐热性好。水泥电阻器也是一种线绕电阻器，它是将电阻线装在陶瓷绝缘壳中，用不易燃、耐热的特殊水泥密封而成，其外形像一个白色长方形水泥块。线绕电阻器如图 3-9 所示。

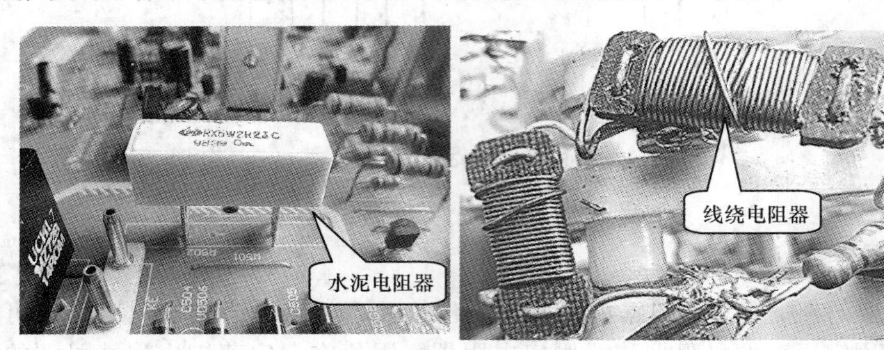

图 3-9　线绕电阻器

（4）贴片电阻器。贴片电阻器又称无引线或短引线的新型微小型电阻器，它适合于在没有通孔的印制板上贴焊安装，是表面安装技术的专用元器件（如图 3-10 所示）。贴片电阻器按其形状可分为矩形、圆形和异形三类。

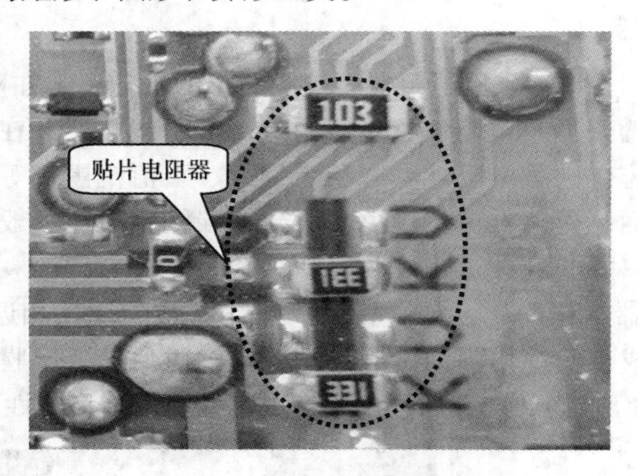

图 3-10　贴片电阻器

2. 可调电阻器

可调电阻器对外有三个引出端，一个是滑动片 A，另外两个是固定片 B 和 C（如图 3-11所示）。滑动片可以在两个固定端之间滑动以实现电阻大小的改变。以旋转式可调电阻器为例，可调电阻器由电阻体、滑动片、转动轴、外壳及焊片等组成。旋转转动轴，可调电阻器的滑动片紧贴电阻体转动，这样 A、B 或 B、C 引出端的电阻阻值就会随着轴的转动而变化。可调电阻器一般在收音机、电视机等设备中用来控制音量、音调或调节亮度等。

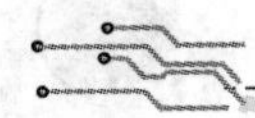

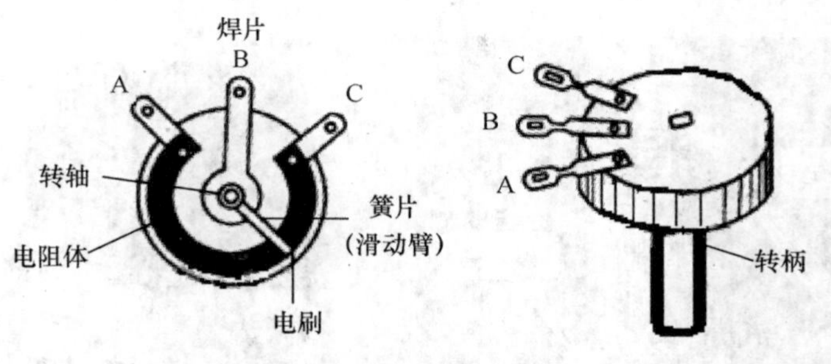

图 3-11　可调电阻器

3. 敏感类电阻器

敏感类电阻器指电阻值对于温度、光通量、电压、湿度、磁通、气体浓度和机械力等物理量敏感的电阻元器件，这些元器件分别称为热敏、光敏、压敏、湿敏、磁敏、气敏和力敏电阻器。如图 3-12 所示是几种常用敏感类电阻器。

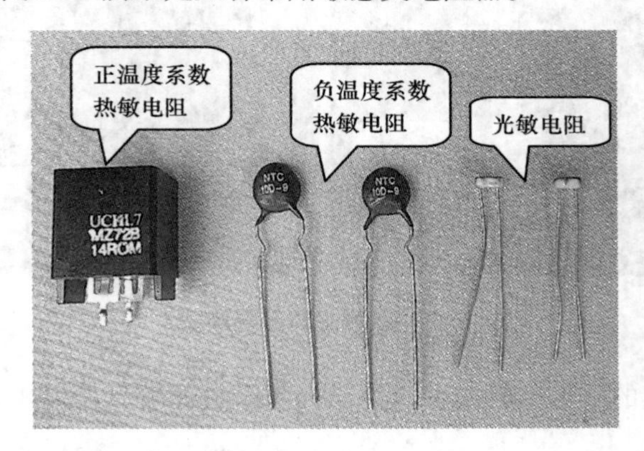

图 3-12　敏感类电阻器

三、电阻器的检测

对于电阻器的测量主要使用万用表的欧姆挡，通过测量阻值来判断其是否开路、短路等。

1. 固定电阻器的测量

（1）在路测量法。在路测量法是指在不断开电阻与电路连接的情况下进行直接测量（如图 3-13 所示）。在路测量法的具体方法如下。

① 首先将电源断开，先观察电阻器表面是否损坏，有无烧焦、引脚断裂或脱焊等现象，如果有则电阻器损坏。

② 如果电阻器外观没问题，接着根据电阻器的标注，读出贴片电阻器的阻值。

③ 接着清洁电阻器两端的焊点，去除氧化层和灰尘。

④ 清洁完成后，根据电阻器的标称阻值将数字万用表打到欧姆挡量程，接着将万用表的红、黑表笔分别放在电阻器的两端焊点上，记录万用表显示的数值（如图 3-14 所示）。

图 3-13　测量电阻值

⑤ 将红、黑表笔调换位置，再次测量，记录第 2 次万用表显示测量的数值。

图 3-14　调换表笔再测量

⑥ 比较两次测量的阻值，取较大的值与标称阻值比较，如果相差接近，说明电阻器正常。

（2）开路检测法。在路测量时，由于电阻器与其他电路构成并联关系，常常会导致较大测量误差（通常比实际测量值小）。此时，可采用开路测量法，即将被检测的电阻器从电路板上拆焊下来再测量（如图 3-15 所示）。开路测量法的具体方法如下。

① 首先将电源断开，观察电阻器是否损坏，有无烧焦、引脚断裂或脱焊等现象，如果有则电阻器损坏。

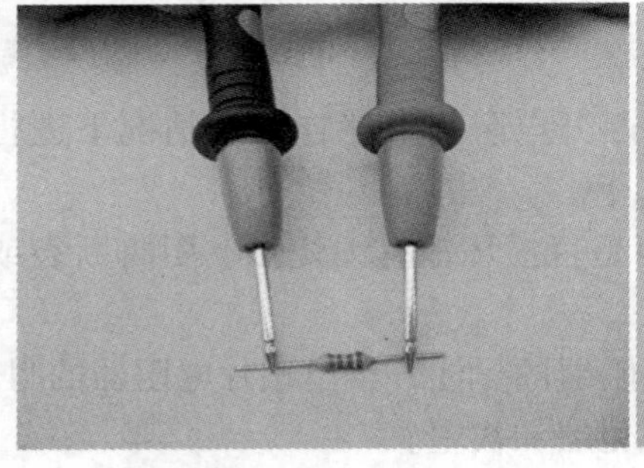

图 3-15　测量电阻值

② 如果电阻器外观没问题，再将电阻器从电路板上拆下来，根据色环读出电阻器的阻值。

③ 清洁金属膜电阻器两端的焊点，去除氧化层和灰尘。清洁完成后，根据电阻器的标称阻值将数字万用表调到欧姆挡量程，接着将万用表的红、黑表笔分别放在电阻器的两端，记录万用表显示的数值。

④ 将测量的阻值与标称阻值比较。如果两者较接近，则可判断电阻器正常；如果测量值与标称阻值相差很大，则说明电阻器已损坏。

2. 可调电阻器的测量

检查可调电阻器时，首先要转动旋柄，感觉旋柄转动是否光滑，开关是否灵活。如果转动声音很大，则说明有磨损；如果转动没有声音，则说明可调电阻器良好。一般可调电阻器采用开路法测量，具体方法如下。

（1）将万用表的两支表笔分别放在可调电阻器的两个定片上（如图 3-16 所示）。测得阻值为 22 × 1 K，即 22 kΩ，此阻值是两个定片之间的最大阻值。如果显示的电阻值与标称阻值相差很多，则表明可调电阻器已经损坏；如果与可调电阻器的标称阻值相近，则应再进一步测量。

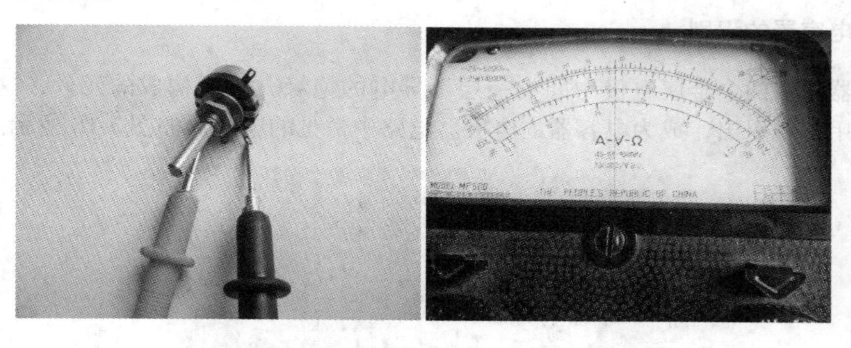

图 3-16　测量定片之间的电阻值

（2）用万用表红、黑表笔分别接触可调电阻器定片和任意一个动片，慢慢旋转轴柄，电阻值应逐渐增大或减小，阻值的变化范围应该在 0 ～ 22 kΩ 或 22 ～ 0 kΩ；并且旋转轴柄时，阻值的读数应平稳变化。若有跳动现象，则说明触点有接触不良的故障（如图 3-17所示）。

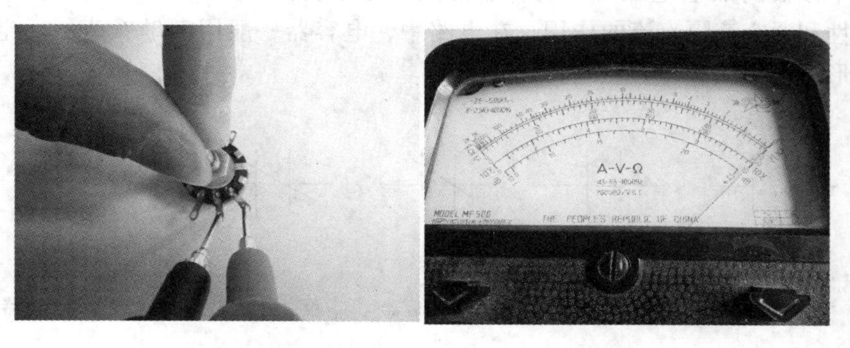

图 3-17　测量定片和动片之间的电阻值

任务训练 2　电容器的识别与检测

1. 训练目的：掌握常用电容器的识别与检测。

2. 训练内容：电容器的识别与检测。

3. 训练方案：5 个学生组成一个小组，每个小组挑选一名组长，每个学生均要单独完成电容器的检测。组长负责组织对组员的测量结果进行检查并组织讨论，完成任务后对每个组员的测试结果做出评价。

【注意事项】

1. 使用可变电容器时，转动转轴松紧程度应适中，有过紧或松动现象的电容器不应使用。除此之外，有碰片现象或短路的电容器也不应使用。

2. 在对电容器进行测量时，应先将电容器两端放电。如果电容器存有较高电荷，则不可直接放电，否则可能导致因剧烈放电而损坏元器件。此时，可采用将一电阻接于两脚端进行缓慢放电后再行测量。

知识链接 2　电容器

一、电容器的识别

电容器是由两个金属电极中间夹一层不导电的绝缘介质所构成的元件，这两个金属电极分别用引线引出，成为电容器的电极。电路中常见的电容器如图 3-18 所示。

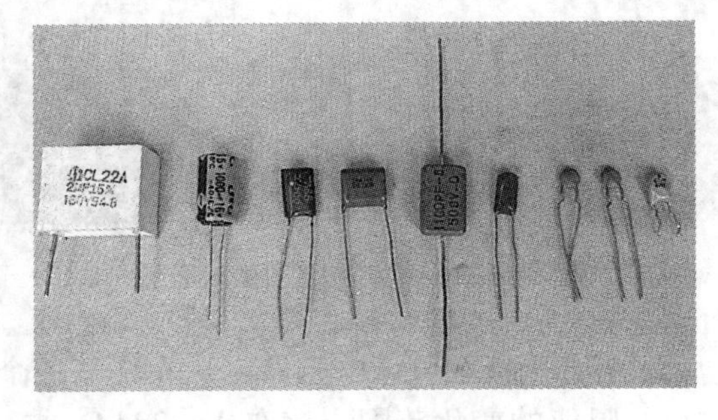

图 3-18　电容器

当两个极板间加上电压时，电容器就能储存电荷。所以，电容器在电路中具有充、放电的特性和通交流隔直流的作用。在电路中，电容器一般用字母 C 表示。电容器常见的电路图形符号如图 3-19 所示。

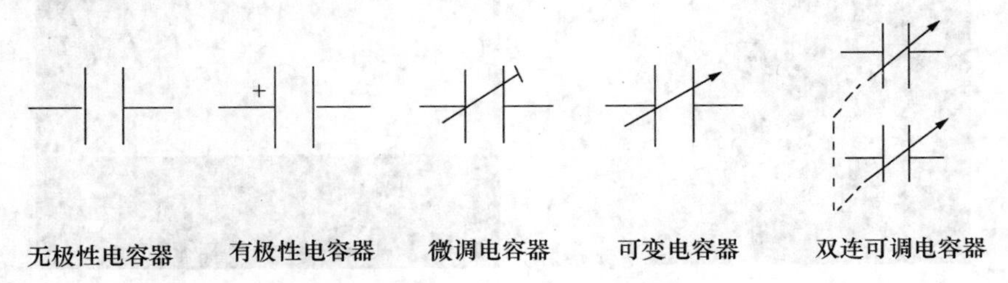

图 3-19　电容器的符号

1. 电容器的主要参数

（1）耐压值。在规定温度范围内，电容器在电路中长期可靠地工作而不被击穿所能承受的最大直流电压即为电容器的耐压值。

（2）标称容量和允许误差。

① 标注在电容器外壳上的值称为标称容量。电容量的基本单位用法拉（F）表示，此外还有较小的单位微法（μF）、纳法（nF）和皮法（pF），其换算关系为 $1F = 10^6 \mu F = 10^9 nf = 10^{12} pF$。标称容量越大，电容器储存电荷的能力越大。

② 电容器的标称容量与其实际容量之差再除以标称容量所得的百分比就是允许误差。电容器的允许误差主要有 ±1%、±2%、±5%、±10%、±15%、±20% 等 6 个等级，这 6 个等级分别用字母表示（参见表 3-3）。

表 3-3　允许误差等级符号

允许误差等级	±1%	±2%	±5%	±10%	±15%	±20%
符号	F	G	J	K	L	M

（3）绝缘电阻。电容器两极之间的电阻称绝缘电阻，也称漏电阻。绝缘电阻越大，则漏电流越小，表明电容器质量越好。

2. 电容器的标示方法

（1）直标法：指用数字和字母把规格、型号直接标注在外壳上。该方法主要用在体积较大的电容器上。

电解电容器的负极通常用“－”符号表示该引脚的负极。例如，电容器标注“35 V/3300 μF”，则表示该电容器的耐压值为 35 V，电容量为 3300 μF。

凡是带小数点的数值，若无单位标注，则表示 μF。例如，电容器标示“.033”，即表示电容量为 0. 033 μF。

不带小数点的数值，若无单位标注，则表示 pF。例如，电容器标示“6800”，即表示电容量为 6800pF（如图 3-20 所示）。

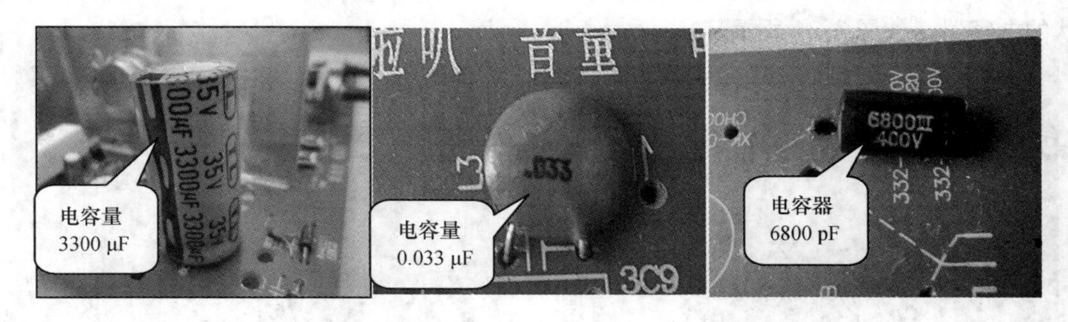

图 3-20　直标法

（2）文字符号法：指用字母和数字两者结合的方法标注电容器的主要参数（如图 3-21 所示）。

（3）数码法：一般用三位数字表示容量的大小，其中第一、二位为有效数字，第三位表示倍率，其单位为 pF（如图 3-22 所示）。

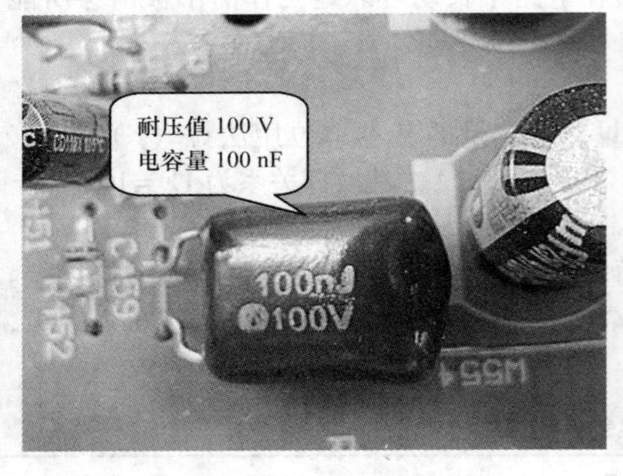

图 3-21　文字符号法

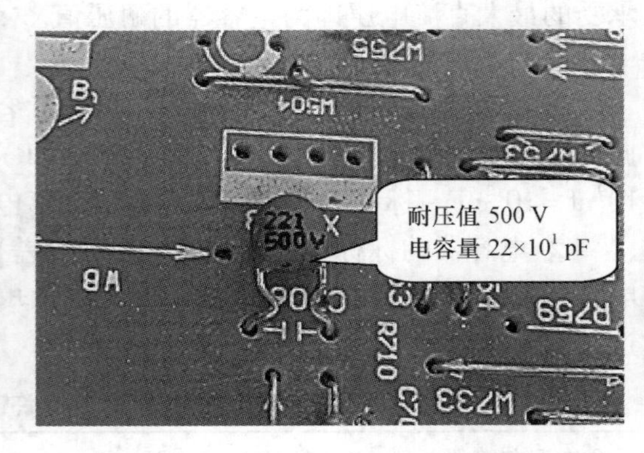

图 3-22　数码法

（4）色环法：电容器的色环法与电阻器的色环法基本相似，标志的颜色符号级与电阻器相同，其单位是皮法（pF）。

二、电容器的种类

在制造电容器时选择不同的介质就可制作不同种类的电容器。电容器一般按照结构可分为固定电容器和可调电容器两种，按有无极性又可分为有极性电容器和无极性电容器两种。下面介绍按材料分类的几种常见电容器。

1. 瓷介电容器

瓷介电容器是一种用氧化钛、钛酸钡等为原材料制成陶瓷并作为介质而制成的电容器。这种电容器通常做成片状，故又称为瓷片电容器。常见的瓷介电容器外形如图 3-23 所示。

2. 聚苯乙烯电容器

聚苯乙烯电容器是以金属箔为电极，将聚苯乙烯等塑料薄膜从两端重叠后卷绕成筒状的电容器（如图 3-24 所示）。

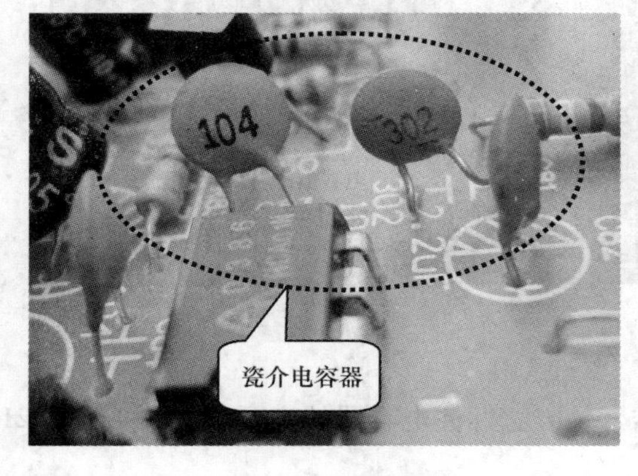

图 3-23　瓷介电容器

图 3-24　聚苯乙烯电容器

3. 涤纶电容器

涤纶电容器又称金属化聚酯薄膜电容器，具有稳定性好、可靠性高、使用寿命长等优点（如图3-25所示）。

4. 金属化纸介电容器

金属化纸介电容器是用金属箔做电极，夹在极薄的电容纸中，然后封装在金属壳中制成（如图3-26所示）。

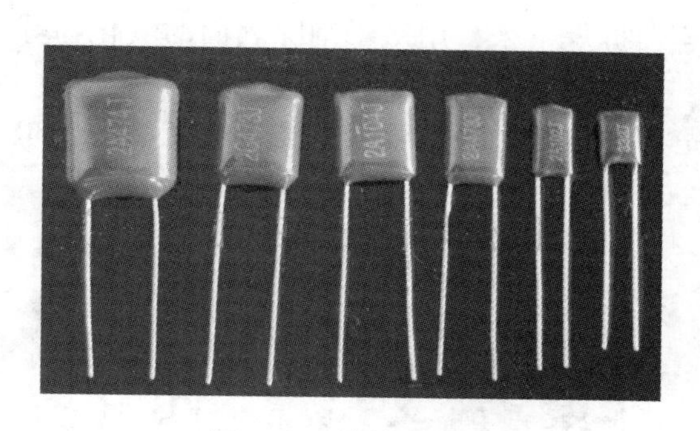

图3-25　涤纶电容器

图3-26　金属化纸介电容器

5. 云母电容器

云母电容器是在云母片上喷涂银层作为电极板，电极板和云母一层一层叠和后，再封装在环氧树脂中制成的一种电容器。云母电容器具有绝缘电阻优良、温度系数好、容量精度高等优点（如图3-27所示）。

6. 电解电容器

电解电容器以铝、钽、铌等金属为阳极，用稀硫酸、硼酸等配液为负极，用铝、钽、铌等金属表面生成的氧化膜作为介质（如图3-28所示）。

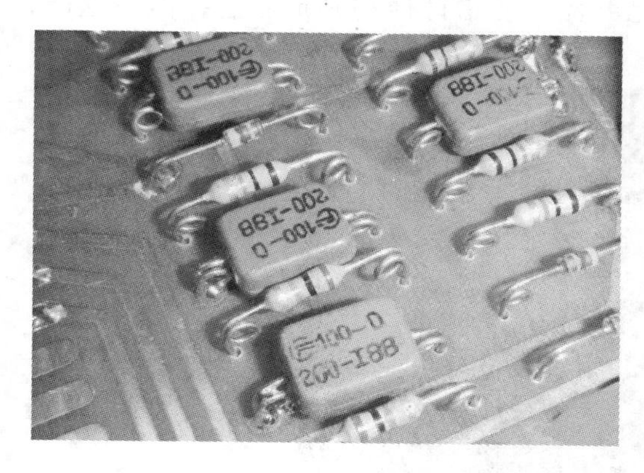

图3-27　云母电容器

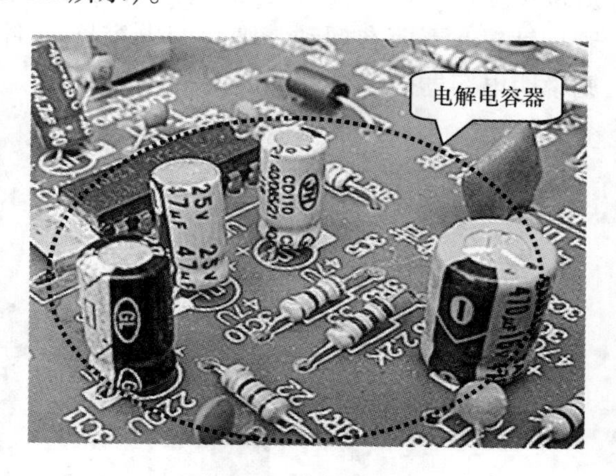

图3-28　电解电容器

三、电容器的检测

1. 电容器质量的判断

本项目以电解电容器为例讲解电容器质量的判断。电解电容器的常见故障有击穿短路、漏电、容量消失等。电解电容器的故障检测一般是在开路状态下用万用表的电阻挡判断，方法如下。

（1）首先检查电路板上的电解电容器是否损坏，有无烧焦、引脚断裂等现象；如果有，则电解电容器损坏。

（2）如果外观没问题，将待测的电解电容器拆焊下来，用镊子刮除表面的氧化物等（如图 3-29 所示）。

（3）检测之前，用万用表表笔金属部分先将电容器的两个引脚短接放电（如图 3-30 所示）。

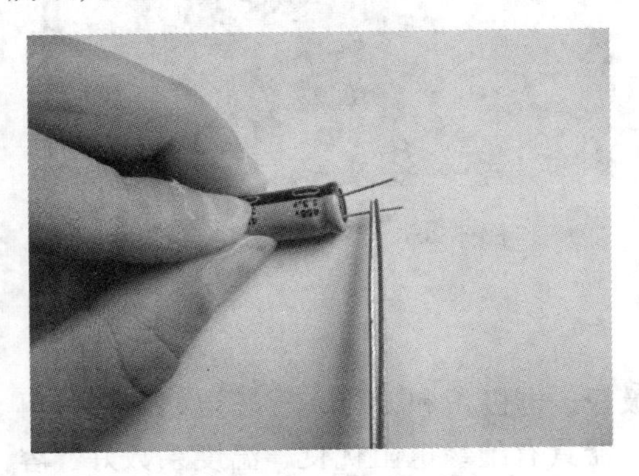

图 3-29　处理电容器引脚

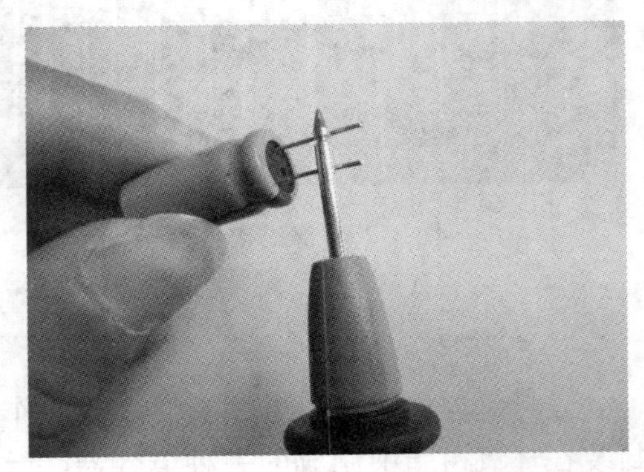

图 3-30　电容器放电

（4）放电后，将指针式万用表转换开关拨在 R×1 K 或 R×100 挡，并进行欧姆调零；接着将红表笔接电容器的负极，黑表笔接电容器的正极，若此时指针迅速向右摆动，然后慢慢退回接近∞，则说明该电容器正常；若返回时不到∞处，则说明电容器漏电流大；若指针根本不向右摆动，则说明电容器内部已开路；若指针摆动到最右边，但不返回，则说明电容器已击穿（如图 3-31 所示）。

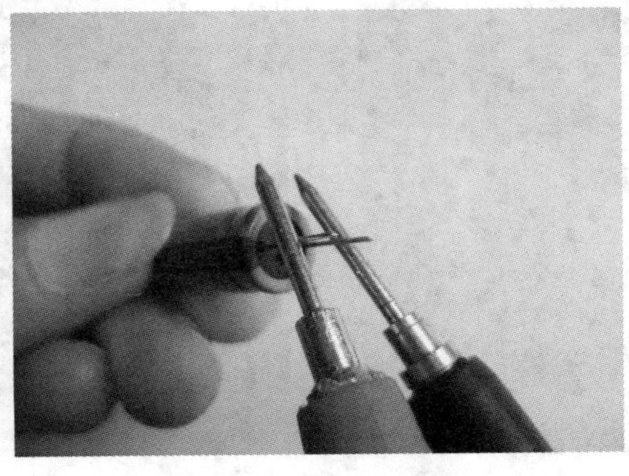

图 3-31　电容器质量的判断

2. 电容器容量的测量

使用具有电容测量功能的数字万用表可容易地将电容器的容量测量出来。

（1）检测之前，先将电容器的两个引脚短接放电。

（2）先根据电容器的标称容量选择合适的电容量程。例如标称容量为105，则可将数字万用表的旋钮调到电容挡的2 μF量程。

（3）然后将万用表的表笔插入电容器测试孔内（如图3-32所示），用表笔接触电容器的两电极，此时显示的数值1.074 μF即为电容器的实际值。

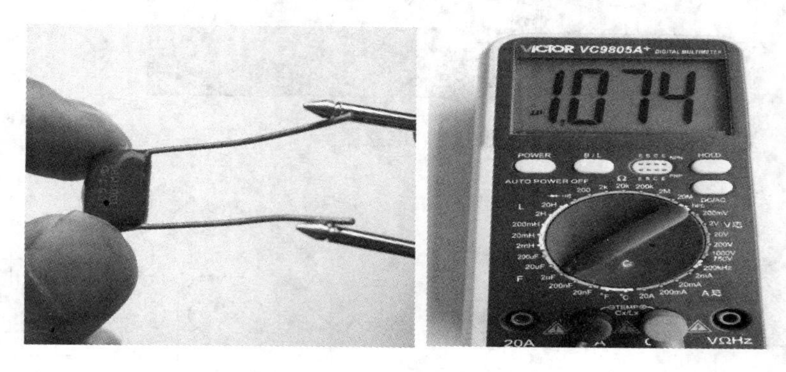

图3-32　用数字万用表测电容量

任务训练3　电感器的识别与检测

1. 训练目的：掌握常用电感器的识别与检测。

2. 训练内容：电感器的识别与检测。

3. 训练方案：5个学生组成一个小组，每个小组挑选一名组长，每个学生均要单独完成电感器的检测。组长负责组织对组员的测量结果进行检查并组织讨论，完成任务后对每个组员的测试结果做出评价。

【注意事项】

1. 电感器的磁性材料属于易碎品，在运输、贮存和使用过程中要注意轻拿轻放。

2. 在测量电感器的大小时，应先按规定在被测电感上施加交变电流，电流的频率越接近该电感的实际工作频率越好。

知识链接3　电感器

一、电感器的识别

电感器是由外皮绝缘的铜或合金导线绕制的线圈制成的，在线圈内插入的磁性材料称为磁芯。没有磁芯的电感器称为空芯电感器，有磁芯的电感器称为磁芯电感器，磁芯在电感器中的位置可以调整的电感器称为可调电感器。电路中常见的电感器如图3-33所示。

电感器也是一种储能元件，具有阻碍交流电的特性，在电路中用字母L表示。不同类型的电感器由不同的符号表示（如图 3-34 所示）。

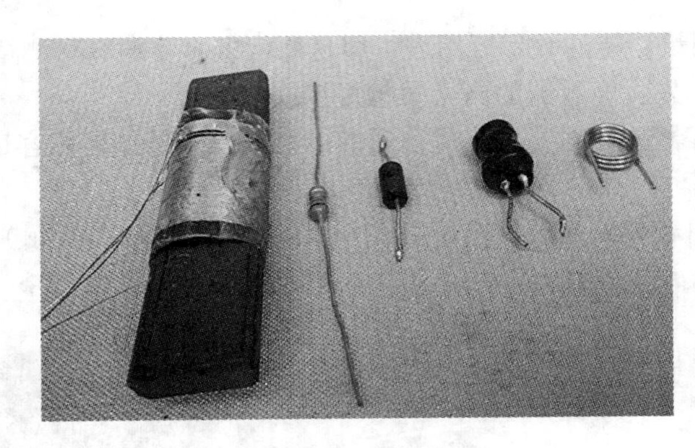

图 3-33　电感器

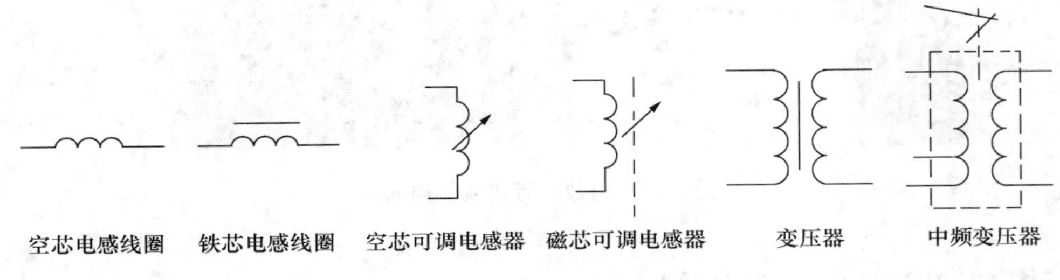

图 3-34　电感器的符号

1. 电感器的参数

(1) 电感量：用于表示电感线圈工作能力的大小。电感量的大小取决于线圈导线的直径、绕制的形状、线圈的匝数等。电感量的基本单位为亨利（H），也常用毫亨（mH）和微亨（μH）表示，其关系为 $1H = 10^3$ mH $= 10^6$μH。电感量的误差可分为：F 级（±1%）、G 级（±2%）、H 级（±3%）、J 级（±5%）、K 级（±10%）、L 级（±15%）、M 级（±20%）、P 级（±25%）和 N 级（±30%），最常用的是 J、K、M 级。

(2) 线圈的品质因数：用于表示在某一工作频率下，线圈的感抗对其等效直流电阻的比值。

(3) 固有电容：是指线圈绕组的匝数与匝数之间存在的分布电容。

(4) 最大工作电流：取电感器额定电流的 1.25～1.5 倍为最大工作电流，一般应降额 50% 使用方较为安全。

2. 电感器的命名

国产电感器的型号由三部分组成：第一部分用字母表示主称，第二部分用符号表示电感器的电感量，第三部分表示电感器的允许误差，

3. 电感器的标志

(1) 直标法：用数字和字母将电感量的标称阻值和允许误差直接标在电感器的表

面上。

（2）文字符号法：将电感量的标称阻值和允许误差用数字和文字符号按一定规律组合标注在电感体上。

（3）色标法：在电感器表面涂上不同的色环代表电感量，与电阻器色标法类似。例如，电感器的色标为“棕绿黑金”，则其电感量为 $15\times10^{0}\mu H$（如图3-35所示）。

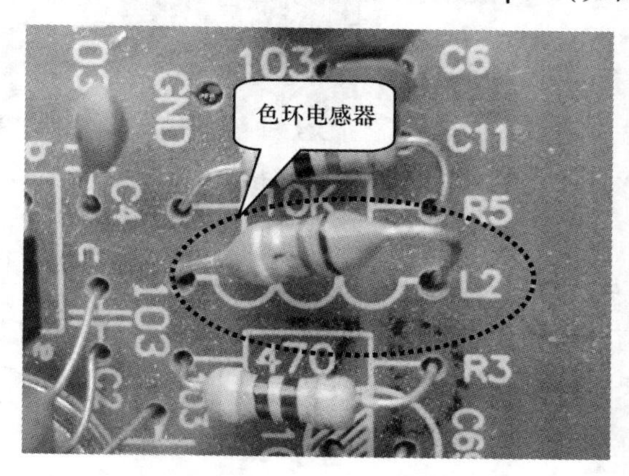

图3-35　色标法电感器

（4）数码法：用三位数字来表示电感量的标称值。电感器的数码法与电阻器的数码法相同。

二、电感器的种类

电感器按工作性质可分为高频电感器、低频电感器等，按封装形式分为普通电感器、色环电感器、贴片电感器等，按电感量分为固定电感器和可调电感器。

1. 固定电感器

固定电感器是用漆包线直接绕在棒形、工字形等磁芯上，具有体积小、安装方便等优点（如图3-36所示）。

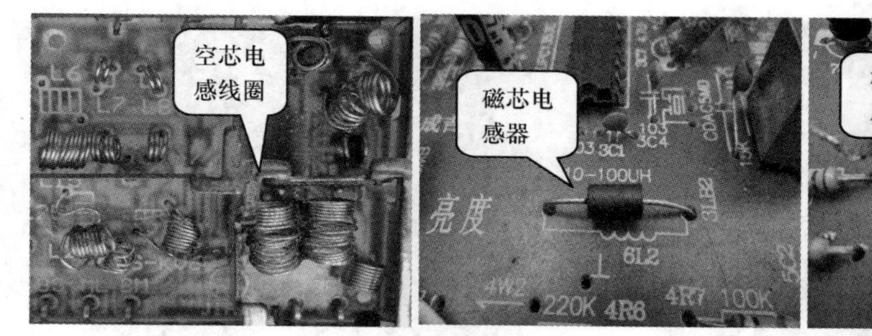

图3-36　固定电感器

2. 可调电感器

可调电感器是在普通的线圈中插入瓷芯，并在线圈中设置一滑动的接点或将两个线圈串联，均匀改变线圈之间的相对位置使电感量发生变化的电感器（如图3-37所示）。

图3-37　可调电感器

3. 中周线圈

中周线圈又称中频变压器，是由磁芯、磁罩、塑料骨架和金属屏蔽壳组成。线圈绕制在塑料骨架上，骨架引脚可直接焊在印制电路板上（如图3-38所示）。

4. 变压器

变压器是变换电压、电流和阻抗的器件。它利用电磁感应原理，使两组或两组以上的线圈相互间感应电压、电流，从而达到升压或降压的功能。

一般变压器由铁芯和线圈等组成，线圈为两个或更多的绕组。接电源的绕组称为初级绕组，接负载的称为次级绕组。

（1）铁芯由磁导率较高的软磁材料制成，一般要求它的磁导率较高、损耗小、磁感应强度高。由于铁芯损耗与工作频率有关，因此随着工作频率的不同，制造铁芯的材料也不同。电源变压器的工作频率一般为50～100 Hz，一般采用绝缘硅钢片叠合而成。音频变压器的工作频率从几十赫兹到若干千赫兹，一般也采用硅钢片。低电平的音频变压器由于工作磁通密度较低，故常采用铁镍合金高磁导率铁氧体。中频变压器和高频变压器的工作频率由几百千赫兹到几兆赫兹，一般采用铁氧体材料。

（2）变压器的绕组一般采用漆包线绕制（如图3-39所示）。

图3-38　中周线圈

图3-39　变压器

三、电感器的检测

1. 采用数字万用表电感挡检测

首先检查外观，看电感器的线圈有无松散，引脚有无折断、氧化等现象；然后用数字式万用表的电感挡测量线圈的电感量。若读数很小（即趋近于0），则说明电感器内部存在短路；若读数趋于∞，则说明电感器开路损坏；若读数接近标称值，则说明电感器正常（如图3-40所示）。

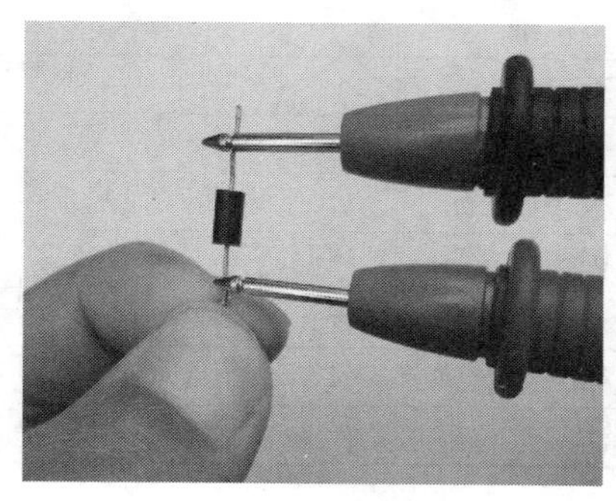

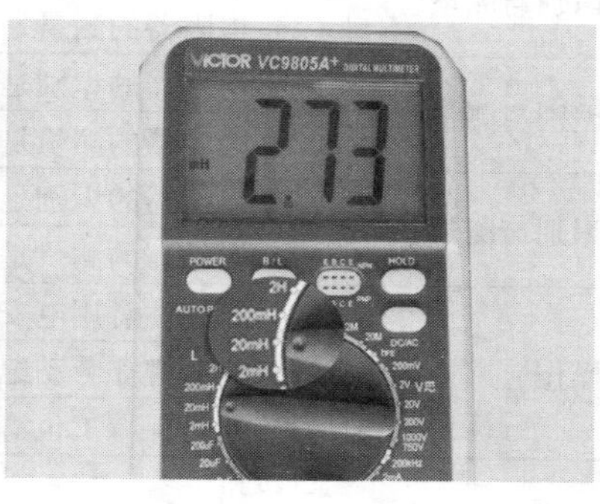

图3-40　固定电感器的测量

2. 采用数字万用表电阻挡检测

用万用表的欧姆挡也可大致判断电感器的好坏。一般电感器的电阻很小，如果测得电感器的电阻值无穷大，则说明电感器线圈内部或引出线已断开（如图3-41所示）。只要测量的读数接近于0，即可判断电感器基本正常。

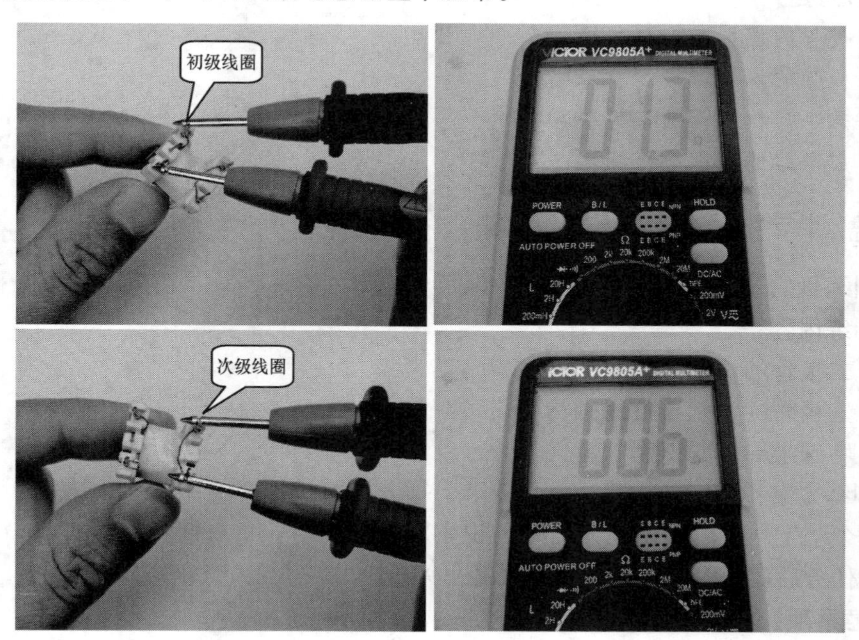

图3-41　变压器的测量

【任务检查】

<table>
<tr><td rowspan="2">任务检查单</td><td>任务名称</td><td>姓　　名</td><td>学　　号</td></tr>
<tr><td></td><td></td><td></td></tr>
<tr><td>检　查　人</td><td>检查开始时间</td><td colspan="2">检查结束时间</td></tr>
<tr><td></td><td></td><td colspan="2"></td></tr>
</table>

<table>
<tr><td colspan="2">检查内容</td><td>是</td><td>否</td></tr>
<tr><td rowspan="2">1. 电阻器的识别与测量</td><td>（1）色环电阻的识读是否熟练</td><td></td><td></td></tr>
<tr><td>（2）电阻器的测量是否正确</td><td></td><td></td></tr>
<tr><td rowspan="2">2. 电容器的识别与测量</td><td>（1）电容器的识别是否正确</td><td></td><td></td></tr>
<tr><td>（2）电容器的测量是否正确</td><td></td><td></td></tr>
<tr><td rowspan="2">3. 电感器的识别与测量</td><td>（1）电感器的识别是否正确</td><td></td><td></td></tr>
<tr><td>（2）电感器的测量是否正确</td><td></td><td></td></tr>
<tr><td rowspan="3">4. 安全文明操作</td><td>（1）是否注意用电安全，遵守操作规程</td><td></td><td></td></tr>
<tr><td>（2）是否遵守劳动纪律，注意培养一丝不苟的敬业精神</td><td></td><td></td></tr>
<tr><td>（3）是否保持工位清洁，整理好仪器仪表</td><td></td><td></td></tr>
</table>

任务3.2　有源元器件的识别与检测

【任务目的】

掌握半导体元器件的识别与检测。

【任务内容】

1. 二极管的识别与检测。
2. 三极管的识别与检测。
3. 特殊半导体的识别与检测。
4. 集成电路的识别与检测。

任务训练　半导体元器件的识别与检测

1. 训练目的：掌握半导体元器件的识别与检测。

2. 训练内容：

（1）二极管的识别与检测；

（2）三极管的识别与检测；

（3）特殊半导体的识别与检测。

3. 训练方案：5个学生组成一个小组，每个小组挑选一名组长，每人若干半导体元器件，每个学生均要单独完成元器件的识别与检测。组长负责组织对组员检查并组织讨论，完成任务后对每个组员的测量结果做出评价。

【注意事项】

1. 半导体元器件在电路中使用时电压、电流及环境温度都不得超过规定的极限值。

2. 在检测或更换半导体元器件时，首先要断开电源，才能进行拆、装、焊。

3. DIP 封装的芯片在从芯片插座上插拔时应特别小心，以免损坏引脚。

4. 电源接通时，不可移动、插入、拔出或焊接集成电路器件，否则会造成永久性损坏。

知识链接1　半导体二极管和三极管

将一个 PN 结引出两个电极再封装在密闭的管壳内，就构成的半导体二极管，其中与 P 区相连的引线是正极，与 N 区相连的引线是负极。在电路中常见的二极管如图 3-42 所示。

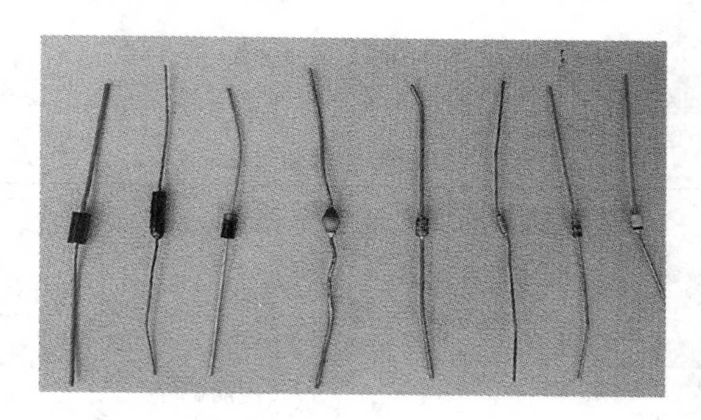

图 3-42　二极管

二极管常用字母 VD、ZD、D 加数字表示，如 VD6 表示编号为 6 的二极管。常用二极管在电路中的图形符号如图 3-43 所示。

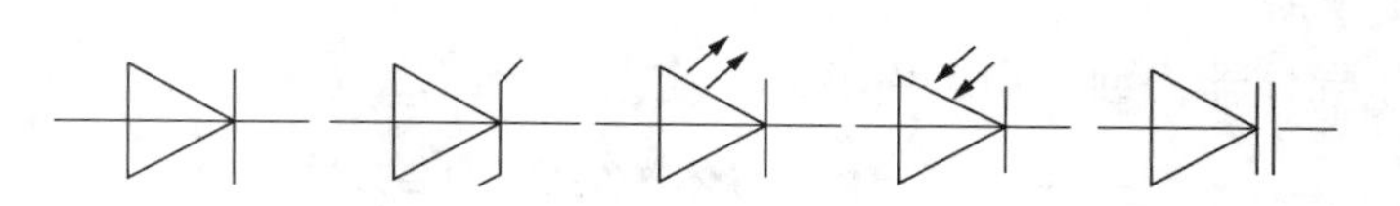

普通二极管　稳压二极管　发光二极管　光电二极管　变容二极管

图 3-43　二极管的电路符号

一、半导体二极管的识别

1. 二极管的参数

（1）最大正向电流：是在二极管正常工作下可以通过的最大正向平均电流。

（2）最高反向工作电压：是保证二极管不被击穿规定的反向峰值电压。

（3）反向击穿电压：在二极管两端加反向电压时，反向电流会很小，但当反向电压增大到某一数值时，反向电流突然增大，这种现象称为击穿。产生击穿时的电压称为反向击穿电压。

2. 二极管的命名

（1）国产二极管中，二极管的型号由 5 部分组成。各部分的数字和字母代表的含义参见表 3-4。

表 3-4　二极管的型号命名方法

第一部分		第二部分		第三部分		第四部分	第五部分
用数字表示电极数目		用字母表示材料和极性		用字母表示类别		序号	规格号
符　号	意　义	符　号	意　义	符　号	意　义	用数字表示	用字母表示
2	二极管	A	N 型锗材料	P	普通管		
		B	P 型锗材料	V	微波管		
		C	N 型硅材料	W	稳压管		
		D	P 型硅材料	L	整流管		

例如：2AP8 表示 N 型锗材料普通二极管。

（2）美国电子工业协会规定的半导体器件型号命名法参见表 3-5。

表 3-5　美国半导体型号命名方法

前　缀		第一部分		第二部分		第三部分		第四部分
表示用途		用数字表示 PN 结的数目		美国电子工业协会注册标志		美国电子工业协会登记的顺序号		用字母表示器件分挡
JAN 或 J	军用品	1	二极管	N	EIA 注册的半导体器件	多位数字	登记的顺序号	用 A、B、C、D 表示同一型号的不同挡位
		2	三极管					
无符号	非军用品	3	三个 PN 结器件					
		n	*n* 个 PN 结器件					

例如：1N4001 表示硅材料二极管。美国型号中不能反映元器件的材料、极性等，需要时可查阅相关手册。

（3）日本半导体器件型号命名由五部分至七部分组成（参见表 3-6）。

表 3-6　日本半导体器件型号命名方法

第一部分		第二部分		第三部分		第四部分	第五部分
数字	表示器件的电极数目	字母	表示日本电子工业协会注册产品	字母	表示极性和类型	用整数表示在日本电子协会登记的顺序号	用字母表示对原型号的改进产品
0	光电二极管	S	表示已在日本电子工业协会注册登记的半导体分立器件	A	PNP 型高频管	用两位以上的数字表示在日本电子协会登记的顺序号，其数字越大表示是近期的产品	用 A、B、C、D、E、F 表示对原型号的改进产品
				B	PNP 型低频管		
				C	NPN 型高频管		
1	二极管			D	NPN 型低频管		
				J	P 沟道场效应管		
				K	N 沟道场效应管		
2	三极管或晶闸管			M	双向可控硅		
				F	P 控制极可控硅		
				G	N 控制极可控硅		

例如，2SB642 表示低频 PNP 型三极管。

（4）韩国三星电子公司的晶体管是以四位数字来表示型号，如 9013、9014 等。

二、半导体二极管的分类

1. 整流二极管

利用二极管的单向导电性将交流电变成直流电的二极管称为整流二极管。整流二极管主要有金属封装、塑料封装和玻璃封装等多种形式。在通常情况下，额定正向工作电流在1 A以上的整流二极管采用金属封装，以便散热；额定正向工作电流在1 A以下的整流二极管采用塑料封装（如图3-44所示）。

2. 稳压二极管

稳压二极管的正向特性与普通二极管相似，但反向特性不同。当反向电压小于击穿电压时，整流二极管的反向电流很小；当反向电压接近击穿电压时，整流二极管的反向电流急剧增大，发生电击穿，此时即使电流再增大，二极管两端的电压也基本保持不变，从而起到稳压的作用。所以，稳压二极管在电路中工作在反向击穿区。在电路中常见的稳压二极管如图3-45所示。

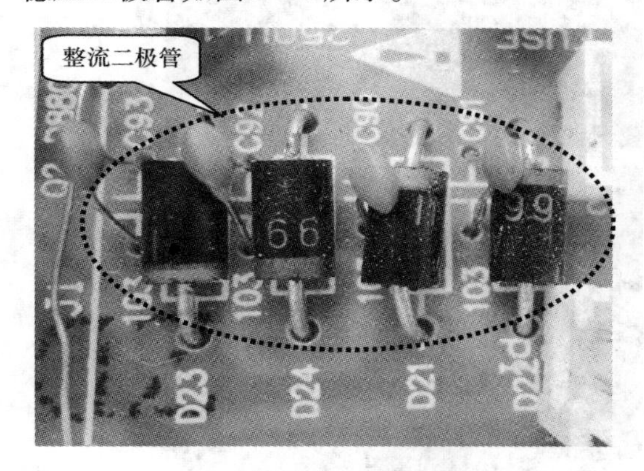

图3-44 整流二极管

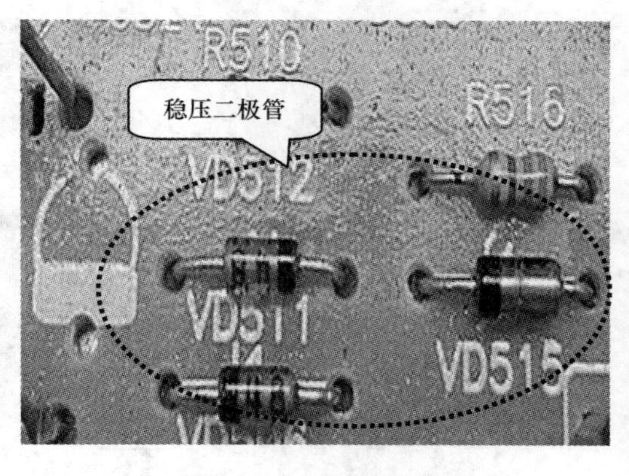

图3-45 稳压二极管

3. 发光二极管

发光二极管采用会发光的半导体材料制成，是可直接将电能转换为光能的器件。发光二极管的两根引线中较长的一根为正极，应接电源正极。有的发光二极管的两根引线一样长，但管壳上有一凸起的小舌，靠近小舌的引线是正极。发光二极管的核心部分是由P型半导体和N型半导体组成的晶片，在P型半导体和N型半导体之间有一个过渡层，称为PN结。发光二极管的特点是：工作电压很低；工作电流很小；抗冲击和抗震性能好，可靠性高，寿命长；通过调制通过二极管的电流强弱可以方便地调制发光的强弱。由于有这些特点，发光二极管可在一些光电控制设备中用作光源。目前常见的发光二极管发光颜色主要有蓝色、绿色、黄色、橙色、白色等（如图3-46所示）。

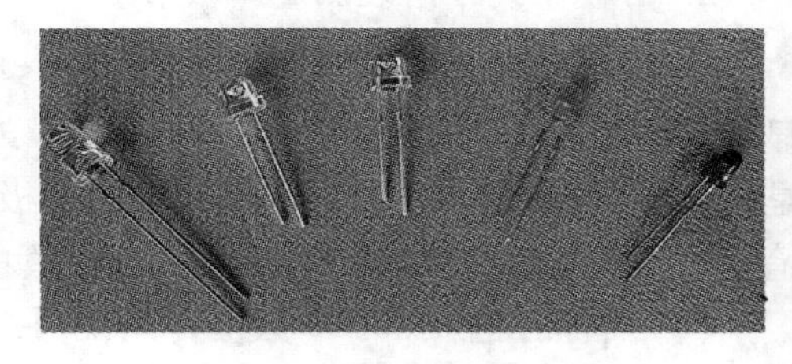

图3-46 发光二极管

三、二极管的检测

1. 用指针式万用表检测二极管

（1）将万用表置于 R×100 或 R×1 kΩ 挡，用万用表的红、黑表笔分别接触二极管的两个引脚，此时万用表会测得一大一小两个阻值。所测阻值小的那一次黑表笔接的是正极，红表笔接的是负极。

（2）确定了二极管的正负极后，再测量二极管的正、反向电阻。如图 3-47 所示，黑表笔接二极管的正极，红表笔接二极管的负极，所测的正向阻值为 3. 4 kΩ；黑表笔接二极管的负极，红表笔接二极管的正极，所测的反向阻值为无穷大。

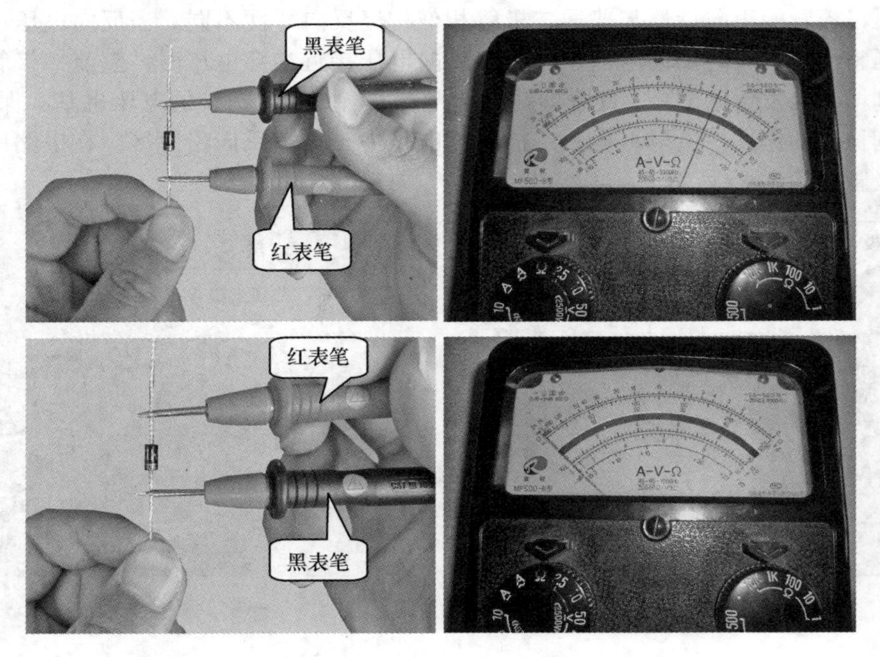

图 3-47　二极管正、反向电阻值的测量

（3）测量的正、反向电阻分析。若正、反向电阻均为无穷大，则说明二极管存在断路损坏；若正、反向电阻都趋于 0，则说明二极管被击穿损坏；若正、反向电阻相近，则说明二极管单向导电性不良。正常情况下，二极管的正向电阻为固定值，而反向电阻趋于无穷大。

2. 用数字式万用表测量二极管

（1）将量程开关拨至二极管挡。用红表笔接二极管正极，用黑表笔接二极管负极，显示器将显示出二极管的正向电压降值，单位是毫伏。若显示 150～300，则被测二极管是锗管；若显示 550～700，则被测量二极管为硅管。再用红表笔接二极管负极，用黑表笔接二极管正极，显示器将显示出二极管的反向电压降值（如图 3-48 所示）。

（2）若测得显示 0000 数值，则说明二极管已经短路；若显示“1”，则说明二极管开路或出于反向状态，可调换表笔再测。

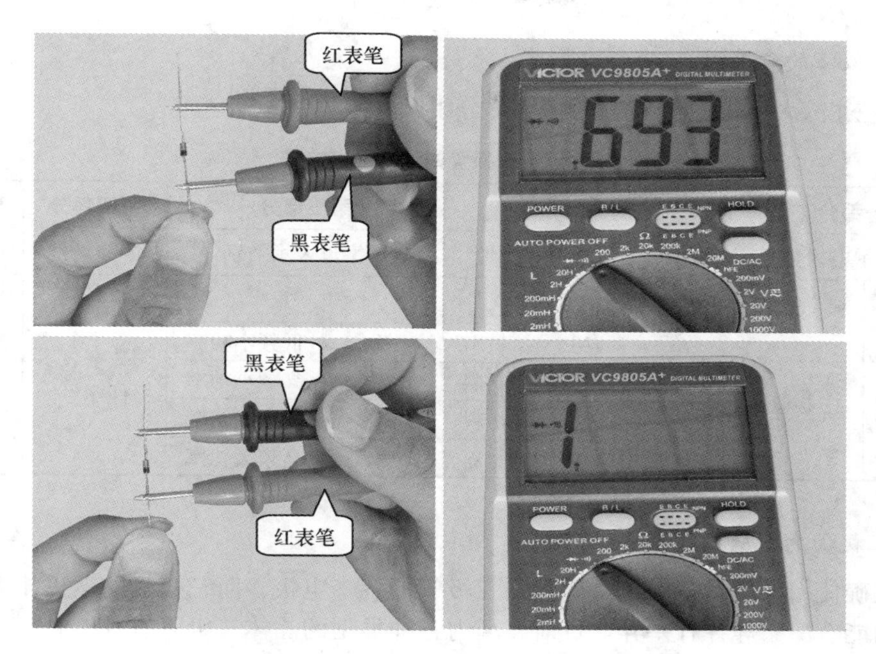

图3-48　用数字万用表判断二极管

四、半导体三极管的识别

半导体三极管也称双极型晶体管，简称三极管，是一种基极电流控制集电极电流的半导体器件。电路中常用的三极管如图3-49所示。

半导体三极管是组成放大电路的核心元件，其基本构成是由两个PN结形成三个区，即基区、集电区和发射区；由各区引出3个电极，分别为基极、集电极和发射极；再用固体材料封装起来，分别构成NPN和PNP两种类型。在电路中半导体三极管常用字母Q、V、BG等表示，图形符号如图3-50所示。

图3-49　三极管

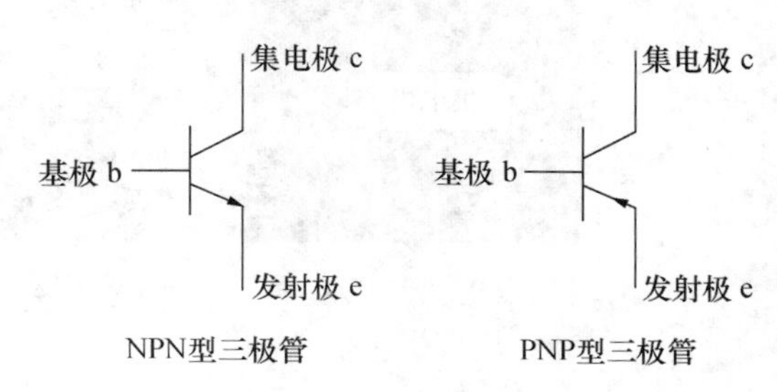

图3-50　三极管的符号

1. 三极管的参数

（1）交流电流放大系数：是表示三极管电流放大能力的参数。

（2）集电极最大允许耗散功率：指三极管参数变化不超过规定允许值时的最大集电极耗散功率。

2. 三极管的命名

国产三极管中，三极管的型号由5部分组成（参见表3-7）。

表3-7　三极管的型号命名方法

第一部分		第二部分		第三部分		第四部分	第五部分
用数字表示电极数目		用字母表示材料和极性		用字母表示类别		序　号	规 格 号
符　号	意　义	符　号	意　义	符　号	意　义		
3	三极管	A	PNP型锗材料	X	低频小功率	用数字表示器件序号	用字母表示规格号
		B	NPN型锗材料	G	高频小功率		
		C	PNP型硅材料	D	低频大功率		
		D	NPN型硅材料	A	高频大功率		

3. 三极管的引脚的识别

要正确使用三极管，就必须会识别三极管的各个电极，而三极管的电极排列顺序因型号、功能、厂家等各有差异。目前，国内各种类型的晶体三极管有许多种，管脚的排列不尽相同。在使用中如果不确定管脚排列的三极管，必须进行测量确定各管脚正确的位置，或查找晶体管使用手册，明确三极管的特性及相应的技术参数和资料。如国产的中、小功率金属封装三极管，通常在管壳上有一个凸起的定位销，面对管底，与定位销相邻最近的引脚为发射极，按顺时针方向依次为基极、集电极。大功率金属封装的三极管，其管壳为集电极（如图3-51所示）。

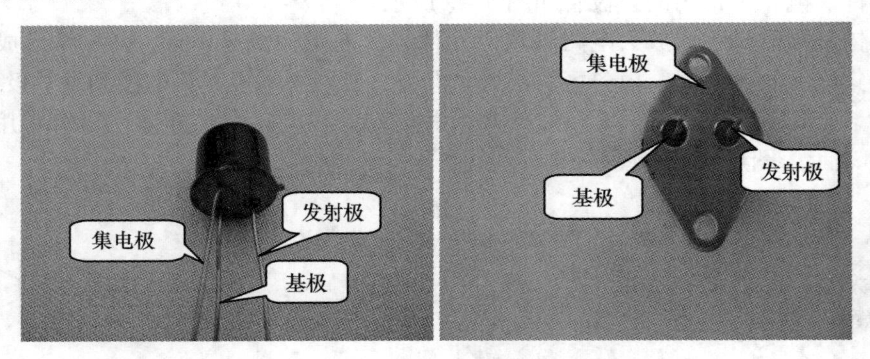

图3-51　金属封装的三极管

五、三极管的测量

1. 用指针式万用表检测

（1）基极的判断。先将万用表拨到欧姆挡R×1 K，并调零。如图3-52所示，用黑表笔接三极管的某一电极，用红表笔分别接三极管的另外两个电极，此时若测出的两个电阻值分别是几千欧和无穷大，则说明黑表笔接的这一电极不是基极。再把黑表笔换另一电极测之，若测出的两个电阻值相近，即可以确定黑表笔接的这一电极就是基极。

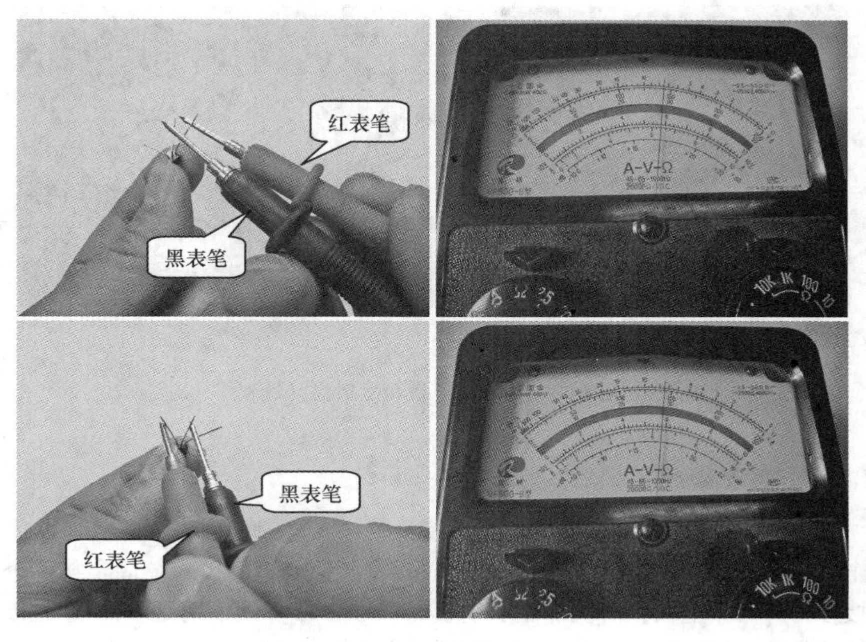

图 3-52　判断基极

（2）类型的判别。在确定了三极管的基极后，用黑表笔接基极，红表笔分别接另外两极，若测出的电阻值都很小；再交换用红表笔接基极，黑表笔分别接另外两极，所测的电阻值都很大，则所测的三极管是 NPN 型。反之，则是 PNP 型三极管。

（3）集电极、发射极的判别。在确定了三极管的类型和基极后，再判别集电极和发射极。以 NPN 型为例。用手指捏住基极和剩余两极的其中一极，注意两支引脚不能相碰，用万用表的红表笔接空着的一极，黑表笔接与基极捏在一起的一极，测出电阻值，此为第一次（如图 3-53 所示）；再用拇指和食指捏住基极和刚才空的一极，而把原先跟基极捏在一起的那一极空出来，同样方法测出电阻值，此为第二次。比较两次所测结果，记下万用表显示电阻值小的一次，此时，与手指捏在一起的那一极就是集电极了，剩余的那一极就是发射极。

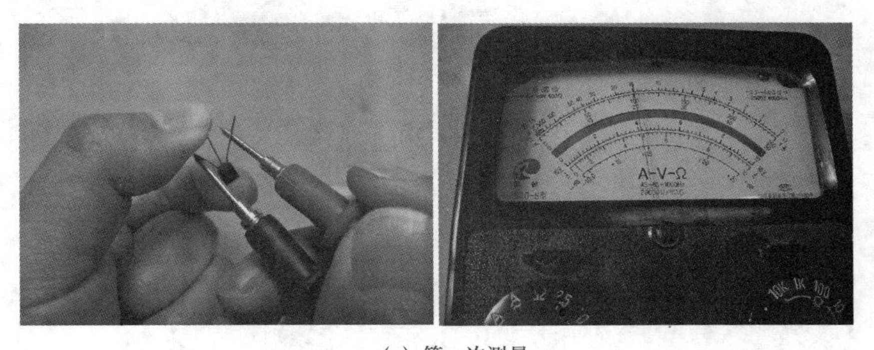

(a) 第一次测量

图 3-53　判断集电极和发射极

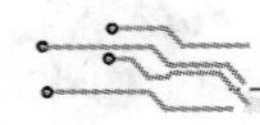

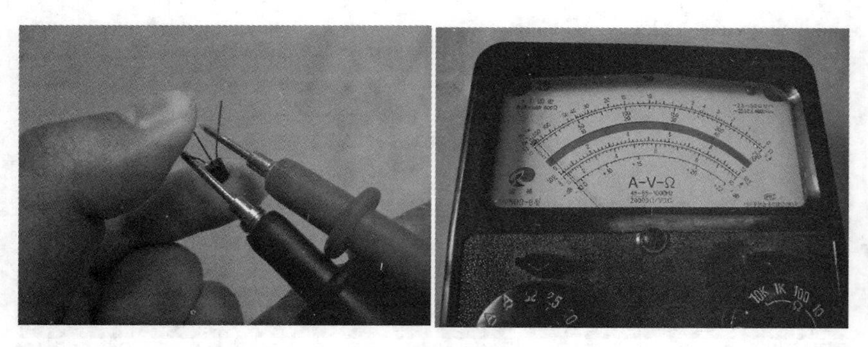

(b) 第二次测量

图 3-53　判断集电极和发射极（续）

2. 用数字万用表检测

（1）将数字万用表转换开关转在二极管挡，用红表笔固定接某个电极，黑表笔依次接触另外两个电极，如果两次显示值均为小于 1 V；再调换表笔用黑表笔固定接这个电极，红表笔依次接触另外两个电极，两次都显示超量程符号“1”，则说明是 NPN 型三极管，而第一次红表笔接的是基极。反之是 PNP 型三极管。如果两次测试中，一次显示小于1 V，另一次显示超量程符号“1”，则说明固定不动的电极不是基极，应重新固定电极重新找基极。

（2）用红表笔接基极，黑表笔分别接触其他两个电极，如果显示的数值为 0. 4 ～ 0. 8 V，则属于硅材料 NPN 型中小功率三极管；其中数值较小的一次，黑表笔接的是集电极。用黑表笔接基极，红表笔分别接触其他两个电极，如果显示的数值为 0. 4 ～0. 8 V，则属于硅材料 PNP 型三极管；其中数值较小的一次，红表笔接的是集电极（如图 3-54 所示）。

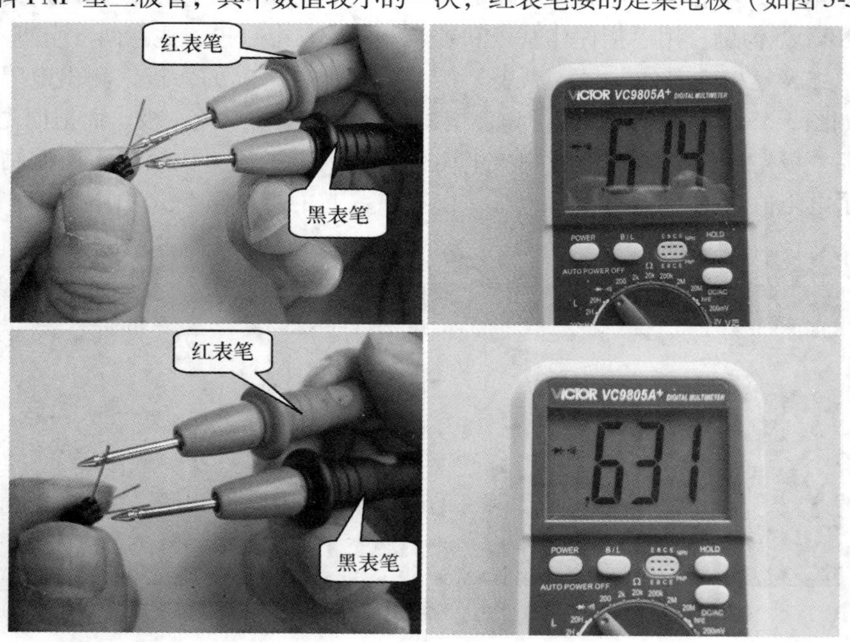

图 3-54　判断三极管的极性

知识链接 2　特殊半导体

晶闸管又叫可控硅，是一种大功率的半导体器件，具有体积小、重量轻、耐压高、容量大、效率高、使用维护简单、控制灵敏等优点。同时，晶闸管的功率放大倍数很高，可以用微小的信号功率对大功率的电源进行控制和变换。在脉冲数字电路中，晶闸管也可以作为功率开关使用。晶闸管的种类很多，但主要分为单向晶闸管和双向晶闸管。单向晶闸管类似二极管，只能在一个方向导通；而双向晶闸管双向都能导通。常见的晶闸管如图 3-55 所示。

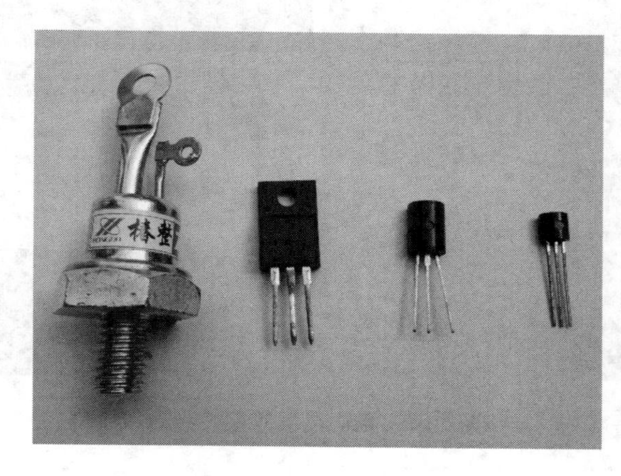

图 3-55　晶闸管

不同的晶闸管在电路中有不同的图形符号，晶闸管的图形符号如图 3-56 所示。

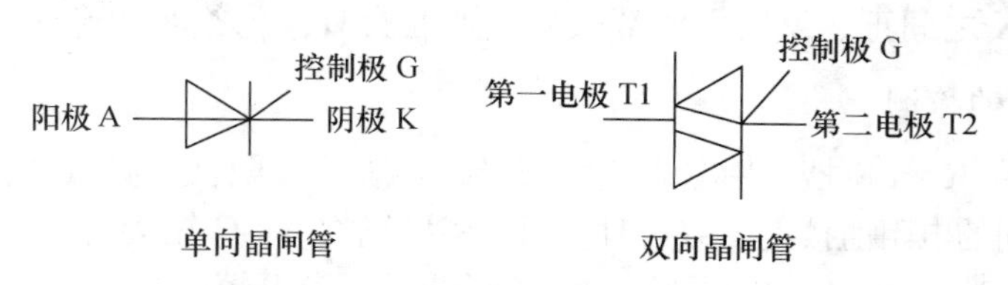

图 3-56　晶闸管的图形符号

一、单向晶闸管

单向晶闸管由 3 个 PN 结、4 层半导体构成，有 3 个电极，分别为阳极（A）、阴极（K）和控制极（G）。

1. 极性的判断

单向晶闸管 G、K 极之间有一个 PN 结，具有单向导电性，即正向电阻小，反向电阻大；而 A、K 和 A、G 之间正、反向电阻都很大。可根据这个原则来判断晶闸管的极性。

（1）先用 R×1 K 挡测任意两个电极之间的电阻。假设黑表笔接任一电极不动，红表笔依次接触另外两个电极，如果两次测出的阻值都很大，则说明黑表笔接的不是控制极，应再用黑表笔固定其他电极；如果一次阻值小，另一次阻值大，则说明黑表笔接的是控制极。

（2）在所测阻值小的一次中，红表笔接的是阴极（如图 3-57 所示）。

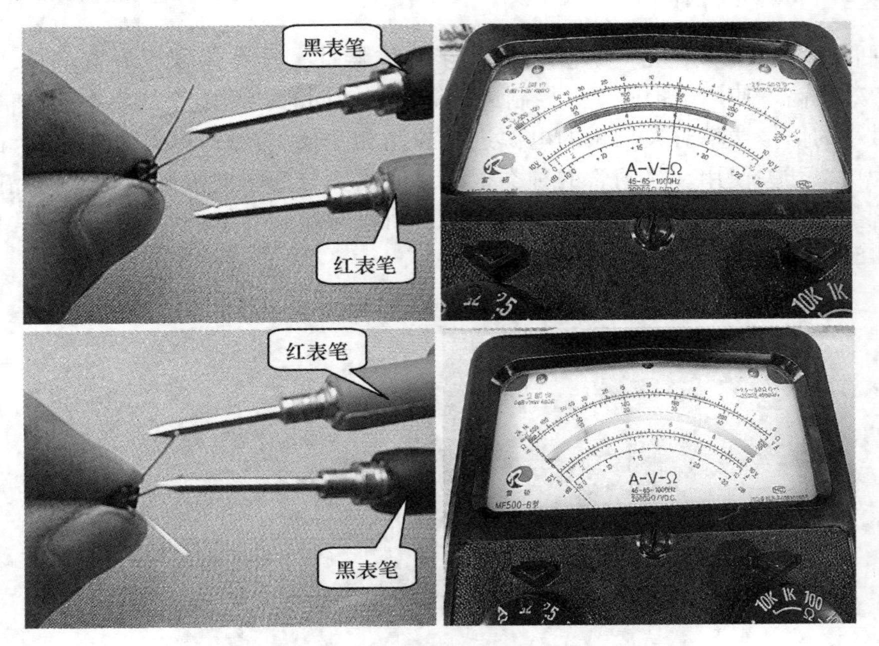

图 3-57　单向晶闸管极性判断

2. 好坏的检测

在检测单向晶闸管时，如果出现两次或两次以上电阻值都很小，则说明晶闸管内部有短路；若 G、K 之间正、反向阻值都很大，则说明 G、K 之间开路。

3. 触发能力的检测

将万用表放在 R×1K 挡，用黑表笔接阳极，红表笔接阴极，测量 A、K 之间的正向电阻；当 A、K 之间的电阻值接近无穷大时，用一根导线将 A、G 短接，为 G 端提供触发电压；如果晶闸管良好，这时 A、K 之间导通，电阻值会变小；移开短接导线，A、K 仍然导通。

二、双向晶闸管

双向晶闸管又称交流开关器件，也有 3 个电极，分别为第一电极（T_1）、第二电极（T_2）和控制极（G）。双向晶闸管的基本特性是双向控制导通。

双向晶闸管的极性判断及好坏检测如下。

（1）选择万用表电阻 R×1K 挡，用红、黑两表笔分别测任意两引脚间正、反向电阻，结果其中两组读数为无穷大，一组为几十欧姆，则读数为几十欧姆的该组红、黑表所接的两引脚为第一阳极 T_1 和控制极 G，另一空脚即为第二阳极 T_2。

（2）确定 T_1、G 极后，再仔细测量 T_1、G 极间正、反向电阻，读数相对较小的那次测量的黑表笔所接的引脚为第一阳极 T_1，红表笔所接引脚为控制极 G。

（3）将黑表笔接已确定的第二阳极 T_2，红表笔接第一阳极 T_1，此时万用表指针不应发生偏转，阻值为无穷大；再用短接线将 T_2、G 极瞬间短接，给 G 极加上正向触发电压，T_2、

T_1 间阻值约10欧姆左右；随后断开 T_2、G 间短接线，万用表读数应保持10欧姆左右。互换红、黑表笔接线，红表笔接第二阳极 T_2，黑表笔接第一阳极 T_1，同样万用表指针应不发生偏转，阻值为无穷大；用短接线将 T_2、G 极间再次瞬间短接，给 G 极加上负的触发电压，T_1、T_2 间的阻值也是10欧姆左右；随后断开 T_2、G 极间短接线，万用表读数应不变，保持在10欧姆左右。符合以上规律，说明被测双向晶闸管未损坏且三个引脚极性判断正确。

三、达林顿管

达林顿管也称复合晶体管，它除了具有很高的放大系数外，还具有较高的输入阻抗，以及具有热稳定性好、开关速度快和简化电路等特点。中、小功率的达林顿管一般采用TO-92塑料封装，大功率的达林顿管多采用TO-O金属封装。达林顿管主要用于开关控制电路、功率放大电路、电源电路和驱动电路。

达林顿管是将两个或两个以上晶体管的集电极连在一起，而将第一只晶体管的发射极直接耦合到第二只晶体管的基极，依次级联构成，最后引出e、b、c三个电极。达林顿管的符号如图3-58所示。

四、场效应管

普通三极管是一种电流控制元件，工作时多数载流子和少数载流子都参与运动，所以称为双极型晶体管；而场效应管是一种电压控制器件，工作时只有一种载流子参与导电，因此它是单极型晶体管。场效应管与普通三极管都是用来实现信号的控制和放大。由于场效应管具有输入阻抗高，噪声系数小等优点，故特别适合用于大规模集成电路、高阻抗输入电路中。常见的场效应管如图3-59所示。

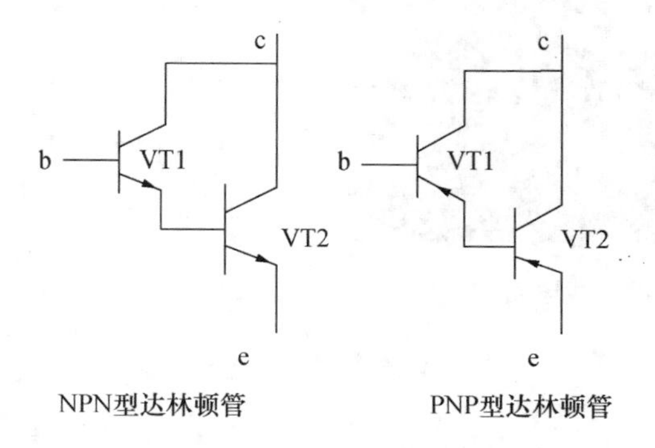

图3-58 达林顿管符号

图3-59 场效应管

1. 场效应管的识别

场效应管分为结型、绝缘栅型两类。目前应用最广泛的是绝缘栅型场效应管，简称MOS管。在电路中场效应管常用字母V、VT加数字表示。对于国产场效应管的型号有两种命名方法。一种命名方法与普通三极管相同，即第二部分字母表示材料，D表示P型硅材料N沟道，C表示N型硅P沟道；第三部分字母J表示结型场效应管，O表示绝缘栅场效应管。例如，3DJ6D表示结型N沟道场效应三极管。另一种命名方法是采用字母“CS＋XX#”的形式，其中“CS”表示场效应管，“XX”用数字表示型号的序号，“#”用字母表示同一型号中的不同规格。

2. 场效应管的检测

(1) 判断场效应管的极性。

① 先将指针式万用表拨至 R×1 挡。

② 然后将万用表的黑表笔任意接触某一电极，另一支红表笔依次接触其余的两个电极。测量电阻值，当出现两次测得电阻值相近或相等时，则黑表笔接触的电极为栅极，其余两个电极分别为漏极和源极。

③ 将两支表笔分别接触漏极和源极，测量其电阻值；再调换表笔测量其电阻值。两次测量中，电阻值小的一次黑表笔接的是源极，红表笔接的是漏极。

(2) 场效应管好坏的判断。

① 先将指针式万用表拨至 R×100 挡。

② 用万用表的黑表笔接 D 极，红表笔接 S 极，G 极悬空；然后用手指碰触 G 极，如果表针有较大的偏转，则表明场应管正常。

知识链接3　集成电路

集成电路简称“IC”，是采用一定的工艺要求，把一个单元电路中所用的元器件等集中制作在一个晶片上，然后封装在一个管壳内。集成电路具有体积小、重量轻等优点，电路中常见的集成电路如图 3-60 所示。

图 3-60　常见的集成电路

一、集成电路的识别

1. 集成电路引脚的识别

集成电路通常有多个引脚，每个引脚都有不同的功能；且不同的封装外形，其引脚排列顺序也不一样。对于圆筒形和菱形金属壳封装的集成电路，识别引脚时应面向引脚，由定位标记所对应的引脚开始，按顺时针方向依次数到底即可。常见的定位标记有突耳、圆孔及引脚不均匀排列等。此类集成电路上常用的定位标记为色点、凹坑、小孔、线条、色带、缺角等。

2. 集成电路封装的识别

(1) 直插式封装。

直插式封装即指引脚从封装两侧引出，可直接插入印制电路板中，然后再焊接的一

种集成电路封装形式，它主要包括单列直插式封装和双列直插式封装两种形式。对于单列直插式集成电路，识别其引脚时应使引脚向下，型号或定位标记面对自己，自定位标记对应一侧的第一只引脚数起，按从左到右顺序读取，依次为①、②、③……脚。对于双列直插式集成电路，识别其引脚时，应将引脚向下，即其型号、商标向上，定位标记在左边，则从左下角第1引脚开始，按逆时针方向，依次为①、②、③……脚（如图3-61所示）。

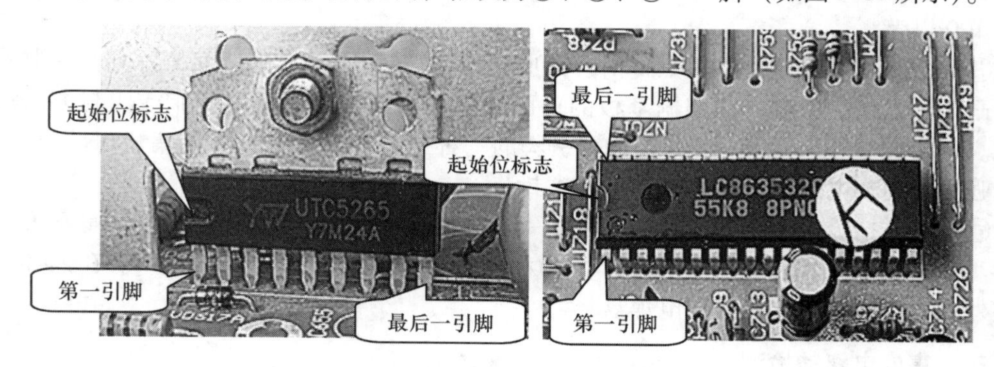

图3-61 直插式封装的集成电路

（2）贴片式封装。

随着当代电子产品越来越趋近于小型化、高度集成化，集成电路的封装形式也越来越向着小型化发展。在诸如计算机、MP3和手机电路等电子产品中大量采用贴片式封装集成电路。如图3-62所示是几种常见的贴片式封装形式。

图3-62 贴片式封装的集成电路

① SIP 封装。SIP 封装是一种体积小，引脚很细，直接焊接在印制电路板的印制导线上的集成电路封装形式。

② QFP 封装。QFP 封装又称方型扁平式封装技术，引脚从四个侧面引出呈海鸥翼（L）形。QFP 封装的基材有陶瓷、金属和塑料三种。该技术实现的 CPU 芯片引脚之间距离很小，管脚很细，一般大规模或超大规模集成电路采用这种封装形式，其引脚数一般都在 100 以上。

③ BGA 封装。BGA 封装又称球栅阵列封装，是在印刷基板的背面按陈列方式制作出球形凸点用以代替引脚，在印刷基板的正面装配芯片，然后用模压树脂或灌封方法进行密封。BGA 封装引脚可超过 200，是多引脚的一种封装形式。该封装的集成电路密度高、功能强，目前在电脑、手机中多采用此类封装。

④ QFN 封装。QFN 封装又称方形扁平无引脚封装，是一种无引脚封装，呈正方形或矩形。QFN 封装底部中央位置有一个大面积裸露的焊盘，具有导热的作用。在大焊盘的封装外围有实现电气连接的导电焊盘。

二、集成电路的检测

集成电路常用的检测方法有在路测量法和非在路测量法两种。

1. 非在路测量法

非在路测量法是指在集成电路未焊入电路板上时，通过用万用表测量各引脚对地引脚之间的正、反向直流电阻值，然后与参考值进行对比，确定集成电路是否正常。

2. 在路测量法

在路测量法是指在通电情况下，用万用表直流电压挡测量集成电路各引脚对地直流电压值，并与正常值相比较。

【任务检查】

任务检查单	任务名称	姓　　名	学　　号
检　查　人	检查开始时间	检查结束时间	

检查内容		是	否
1. 二极管和三极管的测量	（1）二极管的测量是否正确		
	（2）三极管的测量是否正确		
2. 特殊半导体的测量	（1）晶闸管的测量是否正确		
	（2）场效应管的测量是否正确		
3. 集成电路的认识	（1）集成电路的识别是否正确		
	（2）集成电路的测量是否正确		
4. 安全文明操作	（1）是否注意用电安全，遵守操作规程		
	（2）是否遵守劳动纪律，注意培养一丝不苟的敬业精神		
	（3）是否保持工位清洁，整理好仪器仪表		

项目4　手工焊接与拆焊技术

项目分析

在电子整机装配中，根据电路工作原理，按照一定的工艺要求，把大大小小的电子元器件连接成一个整体的方法有焊接、绕接、压接和黏接等技术，其中使用最广泛的方法是焊接。从传统的通孔元器件到贴片元器件，以及最新出现的QFP、BGA等高密度封装元件在电子产品中的应用，手工焊接难度逐渐增大。随着科技的发展，对焊接质量和生产率的要求不断提高，出现了波峰焊、回流焊等新型自动化焊接技术。但是，产品在样品试制、研发、维修和小批量生产的过程中仍然离不开手工焊接。作为电子专业的基础技能，对手工焊接技术的熟练掌握是非常有必要的。

情景设计

场景布置：课堂上，教师在实验室的每个工作台上准备一套电烙铁、点阵焊接板和漆包线等焊接工具和材料。先让同学们根据自己的理解进行焊接操作，一个小时后教师进行检查。

教师讲述：同学们在焊接过程中常出现很多问题：有的电烙铁不通电，有的烙铁头不上锡，有的焊点焊不上，有的焊盘脱落等。所以，手工焊接并非想象的那样简单，它有着一套科学的方法和技巧。接下来的时间，我们将通过本项目的学习来掌握手工焊接的操作技能。

任务4.1　手工焊接技术

【任务目的】

1. 了解基本的焊接工具及材料。
2. 掌握基本的手工焊接技术。

【任务内容】

1. 通孔元器件的焊接练习。
2. 贴片元器件的焊接练习。

任务训练1　通孔元器件的焊接

1. 训练目的：掌握基本的手工焊接技能。

2. 训练内容：通孔元器件焊接练习。

3. 训练方案：5个学生组成一个小组，每个小组挑选一名组长，每个学生均要单独完成点阵板的焊点练习。组长负责组织对组员的焊点质量检查并组织讨论，完成任务后对每个组员的作品做出评价。

【注意事项】

1. 不要用烙铁头在金属上刻画或用力去除粗硬导线的绝缘套，以免使烙铁头出现损伤或缺口，减短其使用寿命。

2. 要经常检查电源线的绝缘层是否完好，烙铁是否漏电，防止发生触电事故。

3. 电烙铁使用中，当烙铁头余锡过多时，应在沾松香后轻轻甩在烙铁盒中，不能乱甩，更不能敲击，以免损坏电烙铁。

4. 电烙铁不用时应放在烙铁架内，而且烙铁头要保持干净并涂有一层薄的焊锡。电烙铁使用完毕后，一定要拔掉电源线。

知识链接1　焊接技术

一、焊接基础知识

焊接是将两个或两个以上的焊件，在外界某种能量的作用下，通过原子或分子之间的相互扩散作用，形成一种新的牢固结合层，从而使两种焊件永久连接在一起的加工方法。

1. 焊接的分类

根据焊接过程中金属所处的状态不同，焊接方法可分为熔化焊、压力焊和钎焊三类。

（1）熔化焊：是将焊接部位加热至熔化状态，但不加压力完成的焊接方法。如手工焊条电弧焊、气焊、二氧化碳气体保护焊、氩弧焊等都属于熔化焊。

（2）压力焊：是通过施加一定的压力来达到两种焊件可靠连接的焊接方法。如点焊和缝焊等。

（3）钎焊：是在被焊金属不熔化的状态下，将熔点低的钎料金属加热到熔化状态，使之填充到焊件的间隙中并与被焊金属相互扩散，以达到相互结合的焊接方法。钎焊按焊料熔点的高低又分为硬钎焊和软钎焊两种，通常低于450℃的称为软钎焊，高于450℃的称为硬钎焊。在电子产品装配过程中的焊接主要采用软钎焊。一般采用锡铅焊料进行焊接，简称锡焊。

2. 锡焊的特点

（1）焊料的熔点低，减少了元器件在焊接时受热损坏的机会。

（2）焊料流动性好，表面张力小，具有较高的焊接强度，易于形成焊点，有利于减少虚焊点。

（3）成本低，操作方便。

（4）容易实现自动化。

3. 锡焊的原理

目前电子元器件的焊接技术主要是锡焊技术，它是以锡为主的合金材料作为焊料，通过电烙铁加热将固态焊锡熔化，再借助于助焊剂的作用使分子有一定的动能得以扩散，然后在金属表面相互浸润、扩散，最后形成结合层。了解锡焊的工作原理，能使我们尽快理解焊接工艺，掌握手工焊接的方法。

（1）浸润作用。

在焊接时，当焊料被加热呈液态后，会黏附在被焊金属表面而沿着焊件金属表面向周围漫流，这种现象称为浸润。浸润是发生在固体表面和液体之间的一种物理现象。浸润的好坏主要取决于焊件表面的清洁程度和焊料表面的张力。当焊料的表面张力小、焊料和金属表面足够清洁、焊料原子与焊件金属原子接近到能相互吸引结合的距离时浸润性最好。当焊料与被焊金属之间有氧化层或污物时，就会妨碍金属原子自由接近，不能产生浸润作用，这是形成虚焊的原因之一。

（2）扩散作用。

在正常条件下，金属原子在晶格中都以平衡位置为中心进行不停地热运动。当外界温度升高时，某些原子就有足够的能量脱离原来的位置，向周围移动，这种现象称为扩散。当两种金属接近到足够小的距离时，焊料和被焊金属表面的温度较高，则焊料与被焊金属表面的原子相互扩散，从而形成了焊料和被焊件之间的牢固结合。

（3）合金层。

焊接时，焊点温度降低到室温，这时就会在焊接处形成由焊料层、合金层和被焊金属表层组成的结构。合金层形成在焊料和被焊金属界面之间。冷却时，合金层首先以适当的合金状态开始凝固，形成金属结晶，然后结晶向未凝固的焊料生长，最后形成焊点。

4. 锡焊的必备条件

（1）被焊金属材料应具有良好的可焊性。

可焊性是指被焊接的金属材料与焊料在适当的温度和助焊剂作用下，能形成良好的结合层。例如，铜金属的可焊性好，应用较广泛，常用的导线、元器件引脚、焊盘都采用铜制成。而可焊性差的金属材料，为了提高可焊性通常在其表面先镀上一层锡、铜、银等金属。

（2）被焊金属表面要保持清洁。

保持金属表面清洁是焊料浸润的首要条件。在实际操作中，元器件引脚、连接导线、焊盘表面的氧化层会在锡焊中阻碍焊点的形成，从而造成虚焊。去除氧化层的方法仅用助焊剂是无法消除的，需采用机械的方法清除。例如，引脚或连接导线在焊接前先用细砂打磨或用镊子刮除氧化层，再镀锡即可使用。而对于印制板上的焊盘有大面积氧化层时，可先用细砂打磨光亮，然后涂一层由酒精和松香（3:1）配置的助焊剂，待酒精挥发后再进行焊接操作。

（3）焊接时要有合理的温度范围。

在焊接时，烙铁头要有足够的热量和温度。如果温度过低，焊锡流动性差，则很容易堆锡形成虚焊；如果温度过高，将使焊锡流淌，烙铁头焊点不易存锡，焊剂分解速度加快，同时使金属表面加速氧化，并导致印制电路板上的焊盘脱落。尤其是在使用天然松香作助焊剂时，若焊锡温度过高，则烙铁头很易氧化而产生碳化，造成虚焊。一般情况下，烙铁头温度比焊料熔化温度高50℃较为合适。

（4）焊接要有一定的时间。

在保证焊料浸润焊件的前提下，焊接时间越短越好。如今各种有机材料已被广泛应用于电子元器件的制造中，如各种开关、接插件等，这些元器件都是采用热塑料件的方式制成的，它们不能承受高温。所以当我们对这些接点进行焊接时，如果不控制好温度和时间，就很容易造成塑料件变形。

（5）焊剂使用得当。

焊接不同的材料要选用不同的焊剂；即使是同种材料，当采用的焊接工艺不同时也往往要用不同的焊剂。对手工锡焊而言，采用松香能满足大部分电子产品的装配要求。此外，还必须注意焊剂的用量。过量的锡很容易造成不易察觉的短路；但是焊锡量过少又不能形成牢固的结合，从而降低焊点强度。特别是在印制电路板上焊接导线时，焊锡不足往往造成导线脱落。

5. 锡焊的方法

（1）手工焊接：即采用人工操作方式的传统焊接方法。

（2）机器焊接：根据工艺方法不同可分为浸焊、波峰焊和再流焊（回流焊）。

① 浸焊：是将安装好元器件的印制板浸入装有熔化焊料的锡锅里，一次完成印制板上全部元器件的焊接方法。

② 波峰焊：是采用波峰焊机一次完成印制板上全部元器件的焊接方法。波峰焊是目前应用最广泛的自动焊接技术，不仅适用于通孔元器件的焊接，还应用于贴片元器件的焊接。波峰焊的焊接工艺是：涂助焊剂→预热→波峰焊接→冷却→清洗→检验。

③ 再流焊：又称回流焊，是主要针对SMD元件的焊接。它是预先在印制板的焊盘上涂覆适量的焊膏，然后贴放表面安装元器件，经固化后，再利用外部热源使焊料再次流动达到焊接的目的。与波峰焊相比，再流焊只需要提供使焊料熔化的热能，而不需要预先加热焊料。

二、焊接工具和材料

在电子产品的装配或维修过程中，人们经常使用一些焊接工具和材料（如图4-1所示）。下面先来认识一下这些工具和材料，然后再学会使用它们。

1. 电烙铁

电烙铁是手工焊接使用最多的工具，它的作用是把足够的热量传送到焊接部位，以便熔化焊料，从而使焊料和被焊件连接在一起。电烙铁使用灵活，操作方便，结构简单，易于维修。

根据不同的加热方式，可把电烙铁分为直热式电烙铁、恒温式电烙铁和感应式电烙铁；根据不同的结构，又可将电烙铁分为内热式电烙铁和外热式电烙铁。

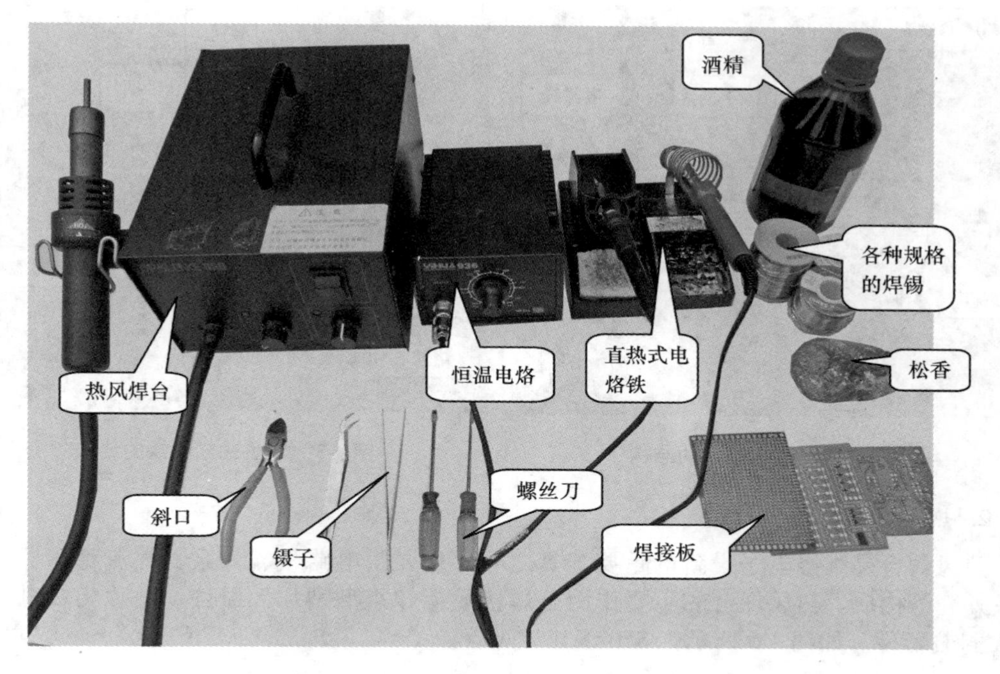

图 4-1　焊接工具和材料

（1）内热式电烙铁。

内热式电烙铁由烙铁头、烙铁芯、连接杆、手柄和电源线五个部分组成（如图 4-2 所示）。烙铁芯安装在烙铁头的里面，当通电时，可直接对烙铁头加热，故内热式电烙铁具有升温快，热效率高、体积小等优点。内热式电烙铁的烙铁芯采用电阻丝均匀缠绕在陶瓷管等绝缘材料上制成。在电烙铁通电之前或更换烙铁芯时，用万用表欧姆挡测量其两端电阻值一般应有几千欧左右；如果阻值无穷大，则说明烙铁芯已损坏，需更换。如果测得电烙铁外壳与插头两端阻值较小，则说明有短路，需要先排除短路点故障。

（2）外热式电烙铁。

外热式电烙铁由烙铁头、烙铁芯、套筒、支架、手柄和电源线等部分所组成（如图 4-3 所示）。外热式电烙铁是在铁管的外侧先用数层云母片包裹绝缘，然后在云母片上绕制电热丝，再用数层云母片包裹绝缘后做成烙铁芯，最后将以紫铜为主材的烙铁头安装在烙铁芯内。

外热式电烙铁是一种烙铁头温度可以控制的电烙铁。根据控制方式不同，可将之分为电控烙铁和磁控烙铁两种。磁控烙铁是利用软磁体的居里效应来控制开关触点的吸合与断开，使烙铁头的温度保持在一定的范围内；而电控烙铁是通过电子电路来控制和调节温度的。目前，使用得较多的是电控式恒温电烙铁（如图 4-4 所示）。

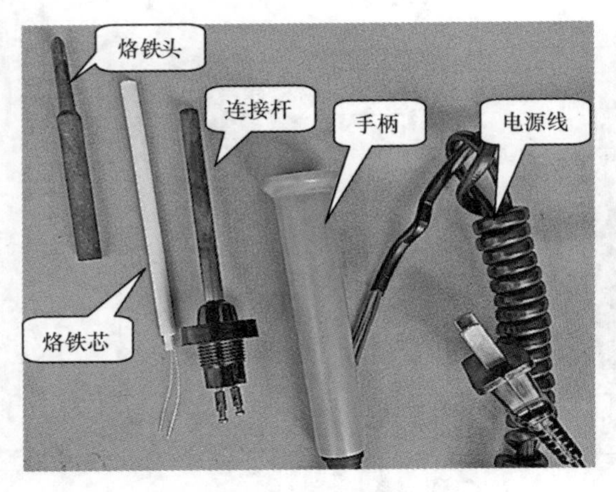

图 4-2　内热式电烙铁的结构

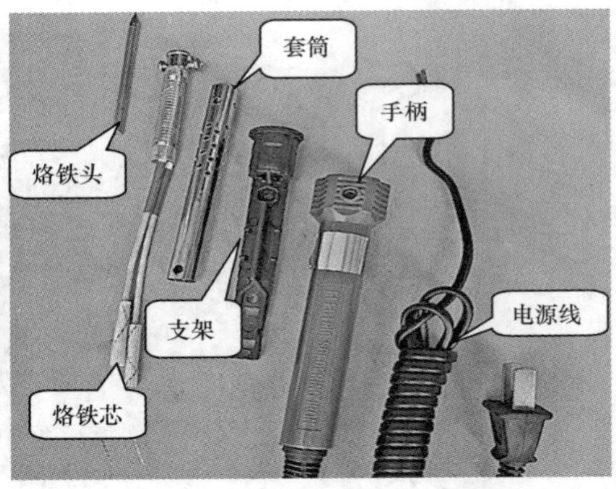

图 4-3　外热式电烙铁的结构

2. 热风焊台

热风焊台是维修电子设备的重要工具之一，主要由电路板、气泵、气流稳压器、手柄及外壳等构成。热风焊台的主要作用是焊接或拆卸小型贴片元器件、贴片集成电路和 BGA 封装器件。如图 4-5 所示为 850 型热风焊台。

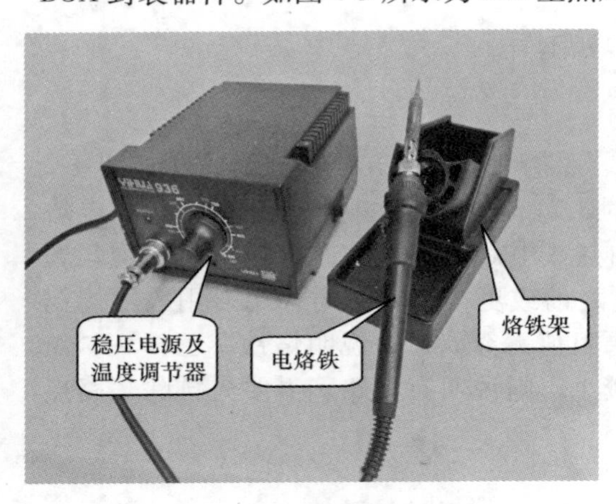

图 4-4　电控式恒温电烙铁

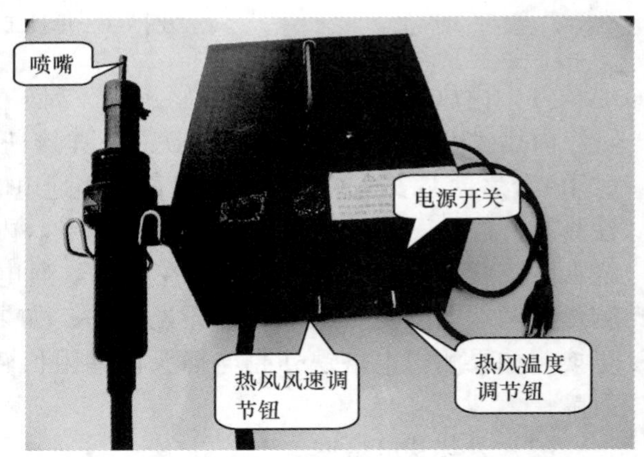

图 4-5　850 型热风焊台

3. 斜口钳

斜口钳的作用是剪切多余的元器件引线。在剪切引脚时，引脚根部要留有一定空隙，以避免焊盘脱落。注意要防止飞出的线头伤及眼睛。

4. 镊子

镊子的作用是在焊接时夹住导线或元器件，以防止元器件移动；同时，镊子还可起到降温的作用。

三、焊接材料

焊接材料主要包括焊料、助焊剂和阻焊剂三类。

1. 焊料

焊料是一种易熔的金属及合金，是用来填充被焊金属空隙的材料。焊料的熔点比被焊金属的熔点低，且具有良好的浸润性、抗腐蚀性等。焊料熔化时能在被焊金属表面形成合金层，从而使两种金属连接。在电子工业中，焊接常用的焊料大多数是Sn-Pb合金焊料，一般称焊锡。锡（Sn）是一种质地柔软、延展性大的银白色金属，熔点为232℃，在常温下化学性能稳定，不易氧化，不失金属光泽，抗大气腐蚀能力强。铅（Pb）是一种较软的浅青白色金属，熔点为327℃，高纯度的铅耐大气腐蚀能力强，化学稳定性好，是一种重金属，对人体有害。在锡中加入一定比例的铅和少量其他金属可以增大焊料的流动性，增加强度，降低成本。常用的锡铅焊料中锡占61.9%，铅占38.1%。这种配比的焊锡熔化点和凝固点都相同，即183℃，且可以直接由液态冷却为固态，不经过半液态，从而使焊点迅速凝固，大大缩短焊接时间，减少虚焊。该点温度称为共晶点，该比例配制的锡铅合金称为共晶焊锡。如图4-6所示为锡铅合金状态图。

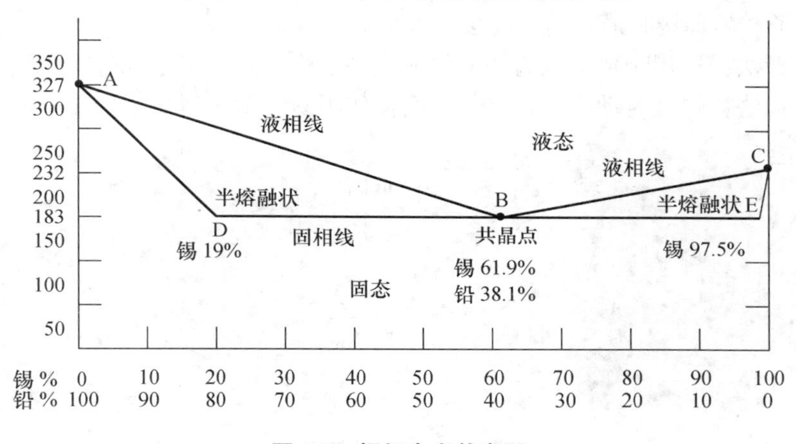

图4-6　锡铅合金状态图

图4-6中，A—B—C线称为液相线，即当焊料的温度高于液相线的温度时焊料呈液态；A—D—B—E—C线称为固相线，即当焊料的温度低于固相线的温度时焊料呈固态；液相线与固相线之间的区域称为半液体区，焊料呈半熔状；B点为共晶点。

共晶焊锡有较高的焊接强度，对元件和导线的附着力强，导电性好，不易氧化，抗腐蚀性好，焊点光亮美观。非共晶焊锡的流动性差，不易焊接，效率低。

2. 助焊剂

助焊剂是一种焊接辅助材料，其作用是去除焊件表面的氧化物，防止加热时金属表面氧化，降低焊料表面的张力，以及加快焊件预热。手工焊接常用松香作助焊剂。松香在74℃时呈活性，当温度升高超过300℃，松香失去活性。所以在焊接过程中松香有变黑的现象，这就是电烙铁温度过高的原因。为了提高焊接质量和效率，也为了使用方便，常在焊锡中添加松香助焊剂，称为松香焊锡丝。

3. 阻焊剂

阻焊剂是一种耐高温的涂料。在印制板上把不需要焊接的部分涂上阻焊剂保护起来，使焊接只在需要焊接的焊点上进行。特别是在自动焊接中，阻焊剂常用来防止在浸焊或波峰焊时出现桥接、拉尖、短路、虚焊等情况，同时还可使焊点光滑饱满，减少虚焊，有助于节约材料。此外，采用阻焊剂保护面板，可使其在焊接时受到的热冲击小，不易起泡、分层，更有利于浸焊或波峰焊等。

四、手工焊接方法

1. 电烙铁的握法

掌握正确的手握电烙铁操作姿势，可以保证操作者的身心健康，减轻劳动疲劳。为减少焊剂加热时挥发出的化学物质对人的危害，减少有害气体的吸入，一般情况下，电烙铁到鼻子的距离应该不小于 20 cm，通常以 30 cm 为宜。根据电烙铁的种类和焊接要求，通常有握笔法、正握法和反握法三种形式（如图 4-7 所示）。

（1）握笔法：长时间操作易疲劳，适用于小功率的焊件或在操作台上焊接印制板等焊件，是电子产品焊接时最常用的握法。

（2）正握法：适用于弯头电烙铁操作或直头电烙铁在机架上焊接操作。

（3）反握法：焊接时动作稳定，长时间操作不易疲劳，适用于大功率的电烙铁操作。

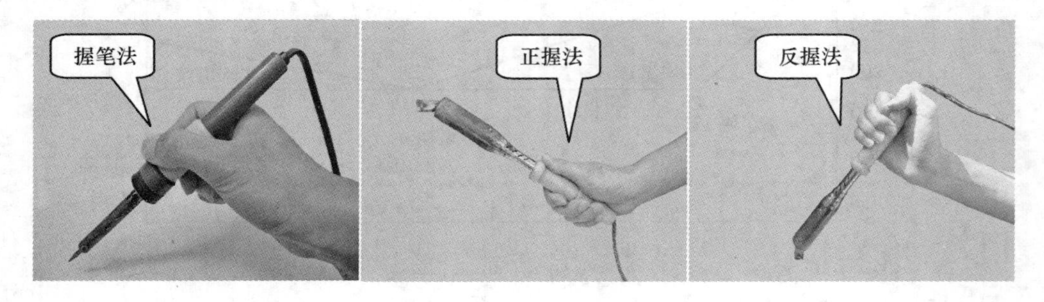

图 4-7　电烙铁的握法

2. 焊锡丝的拿法

焊锡丝一般有两种拿法（如图 4-8 所示）。由于焊锡丝中含有一定比例的铅，而铅是对人体有害的一种重金属，因此操作时应该戴手套或在操作后洗手，避免食入铅尘。

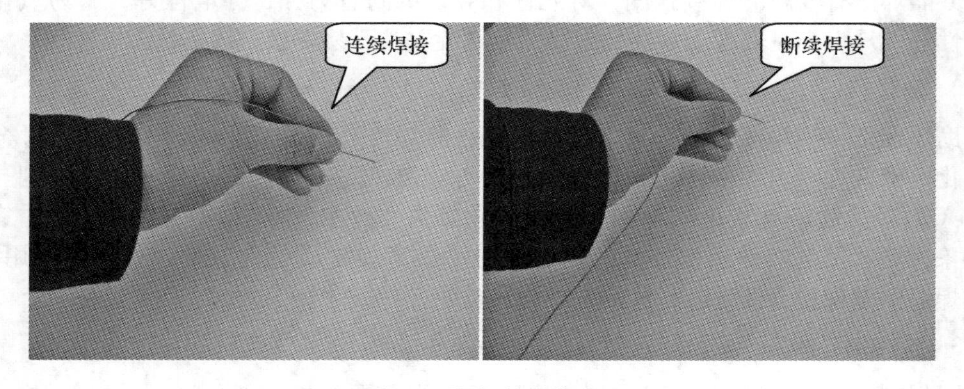

图 4-8　焊锡丝的拿法

3. 手工焊接操作的基本步骤

只有掌握好电烙铁的温度和焊接时间，选择恰当的烙铁头和焊点的接触位置，才可能得到良好的焊点。正确的手工焊接操作过程可分为五步操作法和三步操作法两种方法。

（1）五步操作法。五步操作法的五个步骤如图4-9所示。

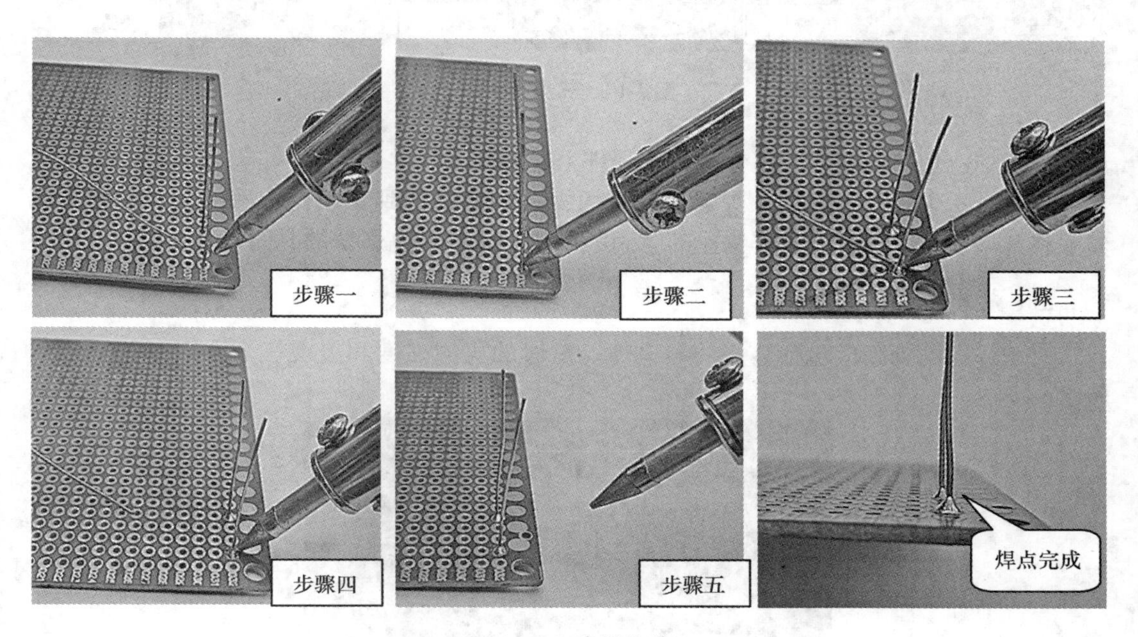

图4-9　五步操作法

步骤一：准备工作。左手拿焊锡丝，右手握电烙铁，看准焊点，随时进入可焊状态。要求烙铁头保持干净，无焊渣等氧化物。

步骤二：加热焊件。烙铁头靠在焊件的连接处，加热整个焊件，时间大约为1～2 s。对于在印制板上焊接元器件来说，要注意使烙铁头同时接触被焊接物。要求元器件引线与焊盘要同时均匀受热，同时要掌握好烙铁的角度。

步骤三：加入焊锡丝。焊件的焊接面被加热到一定温度时，焊锡丝从烙铁对面接触焊件。注意，不要把焊锡丝送到烙铁头上。

步骤四：移开焊锡丝。当焊锡丝熔化一定量后，立即向左上45°方向移开焊锡丝。

步骤五：移开烙铁。待焊锡浸润焊盘和焊件的施焊部位后向右上45°方向移开电烙铁，结束焊接。整个焊接过程时间约是2～4 s。

（2）三步操作法。对于热容量较小的焊件，例如印制板上较细导线的焊接，可以简化为三步操作。基本步骤如图4-10所示。

步骤一：准备。左手拿焊锡丝，右手握电烙铁，看准焊点，随时进入可焊状态。要求烙铁头保持干净，无焊渣等氧化物。

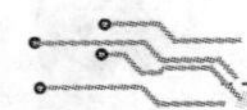

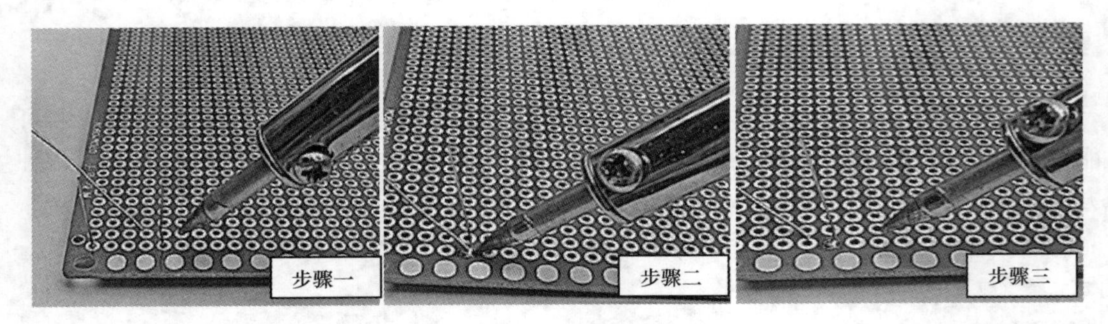

图 4-10　三步操作法

步骤二：加热与送丝。烙铁头放在焊件上后即放入焊丝。

步骤三：去焊丝移烙铁。焊锡在焊接面上浸润扩散达到预期范围后，立即拿开焊锡丝并移开烙铁，应注意移去焊锡丝的时间不得滞后于移开电烙铁的时间。

五、标准焊点的判断

对于焊点的判断应包括良好的导电性、足够的机械强度和美观三个方面（如图 4-11 所示）。

图 4-11　标准焊点

1. 良好的导电性

良好的导电性是指焊料与焊件金属表面相互扩散而完全形成了金属合金层。如果焊料与焊件金属之间有空隙，随着时间的推移，没形成合金层的表面就会被氧化，电路就会时通时断，造成接触不良。这种焊点称为虚焊点。虚焊是焊接过程中最难发现的故障。一般来说造成虚焊的原因主要有被焊接表面不干净、烙铁头的温度过低、焊接表面有氧化层、焊接时间太短、焊锡尚未凝固时晃动元器件等。

2. 足够的机械强度

焊点的作用是连接和固定元器件。为了保证被焊件在受到震动或冲击时不会脱落、松动，则焊点应有一定的机械强度。影响机械强度的原因有焊锡量太少、焊点不饱满、焊点有裂纹等。在实际操作中为了增强机械强度，可以增加焊接面积或把元器件的引脚折弯后再焊接。

3. 美观

（1）外形以焊接导线为中心，成裙形均匀拉开。

（2）锡点要圆满、光滑、无针孔、无松香等残渣。

（3）要有引脚轮廓，而且引脚的长度为1～1.2 mm。

（4）焊锡将整个焊盘及引脚包围。

六、不标准焊点的判定

造成焊接缺陷的原因很多。除了焊接工具和焊料使用不当外，操作者的责任心是决定性的因素。不标准焊点如图4-12所示。

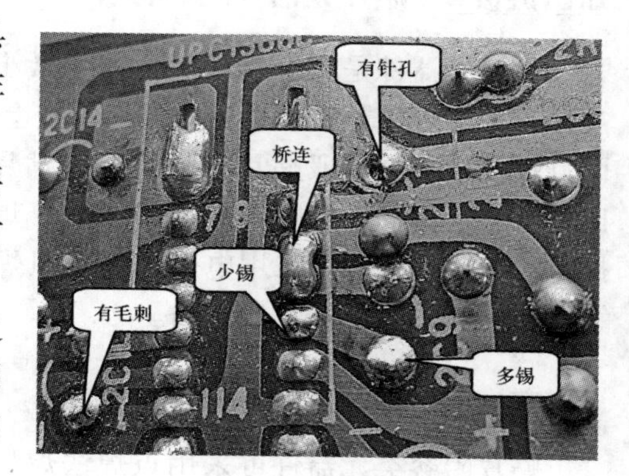

图4-12　不标准焊点

（1）虚焊：看似焊住其实没有焊住，主要是焊盘和引脚被氧化或有残留助焊剂或加热时间不够。

（2）短路：有引脚元器件在引脚与引脚之间被多余的焊锡所连接而短路；另一种现象则因检验人员使用镊子等操作不当而导致引脚与引脚碰触短路。

（3）不对称：焊锡未浸满焊盘，可能是焊料流动性差或加热不足造成的。

（4）少锡：少锡是指焊锡太薄，不能将元器件和焊盘充分覆盖，影响连接固定作用，而且强度差。

（5）多锡：元器件引脚完全被焊锡覆盖，形成外弧形。

（6）拉尖：焊点上有毛刺，容易造成桥连现象。原因是加热时间短或电烙铁撤离方向有误。

（7）针孔：焊点上有空隙，导致焊点容易被腐蚀。

任务训练2　贴片元件的手工焊接

1. 训练目的：掌握贴片元器件的焊接技巧。

2. 训练内容：

（1）贴片阻容元器件的焊接；

（2）贴片集成电路。

3. 训练方案：5个学生组成一个小组，每个小组挑选一名组长，每个学生均要单独完成贴片阻容元器件的焊接和贴片集成电路的焊接。组长负责组织对组员的焊点质量检查并组织讨论，完成任务后对每个组员的作品做出评价。

【注意事项】

1. 烙铁头不要反复长时间在一个焊点上加热。对同一个焊点，如果第一次未焊好，要稍做停留，再进行焊接。

2. 焊接集成电路时先将两个对角位置对齐，使芯片固定而不能移动。在焊完对角后重新检查芯片的位置是否对准。

3. 焊接结束后，为消除任何可能的短路和桥连，应最后用放大镜检查是否有虚焊。检查完成后，在电路板上清除助焊剂，用脱脂棉蘸上酒精沿引脚方向仔细擦拭，直到助焊剂消失为止。

4. 焊接温度不得超过280℃，焊接时间不超过3 s；烙铁头始终保持光滑，无勾、无刺。

知识链接2　贴片元器件的焊接

贴片元器件是无引线或短引线的微小型元器件，它的焊接与通孔元器件不一样。贴片元器件的焊接是在没有通孔的印制板上安装焊接，在焊接过程中容易移动，不好定位，而且焊盘较小。一般贴片阻容器件及贴片二极管、三极管等引脚少、间距大，焊接方法比较容易。但贴片集成电路引脚密集，焊接时必须细心谨慎，提高精度。在电子产品焊接及维修过程中，常采用电烙铁和热风焊台等完成贴片元器件的手工焊接。下面分别介绍这些贴片元器件的焊接方法。

一、点焊法

贴片阻容类元器件可采用点焊法焊接，其方法是采用尖头的烙铁对准每个引脚逐一进行焊接。以贴片电阻器为例，具体方法如下。

（1）在焊接之前先在焊盘上涂上助焊剂，再用烙铁点上少量焊锡，以免焊盘镀锡不良或被氧化，造成不好焊接。如图4-13所示是已上好锡的焊盘。

（2）用镊子夹住贴片电阻器放在焊盘上，调整好位置，看看是否放正。如果已放正，左手用镊子轻轻压住贴片元器件，右手拿电烙铁加热焊点，固定一端，当焊锡熔化时迅速移开电烙铁。由于元件太小，如果镊子不好固定，可用指甲按住；为了防止元器件的电极端氧化，尽量不用手触摸贴片元器件（如图4-14所示）。

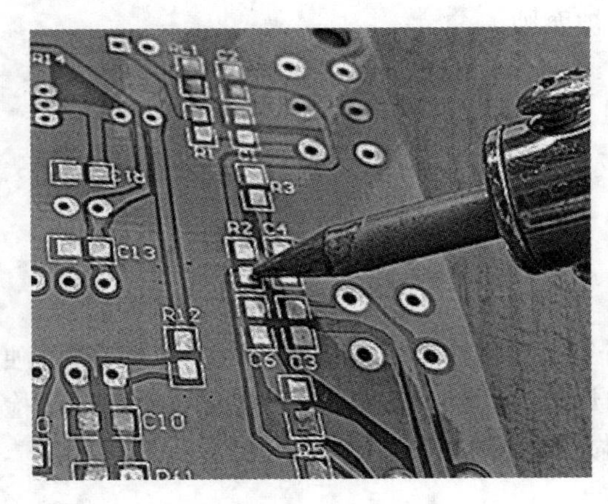

图4-13　给焊点上锡

图4-14　给焊点加热

二、热风焊台焊接法

使用热风焊台进行焊接时，温度不能太高，时间不能太长，以免损坏相邻元器件或使电路板变形。此外，风速也不能太大，以免吹跑元器件或使相邻元器件移位。现以贴片电容器为例，具体操作方法如下。

（1）首先准备好焊接用的材料和工具（如图4-15所示）。

（2）用镊子蘸取少量焊锡浆，涂在需要焊接的焊盘上（如图4-16所示）。

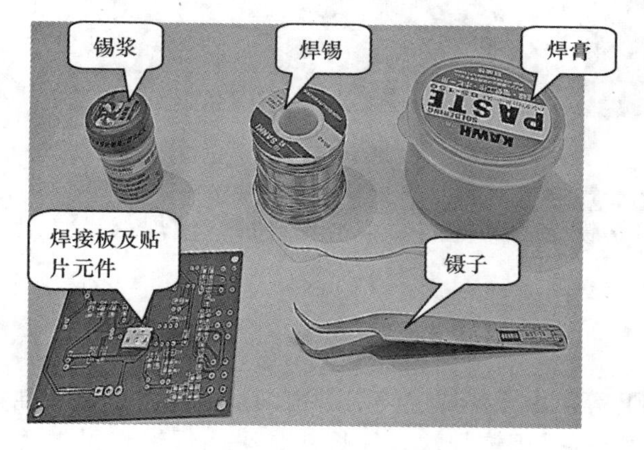

图4-15 准备焊接工具和材料

图4-16 在焊盘上涂焊锡浆

（3）用脱脂棉蘸少量酒精清洗焊盘以外的焊锡浆，以免造成短路（如图4-17所示）。

（4）将待焊接的贴片电容器用镊子蘸少许焊锡膏（如图4-18所示），利用焊膏的黏性把贴片元器件贴在印制电路板上。

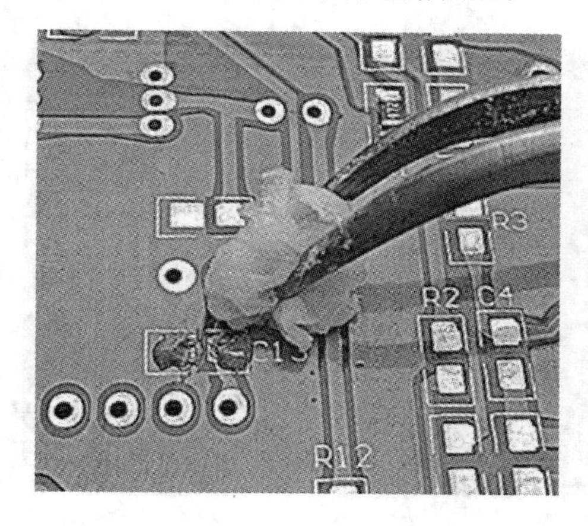

图4-17 清洗多余的焊锡浆

图4-18 两端蘸少量焊锡膏

（5）将热风焊台的风速调至2级，温度开关调至6级，然后打开热风焊台的电源开关（如图4-19所示）。

（6）将贴片电容器放在焊接位置，注意位置对齐，然后用风枪口垂直对着贴片电容器加热（如图4-20所示）。

图 4-19 调节热风焊台

图 4-20 加热电容器

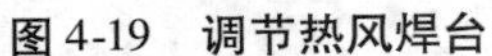

（7）待焊锡熔化后停止加热，再用电烙铁给元器件的两个引脚补焊，使焊点光滑饱满（如图 4-21 所示）。

三、拖焊法

片式封装的集成电路主要有 SOP、QFP 等。由于集成电路引脚很细且密度大，如果再采用普通的点焊法将会有较大难度，因此，可采用拖焊法。拖焊法是采用焊锡将引脚桥连，在桥连处涂上助焊剂，用烙铁头加热桥连处焊点，待焊锡熔化后缓慢向外拖拉，使桥连的焊点分开。

（1）首先将焊盘面朝上，用镊子小心夹住芯片，放在 PCB 板上，注意要理顺引脚；使引脚与焊盘对齐，找到集成电路的第“1”引脚，对准焊盘，反复调整位置，保证芯片的放置方向正确（如图 4-22 所示）。

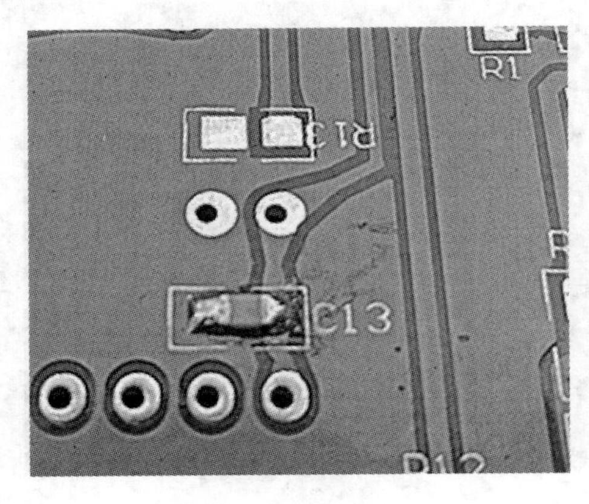

图 4-21 焊好的电容器

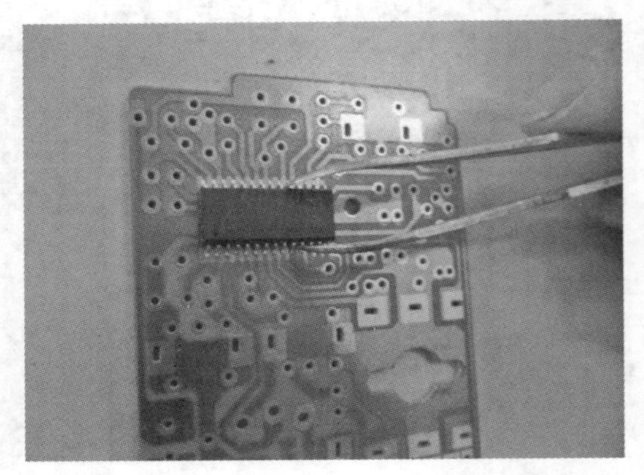

图 4-22 集成电路的引脚位置摆放正确

（2）集成电路引脚与焊盘完全重合后，用手指压紧芯片，在集成电路对角加焊锡，先焊一个引脚将元器件固定（如图 4-23 所示）。

（3）取小块松香放在引脚旁边，然后用电烙铁在引脚上加满焊锡，为拖焊做准备（如图 4-24 所示）。

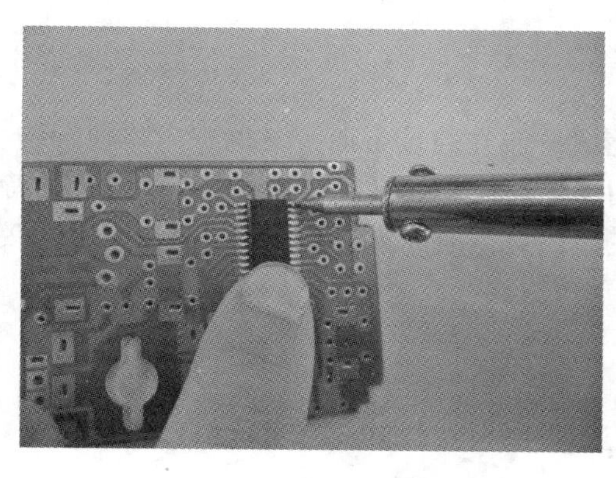

图 4-23　固定集成电路

图 4-24　加满焊锡的引脚

（4）将印制电路板倾斜放置，用电烙铁将焊锡球沿芯片的引脚从左至右拖动。操作过程中要随时在松香上擦拭烙铁头，使烙铁保持干净（如图 4-25 所示）。

（5）焊接完成后，检查一下有无短路的引脚（如图 4-26 所示）。

图 4-25　拖焊操作

图 4-26　焊接完成的引脚

（6）最后用脱脂棉蘸少量酒精，清洗引脚周围的松香（如图 4-27 所示）。

（7）借助放大镜检查焊点的质量，观察是否有桥连现象等。

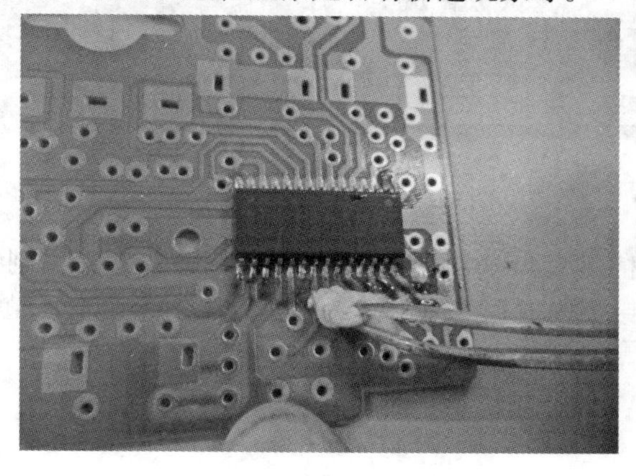

图 4-27　清洗

知识链接3　BGA芯片的焊接

BGA芯片的引脚以圆形或柱形焊点按阵列形式分布在封装下面，又称球栅阵列封装。目前，在一些手机等新型电子设备中，普遍采用了先进的BGA芯片。由于BGA封装的特点，其故障一般是由于芯片的损坏或虚焊引起的，因此只有很好地掌握BGA芯片的焊接技术，才能适应电子设备维修的发展方向。

一、植锡操作

（1）准备工作。首先准备焊接BGA芯片的工具和材料（如图4-28所示）。

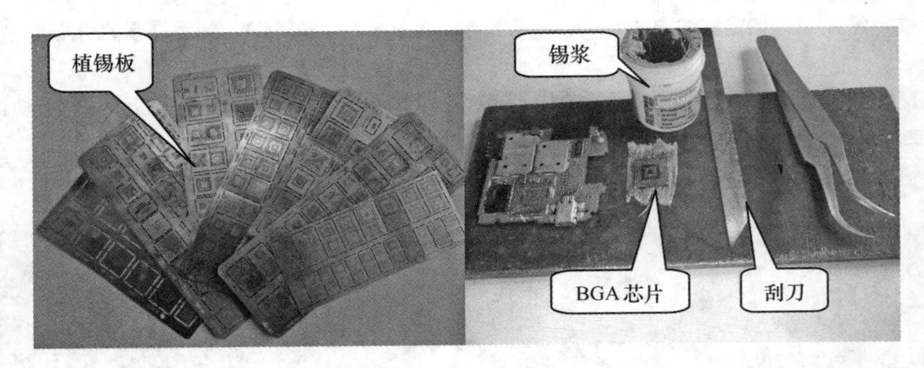

图4-28　BGA焊接所需的工具和材料

（2）芯片固定。首先找到BGA芯片对应的植锡板，如果没有合适的植锡板，可用相近的代替；再将BGA芯片底面朝上用双面胶固定（如图4-29所示）。

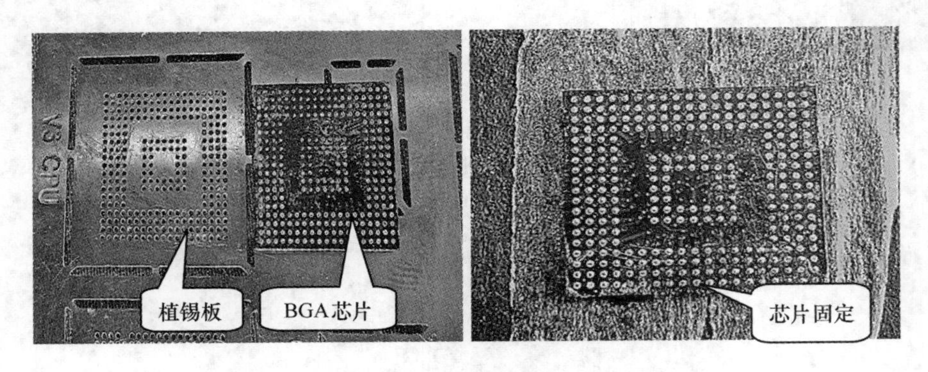

图4-29　芯片固定

（3）刮锡浆。将植锡板与BGA芯片的焊点对好并压紧，用刮锡刀取少许锡浆刮在BGA芯片所对应的植锡板的板孔处，边刮边压使锡浆均匀填充在植锡板的小孔中（如图4-30所示）。

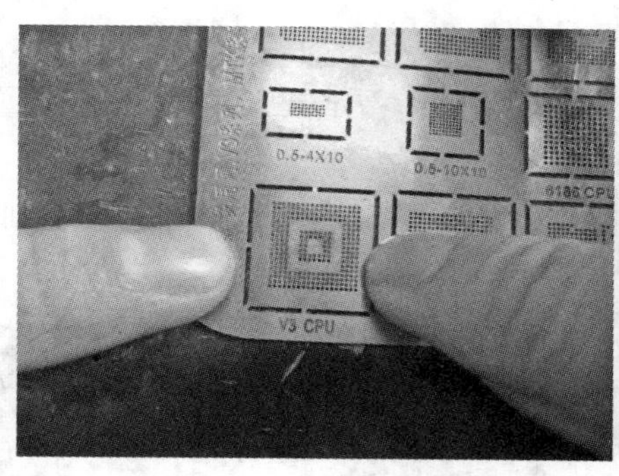

图 4-30　刮锡浆

（4）成型。用酒精棉清洗周围多余锡浆；将热风焊台风量调至 2 ～3 挡，温度调至 6 挡，用镊子压住 BGA 芯片，再用热风焊台加热，使锡膏在 BGA 芯片上成型，大约 20 s 撤离热风焊台；继续用镊子压住芯片 5 s 后离开植锡板（如图 4-31 所示）。

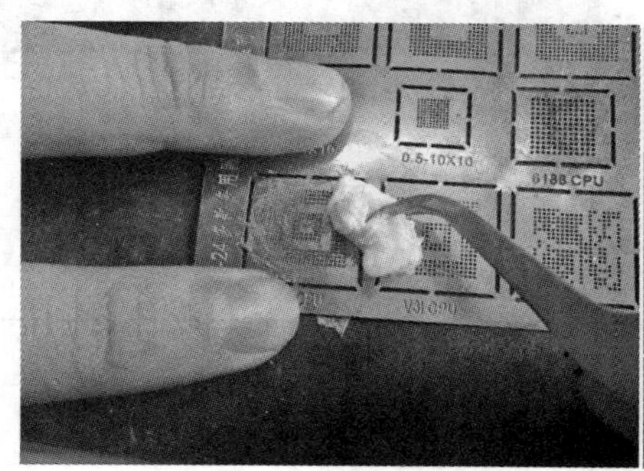

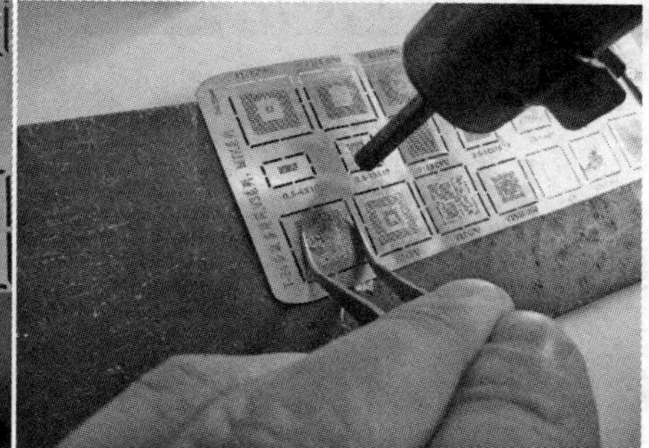

图 4-31　成型

（5）植好锡的 BGA 芯片焊点，锡球大小均匀（如图 4-32 所示）。

图 4-32　植锡完成

二、BGA 芯片焊接

（1）芯片定位。将植好锡的 BGA 芯片放在焊盘上，一定要对好芯片的位置和方向（如图 4-33 所示）。

（2）焊接。调节合适热风焊台的风量和温度，让风嘴对准芯片的中央位置加热（如图 4-34 所示）。大约需要 20 s 即可完成焊接。

图 4-33　芯片定位

图 4-34　焊接

【任务检查】

任务检查单	任务名称	姓　名	学　号
检　查　人	检查开始时间	检查结束时间	

检查内容		是	否
1. 通孔元器件的焊接	（1）焊接工具的使用是否正确		
	（2）焊接的操作步骤是否正确		
2. 贴片元器件的焊接	（1）点焊法是否合理		
	（2）拖焊法是否正确		
3. BGA 芯片的焊接	（1）植锡操作是否正确		
	（2）焊接是否正确		
4. 安全文明操作	（1）是否注意用电安全，遵守操作规程		
	（2）是否遵守劳动纪律，注意培养一丝不苟的敬业精神		
	（3）是否保持工位清洁，整理好仪器仪表		

任务4.2　拆焊技术

【任务目的】

1. 了解常用的拆焊工具。
2. 掌握拆焊的技巧。

【任务内容】

1. 通孔元器件的直接拆焊。
2. 贴片元器件的拆焊。

任务训练　拆焊练习

1. 训练目的：学会拆焊技能。

2. 训练内容：

（1）通孔元器件的拆焊；

（2）贴片元器件的拆焊。

3. 训练方案：5个学生组成一个小组，每个小组挑选一名组长，每人一块旧收音机电路板，将所有的元器件拆焊下来。每个学生均要单独完成。组长负责组织对组员检查并组织讨论，完成任务后对每个组员的作品做出评价。

【注意事项】

1. 拆焊的目的是解除焊接，注意不能用力过猛，损坏拆除的元器件、导线、焊接点和印制电路板。

2. 拆焊的时间和温度都比焊接时要长，严格控制加热的时间和温度。为了不损坏元器件，可以采用间断加热的方法。

3. 拆焊时要做好散热工作，比如用镊子夹住元器件引脚等。

4. 拆焊时不能用电烙铁撬焊接点或晃动元器件引脚，以免造成焊盘的脱落。

5. 插装新元器件之前，必须把焊盘安装孔内的焊锡清理干净。

知识链接　拆焊技术

在整机装配、调试及维修过程中，经常需要更换元器件，这就需要把元器件从电路板上取下，这个过程就是拆焊。

一、拆焊的原则

（1）拆焊时要避免拆卸的元器件因过热或机械损伤而失效。

（2）拆焊时要避免焊盘脱落或断裂。

（3）拆焊过程中要避免损伤周围元器件。

二、拆焊的方法

1. 直接拆焊

图 4-35　分点拆焊

（1）分点拆焊。

一般电阻类、电容类、晶体管类电子元件的引脚不多，可以采用电烙铁直接拆焊。如图 4-35所示，将电路板竖起来固定，一边用电烙铁加热待拆元器件的一个焊点，一边用镊子夹住元器件引脚轻轻拉出；然后再拆另一个焊点。

（2）间断加热拆焊。

针对引脚较多的元器件，先用干净的烙铁头去除焊点上多余的焊锡，露出引脚轮廓，再用电烙铁间断加热元器件各焊点，进行拆焊。

2. 复杂拆焊

（1）采用空心针拆焊。

空心针采用不锈钢制成，具有不粘锡的功能（也可以采用医用针头将尖部挫平再使用）。具体方法是将电路板的焊盘面朝上，平放固定；选择孔径稍大于引脚直径的空心针套在需要拆焊的元器件引脚上，用电烙铁加热被拆焊点；待焊锡熔化后，轻轻旋转针头直至引脚与线路板铜箔彻底分离即可（如图 4-36 所示）。

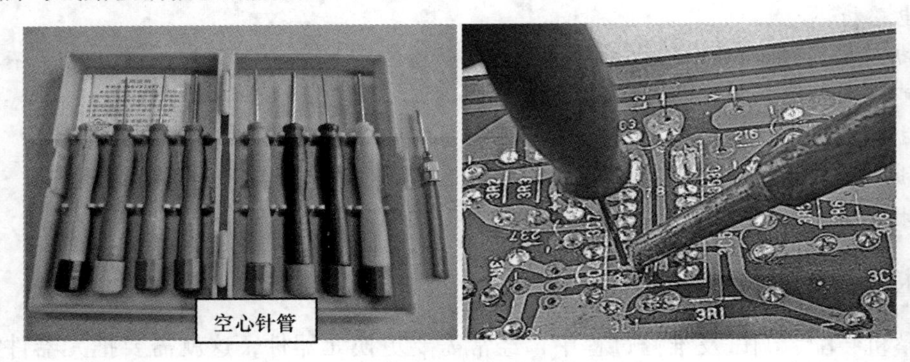

图 4-36　采用空心针拆焊

（2）采用吸锡材料拆焊。

利用屏蔽线的编织网或较细的多股铜芯导线作为吸锡材料。将吸锡材料蘸些松香水贴在待拆焊点上；用电烙铁加热吸锡材料，通过吸锡材料将热量传到焊点熔化焊锡；待焊锡熔化后，焊锡会被吸锡材料带走（如图 4-37 所示）。

（3）采用吸锡式电烙铁拆焊。

吸锡式电烙铁是一种将活塞式吸锡器与电烙铁结合的拆焊工具（如图 4-38 所示）。采用吸锡式电烙铁拆焊的具体步骤如图 4-39 所示。

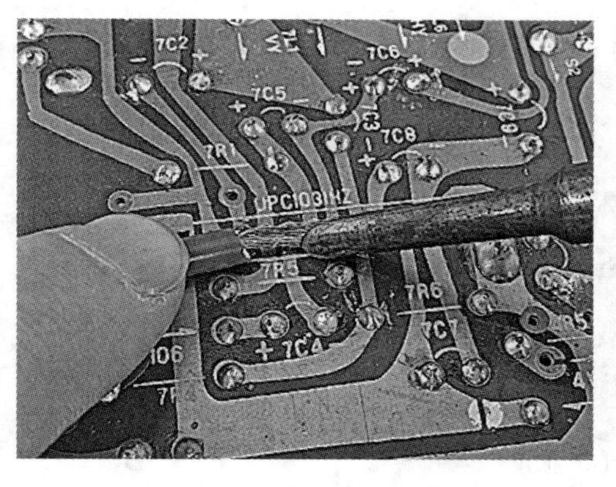

图 4-37　采用吸锡材料拆焊

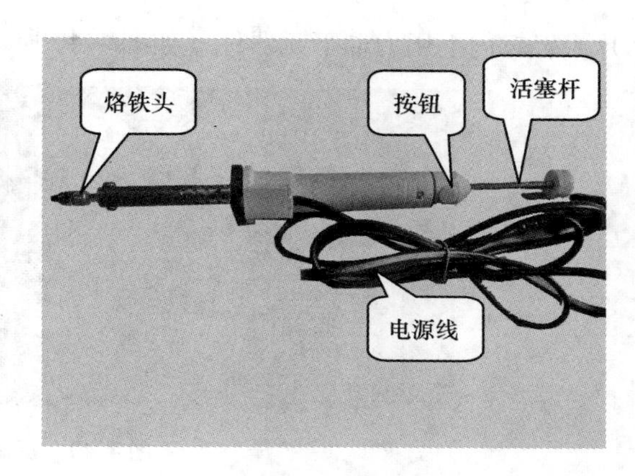

图 4-38　吸锡式电烙铁

步骤一：将吸锡式电烙铁插上电源预热后，准备按下活塞按钮。

步骤二：将吸锡式电烙铁顶部的活塞杆按下。

步骤三：右手拿吸锡式电烙铁套在待拆焊点的引脚上加热。

步骤四：等焊锡熔化。

步骤五：按下活塞按钮，元器件引脚上已融化的焊锡即被吸走。

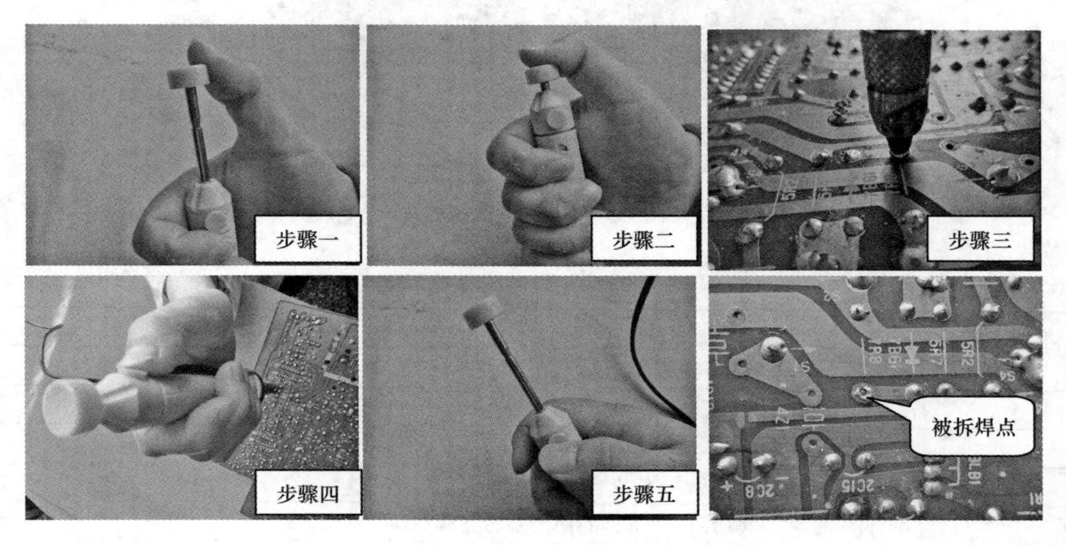

图 4-39　拆焊基本步骤

（4）采用热风焊台拆焊。

通过前面的学习，我们知道，通孔元器件的拆焊是熔化焊锡后即可取下元器件；而贴片元器件的拆焊则不同，必须将所有引脚同时加热，在焊锡完全熔化后才能取下，否则会损坏焊盘。BGA 芯片的引脚都封装在元器件底部，无法看到，且四周和底部涂有密封胶，故拆焊时必须借助热风焊台。具体步骤如下。

① 首先将热风焊台的热风温度调到 6 级，风速调到 3 级，然后打开电源开关。

② 将热风焊台的风口放在 BGA 芯片垂直上方大约 3 cm 处加热；用镊子夹住 BGA 芯

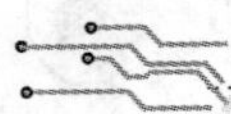

片，轻轻向上用力取下元器件（如图 4-40 所示）。

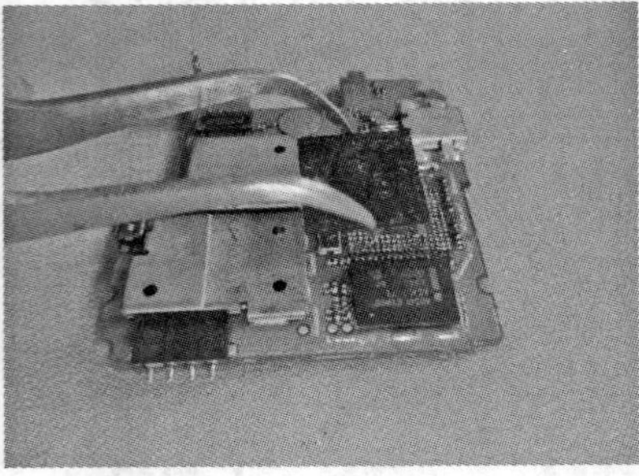

图 4-40　拆卸 BGA 芯片

③ 取下 BGA 芯片后，电路板焊点上和芯片上还会残留大量多余焊锡，需要清洁。可用电烙铁蘸焊锡膏去除剩余焊锡（如图 4-41 所示）。

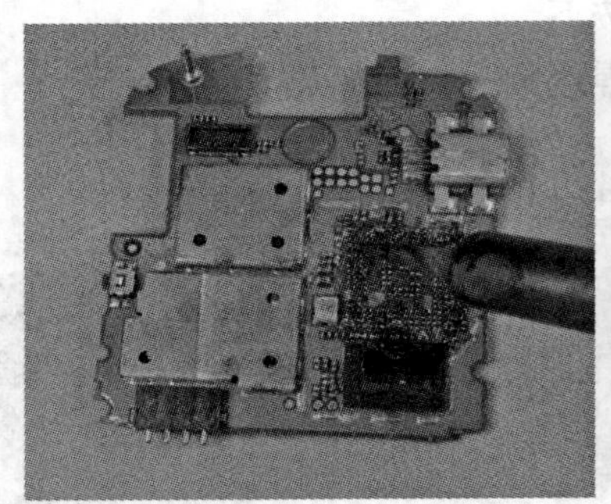
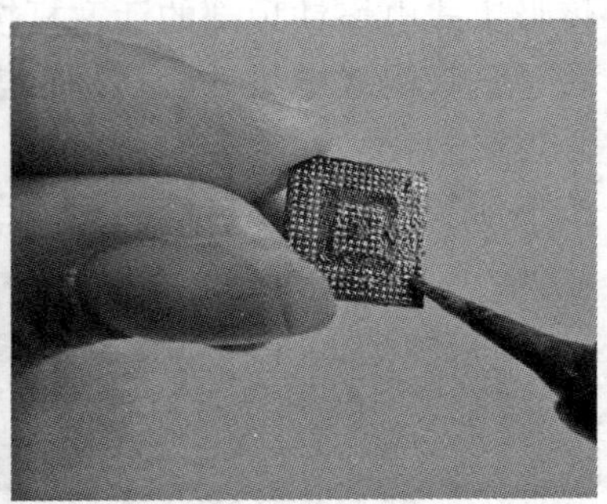

图 4-41　清洗焊盘和芯片

【任务检查】

<table>
<tr><td rowspan="2">任务检查单</td><td>任务名称</td><td>姓　名</td><td colspan="2">学　号</td></tr>
<tr><td></td><td></td><td colspan="2"></td></tr>
<tr><td>检　查　人</td><td>检查开始时间</td><td colspan="3">检查结束时间</td></tr>
<tr><td></td><td></td><td colspan="3"></td></tr>
<tr><td colspan="3">检查内容</td><td>是</td><td>否</td></tr>
<tr><td rowspan="2">1. 拆　焊</td><td colspan="2">（1）拆焊工具的使用是否正确</td><td></td><td></td></tr>
<tr><td colspan="2">（2）各种拆焊的方法是否掌握</td><td></td><td></td></tr>
<tr><td rowspan="3">2. 安全文明操作</td><td colspan="2">（1）是否注意用电安全，遵守操作规程</td><td></td><td></td></tr>
<tr><td colspan="2">（2）是否遵守劳动纪律，注意培养一丝不苟的敬业精神</td><td></td><td></td></tr>
<tr><td colspan="2">（3）是否保持工位清洁，整理好仪器仪表</td><td></td><td></td></tr>
</table>

项目5　电子产品整机装配与调试

项目分析

电子产品的使用性能和质量好坏直接影响着人们的生活与工作，生产高性能、高质量和高可靠性的电子产品已越来越成为电子生产中的重要目标之一。装配质量对于电子产品的可靠性有很大影响。在完成整机的电路结构设计后，装配工艺技术是实现电子产品技术性能和保证电子产品稳定可靠工作的关键。因此，只有采用合理化的装配工艺才能生产出高质量的电子产品。

情景设计

场景布置：课堂上，教师在实验室的每个工作台上准备一套收录机散件。

教师讲述：大家都猜猜看，我们每个工作台上都是些什么电子元件？是属于什么电子产品的？……它是一套收录机的零部件。在接下来的时间里我们要求大家自己动手装配并调试出一台收录机。电子产品的装配和调试有一套严格复杂的工艺，而不是简单的一装了事，我们将通过本项目的学习巩固前面的基本技能，同时掌握电子产品的装调工艺。

媒体播放：播放工业生产流水线上电子产品的装配工艺流程视频。

任务5.1　电子产品的整机装配

【任务目的】

1. 理解电子产品装配工艺技术基础。
2. 掌握电子元器件引脚成形工艺、安装要求和装配工艺。

【任务内容】

收录机的整机装配。

任务训练　收录机的装配

1. 训练目的：

（1）掌握超外差式收音机和磁带录放机的基本原理，能进行电路图分析；

（2）能正确识别与检测元器件，并能根据电原理图和装配图进行收录机的装配，提高整机电路图及电路板图的识读能力；

（3）掌握电子产品生产工艺流程，进一步强化提高手工焊接技术水平。

2. 训练内容：

（1）收录机的基本原理；

（2）印制电路板的焊接工艺及收录机的整机组装工艺。

3. 训练方案：每个学生均要单独完成一台收录机的装配。5个学生组成一个小组。每个小组挑选一名组长，对组员进行指导并组织讨论，完成任务后对每个组员做检查和评价。

【注意事项】

1. 在拿到装配套件后，不要急于安装，应先根据元件清单清点好元件，归类放置。

2. 深刻理解电路图纸，根据对电路的理解确定安装元件顺序。

3. 元器件的型号规格的选择应根据电路图和安装工艺要求进行，切勿搞错型号类别。对于有极性区分的元器件应先判断正确后再安装。

4. 元器件在焊接前应先按设计要求将引脚成型，对于引脚氧化的要进行搪锡预处理。

5. 焊点的外观应光洁、平滑、均匀，且无气泡和无针眼等缺陷，不应有虚焊、漏焊和短路等。

知识链接1　电子产品装配工艺基础

一、装配工艺技术基础

1. 装配技术要求

（1）元器件的标志方向应按照图纸规定的要求，安装后能看清元件上的标志。若装配图上没有指明方向，则应使标志向外易于辨认，并按照从左到右、从下到上的顺序读出。

（2）安装元件的极性不得装错，安装前应套上相应的套管。

（3）安装高度应符合规定要求，同一规格的元器件应尽量安装在同一高度上。

（4）安装顺序一般为先低后高，先轻后重，先易后难，先一般元器件后特殊元器件。

（5）元器件在印刷板上的分布应尽量均匀，疏密一致，排列整齐美观。不允许斜排、立体交叉和重叠排列。

（6）元器件的引线直径与印刷焊盘孔径应有0.2～0.4 mm的合理间隙。

（7）一些特殊元器件的安装处理：MOS集成电路的安装应在等电位工作台上进行，以免静电损坏器件；发热元件要与印刷板面保持一定的距离，不允许贴面安装；较大元器件的安装应采取固定（绑扎、粘、支架固定等）措施。

2. 装配方法

（1）功能法。功能法是将电子产品的一部分放在一个完整的结构部件内。

（2）组件法。组件法是制造一些在外形尺寸和安装尺寸上都统一的部件，这时部件的功能完整性退居次要地位。

（3）功能组件法。功能组件法是兼顾功能法和组件法的特点，制造出既有功能完整性又有规范化的结构尺寸和组件。

3. 连接方法

电子产品组装的电气连接主要采用印刷电路连接，导线、电缆连接，以及其他电导体方式连接。

（1）印刷电路连接。印刷电路连接是指元器件间通过印制板的焊接盘而焊接在印刷电路板上，利用印刷电路导线进行连接。注意，对于体积过大、质量过重以及有特殊要求的元器件不能采用这种方式，因为印刷电路板的支撑力有限。

（2）导线、电缆连接。对于印刷电路板外的元器件与元器件、元器件与印刷电路板、印刷电路板与印刷电路板之间的电气连接基本上是采用导线与电缆的连接方式。在印刷电路板上的飞线及有特殊要求的信号线也采用导线与电缆进行连接。

（3）其他连接方式。在多层电路板之间多采用金属化孔进行连接。金属封装的大功率晶体管及其他类似器件多通过焊片用螺钉压接。

二、印刷电路板的装配工艺

由于印刷电路板具有布线密度高、结构紧凑和图形一致性好等优点，同时其有利于电子产品实现小型化、生产自动化和提高劳动生产率，因此，印刷电路板组装件在电子产品中得到了广泛应用，成为电子产品中最基本、最主要的组件。当然，印刷电路板的装配也就成为电子装配中最主要的组成部分。

1. 元器件引脚的成形

元器件引脚的成形就是根据焊点之间距离，预先把元器件的引线弯曲成一定的形状，以提高装配质量和效率，同时防止元件在焊接时发生脱落、虚焊现象，增强元器件的抗震能力和减小热损耗，并达到整机整齐美观的效果。如图5-1所示是几种元器件的成形实例。

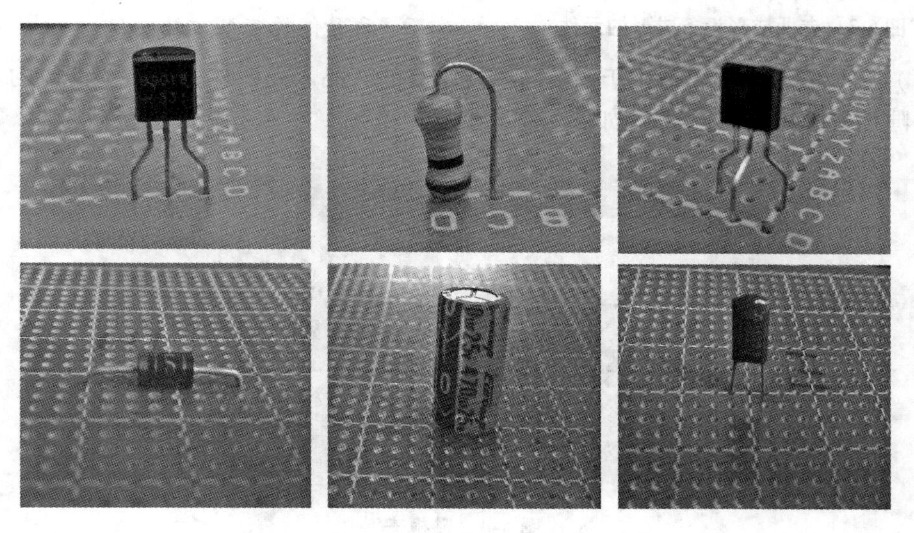

图5-1　元器件引脚成形

引线成形的基本要求（如图5-2所示）有以下几点：

（1）元器件引脚均不准从根部弯曲（极易引起引脚从根部折断），一般应留2 mm以上的距离；

（2）弯曲半径不应小于引脚直径的2倍；

(3) 对热敏感的元器件引脚应增长；

(4) 尽量将元器件有字符标志的面置于容易观察的位置。

图5-2中 $A \geqslant 2$ mm；$R \geqslant 2d$；图5-2（a）中 h 为0～2 mm，图5-2（b）中 $h \geqslant 2$ mm；$C = np$（p 为印制电路板坐标网格尺寸，n 为正整数）。

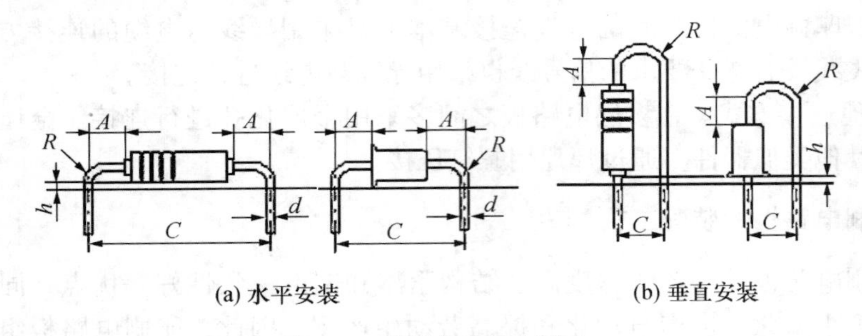

图5-2　引脚成形基本要求

元器件引脚成形的方法有自动成形和手工成形两种。流水线上生产采用的是专业的成形设备一次成形（如图5-3所示）。对于小批量手工制作的元器件的引脚成形，可采用扁口钳和镊子等工具将引脚加工成图5-1的形状即可。

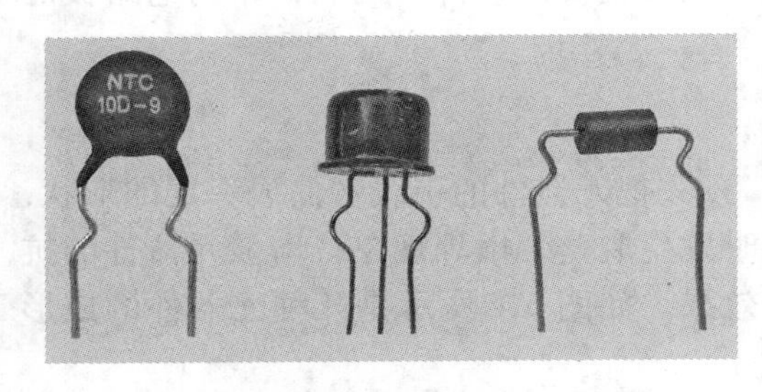

图5-3　专业成形设备成形的元件

2. 元器件的安装方法

(1) 贴板安装。此法适用于安装防震要求高的产品。元器件紧贴于印制板的基板上，安装间隙小于1 mm，安装形式如图5-4所示。

图5-4　贴板安装

(2) 悬空安装。此法适用于发热元件的安装。元器件距离电路板留有一定的高度，安装距离一般在3～8 mm范围内，以利于对流散热。诸如大功率电阻、半导体器件等的安装多采用本方法（如图5-5所示）。

(3) 垂直安装。元器件垂直于电路板面安装（如图5-6所示）。此法适用于安装密度较高的场合，但对质量大、引线细的元器件不宜采用。

图5-5　悬空安装

图5-6　垂直安装

（4）埋头安装。元器件的壳体埋于电路板的嵌入孔内（如图5-7所示）。这种安装方式可以提高元器件的防震能力，降低安装高度。

图5-7　埋头安装

（5）有高度限制的安装。元器件安装高度的限制一般是在图纸上标明的，通常是先垂直安装后，再朝水平方向弯曲。对大型器件要做特殊处理，以达到足够的安装强度，经得起震动和冲击。有高度限制的安装形式如图5-8所示。

图5-8　有高度限制的安装

图 5-9　支架安装

（6）支架安装。支架安装如图 5-9 所示。这种方法适用于安装重量较大的元件，如继电器、变压器和扼流圈等大型器件等，一般采用金属或塑料支架在电路板上将元件固定。

3. 手工装配工艺

当产品在小批量生产或试制样品时，印刷电路板的装配主要依靠手工装配。其操作步骤如下：

（1）检查元器件；

（2）将已检查好的元器件的引线整形；

（3）将整形好的元器件插入到印制板中；

（4）调整元器件的位置和高度；

（5）焊接固定；

（6）剪切元器件引脚；

（7）连接导线；

（8）检查。

4. 自动装配工艺

随着现代科技的发展，大规模、大批量、高效率生产越来越成为厂家追求的目标，因而自动化生产已经成为现代不可替代的生产方式。自动装配和手工装配的过程基本上是一样的，只是从元件的装插、引脚成形、剪切引脚到最后的焊接都是由计算机控制的自动化设备流水作业完成。

三、其他部件的装配工艺

1. 连接工艺

电子产品几乎都要采用一定的连接方式来将各个部件组成一个整体，构成电气或机械上的连接。电子产品的连接方式有导线连接、螺接、铆接、连接器连接、卡接和粘接等，其总的装配要求是：牢固可靠，不损坏元器件、零部件或材料；避免损坏元器件或零部件涂覆层，不破坏元件绝缘性能；连接线布设合理、整齐美观、绑扎紧固。

2. 面板和机壳的安装

面板和机壳是电子产品整机的重要组成部件，其装配工艺要求如下：

（1）机壳、后盖打开后，当触摸外露的可触及元件时，应无触电危险；

（2）机壳、后盖上的安全标志应清晰；

（3）面板、机壳外观要整洁；

（4）面板上有各种可动件，应使可动件的操作灵活、可靠；

（5）装配面板、机壳时，一般是先里后外，先小后大；搬运面板、机壳要轻拿轻放，不能碰压；

（6）面板、机壳上使用旋具紧固自攻螺钉时，扭力矩大小要合适；若力度太大，容

易产生滑牙甚至出现穿透现象，使面板损坏；

（7）在面板上贴铭牌、装饰、控制指示片等元件时，应按要求贴在指定位置，并要端正牢固；

（8）面板与外壳合拢装配时，用自攻螺钉紧固应无偏斜、松动，并准确装配到位。

3. 散热器的装配

在电子产品的电路中，其中的大功率元器件在工作过程中会散发热量而产生较高的温度，故需要采取散热措施，以保证元器件和电路能在允许的温度范围内正常工作。电子元器件的散热一般使用铝合金或铜材料制成的散热器，多采用叉指形结构。散热器的装配工艺要求如下：

（1）元器件与散热器之间的接触面要平整，以增大接触面，减小散热热阻；同时元器件与散热器之间的紧固件要拧紧，使元器件外壳紧贴散热器，以保证有良好的接触；

（2）散热器在印制电路板上的安装位置由电路设计决定，一般应放在印制电路板的边沿等易散热的地方；

（3）元器件装配散热器要先使用旋具使晶体管（或集成块）紧固于散热器上，再行焊接。

四、整机装配工艺

整机装配主要包括机械装配和电气装配两大部分。具体来说，装配的内容包括将各零件、部件和整件（如各机电元件、印制电路板、底座、面板以及装在它们上面的元件等）按照设计要求安装在不同的位置上，组成一个整体，再用导线将元器件与部件之间进行电气连接，从而完成一个具有一定功能的完整的机器。

1. 整机装配的原则和要求

（1）装配时，严格按照“先轻后重、先小后大、先铆后装、先装后焊、先里后外、先下后上、先平后高、易损部件后装、上道工序不得影响下道工序”的安装原则。

（2）安装要达到的基本要求是：线路连接坚固可靠，机械结构便于调整与维修，操作调谐结构精确、灵活，线束的固定和安装有利于组织生产，整机装配美观。

2. 整机装配的工艺流程

电子产品整机装配就是依据设计文件，按照工序安排和具体工艺要求，把各种元器件和零部件安装、紧固在电路板、机壳、面板等指定的位置上，装配成完整的电子整机，再经调试检验合格后成为产品包装出厂。

整机装配的工艺流程为：准备→机架→面板→组件→机芯→导线连接→传动机构→总装检验→包装。

知识链接2　收录机的工作原理

一、超外差式收音机

1. 概述

目前的广播电台调制方式有调幅和调频两种。无论是哪一种调制方式，其接收无线

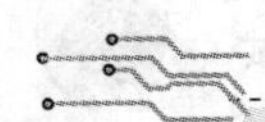

电波并将之还原成声音信号的过程是一样的。

电台发射的无线电波在传播途中，若碰到了收音机的天线，就会感应产生交变电动势。该交变电动势带有无线电波所含信息，但幅度很小。因此，收音机需完成的工作有：

(1) 从众多的信号中选择一个所需的电台信号，即选台，这就需要用到调谐回路；

(2) 因天线上感应出来的信号功率通常小于1微瓦，所以，需要把选择出来的信号加以放大；

(3) 把高频电流转变成低频电流，使调制的音频信号重现，即检波。

因此，一般收音机必须有调谐、检波和放大等几个部分。

超外差式收音机的电路可用图5-10所示的方框图来表示。收音机通过调谐回路选出所需的电台，送到变频器与本振电路送出的本振信号进行混频，产生中频输出（我国规定的AM中频为465 kHz，FM中频为10.7 MHz）；中频信号将检波器检波后输出调制信号；调制信号经低放、功放放大电压和功率，推动喇叭发出声音。

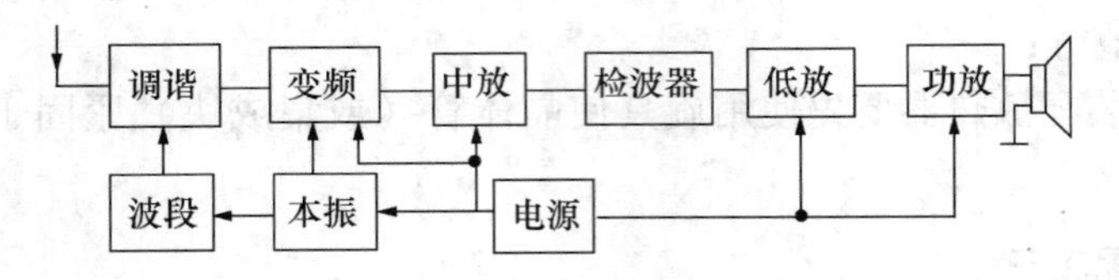

图5-10 AM/FM收音机的基本组成

由于同一时间内广播电台很多，所以收音机天线接收到的不仅仅是一个电台的信号。但是，各电台发射的载波频率均不相同，故收音机可利用选频回路通过调谐来改变自身的振荡频率，当振荡频率与某电台的载波频率相同时，即可选中该电台的无线信号，从而完成选台。选出的信号并不是立即送到中放级，而是要进行频率的变换。这是因为如果对接收到的高频信号直接进行高增益放大，则高频放大电路容易产生自激振荡，使工作不够稳定；而如果把收到的高频信号变换为频率较低的中频信号后再进行放大，则放大电路的工作比较稳定，不易产生自激振荡，从而使收音机的灵敏度提高且工作稳定。

利用本机振荡产生的频率与接收到的高频信号进行混频，由于晶体管的非线性作用导致混频的结果就会产生一个新的频率，这就是外差作用。采用了这种电路的收音机称外差式收音机，混频和振荡的工作合称变频。此时，变频级输出的是固定的中频信号（AM的中频为465 kHz，FM的中频为10.7 MHz）。混频器输出的携音频包含的中频信号由中频放大电路进行一级、两级甚至三级中频放大。选台、变频后的中频调制信号送入中频放大电路进行中频放大，然后再进行检波，最终取出调制信号。

2. 超外差式调幅收音机

目前，调幅制无线电广播有长波、中波和短波三个波段，分别由相应波段的无线电波传送信号。其中，长波频率范围为150～415 kHz；中波频率范围为535～1605 kHz；短波频率范围为1.5～26.1 MHz。我国只有中波和短波两个大波段的无线电广播。中波广播使用的频段的电磁波主要靠地波传播，也伴有部分天波；短波广播使用的频段的电磁波主要靠天波传播，近距离内伴有地波。

调幅收音机由输入电路、本振、混频器、检波器、自动增益控制电路（AGC）、音频

前置低放和功率放大电路组成（如图5-11所示）。

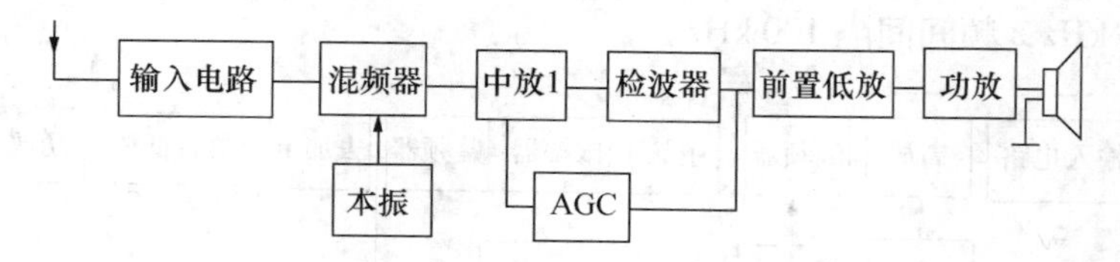

图5-11　调幅（AM）收音机的基本组成

（1）输入电路与调谐：又称输入调谐回路或选择电路，其作用是从天线上接收到的各种高频信号中选择出所需要的电台信号并送到变频电路。输入电路是收音机很重要的电路，它的灵敏度和选择性对整机的灵敏度和选择性都有重要影响。

（2）变频电路：又称变频器，由本机振荡器和混频器组成，其作用是将输入电路选出的信号与本机振荡器产生的振荡信号在混频器中进行混频，结果得到一个固定频率（465 kHz）的中频信号。这个过程称为“变频”，它只是将信号的载波频率降低了，而信号的调制特性并没有改变，仍属于调幅波。由于混频管的非线性作用，在混频过程中，产生的信号除原信号频率外，还有二次谐波及两个频率的和频和差频分量。其中差频分量就是我们需要的中频信号，可以用谐振回路选择出来，而将其他不需要的信号滤除掉。因为465 kHz中频信号的频率是固定的，所以本机振荡信号的频率始终比接收到的外来信号频率高出465 kHz，这也是“超外差”得名的原因。

（3）中频放大电路：又称中频放大器，其作用是将变频级送来的中频信号进行放大。中频放大电路一般采用变压器耦合的多级放大器。中频放大电路是超外差式收音机的重要组成部分，直接影响着收音机的主要性能指标。

（4）检波和自动增益控制电路：检波的作用是从中频调幅信号中取出音频信号，常利用二极管来实现。由于二极管的单向导电性，中频调幅信号通过检波二极管后将得到包含有多种频率成分的脉动电压，然后经过滤波电路滤除不要的成分，取出音频信号和直流分量。音频信号通过音量控制电位器送往音频放大器，而直流分量与信号强弱成正比，可将其反馈至中放级实现自动增益控制（简称AGC）。收音机中AGC电路的作用是：接收弱信号时，使收音机的中放电路增益增高；而接收强信号时自动使其增益降低，从而使检波前的放大增益随输入信号的强弱变化而自动增减，以保持输出的相对稳定。

（5）音频放大电路：又称音频放大器，包括低频电压放大器和功率放大器。一般收音机中有一至两级低频电压放大。两级中的第一级称为前置低频放大器，第二级称为末级低频放大器。低频电压放大级应有足够的增益和频带宽度，同时要求其非线性失真和噪声都要小。功率放大器用来对音频信号进行功率放大，用以推动扬声器还原声音，故要求它的输出功率大，频率响应宽，效率高，而且非线性失真小。

3. 超外差式调频收音机

与调幅收音机相比，调频收音机具有频带宽、音质好、信噪比高、抗干扰能力强和造价低等特点，目前已越来越受到欢迎。调频收音机的电路结构与调幅收音机有所不同，有些电路是调频收音机所特有的。例如限幅器、鉴频器、去加重和AFC电路（如图5-12所示）。

我国规定，调频广播的频率范围为 87 ～108 MHz，中频频率为 10.7 mHz，调频信号带宽为 0.03 ～15 kHz，频间间隔 100 kHz。

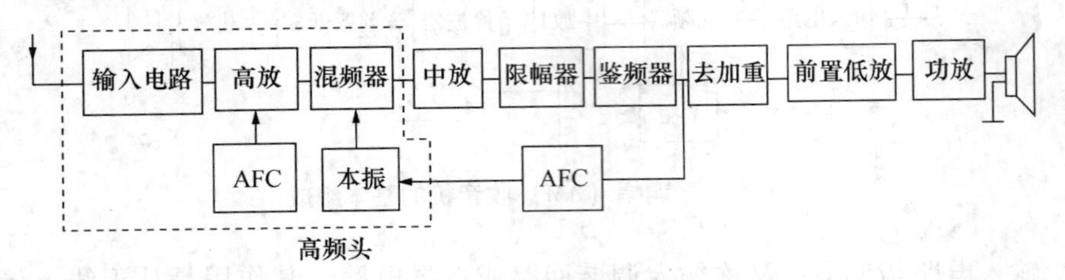

图 5-12　调频（FM）收音机的基本组成

4. 收音机的主要性能指标

（1）灵敏度。收音机输出一定功率时，输入端所需输入信号的大小叫灵敏度。灵敏度是用来表征收音机接收微弱信号的能力。通常，磁性天线的灵敏度用场强（毫伏/米）表示，一般在 0.5 ～3 mV/m左右；拉杆天线的灵敏度用电压大小表示，一般在 50 ～300 μV左右。

（2）选择性。选择性是用来表征收音机抑制邻近电台干扰的能力。选择性（A）用收音机输入信号失谐 10 kHZ 时的灵敏度 V 与调谐时的灵敏度 V_0 之比的对数来表示，即 $A = 20\lg V/V_0$（dB）。选择性一般应大于 20 ～30 dB。

（3）非线性失真度。由于非线性元件的影响，导致输出信号中除具有调制信号的基波成分外，还有许多其他谐波成分。各次谐波的总有效值电压与基波的有效值电压之比，称为收音机的非线性失真度，也叫谐波失真度。一般收音机的非线性失真度应小于 10%。

（4）频率覆盖范围。频率覆盖范围即我们常说的“波段”，是收音机能接收的频率范围。在一个波段范围内，频率范围的高端频率和低端频率的比值，通常称为频率覆盖系数，简称频率覆盖。例如，中波段的频率覆盖系数为 1605/535 = 3。

（5）额定输出功率。额定输出功率表示收音机在一定非线性失真条件下，收音机输出功率的大小，通常用毫瓦或瓦特来表示。

总之，以上各项指标是相互联系、相互制约的，单纯地追求某一指标是不正确的。

二、磁带录音机

磁带录音机是利用磁性载体来进行声音记录和重放的设备。常用的磁带录音机有盘式和盒式两种。其中，盒式录音机因其操作简便、性能优良、价格便宜、音质较好、磁带便宜等优点而受到广大用户的欢迎，并得以普及。盒式录音机按其功能可分为单放机、录放机、收录机、立体声收录机以及录音座等。

如图 5-13 所示，磁带录音机一般由磁头、机械传动（称为“机芯”）和电路三部分组成。录音机的磁头分为录音磁头、放音磁头和抹音磁头三种，普及型录音机常把录音磁头和放音磁头并成一个录放磁头。机械传动部分由驱动机构、制动机构和各种功能操作机构组成。电路部分由录音放大器、放音放大器、超音频振荡器和一些特殊功能电路组成。

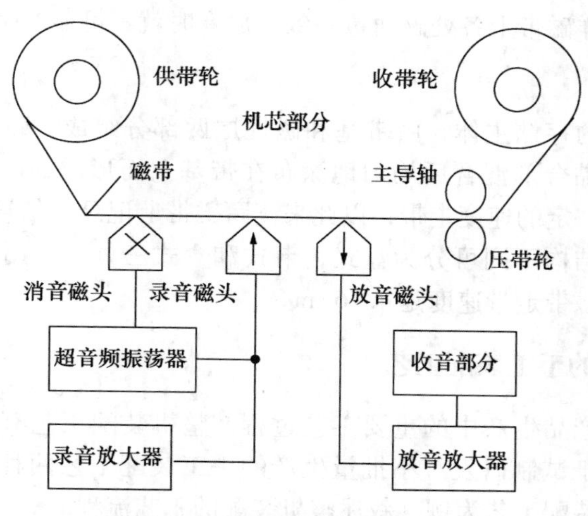

图 5-13　磁带录音机的基本组成

1. 录放原理

磁带录音机的录音和放音是一个电—磁的转换过程。

录音时，音频电信号经放大后送入磁头线圈，录音磁带以一定速度移动。这时，磁带与磁头空隙处接触，就会在磁头铁芯中产生交变的磁通，于是，磁带与磁头空隙处接触的部分被磁化（如图 5-14 所示）。随着音频信号电流的变化和磁带的移动，磁带上与磁头空隙接触的那部分磁性体会随着电流（磁场）的变化而被磁化。经过磁化的磁带，在离开磁头空隙后会留下距离性的变化着的剩磁，录音信号就是依靠这种剩磁被记录下来的。

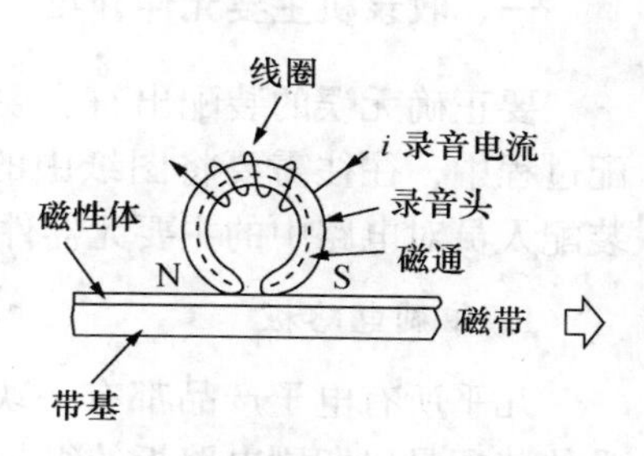

图 5-14　录音磁化

放音时，当录有磁迹的磁带以与录音时相同的速度通过磁头的工作缝隙时，由于磁头铁芯的导磁率比空气高得多，磁带上的剩磁磁场的磁力线将通过磁头铁芯而形成闭合磁路。因为磁带上的剩磁强度和方向都是随所录声音信号变化的，所以磁头铁芯内的磁通量也相应变化，从而在线圈中便产生对应磁通量变化的感应电动势。

2. 抹音原理

抹音实际是对磁带进行消磁，也就是将磁带上的剩磁去掉。

目前较多采用的是交流抹音的方法。交流抹音又称超音频抹音。抹音磁头的基本结构与录放磁头相同，只是工作缝隙宽度大约为录放磁头的 10 倍。抹音时，超音频振荡器给抹音头线圈提供超音频电流，使磁头缝隙处产生一个交变次数足够多的磁场，磁带上各段在逐渐接近缝隙中心的过程中被逐渐增强的交变磁场反复作用，使剩磁逐渐减小到零，从而使磁带上原录有的磁迹完全被抹掉了。

另一种抹音方法是直流饱和抹音法。它是让直流电流通过抹音头线圈产生一个足以使磁带上磁性材料饱和磁化的磁场。当磁带通过抹音头缝隙时，磁带上所有磁性材料的剩磁都达到饱和。这样磁带上各处磁通量一致，放音时就不可能产生感应电信号了。

3. 磁带

磁带是录音信号的存储主体，由带基和磁性层两部分组成。磁性层是记录信号的载体，是将磁性物质和黏合剂混合后均匀地涂布在带基上而形成的。录、放音时，通过传动机构带动磁带按照一定的速度走带，以此来读写磁带上记录的信息。

录音磁带按外形结构不同可分为盘式、卡式和盒式三种。家用普及型多采用盒式磁带录音机，其录放音磁带走带速度是4. 76 cm/s。

知识链接3　收录机的手工装配工艺

整机装配是电子产品生产中的重要工艺过程。整机装配工艺有用于批量生产的流水线作业装配工艺和用于试制研发、小批量生产的手工装配工艺两种方式。在此以调幅调频单卡收录机的手工装配工艺为例，叙述整机装配的工艺流程。

一、收录机主要元件介绍

要正确无误的装配出符合要求的电子产品，装配人员就必须深刻地理解图纸。在装配过程中，往往需要将图纸中的电子元件图形符号与实物正确无误地联系起来，因此，装配人员对电路中的主要元器件的认识是非常必要的。

1. 印刷电路板

几乎所有电子产品都有一块用于安装、连接电子元件的印刷电路板。因此，电子产品的装配是以印刷电路板的组装为中心展开的。如图 5-15 所示为某收录机装配的印刷电路板。该板是一块单面板，其一个表面敷有铜箔线路，因涂有用于阻焊的油漆，整体呈绿色，而需要组装焊接的元件均有焊盘留出；另一个表面印刷有安装元件的安装位置及编号，即丝印层。在安装时，只需先找到电路板上需要焊接元件的编号，再对照图纸找到该编号元件所标参数，对照参数选择正确的元件焊上即可。在放置印刷电路板时，应该注意不要将焊接面与工作台过度摩擦，以防焊盘表面的阻焊层脱落而导致焊盘氧化，造成上锡困难。

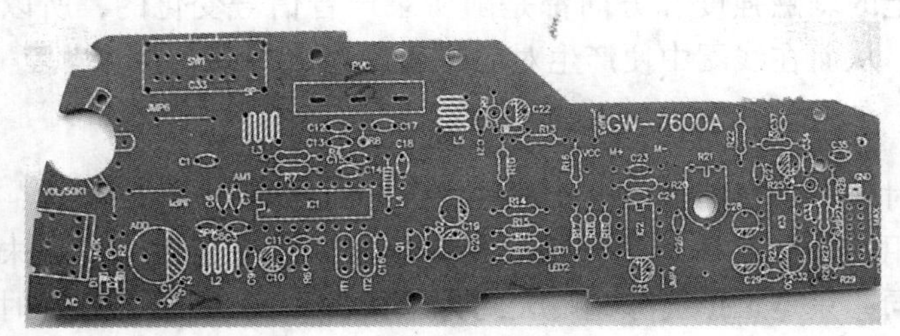

图 5-15　印刷电路板底版图

2. 机芯组件

机芯属于收录机的机械系统部分，其作用是驱动磁带按照一定的速度走带。机芯由走带机构、录放磁头、抹音磁头和各种功能按钮组装成一体（如图5-16 所示）。机芯虽然

没有直接参与磁—电转换，却为磁—电转换提供了时间、空间条件。因此，机芯在收录机中是关键部分，收录机质量的好坏在很大程度上取决于机芯。

图5-16　录放机机芯

收录机的机芯走带机构包括基本功能机构、辅助功能机构和特殊功能机构。

（1）基本功能机构：由电机、主导轴、飞轮、供带盘座、卷带盘座和张力轮构成的磁带稳速驱动机构及快进、倒带机构组成，其作用是保证磁带匀速、稳速走带或供选择磁带位置的快进、倒带功能。

（2）辅助功能机构：由自停、暂停、计数和防误抹等机构组成。自停的作用是提供磁带走到头后自动停机，暂停的作用是为录音编辑使用方便，计数器的作用是便利选择磁带位置，防误抹作用是防止误抹有保存意义的录制内容。

（3）特殊功能机构：包括高级录音机的铬带自动控制机构、自动循环走带机构和手动、自动节目选择机构。

磁头是收录机最重要的核心部件，分为录音磁头、放音磁头和抹音磁头三种。磁头是录音机中的电磁换能器，由带缝隙的铁芯、绕在铁芯上的线圈及屏蔽罩组成。录音磁头的作用是将音频电信号通过电—磁转换成磁信号，记录在磁带上；放音磁头的作用是将已录音磁带上与声音相对应的剩磁分布变换成音频电信号，完成磁—电转换；抹音磁头（消音磁头）的作用是在录音之前将记录在磁带上的信号抹去。通常，收录机中多将录音磁头和放音磁头合成一起称为录放磁头。录放磁头和抹音磁头一般安装在机芯上组成一个整体。

机芯部分共有两对引出线。一对是磁头的两根引出线，此线一般采用屏蔽线与主板连接，注意不要将信号线与地线接错。另一对是机芯电机开关触点的连接线，与主板相连。当按下录放键、快进键和快退键时，通过连杆推压作用将开关触点接通，使电机得电转动。

3. 四联可调电容

四联可调电容实际上就是一个电容量可调的电容器，其图形符号及外形如图5-17所示。四联可调电容在 AM/FM 两用收音机的调谐回路中用作调谐（调台）。它是由两组形状相同的金属片间隔一定的距离，中间夹以薄膜绝缘介质，其中一组金属片与转轴相连。当转动转轴时，两组金属片的相对面积得以改变，从而改变电容容量。正常的四联旋转轴一般可作 180°的旋转。四联可调电容中用于调幅部分和调频部分的电容各两联，这两联电容又分别用于调谐部分和振荡部分。其中，片数多的是调幅用的，片数少的是调频用的，即容量大的是调幅的，容量小的是调频的。调幅部分的工作频率是 525 ～1605 kHz，调频部分的工作频率是 87 ～108 MHz。

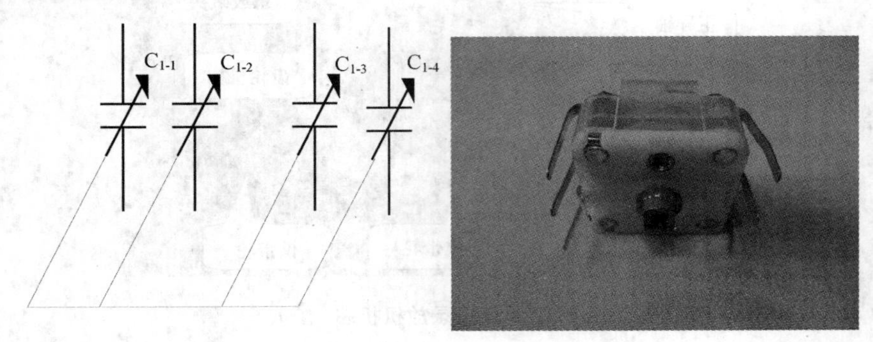

图 5-17　四联可调电容

4. 磁棒天线和单杆天线

磁棒天线是在 AM（调幅）收音机中作为输入回路的一部分。它由磁棒、调谐线圈和耦合线圈组成（如图 5-18 所示）。磁棒是由磁导率较高的铁氧体制成，起着汇聚电磁波的作用。磁棒与套装在上面的调谐线圈构成磁性天线。当大气中的电磁波穿过磁棒时，就会在调谐线圈上感应出各种频率和强弱不同的电动势，利用串联谐振电路的选频作用，将选出来的信号通过耦合线圈传送到第一级电路。

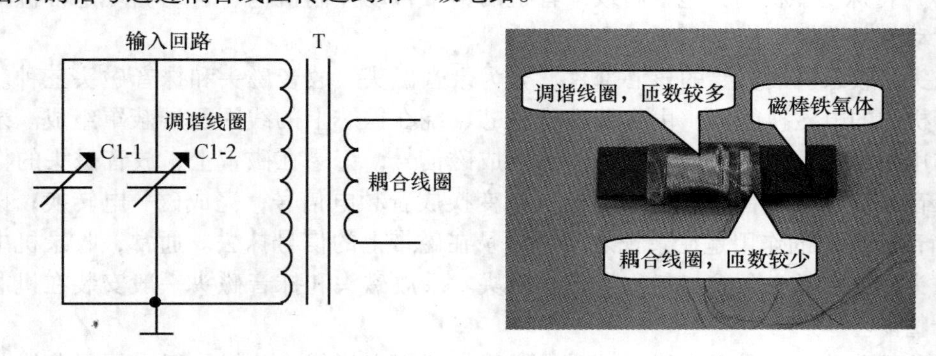

图 5-18　磁棒天线

5. 陶瓷滤波器

陶瓷滤波器在电路中起滤波的作用，具有稳定、抗干扰性能良好的特点，常在收音机电路中作为选频元件。陶瓷滤波器性能稳定、无须调整，取代了传统的 LC 滤波网络。

陶瓷滤波器有两端和三端两种，即按其引脚的数目分有两脚的和三脚的两种。陶瓷

滤波器属于压电陶瓷器件，其表示符号为“LT”。除此以外，还有陷波器（XT）和谐振器（ZT）两类，它们在外形上比较类似，但在用途和使用上有很大区别，使用时应注意区分。陶瓷滤波器的图形符号和外形如图5-19所示。在安装焊接三端陶瓷滤波器时，应注意其安装引脚的方位。

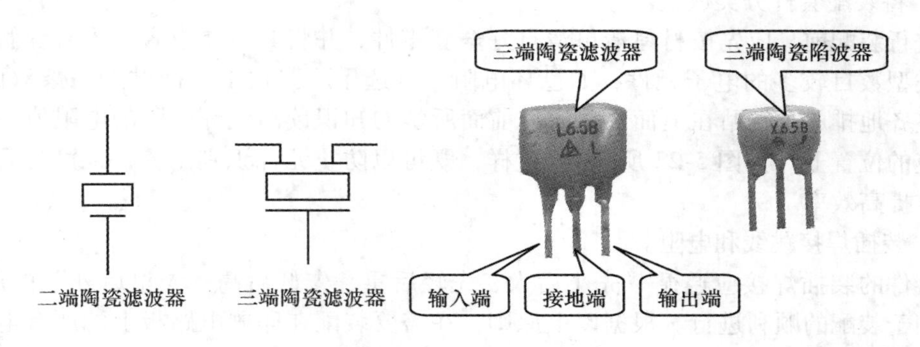

图5-19　陶瓷滤波器

6. 各类塑料焊件

在收录机的套件中有几个塑料插件（如图5-20所示）。它们分别是波段开关、舌簧开关、耳机插孔和音量电位器。其中，波段开关用于AM/FM和录放功能的转换，舌簧开关用于放音和录音功能之间的电路切换（当同时按下放音键和录音键时，机芯电机开关触点下方的连杆推动舌簧开关顶部实现切换）。

7. 扬声器

扬声器就是俗称的喇叭，其作用是将音频放大器输出的电信号转变成声音信号。按工作原理分类，扬声器可分电动式、电磁式、静电式、压电式、离子式等。目前较常使用的是电动式扬声器（如图5-21所示）。扬声器有两个接线端子，上面一般标注有“+”极和“-”极，通过两根导线与主板相连。注意，“+”极和“-”极不要接反，否则，还原出的声音相位会反转。但是，即便是声音相位反转，人耳一般也不易察觉。接线时要注意将导线焊在连接焊片上，切勿焊接在音圈的引出线上，否则可能导致音圈引出线脱落。

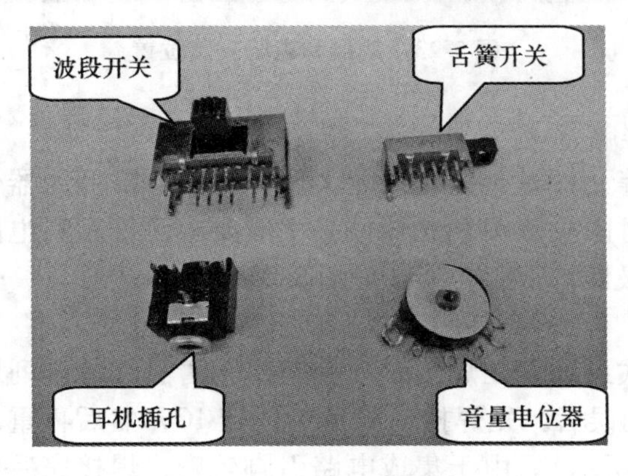

图5-20　各类塑料焊件

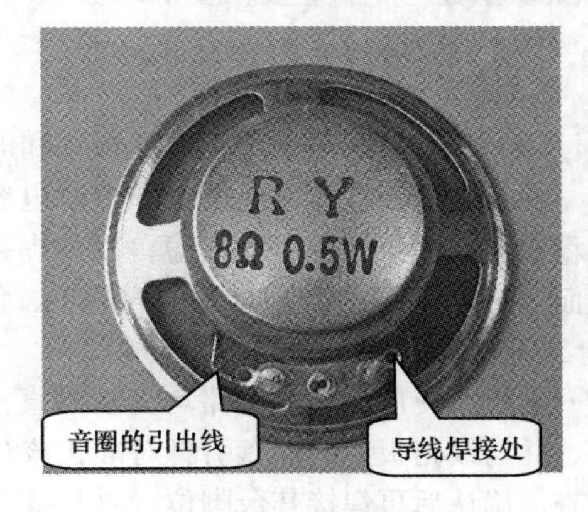

图5-21　扬声器

二、收录机手工装配步骤

1. 印刷电路板的装配

（1）将装配套件分类放置。

在进行装配前，应先按材料清单清点好全套零件，并将其分类放置，妥善保管。对于同一类型数目较多的电子元件，如色环电阻，可选用一张白纸上面贴上一条双面胶，将电阻整齐地排成一行贴在上面，并通过前面所学的知识读出色环电阻的电阻值并用笔写在对应的位置上（如图5-22所示）。这样，既可以防止元件识别出错，也可为后面的装配工作提高效率。

（2）装插焊接跳线和电阻。

元器件的装插焊接应遵循“先小后大、先轻后重、先低后高、先里后外”的原则，这样有利于装配的顺利进行。根据以上原则，在需要装配在印刷电路板上的所有电子元件中，先装配跳线和电阻是比较合适的。装配时，先找出印刷电路板上丝印层的电阻与跳线图形符号和编号，根据编号对照图纸，找出该编号电阻的阻值大小；然后将事先分好类并标注好阻值的电阻找出来，装插并焊接在相应的位置上。值得注意的是，采用哪种安装方法，要根据丝印层的形状大小来确定，不可随意采用（如图5-23所示）。

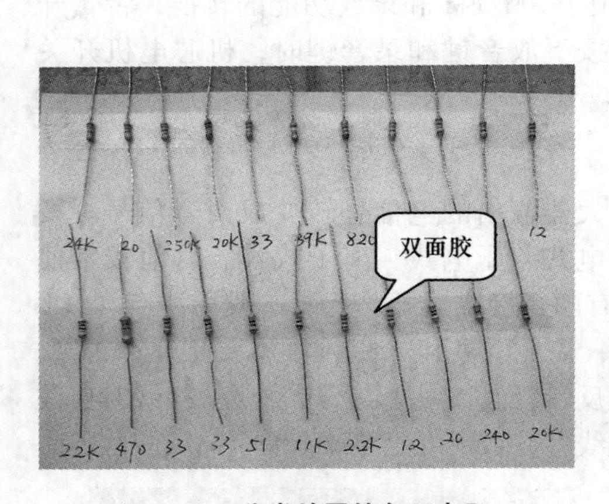

图5-22　分类放置的色环电阻

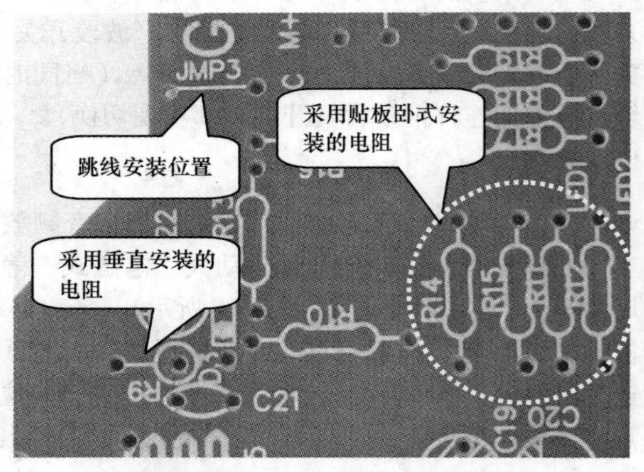

图5-23　跳线和电阻安装位置

（3）装插焊接瓷介电容、三极管和电解电容。

在安装瓷介电容、三极管和电解电容等元件时，引线不能太长，否则会降低元器件的稳定性；但引线也不能过短，以免焊接时因过热损坏元器件。一般要求元件距离电路板面2 mm，并且要注意电解电容的正、负极性，不能插错（如图5-24所示）。

（4）集成电路的装插焊接。

本机所使用的集成电路均为双列直插式封装。在焊接时，首先要弄清引脚的排列顺序，并与线路板上的焊盘引脚对准，核对无误后，先焊接对脚用于固定IC，然后再重复检查，确认后再焊接其余脚位（如图5-25所示）。由于集成电路引脚较密，焊接完后要检查有无虚焊、连焊等现象，以确保焊接质量。

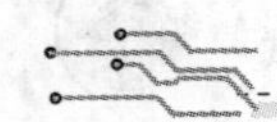

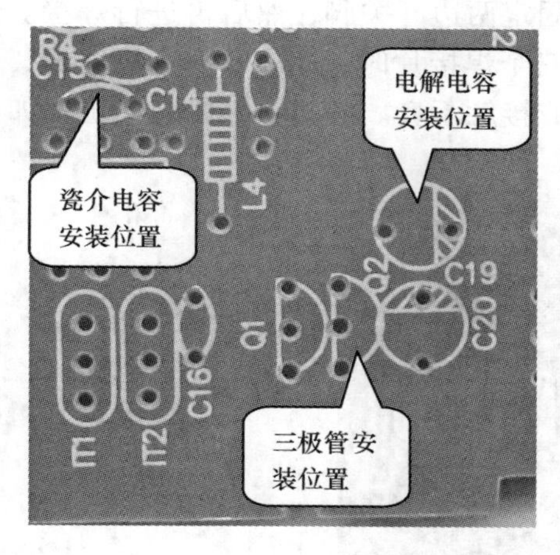

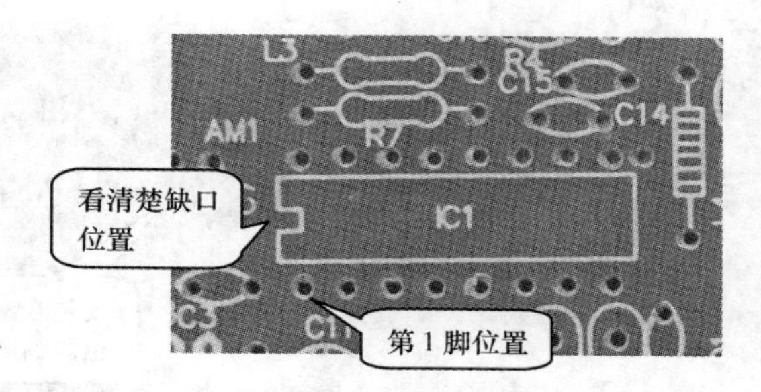

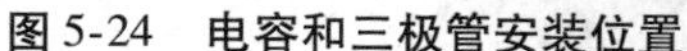

图5-24　电容和三极管安装位置

图5-25　集成电路安装位置

（5）四联电容的装插和磁棒天线的安装。

在安装焊接四联电容之前，应先将塑料支架及调谐齿轮与四联电容用螺钉固定成一个调谐机构，再将合成的调谐机构整体用螺钉固定在电路板上，然后进行焊接。注意，四联电容的引脚极易折断，在装插时要将所有引脚都对准后才可向下轻轻插到位。磁棒天线的安装方法也是要先将磁棒天线安装在塑料支架上后，再将装好磁棒天线的支架用螺钉根部固定在电路板上。在安装的过程中注意不要把线圈的引线折断，天线的引出线根部不要装在靠电路板的内侧，否则极易刮断引线。另外，在焊接引线时，应先判断天线的初、次级，以防装错。四联电容和磁棒天线的安装如图5-26所示。

图5-26　四联电容和磁棒天线的安装

（6）塑料件的装插与焊接。

塑料件包括波段开关、舌簧开关、耳机插孔和音量电位器。其中，波段开关、舌簧开关和耳机插孔的装插焊接较为简单，因重量体积较大，安装方法一律采用贴板安装。需要注意的是，在对它们进行焊接时要控制好焊接时间，时间稍一过长，就会导致塑料部分软化变形。此外，波段开关和舌簧开关的引脚间距过于紧密，要注意避免连焊导致短路。

音量电位器的安装稍有不同，首先用铜铆钉固定两边开关脚，然后再进行焊接。焊接时应使电位器与线路板平行。在焊接电位器的三个焊接片时，应在短时间内完成，否则易焊坏电阻器动片，造成音量电位器不起作用或接触不良。各塑料件的装插位置如图5-27所示。

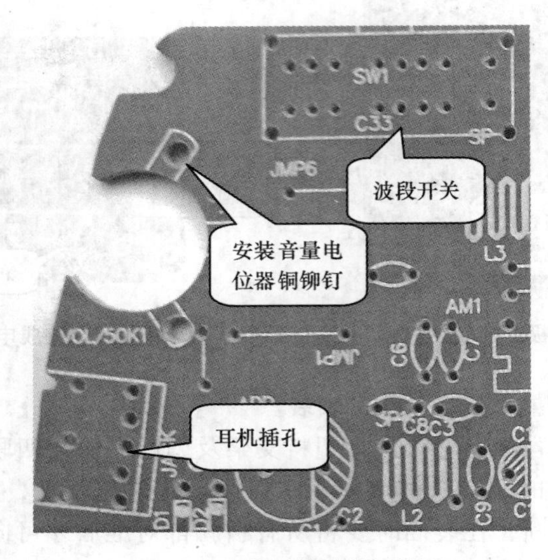

图5-27　各塑料件的装插位置

最后，装配好的印刷电路板如图5-28所示。

图5-28　装配好的印刷电路板

2. 电路板调试

装配焊接好的收录机电路板要完成包括调幅、调频和录放部分等几个项目的调试后才可进行机壳等部分的总装。电路板的调试详见“任务5.2　电子产品的调试”部分。

3. 整机总装

整机总装是将调试装配好的合格印刷电路板以及其他零配件、部件或组件通过焊接、螺接、铆接和胶接等工艺，安装在整机机架上，其中包括面板、机壳等的安装。

（1）固定录放机芯及其他组合件。

① 首先安装前盖，将调谐刻度指示齿条放入对应的槽内，装好后左右拉动齿条看是否活动自如。

② 将机芯各按键滴上黏胶后安装到位。

③ 将录放机芯的磁头引出线一头焊于磁头上，然后将机芯安放在机壳内的对应位置，并用螺钉固定。安装完毕后，应按下各键看是否灵活、弹跳自如。注意，因螺钉是固定在塑料制成的机壳支架上，故拧螺钉不可太用力，以防拧破塑料支架。然后按照同样的方法将扬声器安装好。

④ 将后盖上的变压器、调频单杆天线、电源接口和电池盒接线柱按照同样的方法安装在对应的位置上（如图 5-29 所示）。注意，安装顺序要按照“先里后外、先小后大”的原则进行。此外，对于需要焊接的单杆天线、电池盒接线柱和机芯等零配件应先将导线焊接好后再行安装。

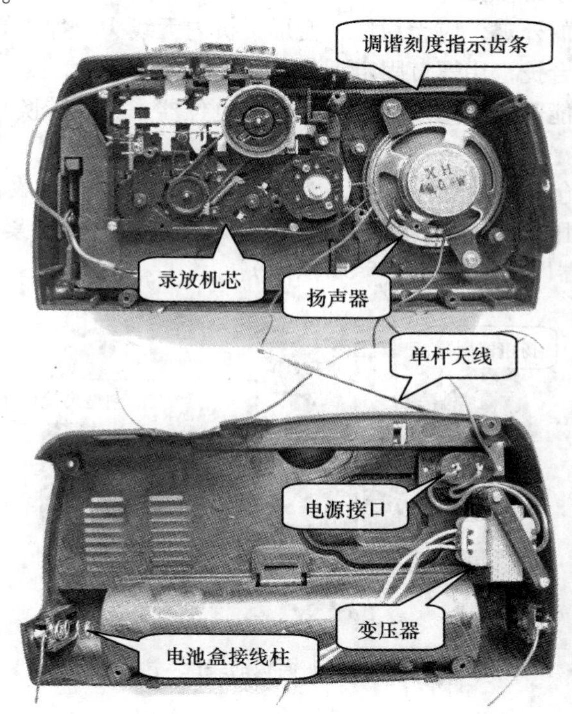

图 5-29　录放机芯及其他组合件的装配

（2）固定电路板及连接线。

① 将调试好的收录机电路板上的四联电容调谐齿轮对准调谐齿条（注意，应先要调整好调谐刻度的指针位置）压入固定位置，并用自攻螺钉固定电路板。

② 按照工艺要求焊接好收录机电路板上的磁头线、调频单杆天线、喇叭线、电池盒接线、220 V 电源接口线和机芯电机接线等，然后将同一走向的接线用白胶带绑扎，并紧贴在机壳的空隙位置（如图 5-30 所示）。

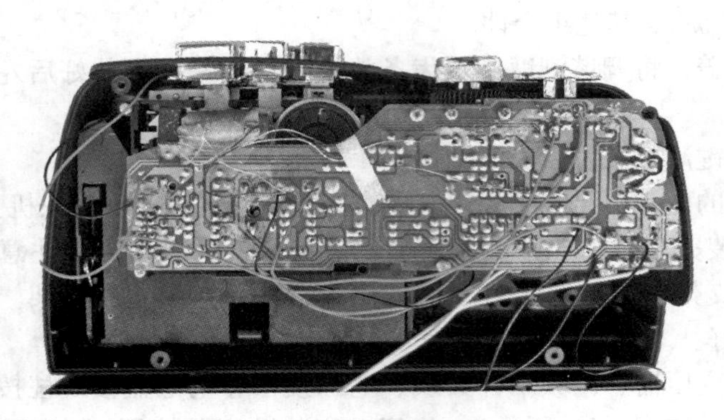

图 5-30　固定电路板及连接线

（3）前盖与后盖合拢总装。

① 检查前、后盖的外观，应无划伤、变形；机内无线头、焊渣等残留物。

② 将前盖与后盖合拢，用螺钉固定到位，并装配好把手。

③ 用黏胶贴好功能开关防尘纸，安装好音量电位器、波段转换开关和电源开关。

（4）面板的装配。

① 在收录机磁带仓门位置粘上胶水，也可贴上几条双面胶，将收音机刻度尺镜面贴上。

② 把扬声器网罩压入相应的位置，将面罩的四个脚向内对折紧扣在机壳上；然后将铭牌、标志贴在扬声器网罩上（如图 5-31 所示）。

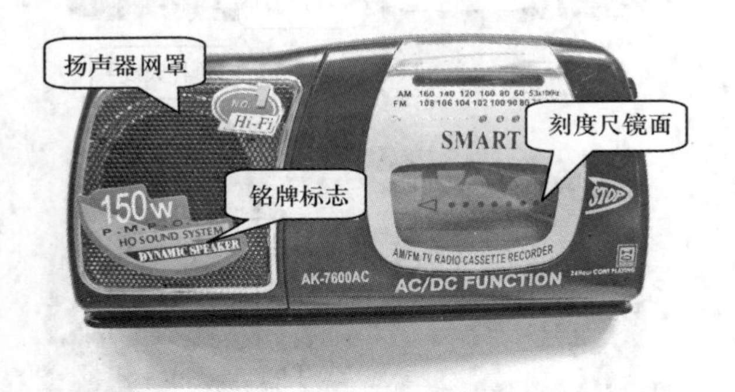

图 5-31　面板的装配

4. 整机质量检验

完成整机总装后，进行整机质量检验是保证产品合格的最后一道工序。对装配质量总的检验要求是：

（1）外观：机壳及频率盘清洁完整，不得有划伤、烫伤及缺损；

（2）印刷电路板安装整齐美观，焊接质量好，无损伤；

（3）元器件装插正确，不能有插错，漏插；焊点要光滑、无虚焊、假焊和连焊；

（4）导线焊接要可靠，不得有虚焊，特别是导线与正负极片间的焊接位置和焊接质量要好；

（5）整机安装合格，转动部分灵活，固定部分可靠，后盖松紧合适。

【任务检查】

任务检查单	任务名称	姓　名	学　号
检　查　人	检查开始时间	检查结束时间	

检查内容		是	否
1. 收录机工作原理	理解收音机和录放机的工作原理		
2. 收录机的装配	（1）正确识别与检测收录机的主要元器件		
	（2）掌握电子元器件的引脚成形工艺技术		
	（3）掌握收录机整机装配的工艺技术		
3. 安全文明操作	（1）注意用电安全，遵守操作规程		
	（2）遵守劳动纪律，一丝不苟的敬业精神		
	（3）保持工位清洁，整理仪器仪表		

任务5.2　电子产品的调试

【任务目的】

1. 掌握电子产品调试的基本步骤和一般方法。

2. 熟悉选择和配置常用调试仪器设备。

【任务内容】

收音机和录放机的调试。

任务训练　收录机的调试

1. 训练目的：

（1）掌握收音机和录放机调试的基本步骤和一般方法；

（2）掌握录放机机芯方位角和带速的调试技术。

2. 训练内容：调整收录机的各部分电路，完成整机联调。

3. 训练方案：每个学生均要单独完成收录机的装配。5个学生组成一个小组，每个小组挑选一名组长。组长对组员进行指导并组织讨论，完成任务后对每个组员做检查和评价。

【注意事项】

1. 在通电调试前，应再次检查电路板上各焊点是否有短路、开路现象，以及各连接线是否有错接、漏接等。

2. 调试前先要熟悉各种仪器的使用方法，并仔细加以检查，避免由于仪器使用不当或出现故障时做出错误判断。使用时要注意仪器的连接方法和使用要求，调试工作要按照操作规范和相关要求进行。

3. 调试过程中，发现器件或接线有问题需要更换或修改时应先关断电源，待更换完毕经认真检查后才可重新通电。

4. 调试完毕后，要注意现场的整齐和清洁工作，仪器设备要摆放归位。

知识链接1 电子产品调试技术

电子产品在装配完成之后，必须通过调试才能达到规定的技术要求。装配工作不仅仅是把成千上万的元件按照图纸的要求连接起来。由于每个元件的特性参数都不可避免地存在微小的差异，故其综合结果会出现较大的偏差。调试既是保证并实现电子产品的功能和质量的重要工序，又是发现电子产品工艺缺陷和不足的重要环节。从某种程度上说，调试工作也是为电子产品定型提供技术性能参数的可靠依据。本项目以某型号收录机的调试为例介绍电子产品的调试工艺。

一、调试的一般程序

1. 调试前的准备

（1）深刻理解技术文件。

技术文件是正确调试的依据，包括电原理图、技术说明书、调试工艺文件等。在调试工作展开之前，调试人员应认真消化技术文件，明确电子产品的技术指标，理解整机和各部分的工作原理，熟悉调试步骤和方法。

（2）测试设备的准备。

测试设备包括专用测试设备和仪器仪表两部分。调试人员应按调试说明或调试工艺准备好所需的测试设备，熟悉测试设备的操作规程和使用注意事项。调试前，仪器仪表应整齐放置在调试工作台上。

（3）被调产品的准备。

电子产品装配完成后，检验人员必须认真检查元器件安装是否正确，有无虚焊、漏焊和错焊，确保该产品符合设计和装配工艺的要求。在调试前，应对产品外观、配套情况进行复查，并测量电源进线端与机壳之间的绝缘电阻，其阻值应趋近于无穷大。

（4）调试场地的准备。

要根据技术文件要求布置好调试场地。测试仪器和设备要按要求放置整齐，便于操作。测试线路的连接要尽量减少外部干扰；需要接地的部分应确保接地良好，弱信号的输入导线与输出测量导线尽量分开；直流电源供电线要有明显的极性标志，严防因极性接错导致的事故。

（5）记录表格的准备。

在进行调试的过程中，要对所有原始数据进行记录。这些数据是判断电子产品是否达到技术要求的依据。因此，调试前应准备好完整的数据记录表格，其内容包括测量项目、测试点、参数标称值、单位、误差范围、实测值、所用仪器名称等。

2. 调试的程序

（1）电源调试。

电子产品一般都有电源变换电路，以提供各电路所需的直流电压和交流电压。整机调试前应先将电源调整至最佳状态。调整电源应分两步进行。首先将电源与负载断开，在空载状态下测量各输出电压数值是否符合要求，波形是否有失真，工作状态是否正常

等。空载测量完毕后，将负载接上，再次测量各性能指标，将数值与空载时的数值进行比较，看是否符合要求，然后根据实际情况进行调整。

（2）分块调试。

分块调试是把电路按功能分成不同的部分，把每部分看做一个模块进行调试。在分块调试的过程中逐渐扩大调试范围，最后实现整机调试。比较理想的调试顺序是按照信号的流向进行，这样可以把前面调试过的输出信号作为后一级的输入信号，为最后的联调创造条件。

（3）整机联调。

在分块调试的过程中，因逐步扩大调试范围，实际上已经完成了某些局部联调工作。然后先要做好各功能块之间接口电路的调试工作，再把全部电路连通，就可以实现整机联调。整机联调只需观察动态结果，就是把各种测量仪器及系统本身显示部分提供的信息与设计指标逐一对比，找出问题；然后进一步修改电路的参数，直到完全符合设计要求为止。

（4）整机性能指标测试。

经过调整和测试后，要将各调整元件加以坚固，防止调整好的参数发生改变。在对整机装调质量进一步检查后，对产品的各项性能指标和参数进行全面测试，看是否达到技术文件所规定的技术指标。

（5）整机通电老练。

在整机联调后，通常要进行整机老练试验，即使整机电路在实际的使用状态下长时间连续工作和选若干典型环境因素，将其所有的工艺缺陷尽可能地激发出来，然后加以修正或更改，以获得最大限度的可靠性。

（6）整机细调。

在经过整机老练筛选后，性能指标已趋近于稳定，但整机性能指标并不一定处在最佳状态，因而还需对整机进行细调，使电子产品技术指标全面达到最佳状态。

二、调试的一般方法

调试主要包括测试和调整两个方面。测试是在安装后对电路的参数及工作状态进行测量；调整就是指在测试的基础上对电路的参数进行修正，使之满足设计要求。为了使调试顺利进行，设计的电路图上应当标出各点的电位值、相应的波形图以及其他数据。

调试方式有两种。一种是采用边安装边调试的方法。也就是把复杂的电路按原理框图上的功能分块进行安装和调试。在分块调试的基础上逐步扩大安装和调试的范围，最后完成整机调试。另一种是整个电路安装完毕，实行一次性调试。这种方法一般适用于定型产品和需要相互配合才能运行的产品。

如果电路中包括模拟电路、数字电路和微机系统，则一般不允许直接连用。这是因为不但它们的输出电压和波形各异，而且对输入信号的要求也各不相同。如果将三者盲目连接在一起，则可能会使电路出现不应有的故障，甚至造成元器件大量损坏。因此，一般情况下要求把这三部分分开，按设计指标对各部分分别加以调试，再经过信号及电平转换电路后实现整机联调。

具体说来，调试的方法有以下两种。

1. 静态工作点调整

静态测试的内容包括供电电源静态电压测试，单元电路静态工作总电流测试，三极管的静态电压、电流测试，集成电路静态工作点的测试和数字电路静态逻辑电平的测量。

2. 动态特性调整

动态特性的调整内容包括电路动态工作电压的测试，电路重要波形及其幅度的测量，以及频率和频率特性的测试与调整。

知识链接2　收录机的调试

一、收音电路的调试

一台不经过调试的收音机可能收不到电台或声音很小。要提高收音机的灵敏度、选择性和收听频率范围，还必须经过一系列调整。在通电调试前，要对收音机进行必要的外观检查，一般应检查电源开关、插座、天线、坚固螺钉、电池弹簧和调谐指示等重要部件是否安装正确并到位；检查机内有无异物、四周外观有无划痕等，以确保不因装配缺陷造成调试失败。检查应按“先外后内”的顺序进行，注意不要有漏检项目。在此以调幅收音机的调整为例，具体的调试方法和步骤可按以下进行。

1. 调整静态工作点

将收音机接上电源并调大音量电位器后，通常扬声器应能发出沙沙的电流声或收到电台。若听不到一点电流声，则应先检查电路的焊接有无错误、元件有无损坏，直到能听到声音才可继续以下的调整。

进行静态工作点的调整，可以检验产品工作状态是否合适。不正常的静态工作点会直接影响整机的性能，严重时甚至使整机不能工作。如果是采用分立元件的收音机，则主要是对晶体三极管集电极电流的调整。调整时，将开关打开并将音量旋至最小测量静态电流；然后将实际测量值与参考值进行对比，以确定电路是否正常。如果是集成电路的收音机，由于收音部分主要集成在集成电路的内部，故其静态工作点的调整主要是测量其各引脚电压。

2. 调整中频频率

调整中频频率即调整中频调谐回路。中放电路是决定收音电路的灵敏度和选择性的关键所在，故它的调整是整个收音机调整中最重要的内容。收音机采用的中频调谐回路有两种方式。一种是采用LC谐振回路（双调谐中周），这是目前用得较为普遍的一种方式。另一种是采用2～3只三端陶瓷滤波器组成集中调谐中频滤波器（可等效为双调谐回路），中放用多级阻容耦合，双二极管倍压检波或并联二极管检波，可用在电源电压不低于3 V的收音机上。因第二种方式没有中周，故该种方式具有几乎不用调整的优点。但由于陶瓷滤波器平顶带宽比双调谐LC回路要窄得多，故该方式效果较差。

对于采用LC谐振回路作为选频网络的收音机来说，调整中频频率就是通过调整中频

变压器（又称中周）的磁帽，使之谐振在 AM/465 kHz（或 FM/10.7 MHz）频率。具体可采用以下几种方法。

（1）用高频信号发生器调整。

调中周最好使用高频信号发生器。调中周的工具应该使用无感起子。使高频信号发生器输出 465 kHz 的中频信号，用 1 kHz 音频调制，调制度选 30%，然后将仪器和收音机按如图 5-32 所示连接。具体的调整方法是：首先，将本机振荡回路用导线短路，使它停振，以避免造成对中频调试工作的干扰，也可将双联可调电容调至既无电台又无其他干扰的位置上；然后，将双联可变电容器调到最大值（逆时针旋到底）；打开收音机的电源开关，将音量电位器旋到最大，信号发生器的输出头碰触天线输入端，由小到大缓慢调节信号发生器输出，使扬声器发出 1 kHz 的声音最响；然后由后级往前级反复调整中周，使波形失真最小（如图 5-33 所示），扬声器中声音最响（或毫伏表指示最大），此时中频频率就调整好了。

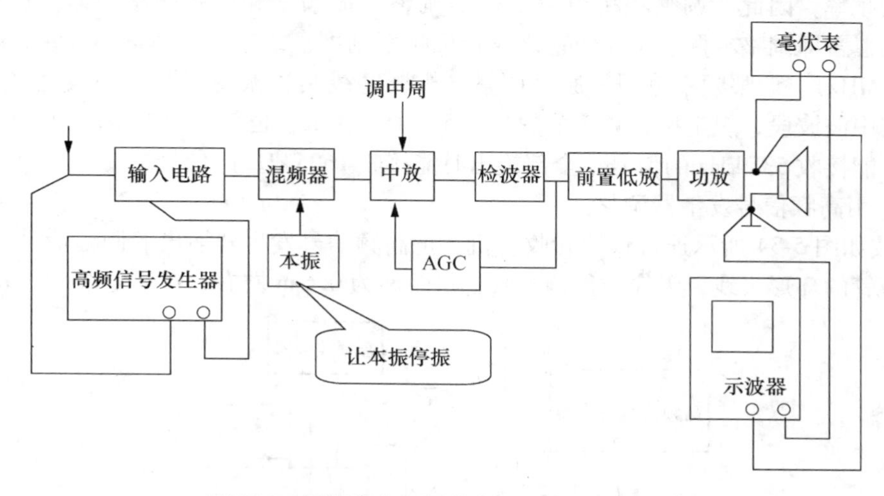

图 5-32　调幅收音机调整中频频率仪器连接图

图 5-33　调整中周

（2）利用电台广播调整。

如果没有高频信号发生器，也可以利用一台成品收音机做信号源。从成品收音机的第二中周的次级（检波之前）焊出一根导线，串联一个0.01 μF的电容器作为中频输出端头；成品收音机调准一个电台，音量电位器旋到最小位置，测试调整方法同上。

中频频率调试完成后，将使本机振荡器停振的短路线去掉，以便进行下一步的调试工作。

3. 调整频率范围

调整频率范围也称调整频率覆盖，其实质就是调整振荡回路的电感、电容。超外差收音机电路接收信号的频率范围与机壳刻度上的频率标志应一致，所以，要进行校准调整。在超外差收音机中，决定接收频率的是本机振荡频率与中频频率的差值，而不是输入回路的频率，因此，调整频率覆盖实质是调整本振频率和中频频率之差。也就是说，调整频率覆盖即调整本振回路，使它比收音机频率刻度盘的指示频率高AM/465 kHz（或FM/10.7 MHz）。调整频率范围是通过调整本机振荡线圈和振荡回路的补偿电容来实现。例如，在中波波段，规定接收频率范围是535～1605 kHz，也就是要求双联可变电容器全部旋入时能接收535 kHz的信号，全部旋出时能接收1605 kHz的信号。

（1）用高频信号发生器调整。

① 按如图5-34所示连接仪器和收音机，把高频信号发生器输出的调幅信号接入具有开缝屏蔽管的环形天线，天线与待调整收音机距离为0.6 m左右，接通电源。

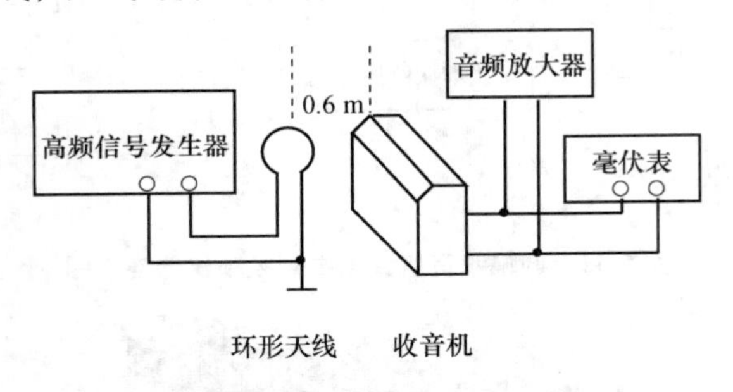

图5-34　调整频率范围仪器连接图

② 把双联电容全部旋入（刻度盘起始位置），将高频信号发生器输出的调幅信号频率调至520 kHz，用无感起子调整本机振荡线圈的磁芯，使外接毫伏表读数最大。

③ 然后将高频信号发生器输出频率调至1620 kHz，把双联电容全部旋出（刻度盘终止位置），用无感起子调并联在双联振荡联上的补偿电容，补偿电容一般在双联电容背后（如图5-35所示），使外接毫伏表读数最大。若收音机高端频率高于1620 kHz，则应减小补偿电容容量；若收音机高端频率低于1620 kHz，则应增大补偿电容容量。用上述方法反复调整，直到频率范围调准为止。此外，有短波段的收音机，其短波频率范围调整与中波的调整一致，只不过调整的是短波段的振荡线圈和补偿电容。

（2）利用电台广播调整。

在没有高频信号发生器的情况下，可在波段的低端和高端各找一广播电台来代替高频信号进行调整。

① 先调低端。首先在低端接收一个广播电台，如 603 kHz 的广播，如果刻度盘指针位置比 603 kHz 低，则说明振荡线圈的电感量小了，可以把振荡线圈的磁帽旋进一点；反之，可以把振荡线圈的磁帽旋出一点，直到指针的位置在 603 kHz 处收到这个广播电台。

② 再调高端。在高端接收一个广播电台，如1179 kHz，如果指针的位置不在 1179 kHz 处，则要调整补偿电容器，直到指针的位置在 1179 kHz 处收到这个电台为止。在调整过程中，高、低端相互存在影响，故需要反复调整几次。

4. 跟踪统调

统调又称调整灵敏度，其实质是调整输入回路的电感、电容。统调的目的是使本机振荡频率同天线回路频率始终相差 465 kHz，即所谓的同步或跟踪。实际上，要使这两个频率处处保持相差 465 kHz 是困难的。为了使收音机在整个波段内实现基本同步，在设计收音机时，要求收音机在中波 1000 kHz 处（中端）同步，并且在中波 600 kHz 处（低端）通过调整天线线圈在磁棒上的位置，在中波 1500 kHz 处（高端）通过调整天线的微调补偿电容的容量，以实现收音机在低端、中端和高端三个频率点的跟踪，也称为三点同步或三点统调。

（1）用高频信号发生器调整。

① 先调节高频信号发生器，使其输出 600 kHz 的高频信号，然后将收音机的刻度调至 600 kHz 位置，改变磁棒上天线线圈的位置，使毫伏表读数最大（如图 5-36 所示）。

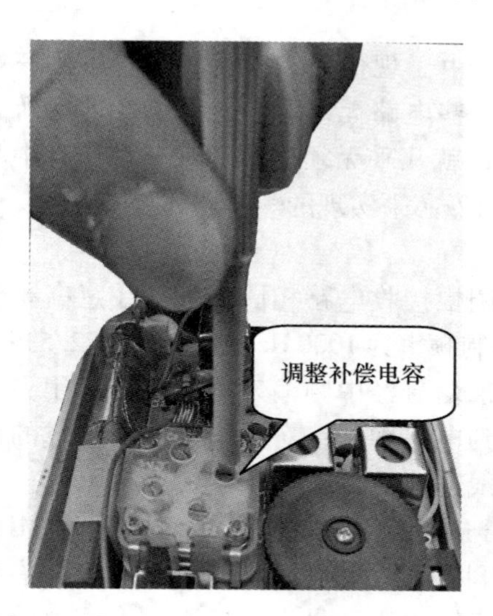

图 5-35　调整补偿电容

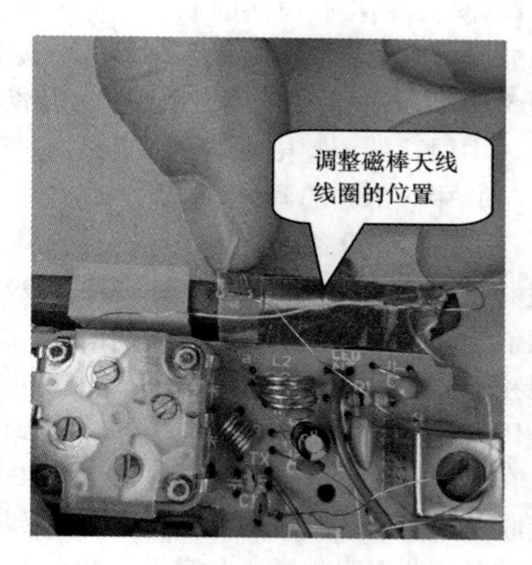

图 5-36　调整磁棒天线线圈的位置

② 再将高频信号发生器输出频率调至 1500 kHz 处，收音机刻度调至 1500 kHz 位置，调整天线的微调补偿电容的容量，使毫伏表读数最大。经过几次反复调整，直到两个统调点 600 kHz 和 1500 kHz 调准为止。

对于有短波段的收音机，其调整方法基本相同。

（2）利用电台广播调整。

先在低端接收一个广播电台，例如603 kHz的广播，移动磁性天线线圈T1在磁棒上的位置，使扬声器的声音最响，低端统调就算初步完成了。再在高端接收一个广播电台，例如1179 kHz的广播，调整天线回路中的补偿电容器，使扬声器的声音最响，高端统调就初步完成了。由于高、低端相互影响，因此要反复调整几次。

5. 统调检验

可以用铜铁棒来检验统调是否准确。铜铁棒的一端装有铜环作为铜头，另一端装有一小段磁棒作为铁头，并用绝缘棒连接，其作用是检验调谐电路是否准确谐振于接收频率。

检验时，把双联电容旋到统调点（高频端、低频端均可）附近的一个电台上，然后把铜铁棒靠近磁棒天线。如果铜端靠近时使声音增加，则说明磁棒天线的电感量大了（因为铜是良导体，当铜棒靠近输入回路时，铜棒上产生感应电流，此电流反作用于输入回路，使输入回路的总电感量减小），这时应把线圈向磁棒的端头移动；如果移到头还是声音增大，则说明磁棒天线的初级圈数多了，应该拆下几圈以减小电感量。反之，若磁棒端靠近磁棒天线（会使其电感量增加）使声音增大，则说明磁棒天线的电感量小了，可把线圈往磁棒中间移动或增加几圈；如果铜铁棒无论哪头靠近磁棒天线都使声音变小，则说明统调是合适的。

6. 调频接收电路的调试

调频与调幅接收电路的调整大体上相同，只是由于现代调频收音机大量采用三端陶瓷滤波器，从而给调试工作带来较大方便，甚至有些电路无须调整。例如像前面所介绍的图5-30所示电路，由于采用了三端陶瓷滤波器，就几乎无须调整。对于设计有中频变压器（中周）的调频接收电路，也是通过调整中周磁芯来实现的。

（1）中频部分的调整。

若要用仪器设备来调整中频部分，其接法与调幅接收电路相同，只是注意高频信号发生器应输出频率为10.7 MHz、电平为99 dB、调制频率为1000 Hz、频偏为±22.5 kHz的调频信号。对于分立元件组成的调谐器，10.7 MHz信号经中频输入电路引出，用夹子夹在混频管的塑料壳上，由电路中的分布电容耦合到电路中去；对于集成电路组成的调谐器，10.7 MHZ的中频调频信号可直接加到调频天线连接的信号输入端。

在没有专业设备的业余条件下，可对中频部分进行粗调：将四联电容调到70 MHz左右接收一个电台，调整中周使喇叭输出声最大；再将四联可变电容调到106 MHz左右接收一个电台，调整四联可变电容另一微调电容使喇叭输出声音最大。反复以上调整使灵敏度达到最佳效果，并用蜡将线圈封固。

（2）高频电路的调整。

高频电路的调整一般是指高放、本振电路部分的调整，一般是通过调整高频电路部分的几个电感线圈的电感量来实现（如图5-37所示）。高频电路多为空芯电感线圈，可通过拉伸其线圈之间的疏密程度来调整电感量。线圈调整得较密，电感量大；调整得较疏，电感量小。

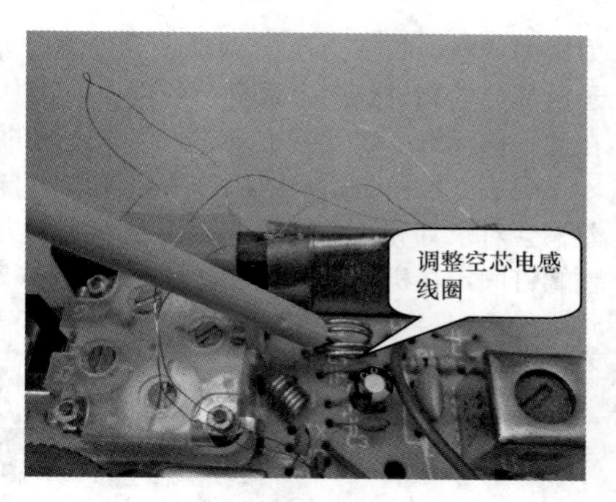

图5-37　调整空芯电感线圈

① 调整频率范围。调整频率范围实质就是调整FM的电感和电容。调频广播的接收范围规定为87～108 MHz，实际调整时一般为86.2～108.5 MHz。调整时，先将音量电位器置于最大位置，然后分两步进行。

低端频率调整：首先，将四联可调电容器旋到容量最大处，即机壳指针对准频率刻度的最低频端；将收音机调谐到既无电台广播又无其他干扰的地方；使调频高频信号发生器送出调制频率为1000 Hz，频偏为22.5 kHz，电平为30 db（20 μV）左右，频率为86.2 MHz的调频信号。该信号经调频单信号标准模拟天线加到整机拉杆天线的输入端。然后，在频率低频端调节振荡线圈，以改变线圈的电感量，使示波器出现1000 Hz波形，并使波形最大；或直接监听收音机的声音，使收音机发出的声音最响最清晰。

高端频率调整：首先，将四联可调电容器旋到容量最小处，即机壳指针对准频率刻度的最高频端；将收音机调谐到既无电台广播又无其他干扰的地方。使调频高频信号发生器送出调制频率为108.5 MHz的调频信号。该信号经调频单信号标准模拟天线加到整机拉杆天线的输入端。然后，在频率高端调节振荡回路的补偿电容，使示波器出现1000 Hz波形，并使波形最大；或直接监听收音机的声音，使收音机发出的声音最响最清晰。这样，接收电路的频率覆盖就达到86.2～108.5 MHz的要求了。

② 统调灵敏度。调节天线线圈的电感量和回路补偿电容的容量调频波段的统调频率为89 MHz、98 MHz和106 MHz，但一般统调低频端和高频端两点就可以了。调整时，可参照图5-30配置仪表和接线，或直接听收音机的喇叭输出声音，先将音量电位器置于最大位置。

89 MHz低频端：首先，使调频高频信号发生器送出调制频率为1 kHz、频偏为22.5 kHz、电平为26 db（20 μV）左右、频率为89 MHz的调频信号。该信号经调频单信号标准模拟天线加到整机拉杆天线的输入端。调节天线线圈电感量，使示波器显示输出最大；或直接监听收音机的声音，使收音机发出的声音最响最清晰。

106 MHz高频端：首先，使调频高频信号发生器送出调制频率为kHz、频偏为22.5 kHz、电平为26 db（20 μV）左右、频率为106 MHz的调频信号。该信号经调频单信号标准模拟天线加到整机拉杆天线的输入端。调节回路补偿电容的容量，使整机输出波形最大；或听到的声音最响最清晰。为了达到较好的效果，要反复地调节。

二、录放部分的调试

录音机的调整主要是针对机械部分的调整，是一个比较专业复杂的课题。具体来说，录放部分的调试有录放磁头方位角的调整、录音机偏磁振荡频率和偏磁电流的调整、磁带速度的调整和机芯部分的调整。其中，机芯部分的调整又包括压带轮压力调整、驱动力矩的调整、收带力矩的调整、分轮组件轴向间隙调整和直停触头压力调整等。可见，录放部分的调试是一个很复杂的过程，其中要用到诸多专业工具和专业知识。限于篇幅，在此不作详解，仅就其中录放磁头方位角的调整进行介绍。

磁头方位角是指录放机磁头间隙方向与磁带移动方向夹角（呈90°），如方位出现偏差，会对录音和放音效果产生不良影响，尤其是高音成分会丢失严重。磁头一般通过两颗螺钉固定在机芯上，其中的一颗螺钉底部装有弹簧，这就是方位角调整螺钉（如图5-38所示）。

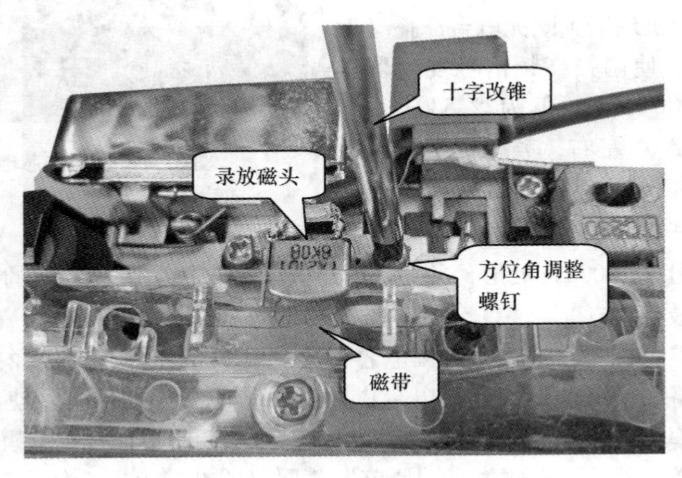

图 5-38　调整方位角

方位角调整螺钉如果产生松动或调整不良，势必会导致磁头方位角发生偏移（偏离90°）。这时需要调整其方位角以减小偏差，以获得最佳的高频响应。调整的方法有两种。一种是专业调整，因条件所限，不宜推广。另一种是手工粗调，不用任何仪器仪表，只用一把钟表改锥和一盒音质较好的原声带（最好为自己所熟悉的曲目）。这是一种简便易行且行之有效的方法。具体操作方法为：将所需调整的录音机接通电源，音量电位器放在适当的位置（如中间位置），高、低音调控制电位器开到最大，对于立体声录音机，还需把左、右声道平衡电位器放到中间位置，单声道/立体声转换开关置于单声道位置；找出录音机带仓门上（或位于带仓门附近）的磁头方位角调整孔（有些录音机须取下带仓门），放入原声带进行放音，细听其音质；然后将改锥插入调整孔内慢慢细调（注意调节量不可太大，否则会将调整螺钉和弹簧旋出，掉进机内）。调节时最好能使用高级耳机监听（高级耳机频响好，失真小，易于调准），使耳机或喇叭发出的声音最响，高音最好（低音基本上能够保证）。对于高档机，可细听其音质及音色、清晰度、层次感；不设单声道/立体声转换开关的立体声机还应仔细监听其左、右声道平衡、分离度等。如此反复调节2～3次即可。放音调整好后，录音基本上可以满足。

【任务检查】

<table>
<tr><td rowspan="2">任务检查单</td><td>任务名称</td><td>姓　名</td><td>学　号</td></tr>
<tr><td></td><td></td><td></td></tr>
<tr><td>检　查　人</td><td>检查开始时间</td><td colspan="2">检查结束时间</td></tr>
<tr><td></td><td></td><td colspan="2"></td></tr>
</table>

<table>
<tr><td colspan="2">检查内容</td><td>是</td><td>否</td></tr>
<tr><td rowspan="3">1. 收录机收音部分的调试</td><td>（1）正确使用收音机调试仪器和设备</td><td></td><td></td></tr>
<tr><td>（2）掌握调幅波段的调试工艺</td><td></td><td></td></tr>
<tr><td>（3）掌握调频波段的调试工艺</td><td></td><td></td></tr>
<tr><td rowspan="2">2. 收录机录放部分的调试</td><td>（1）了解收录机录放机芯部分调试的项目</td><td></td><td></td></tr>
<tr><td>（2）掌握收录机机芯方位角和带速的调试技术</td><td></td><td></td></tr>
<tr><td rowspan="3">3. 安全文明操作</td><td>（1）注意用电安全，遵守操作规程</td><td></td><td></td></tr>
<tr><td>（2）遵守劳动纪律，一丝不苟的敬业精神</td><td></td><td></td></tr>
<tr><td>（3）保持工位清洁，整理仪器仪表</td><td></td><td></td></tr>
</table>

项目6　印刷电路板的设计与制作

项目分析

印刷电路板，也就是通常所说的PCB板。各种电子产品内部都有这样一块印刷电路板，上面密密麻麻地排满了各种电子元器件，并且在板上面有很多用于元器件连接的印制导线。可见，印刷电路板是电子元器件的支撑体和电气连接的提供者。常见的印刷电路板有三种类型，即单面印刷板、双面印刷板和多层印刷板。

情景设计

教师讲述：在项目5的学习中，我们用到了印刷电路板，但是它是怎样制作出来的，不知大家是否思考过。在本项目中，我们将亲手设计、制作一块功率放大器的印刷电路板，并通过装配、调试它来学习其制作工艺过程。虽然工业流水线上生产印刷电路板的工艺比较复杂，但它和手工制作印刷电路板的主要工艺差不多，通过手工方式完全可以做出达到要求的印刷电路板。

媒体播放：展示电脑主板、手机电路板及其他各类电器电路板的图片，播放工业流水线上生产印刷电路板的工艺流程视频。

任务6.1　印刷电路板的设计

【任务目的】

1. 了解功率放大器的组成、工作原理及原理图的识读与绘制。
2. 掌握印刷电路板设计的规则和基本步骤。

【任务内容】

1. 绘制一款功率放大器的电原理图。
2. 设计一款功率放大器的印刷电路板。

任务训练1　绘制电原理图

1. 训练目的：掌握用计算机辅助设计软件绘制电子线路原理图的方法和技巧。
2. 训练内容：用Protel 99 SE软件绘制一款功率放大器的电原理图。
3. 训练方案：每个学生均要单独完成电原理图的绘制。5个学生组成一个小组。每个小组挑选一名组长，对组员进行指导并组织讨论，完成任务后对每个组员进行检查和做出评价。

【注意事项】

1. 绘制电原理图时，注意不要选择错误的画线工具，否则在电气检查中会通不过。连线尽量不要有太多交叉，否则容易发生连线错误和短路。

2. 设置属性要根据电子元件实际尺寸和外形导入元件封装或手工绘制元件封装。在设置元件参数时，最重要的是元件的封装形式要选择正确。最好是先配齐所需要的电子元器件并根据实际尺寸和外形选择好封装形式。如果库中没有现成的封装，则需要自己根据实物用卡尺去测量好引脚间距和外形尺寸。

知识链接1　功率放大器的工作原理

功率放大器是音响系统中不可缺少的重要组成部分，其主要任务是将音频信号放大到足以推动外接负载，如扬声器、音响等。功率放大器的主要要求是获得不失真或较小失真的输出功率。由于要求输出功率大，因此电源消耗的功率也大，这就存在效益指标的问题。由于功率放大器工作于大信号，使晶体管工作于非线性区，因此非线性失真、晶体管功耗、散热、直流电源功率的转换效率等都是功率放大中的特殊问题。

功率放大器的种类繁多，按输出级与扬声器的连接方式分类有OTL电路、OCL电路、BTL电路等；按功率放大管的工作状态分类有甲类、乙类、甲乙类、超甲类、新甲类等；按所用的有源器件分类有晶体管功率放大器、场效应管功率放大器、集成电路功率放大器及电子管功率放大器等。限于篇幅，本项目仅就输出级与扬声器的连接方式分类来介绍几种功率放大电路的特点、电路结构和工作原理。

一、OTL电路

OTL电路称为无输出变压器功率放大电路，是一种输出级与扬声器之间采用电容耦合而无输出变压器的功率放大电路。OTL电路的基本原理如图6-1所示。

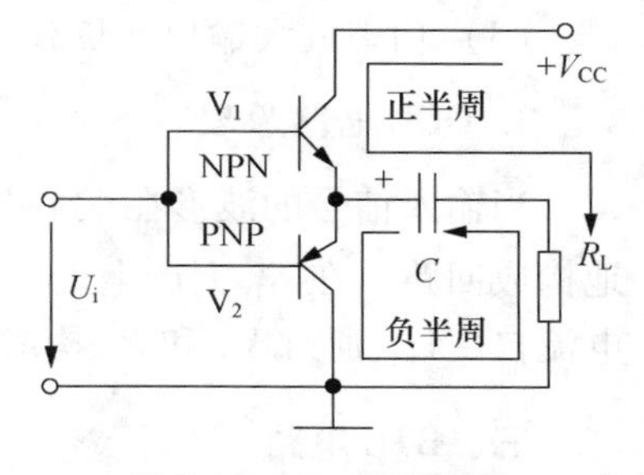

图6-1　OTL电原理图

1. OTL电路特点

（1）采用单电源供电方式，输出端直流电位为电源电压的一半。

（2）输出端与负载之间采用大容量电容耦合，扬声器一端接地。

（3）具有恒压输出特性，允许扬声器阻抗在4 Ω、8 Ω、16 Ω之中选择，最大输出电压的振幅为电源电压的一半，即0.5 V_{CC}，额定输出功率约为$V_{CC}^2/(8R_L)$。

（4）输出端的耦合电容对频响也有一定影响。

2. OTL电路结构

（1）V_1和V_2配对，一只为NPN型，另一只为PNP型。

（2）输出端中点电位为电源电压的一半，$V_o = V_{CC}/2$。

（3）功率放大输出与负载（扬声器）之间采用大电容耦合。

3. OTL电路原理

当输入信号的波形在正半周时，V_1导通，电流自V_{CC}经V_1为电容C充电，经过负载

电阻 R_L 到地，在 R_L 上产生正半周的输出电压；当输入信号的波形在负半周时，V_2 导通，电容 C 通过 V_2 和 R_L 放电，在 R_L 上产生负半周的输出电压。只要电容 C 的容量足够大，就可将其视为一个恒压源，无论信号如何，电容 C 上的电压几乎保持不变。

二、OCL 电路

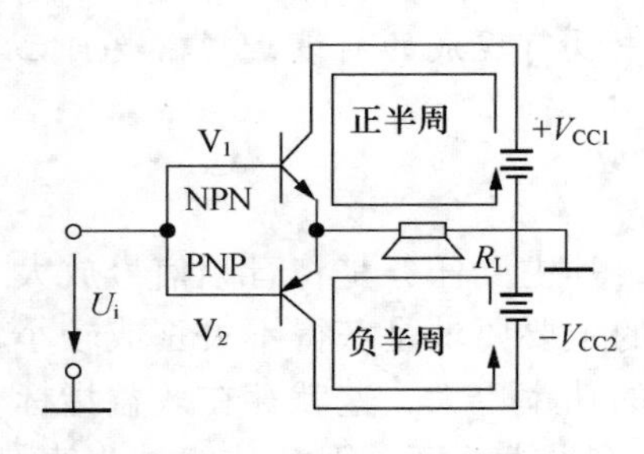

图 6-2　OCL 电原理图

OCL 电路称为无输出电容功率放大电路，是一种输出级与扬声器之间采用直接耦合而无输出电容的功率放大电路。OCL 电路与 OTL 电路最大不同之处是采取了正负电源供电，从而不需要输出电容就能很好的工作。OCL 电路的基本原理如图 6-2 所示。

1. OCL 电路特点

（1）采用双电源供电方式，输出端直流电位为零。

（2）由于没有输出电容，低频特性很好。

（3）扬声器一端接地，一端直接与放大器输出端连接，因此必须设置保护电路。

（4）具有恒压输出特性，允许选择 4 Ω、8 Ω 或 16 Ω 负载。

（5）最大输出电压振幅为正负电源值，额定输出功率约为 $V_{CC}^2/(2R_L)$。

2. OCL 电路结构

（1）V_1 和 V_2 配对，一只为 NPN 型，另一只为 PNP 型。

（2）输出端中点直流电位为零。

（3）功率放大输出与负载（扬声器）之间采用直接耦合。

3. OCL 电路原理

当输入信号的波形在正半周时，V_1 导通，电流自 $+V_{CC1}$ 经 V_1，再经过负载电阻 R_L 到地构成回路，在 R_L 上产生正半周的输出电压；当输入信号的波形在负半周时，V_2 导通，电流自 $-V_{CC_2}$ 通过 V_2 和 R_L 构成回路，在 R_L 上产生负半周的输出电压。

三、BTL 电路

BTL 电路称为平衡桥式功率放大电路，由两组对称的 OTL 或 OCL 电路组成，扬声器接在两组 OTL 或 OCL 电路输出端之间，即扬声器两端都不接地。BTL 电路的基本原理如图 6-3 所示。

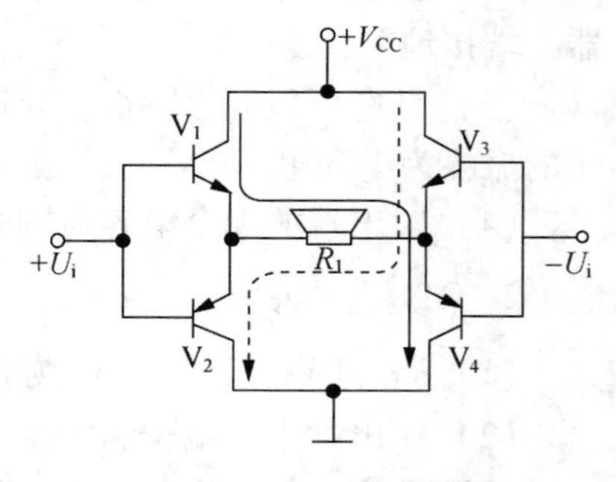

图 6-3　BTL 电原理图

1. BTL 电路特点

（1）可采用单电源供电，两个输出端直流电位相等，无直流电流通过扬声器。

（2）与 OTL、OCL 电路相比，在相同电源电压、相同负载情况下，BTL 电路输出电压可增大一倍，输出功率可增大 4 倍。这意味着在较低的电源电压时 BTL 电路也可获得较大的输出功率。

（3）一路通道要有两组功率放大对，且扬声器没有接地端，给检修工作带来不便。

2. BTL 电路结构

（1）电路由两组对称的 OTL 电路或 OCL 电路组成。

（2）扬声器接在两组 OTL 电路或 OCL 电路输出端之间，即扬声器两端都不接地。

3. BTL 电路原理

图 6-3 中的 V_1 和 V_2 是一组 OCL 电路输出级，V_3 和 V_4 是另一组 OCL 电路输出级。两组功率放大器的两个输入信号的大小相等、方向相反。输入信号 $+U_i$ 为正半周且 $-U_i$ 为负半周时，V_1、V_4 导通，V_2、V_3 截止，此时负载上的电流通路从左到右。反之，V_1、V_4 截止，V_2、V_3 导通，此时负载上的电流通路从右到左。

四、集成化的功率放大器

与分立元件功率放大器相比，集成化的功率放大器具有体积小、重量轻、调试简单、效率高、失真小、使用方便等优点。本项目以一款电路简单、制作容易、性价比高的带电子分频的功率放大器电路为例，即采用 NE5532 + TDA1521 的经典功率放大电路。该电路原理如图 6-4 所示。

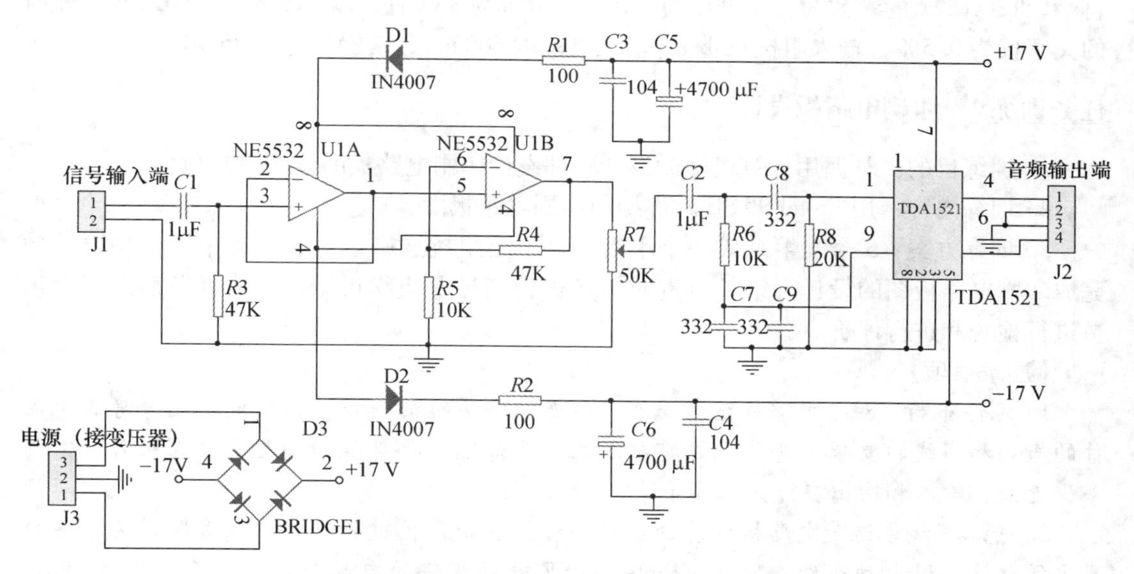

图 6-4　NE5532 + TDA1521 集成功率放大器电原理图

1. 前级放大电路

本机的前级放大电路采用美国半导体公司生产的 NE5532，它采用双列直插式八引脚封装，是一款经典的双运算放大集成电路，享有“运算之皇”之美誉。相比于大多数标准运算放大器，NE5532 电路显示出更好的噪声性能，提高了输出驱动能力和具有相当高的小信号和电源带宽。这使得该器件广泛应用于高品质和专业音响设备、仪器、控制电路和电话通道放大器中。

2. 音量调节电路

本电路采用一只 50 K 的电位器实现调节。

3. 电子分频电路

本电路采用电子分频的方式，其分频点的计算如下：

高频部分，$f_{高}=1/(2\pi\times RC)=1/(2\pi\times 20\,\text{k}\Omega\times 3300\text{P})=2.41\,\text{kHz}$；

低频部分，$f_{低}=1/(2\pi\times RC)=1/(2\pi\times 10\,\text{k}\Omega\times 6600\text{P})=2.41\,\text{kHz}$。

4. 后级功率放大电路

后级功率放大电路也是本电路的核心部分，采用的是荷兰飞利浦公司设计 TDA1521。这是一款低失真度及高稳度的芯片，采用九脚单列直插式塑料封装，外围元件极少，使用方便，具有输出功率大、两声道增益差小、过热过载短路保护和静噪功能等特点，其音色通透纯正，低音力度丰满厚实，高音清亮明快，很有电子管的韵味。TAD1521 电路设有等待、静噪状态、过热保护、低失调电压高纹波抑制等电路，其电源内阻要求小于 4 Ω，以确保负载短路保护功能可靠动作。双电源供电时，省去两个音频输出电容高低音音质更佳。单电源供电时，电源滤波电容应尽量靠近集成电路的电源端，以免电路内部自激。TDA1521 的参数为：在电压为 ±16 V、阻抗为 8 Ω 时，输出功率为 2 ×15 W，此时的失真仅为 0.5%，输入阻抗 20 kΩ，输入灵敏度 600 mV，信噪比达到 85 dB。

任务训练 2　印刷电路板设计

1. 训练目的：掌握用计算机辅助设计软件设计印刷电路板的方法与技巧。

2. 训练内容：用 Protel 99 SE 软件绘制印刷电路板图。

3. 训练方案：5 个学生组成一个小组，每个小组挑选一名组长，每个学生均要单独完成印刷电路板图的设计。组长负责对组员进行指导并组织讨论，完成任务后对每个组员进行检查和进行评价。

【注意事项】

1. 元件布局。对于电路板设计而言，这是非常关键的一步。根据电路图并考虑元器件的布局和布线的要求，哪些元件需要加固，要散热，要屏蔽，哪些元件在板外，需要多少连线，输入和输出在什么位置等等。

2. 手工布线。这是电路板设计的最后一步，也是最关键的一步。很多同学为了图省事方便往往采用自动布线。其实，Protel 99 SE 软件提供的自动布线功能存在很多缺陷，往往不能达到预期效果，到最后都要用手工调整。所以，在电路不是很复杂的情况下，还是采用手工布线为好。

知识链接 2　印刷电路板设计基础

印刷电路板的设计是有效解决电磁兼容性问题的途径，它不仅可以减小各种寄生耦合，同时能做到简化结构、调试方便、美观大方和降低成本。以原理图为依据设计的印刷电路板，需要考虑元件布局、布线、干扰等诸多因素，这些都是印刷电路板设计成功的关键。

一、印刷电路板的设计内容及步骤

印刷电路板的设计是指根据设计人员的意图，将电原理图转换成印制版图，确定加工技术要求的过程。印刷电路板的设计是一个既繁琐又细致的工作，需要经过多个过程才能最后完成。在实际的设计过程中，设计人员往往要经常多次周密的修改，重复前面已做过的工作，才能得到较理想的结果。在信息高度发达的如今，采用计算机辅助设计电路板给设计者带来了很大的方便。采用计算机进行电路板设计的内容及步骤大致如下：

（1）绘制电原理图；

（2）规划电路板；

（3）元件布局；

（4）自动布线；

（5）手工调整；

（6）文件保存与输出。

其中，元件布局和布线的设计是整个电路板设计成功与否的关键。

二、印刷电路板的设计规则

随着电子技术的飞速发展，印刷电路板向着高密度、高工作频率的方向发展；以及向着模拟电路、数字电路、大规模的集成电路和大功率电路混合使用的方向发展。实践证明，当人们在使用软件制板时，尽管制定了相关的设计规则及约束条件，在进行自动布局和自动布线时，仍然会出现印刷电路板设计不当的现象，并对系统的可靠性产生不良影响。因此，要使电子系统获得最佳性能，在使用 Protel 软件制板时，必须采用自动与手动相结合的方法，并应遵循设计的一般及特殊规则。

1. 布局规则

布局是印刷电路板设计的最关键环节之一。在布局时一定要遵循一定的规则；同时，在对印刷电路板进行布局之前，首先要对设计的电路有充分的分析和理解。只有在此基础之上才能做到合理、正确的布局。

（1）整体布局要美观大方、疏密恰当和重心平稳。

在保证电气性能的前提下，元件应放置在栅格上且相互平行或垂直排列，以求整齐、美观，一般情况下不允许元件重叠；元件排列要紧凑，输入和输出元件尽量远离。如果元器件或导线之间可能存在较高的电位差，应加大它们的距离，以免因放电、击穿而引起意外短路。带高电压的元件应尽量布置在调试时手不易触及的地方。大而重的元器件尽可能安装在印刷板上靠近固定端的位置，并降低重心，以提高机械强度和耐振、耐冲击能力，以及减小印刷板的负荷变形。位于板边缘的元件，离板边缘至少有 2 个板厚的距离。元件在整个板面上应分布均匀、疏密一致（如图 6-5 所示）。

（2）按照信号走向布局。

通常按照信号的流程逐个安排各个功能电路单元的位置，以每个功能电路的核心元件为中心，围绕它进行布局。元件的布局应便于信号流通，使信号尽可能保持一致的方向。多数情况下，信号的流向要按照信号的顺序排列，安排输入、输出端时应尽可能远离。输入与输出之间用地线隔开（如图 6-6 所示）。输出级与输入级靠得过近，且输出导线过长时，将会产生耦合。

图 6-5 美观大方的布局

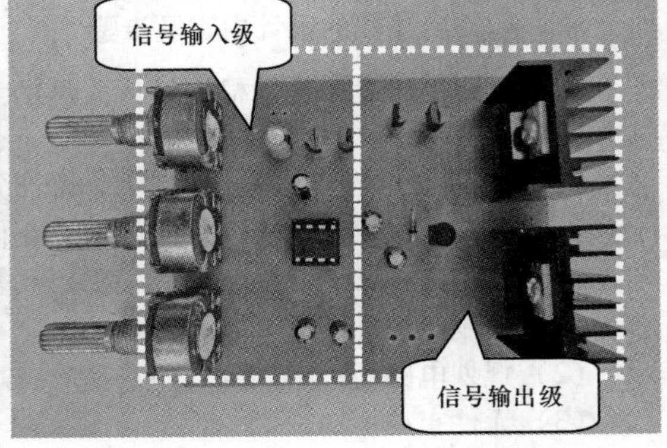

图 6-6 信号输入、输出级相隔离

(3) 防止电磁干扰。

对辐射电磁场较强的元件，以及对电磁感应较灵敏的元件，应加大它们相互之间的距离或加以屏蔽，且元件放置的方向应与相邻的印制导线交叉。应尽量避免高低电压器件相互混杂、强弱信号器件相互交错的现象。对于会产生磁场的电感器件，如变压器、扬声器、继电器和电感等，布局时应注意减少磁力线对印制导线的切割；相邻元件磁场方向应相互垂直，减少彼此之间的耦合（如图 6-7 所示）。对干扰源进行屏蔽，屏蔽罩应有良好的接地。在高频工作的电路，要考虑元件之间的分布参数的影响。要注意防止电磁干扰。

图 6-7 电感类器件的布局

(4) 抑制热干扰。

对于发热元件，应优先安排在利于散热的位置，必要时可以单独设置散热器或小风扇，以降低温度，减少对邻近元件的影响。一些功耗大的集成块、大或中功率管、电阻等元件，要布置在容易散热的地方，并与其他元件隔开一定距离（如图 6-8 所示）。热敏元件应紧贴被测元件并远离高温区域，以免受到其他发热功当量元件影响，引起误动作。双面放置元件时，底层一般不放置发热元件。

(5) 可调元件的布局。

对于电位器、可变电容器、可调电感线圈或微动开关等可调元件的布局应考虑整机

的结构要求。若是机外调节，其位置要与调节旋钮在机箱面板上的位置相适应；若是机内调节，则应放置在印制电路板便于调节的地方（如图 6-9 所示）。

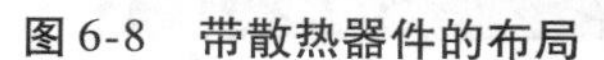

图 6-8　带散热器件的布局

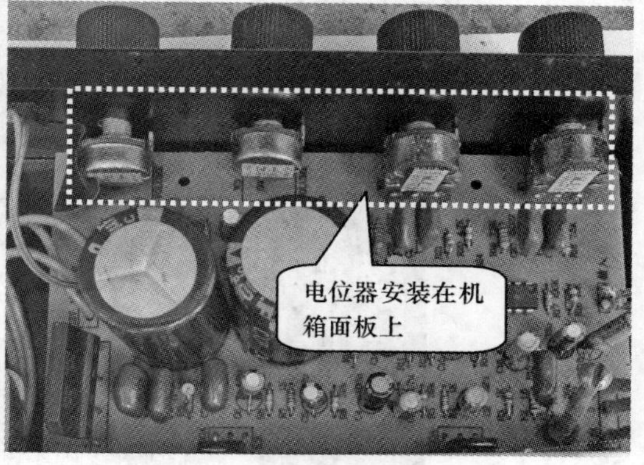

图 6-9　可调元件的布局

2. 布线规则

（1）地线的布设。

① 小信号地线与大电流的地线分开布设。将小信号地线与大电流的地线进行分离，目的是使大电流不在布线电阻上流动，从而不产生干扰。如像功率放大级和负载那样，将大电流流动的部分由电源直接进行布线。此外，将小信号部分进行汇总，也直接由电源进行布线。如果这样做，小信号线与大电流线完全分离，再将汇总的小信号地线与功率放大级的地线相连接。

② 选择正确的接地方式。当电路工作在低频时，可采用“一点接地”的方法，使每个电路单元都有自己的单独地线，从而不会干扰其他电路单元。如图 6-10 所示就是典型的“一点接地”方式。但在实际布线时，“一点接地”法并不能绝对做到，而多是将它们尽可能安排在一个公共区域之内。当电路工作在频率 10 MHz 以上（即高频状态）时，就不能采用“一点接地”的方法。因为地线具有电感，“一点接地”的方法不仅会使地线增长，阻抗加大，还会构成各接地线之间的相互耦合而产生干扰。因此，高频电路为减小地线阻抗，往往采用“多点接地”法，以使电路单元的电流经地线回到电源的途径有许多条，借以减小地线阻抗及高电流在流经地线产生的辐射干扰。

③ 数字地线与模拟地线分开。电路板上既有高速逻辑电路，又有线性电路，在布线时应使它们尽量分开，且两者的地线不要相混，应分别与电源端地线相连。低频电路的地线应尽量采用单点并联接地，实际布线有困难时可部分串联后再并联接地；高频电路宜采用多点串联接地，地线应短而粗。高频元件周围尽量用栅格状大面积地箔，要尽量加大线性电路的接地面积。

④ 接地线应尽量加粗。应采用短而粗的接地线，增大地线截面积，以减小地阻抗（如图 6-11 所示）。若地线过细，则接地电位会随电流的变化而变化，致使电子产品的定时信号电平不稳，抗噪声性能降低。因此应将接地线尽量加粗，使它能通过三倍于印刷电路板的允许电流。如有可能，接地线的宽度应大于 3 mm。此外，根据电路电流的大小，

也应相应加粗电源线宽度，以减少环路电阻。同时，使电源线、地线的走向和数据传递的方向一致，这样有助于增强抗噪声能力。

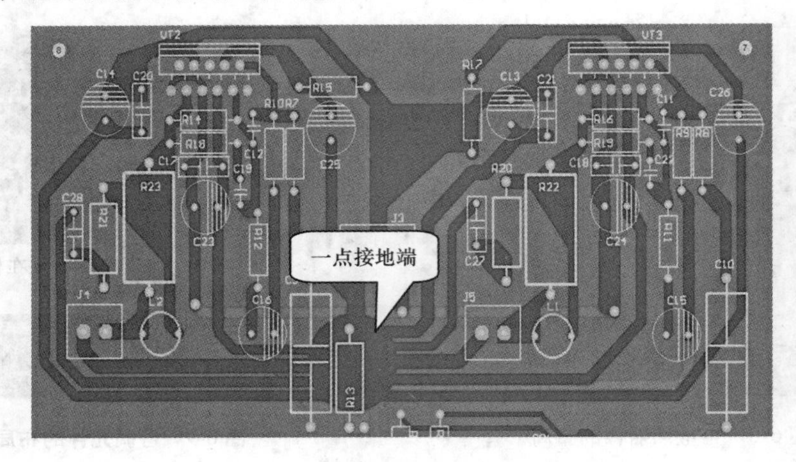

图 6-10　典型的“一点接地”

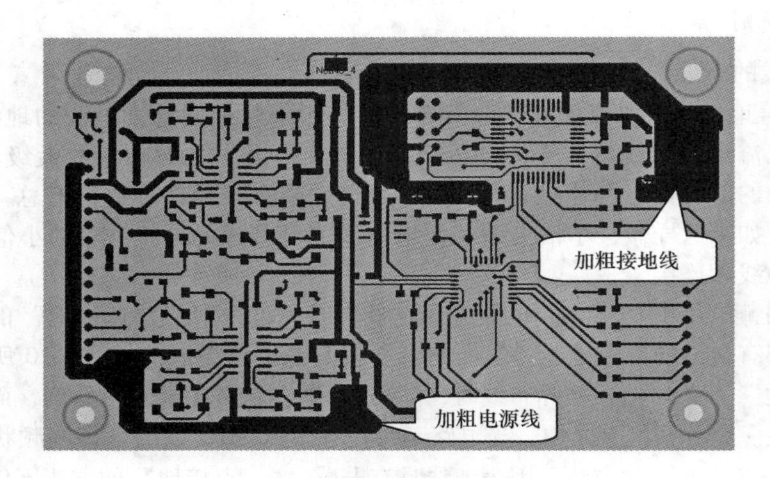

图 6-11　接地线和电源线加粗

（2）印制焊盘和印制导线。

① 焊盘的设置需要考虑到尺寸和形状。焊盘的尺寸取决于焊接孔的尺寸，焊盘直径应大于焊接孔内径的 2～3 倍；但焊盘直径也不宜过大，焊盘过大易形成虚焊。焊盘外径 D 一般不小于（$d+1.2$）mm，其中 d 为引线孔径。对高密度的数字电路，焊盘最小直径可取（$d+1.0$）mm。焊盘形状的选用没有太具体的规则，一般多选择圆形，也可根据需要选择正方形、椭圆形和八角形等。

② 印刷板的导线需要考虑到导线宽度、导线间距和导线形状等。导线的最小宽度主要由导线与绝缘基板的黏附强度和流过它们的电流值决定。当铜箔厚度为 0.5 mm、宽度为 1～15 mm 时，通过 2 A 的电流，温升不会高于 3℃。因此，导线宽度为 1.5 mm 可满足要求。对于集成电路，尤其是数字电路，通常选 0.02 mm～0.3 mm 导线宽度。当然，只要允许，还是尽可能用宽线，尤其是电源线和地线。导线的最小间距主要由最坏情况下

的线间绝缘电阻和击穿电压决定。对于集成电路，尤其是数字电路，只要工艺允许，可使间距小于0.1～0.2 mm。

对于导线的形状，应走向平直，不应有急剧的弯曲和出现夹角，拐弯处通常采用圆弧形状，因为直角或锐角在高频电路中会影响电气性能；导线要尽可能避免采用分支，如果必须有，则分支处应圆润。此外，应尽量避免使用大面积铜箔，否则，长时间受热时易发生铜箔膨胀和脱落现象。必须使用大面积铜箔时，最好用栅格状，以有利于排除铜箔与基板间黏合剂受热产生的挥发性气体。

（3）减小电路分布参数及干扰。

电路分布参数是影响整机性能的主要因素之一。在布线时必须设法减小电路的分布参数，例如连接线应尽量地短。尤其是高频电路必须保证导线、晶体管各极的引脚、输入及输出线短而直，并避免平行。此外，为了减少导线间的寄生耦合，布线时要按照信号的顺序排列，安排输入、输出端应尽可能远离，输入与输出端之间用地线隔开。

三、印刷电路板的设计实例

设计印刷电路板的EDA软件很多，其中，Protel 99 SE软件是目前在世界上最流行的电子设计软件之一，因其功能强大、简单易学已成为电子设计工作者们的首选。本项目以NE5532 + TDA1521集成功率放大器电路（参见图6-4）为例进行讲解，其设计过程可按以下步骤进行。

（1）首先根据电路元器件的数量和大小选定印刷板的材料、厚度和尺寸。

（2）采用向导创建好印刷电路板的坐标尺寸（如图6-12所示）。

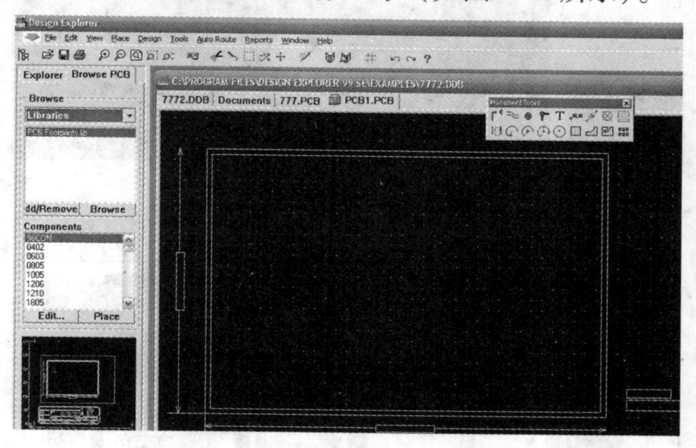

图6-12 创建电路板的坐标尺寸

（3）将电原理图中的网络表及封装导入创建好的PCB板图中（如图6-13所示）。

（4）将导入PCB编辑器中的元件按照电原理图的电路结构进行合理化布局（如图6-14所示）。

（5）将布局好的电路板进行自动布线或手工布线。若采用自动布线，在布线之前需要将布线规则设置好，例如线宽、线间距、焊盘大小等。

（6）将布好线的电路板做最后的修饰美化处理，例如加粗电源线和地线、大面积覆铜、加泪滴等（如图6-15所示）。

（7）输出制板所需要的各类报表，例如元件清单、钻孔信息等。

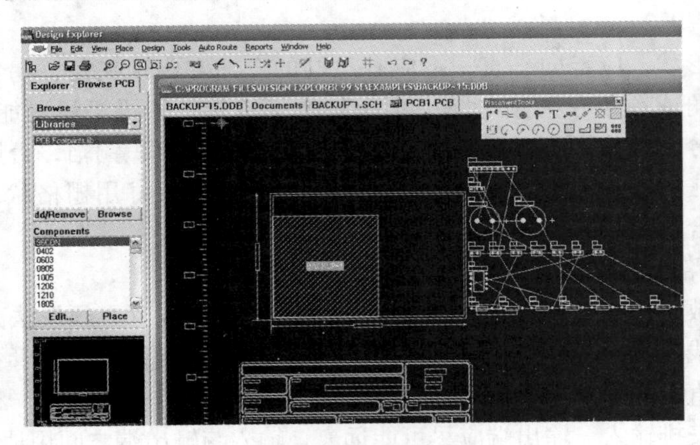

图 6-13　导入网络表及封装

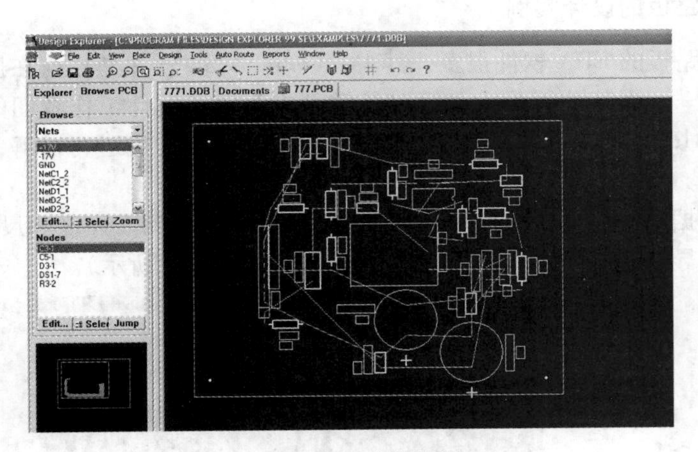

图 6-14　元件布局图

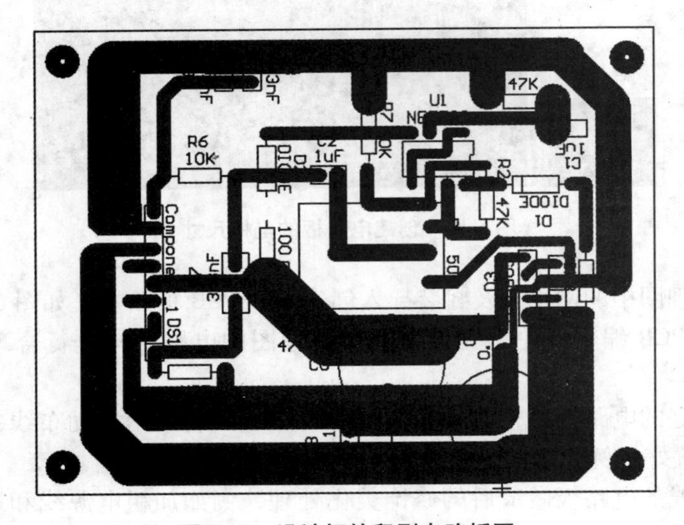

图 6-15　设计好的印刷电路板图

【任务检查】

任务检查单	任务名称	姓　　名	学　　号
检　查　人	检查开始时间	检查结束时间	

检查内容		是	否
1. 绘制电原理图	（1）根据提供的资料正确绘制电原理图		
	（2）正确绘制元件库没有的元件符号		
	（3）正确设置元件参数，选择正确的封装		
2. 设计印刷电路板图	（1）将导入 PCB 板中的元件进行布局调整		
	（2）设置布线规则，编辑元件封装		
	（3）按布线规则绘制电路板线路		
3. 安全文明操作	（1）注意用电安全，遵守操作规程		
	（2）遵守劳动纪律，一丝不苟的敬业精神		
	（3）保持工位清洁，正确使用计算机，养成人走关机的习惯		

任务6.2　手工制作印制电路板

【任务目的】

掌握手工制作印刷电路板的工艺流程。

【任务内容】

印刷电路板的手工制作。

任务训练　手工制作功率放大器的印刷电路板

1. 训练目的：掌握手工制作印刷电路板的工艺流程和方法。

2. 训练内容：根据现有的设备、材料，用曝光法或热转印法制作一块功率放大器的印刷电路板。

3. 训练方案：5 个学生组成一个小组，每个小组挑选一名组长，每个学生均要单独完成印刷电路的手工制作，每组至少要采用一种手工制作电路板的方法。组长负责对组员进行指导并组织讨论，完成任务后对每个组员进行检查并做出评价。

【注意事项】

1. 在打磨加工裁剪好的印刷电路时，注意电路板上的粉末掉落手背上可能导致皮肤过敏。

2. 用曝光法或热转印法制作印刷电路板时均要用到三氯化铁。三氯化铁是一种腐蚀性极强的化学药剂，使用时注意不可用手直接接触，以防烧伤手，更不可让液体飞溅到眼及口鼻中。

3. 在使用台钻给电路板打孔时，不可用力向下压，以防钻头断裂飞溅到人眼造成安全事故；女生在使用台钻时，要戴安全帽，以防头发卷入。

4. 制作后废弃的三氯化铁溶液不可随意倾倒，以免造成环境污染。

知识链接1 热转印制作法

热转印制作法制作印刷电路板方法简单，精度高，相对其他制作方法成本较低，是手工制作单面印刷电路板的首选方案。热转印制作法的原理是采用特殊的热转印油墨把各种图案印刷在特殊的热转印纸上，然后通过加温和加压的方式将打印在热转印纸上的图案转移到产品上。热转印法制作 PCB 板正是利用一般的激光打印机将 PCB 版图打印在热转印纸上，再将热转印纸上的 PCB 版图转移到覆铜板上的一种制作方法。

一、热转印法所需设备材料准备

热转印法所需的工具材料如图 6-16 所示。从图 6-16 中可看出，热转印法并不需要多么昂贵的设备和材料，业余条件下完全可以制作出精度极高的印刷电路板。

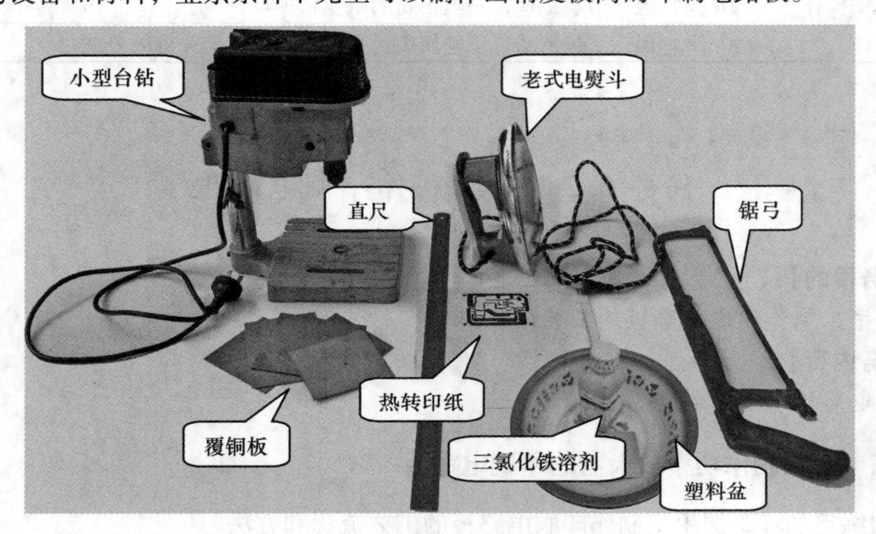

图 6-16 热转印法所需的工具材料

1. 热转印法所需设备

（1）一台激光打印机或者一台复印机（复印机需要有复印原稿，原稿可以用喷墨打印机打印出来）；

（2）一台热转印机或一台老式电熨斗（非蒸汽式）；

（3）一台台钻，配置直径为 0.5～3 mm 的钻头。

2. 热转印法所需工具材料

（1）一张热转印纸；

（2）一只油性记号笔；

（3）一瓶三氯化铁及用于腐蚀的容器（不能为铁或铜的）；

（4）一块覆铜板（单面或双面），这里以单面板为例；

（5）一把锯弓，一张细砂纸，一把美工刀。

二、热转印法制作步骤

1. 打印PCB版图

将PCB版图用激光打印机打印到热转印纸光滑的一面上。注意，热转印法制作打印时不用镜像。

2. 裁剪处理PCB板

根据设计的PCB版图边框尺寸将覆铜板毛料用钢锯裁剪到合适大小，注意，在裁剪时应留些余量。裁剪好后覆铜板要用锉刀将边框的毛刺修整光滑。然后将覆铜板有覆铜的一面用洗涤剂清洗干净，以使热转印油墨能有效附着。

3. 覆热转印纸

把打印好的热转印纸有图的一面平铺到PCB板有覆铜的一面，用透明胶或双面胶固定一个边，选择一个光滑平整的工作台，将覆好热转印纸的PCB板放置在上面（如图6-17所示）。

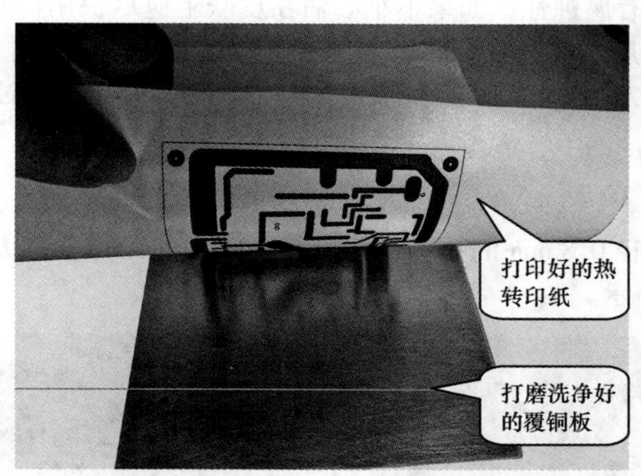

图6-17　覆热转印纸

4. 热转印

热转印是制板过程中最关键的部分。加热电熨斗至合适温度（140～170℃左右），用力压到电路板有纸的一面（注意进行操作的桌面要平整且可耐高温，否则可能烫坏桌面和导致热转印失败）；先加热半分钟左右，然后慢慢移动电熨斗，让覆铜板均匀升温，电熨斗来回熨几次（如图6-18所示）。等电路板恢复至室温时将纸慢慢撕下来，撕下后若覆铜板上有断线的地方，可以用记号笔补上。需要注意的是，热转印法所用的电熨斗必须是传统的靠电阻丝发热的老式电熨斗，而不能采用蒸汽电熨斗。当然，也可采用较专业的热转印机来制作。热转印好的电路板如图6-19所示。

图 6-18　用电熨斗进行热转印

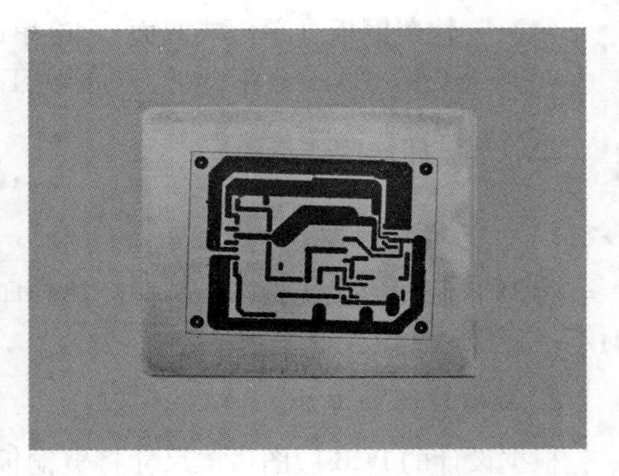

图 6-19　热转印好的电路板

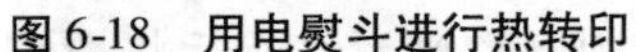

5. 用三氯化铁（$FeCl_3$）溶液进行腐蚀

将三氯化铁晶体和水按体积比 3:5 的比例配成溶液，倒入事先准备好的容器中（可找一个塑料盆代替），然后将电路板放到盆中进行腐蚀。注意，放置时电路板的覆铜面应朝上，以防打印油墨层与盆底相互摩擦导致脱离。在腐蚀过程中需要不停地摇动，最好戴上手套。三氯化铁具有腐蚀性，如果不小心沾在皮肤上应尽快用清水冲洗。等裸露的覆铜被三氯化铁腐蚀完后，将电路板取出来用清水清洗干净。必须时刻观察腐蚀的进度，特别是容易脱落的地方，腐蚀完成后就取出来并冲洗干净。正在腐蚀的电路板如图 6-20 所示。

6. 钻孔

钻孔时一般用直径 0. 8 mm 的钻头，也可以以实际的元件管脚大小来选择钻头的直径。钻孔如图 6-21 所示。

图 6-20　腐蚀中的电路板

图 6-21　钻孔

7. 打磨

用细砂纸打磨，把铜线上的油墨除去，打磨后残留的油墨可用酒精清洗去除；然后用清水清洗干净并用纸巾擦干待用。注意打磨不宜过度，以防将铜箔打磨过薄。打磨好的电路板铜箔看上去应光洁发亮，没有污垢。

8. 涂松香酒精液

打磨好的电路板还要在有铜箔的一面刷上一层松香酒精液，这样可以防止铜箔迅速氧化并有助于提高焊接质量。选择一块干净明亮的松香，研磨成粉末，将其与酒精按照1:3的体积比进行配置；放置一段时间，待其清澈透明后，用排笔将其均匀地刷在印刷电路板上；待第一遍刷完快干时再刷第二遍，一般重复刷2～4遍。待酒精完全挥发后，松香就均匀地涂在了印刷电路板上。制作好的印刷电路板如图6-22所示。

图6-22　制作好的印刷电路板

9. 制作过程中的要领

（1）打印所需的热转印纸必须平整、光滑、无皱褶，否则可能造成热转印纸与板不能紧密结合，从而在热转印过程中极易脱落。另外，需要注意的是，在打印时要选择热转印纸光滑的一面打印，否则可能造成转印失败。

（2）热转印前，应保证覆铜板上覆铜面的清洁，若有油污或杂质存在会影响到覆铜板的热转印效果，造成油墨的脱落。

（3）在热转印过程中，电熨斗的温度不宜过高（最好选用调温电熨斗），否则会造成覆铜板的铜箔鼓起。另外，加热时间要适中，在加热过程中注意观察转印纸的变化，当纸上的墨粉显现出渗透的迹象，则说明已转印好，可将电熨斗移开。

（4）考虑到热转印法的精度，PCB板的设计线宽最好在25 mil以上，线间距不小于10 mil，大电流导线按照一般布线原则进行设置。为布通线路，局部可以到20 mil。焊盘间距最好大于15 mil，焊盘要在70 mil以上，推荐80 mil。否则会由于打孔精度不高而使焊盘损坏。孔的直径可以全部设成10～15 mil，不必是实际大小，以利于钻孔时钻头对准。

（5）若要打印丝印层，注意Bottomlayer层要做镜像处理，字要翻转过来写，而Toplayer层的字要正着写。

知识链接2　曝光制作法

曝光制作法的原理是利用一种特殊的感光膜的感光原理，即未曝光的部分易溶于显影液中，而与紫外光发生聚合反应的已曝光部分不易溶于显影液的特性，以此在覆铜板上覆上一层蓝膜来制作印刷电路板的方法。相对热转印法而言，曝光制作法的制作工艺要复杂一些，但它的制作精度也要高一些，并且可用来制作双面板。

一、曝光制作法所需设备材料准备

曝光制作法所需的部分设备材料如图6-23所示。

1. 曝光制作法所需设备

（1）一台激光打印机、喷墨打印机或者一台复印机；

（2）一台专业曝光机或者一盏20 W日光台灯；

（3）一台专业过塑机；

（4）一个台钻，配直径0.5～3 mm的钻头。

2. 曝光制作法所需工具材料

（1）一张透明胶片或者半透明硫酸纸；

（2）一卷专业感光膜；

（3）一只油性记号笔；

（4）一瓶显影剂；

（5）一瓶三氯化铁及用于腐蚀的容器（不能为铁或铜的）；

（6）一块覆铜板（单面或双面），这里以单面板为例；

（7）一片钢锯条，一张细砂纸，一把美工刀。

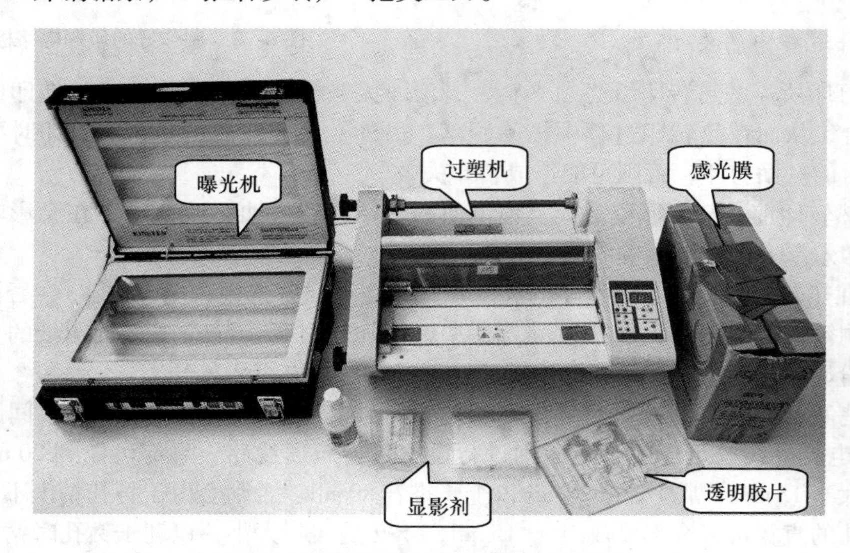

图6-23　曝光法所需的部分工具材料

二、曝光法制作步骤

1. 打印透明胶片稿

曝光法打印透明胶片稿前需要先将Protel 99 SE中的PCB版图做反色处理。这时需要使用一款名为CAM350的PCB图形处理软件，将在Protel 99 SE中生成的Gerber文件导入该软件中进行反色处理（即黑白翻转，做负像处理），然后再进行打印。需要注意的是，要把打印比例设为1.00，另外最好将打印机的分辨率设置成最高，这样打印效果最好。打印好的透明胶片稿如图6-24所示。此外，由于CAM350软件的使用是一个需要单独学习的课题，限于篇幅，此处不做详细介绍。

2. 覆感光膜

感光膜结构分三层：保护膜（即向内卷曲贴滚筒的一层膜）、感光膜以及载膜（即靠外一层接触外界的一层膜）。覆膜前需要将保护膜揭去。在覆膜过程中不能让感光膜起

皱，否则会在膜中残留气泡，造成线路断开，因此，这是一个比较重要的环节。手工覆膜需要较高的技巧，极易造成覆膜失败，故最好选择专用覆膜机覆膜。覆感光膜及覆膜后的电路板如图 6-25 所示。

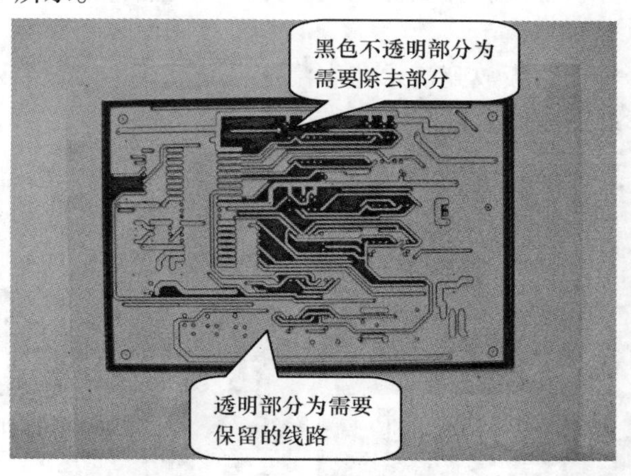

图 6-24　打印好的透明胶片稿

图 6-25　覆膜机覆膜和覆膜后的电路板

3. 感光膜曝光

首先，把电路板放在下面，将打印好的透明胶片稿放在覆铜板上面，并用肉眼将胶片与覆铜板对准；如果是双面板，最好在胶片中四角打上定位孔，以方便定位。然后用曝光机中的真空泵抽气对准，接着设定曝光时间进行曝光。注意曝光时间要合适，不宜过长或过短，一般为 70 ～90 s（如图 6-26 所示）。

4. 感光膜显影

感光膜显影这一流程主要是去除非线路部分的感光膜，溶解在曝光步骤中未曝光的感光膜，在这一过程结束后，非线路部分的铜板将重新显露出来。

首先，要调配显影剂，即用 10 g 的硫酸钠兑 400 mL 的水调制而成；然后将调配好的溶液倒入事先准备的容器中（显影粉用水化开后可长期保存在矿泉水瓶中，使用时直接倒出来就可以用了）。显影时如果觉得溶液过浓、显影速度过快可加入清水，如果觉得溶液太稀、显影速度太慢可加入浓缩的显影剂。

接着开始显影：首先将已曝光的感光板膜面上的载膜揭开，使剩下的感光膜暴露在外；然后将其面朝上放入显像液中（如图 6-27 所示）。每隔数秒摇晃容器，直到铜箔清晰可见且不再有绿色雾状冒气时即显像完成。此时需再静待几秒钟以确认显像百分之百完成。显像过程需 1～2 min。

最后进行浸洗，将线路板放到清水盘中浸泡一会儿，不可放到水龙头下冲洗，不然线路会被冲断。显影好的印刷电路板如图 6-28 所示。

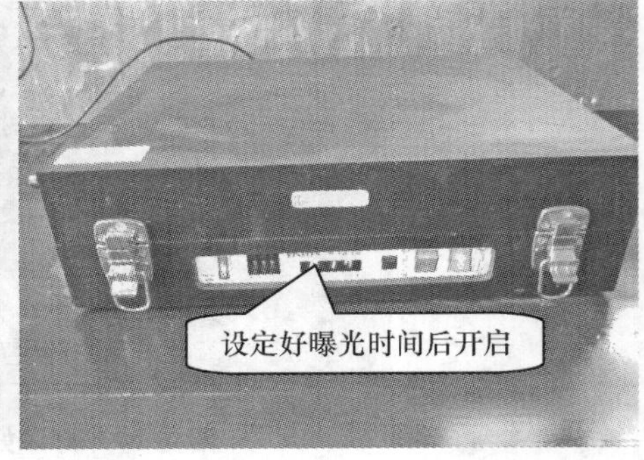

图 6-26　将感光膜放入曝光机中进行曝光

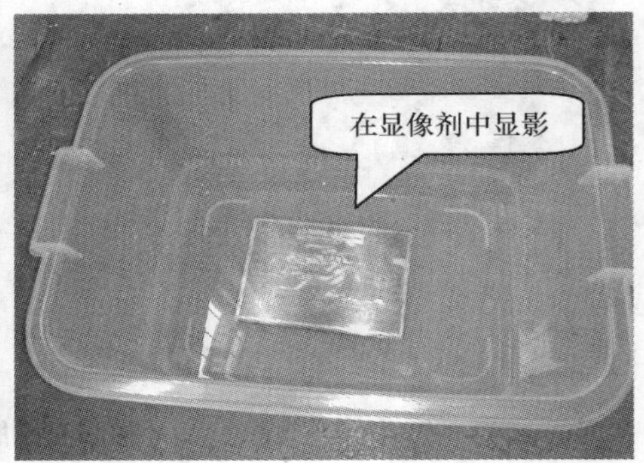

图 6-27　将覆好感光膜的电路板显影

图 6-28　显影好的印刷电路板

5. 后期工作

后期工作包括腐蚀、钻孔、打磨、涂松香酒精液等，这几个工作的步骤均和热转印法相同，可以参照热转印法的相关步骤进行操作。

6. 制作过程中的要领

（1）覆膜前应保证覆铜板上的清洁，若有杂物存在会影响感光膜在覆铜板上的附着力，显影时易发生膜的脱落。

（2）不能在有阳光直射的环境下进行覆膜操作，否则会被完全曝光，导致感光膜作废。建议在暗房中进行覆膜操作。若无此条件，在仅有室内照明的环境下，短时间的操作也是可以接受的。

（3）覆上去的感光膜必须平整、无气泡、无皱褶，否则感光膜与板不能紧密结合，导致在显影过程中即使已曝光的区域也会脱落。

（4）单面曝光需要一块遮光板垫于覆铜板下，防止灯光从下反射造成覆铜板背面被曝光。同时注意保持曝光机内载物玻璃板和真空吸透明遮罩表面的清洁。

（5）要保证胶片干净、完整，若有杂质，会影响曝光质量，甚至出现连线或断线。胶片表面除真空罩的透明胶面外必须无任何遮挡物，固定时用的透明胶条也不能贴在胶片的线路部分。

（6）曝光时间是影响感光膜图像质量的重要因素。曝光不足，抗蚀膜聚合不够，显影时胶膜溶胀、变软，线条不清晰，色泽暗淡，甚至脱胶；曝光过度，将产生显影困难，胶膜发脆，余胶等问题。

（7）显影液浓度过浓会造成线路脱落，浓度过低会导致显影不彻底。标准配比的显影溶液使用一段时间后会出现浓度下降的情况，可在原有显影时间的基础上略加时间，以保证显影效果。建议在显影时间明显变长的情况下，重新配置和使用显影溶液。

【任务检查】

任务检查单	任务名称	姓　名	学　号
检　查　人	检查开始时间	检查结束时间	

检查内容		是	否
1. 手工制作功率放大器的印刷电路板	（1）电路板边框是否规范		
	（2）布线层是否光洁		
	（3）电路板布线层走线是否清晰		
2. 安全文明操作	（1）注意用电安全，遵守操作规程		
	（2）遵守劳动纪律，注意培养一丝不苟的敬业精神		
	（3）保持工位清洁，不随意倾倒三氯化铁废液，整理好工具设备		

项目7 电子产品检修技术基础

项目分析

我们在日常生活中都离不开各种各样的家用电器，这些电器在使用过程中或多或少的都会出现故障。作为电类专业人员，无论是自身专业发展的需要还是专业知识的拓展，都有必要掌握电子线路故障的一般分析方法和检修技巧。本项目从家用电器的三大分类系统中选择了几款具有典型代表意义的小家电，通过阐述其结构、特点、工作原理和检修方法，以及通过任务的分配和训练做到理论联系实际，使学生最终掌握几种常用家电的检修技巧。

情景设计

场景布置：课堂上，教师在每个工作台上准备一套串联稳压电源散件和一台电磁炉。

教师讲述：相信同学们的家里都有很多像充电器、机顶盒和电磁炉等各种各样的电子产品。电子产品在使用的过程中，难免会出现各种各样的故障，作为电类专业的学生，掌握常用电子产品的一些维修的基本技能和方法是非常有必要的。下面我们将通过本项目的学习来达到这个目的。

媒体播放：展示电磁炉、电视机等电子产品的维修视频。

任务7.1 电源电路的检修

【任务目的】

1. 了解直流稳压电源的种类、结构和工作原理。
2. 掌握开关稳压电源的故障分析和检修技术。

【任务内容】

1. 串联型稳压电源的安装。
2. 开关稳压电源的故障分析和检修。

任务训练1 串联型稳压电源的安装

1. 训练目的：

（1）在“点阵”实验板上焊接安装串联稳压电源；

（2）学会测量串联稳压电源的电压、电流和各项参数指标。

2. 训练内容：

（1）将串联稳压电源套件正确焊接安装在“点阵”实验板上；

（2）测量串联稳压电源各关键点电压、电流，并测试电源的各项参数指标。

3. 训练方案：5个学生组成一个小组，每个小组挑选一名组长，每个学生均要单独完成串联稳压电源的焊接安装与调试。组长负责组织对组员装好的串联稳压电源检查并组织讨论，完成任务后对每个组员的作品做出评价。

【注意事项】

1. 元件的布局要合理，线路不能有交叉、重叠。

2. 电源的输入与输出端要分开设计，线路清晰便于检查。

3. 焊接前先检查好电路中的元件是否有错装、漏装，检查电容、二极管、三极管等是否有极性错误。

4. 通电前检查好焊接点是否有短路、虚焊等。

知识链接1　直流稳压电源的工作原理

电源是任何电子产品不可缺少的组成部分。电源有交流与直流之分。对于大多数电子产品而言，其电路供电多为直流电源。

除了由化学电池供给的直流电源外，直流电源的获得通常是将电网交流电压经过整流滤波电路转换成所需的直流电流或电压。但是，由于电力输配设施的老化以及设计不良和供电不足等原因造成交流电网电压并不十分稳定，而不稳定的电压会对电子设备造成致命伤害或误动作，同时加速设备的老化、缩短设备的使用寿命甚至烧毁元件，因此，对经交流电网整流滤波所获得的直流电进行稳压是非常重要的。

直流稳压电源按习惯可分为线性稳压电源和开关型稳压电源。

一、线性稳压电源

线性稳定电源有一个共同的特点，就是它的功率器件调整管工作在线性区，靠调整管之间的电压降来稳定输出。由于调整管静态损耗大，故需要安装一个很大的散热器给它散热；同时，由于变压器工作在工频（50 Hz）状态，故其重量和体积较大。线性稳压电源的优点是稳定性高，纹波小，可靠性高，易做成多路、输出连续可调的成品；缺点是体积大，较笨重，效率相对较低。线性稳压电源又有很多种，从输出性质可分为稳压电源和稳流电源及集稳压、稳流于一身的稳压稳流（双稳）电源。如图7-1所示是一个典型的串联型稳压电源电路。

1. 串联型稳压电源

如图7-2所示是一个较典型的线性串联型稳压电源的电原理图，该电源电路的组成部分及各部分作用如下。

（1）取样环节：由R_1、R_P、R_2组成的分压电路构成。它将输出电压U_o分出一部分作为取样电压U_F，送到比较放大环节。

（2）基准电压：由稳压二极管D_Z和电阻R_3构成的稳压电路组成。它为电路提供一个稳定的基准电压U_Z，作为调整、比较的标准。

（3）比较放大环节：由 V_2 和 R_4 构成的直流放大器组成。其作用是将取样电压 U_F 与基准电压 U_Z 之差放大后去控制调整管 V_1。

（4）调整环节：由工作在线性放大区的功率管 V_1 组成。V_1 的基极电流 I_{B1} 受比较放大电路输出的控制，它的改变又可使集电极电流 I_{C1} 和集、射电压 U_{CE1} 改变，从而达到自动调整稳定输出电压的目的。

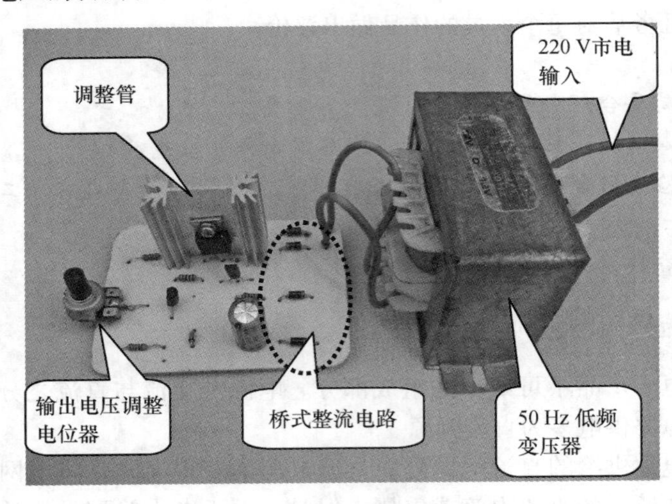

图 7-1　串联型稳压电源电路

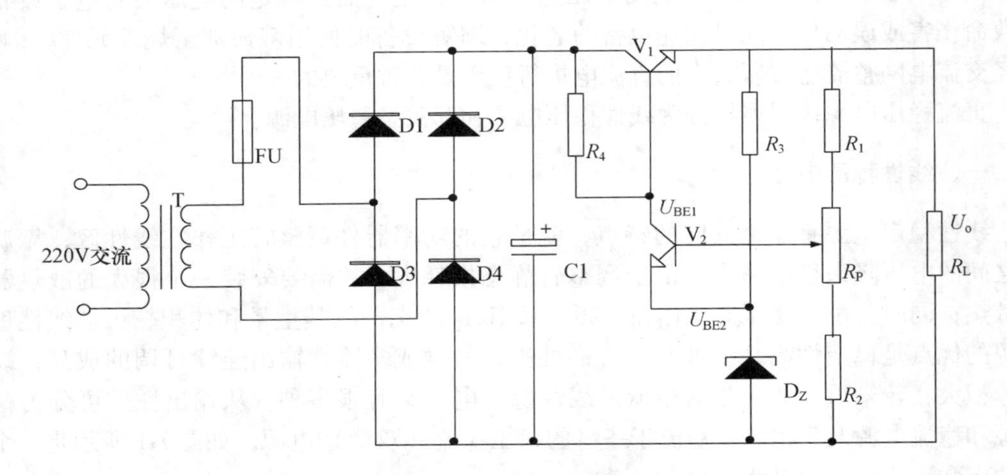

图 7-2　线性串联型稳压电源的电原理图

串联型稳压电源电路的工作原理为：当输入电压 U_i 或输出电流 I_o 变化引起输出电压 U_o 增加时，取样电压 U_F 相应增大，使 V_2 管的基极电流 I_{B2} 和集电极电流 I_{C2} 随之增加，V_2 管的集电极电位 U_{C2} 下降；因此，V_1 管的基极电流 I_{B1} 下降，使得 I_{C1} 下降，U_{CE1} 增加，U_o 下降，使 U_o 保持基本稳定。同理，当 U_i 或 I_o 变化使 U_o 降低时，调整过程相反，U_{CE1} 将减小使 U_o 保持基本不变。从上述调整过程可以看出，串联型稳压电源电路是依靠电压负反馈来稳定输出电压的，如图 7-3 所示是其调整过程。

$U_o\uparrow \rightarrow U_F\uparrow \rightarrow U_{B2}\uparrow \rightarrow U_{C2}\uparrow \rightarrow U_{C2}\uparrow \rightarrow U_{B1}\uparrow \rightarrow U_{CE1}\uparrow \rightarrow U_o\downarrow$

图 7-3　输出电压稳压过程

2. 集成稳压电路

目前，电子产品中常使用输出为固定电压值的集成稳压电路。由于它只有输入、输出和公共接地三个端子，故称为三端稳压。常用的三端稳压集成电路有“78”系列和“79”系列两种。其中，“78”系列输出的是正电源，而“79”系列输出的是负电源。“78”和“79”后面所跟数字表示输出的电压值，如：“7812”表示输出 +12 V电压，“7912”表示输出 −12 V 电压。两种三端稳压器的外形及引脚功能如图 7-4 所示。

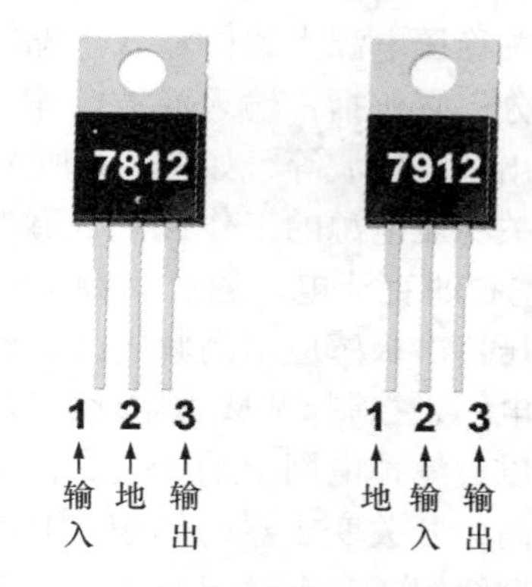

图 7-4　两种三端稳压器的引脚功能图

二、开关稳压电源

开关稳压电源的运用极为广泛，常用的家用电器电路中几乎都可以看到它的身影，小到充电器、电动剃须刀，大到电脑电源、电磁炉、电视机、影碟机等，几乎一律采用开关稳压电源。如图 7-5 所示是各种类型的开关稳压电源电路。相对线性稳压电源而言，开关稳压电源具有体积小、重量轻、节约材料（开关稳压电源所用变压器重量只有线性稳压电源的 1/10）、稳压范围宽等优点。它和线性稳压电源的根本区别在于它的工作频率不再是工频而是在几十千赫兹到几兆赫兹之间；其功率管不是工作在放大区而是在饱和及截止区，即开关状态，开关稳压电源因此而得名。

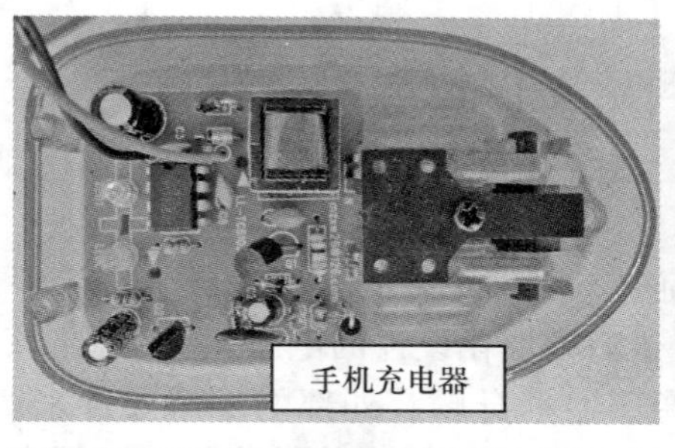

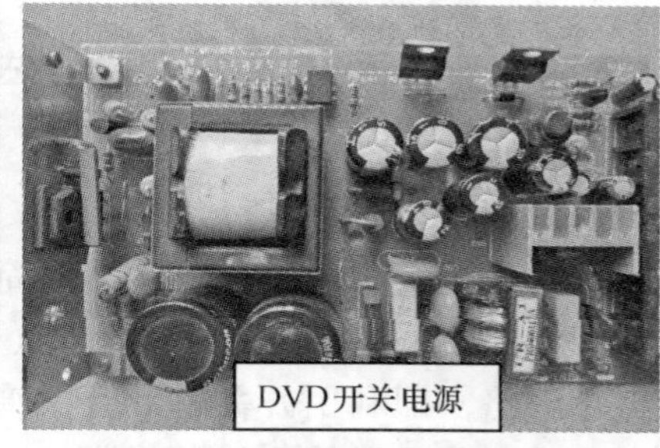

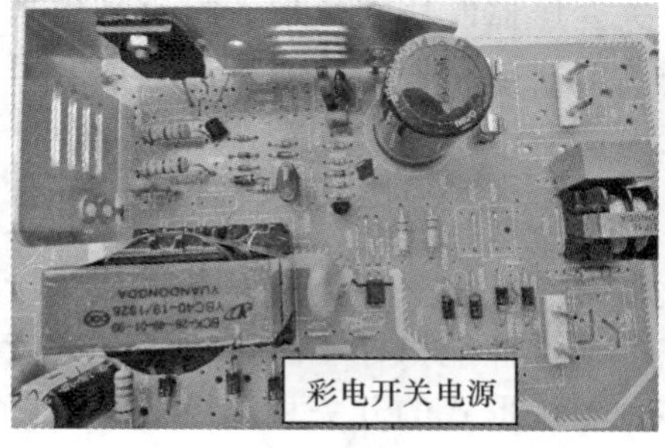

图 7-5　各种类型的开关稳压电源电路

开关稳压电源的种类较多，按照分类方式的不同其种类也不同。一般地，开关稳压电源按控制方式分可分为固定脉冲频率调宽式（PWM）、固定脉冲宽度调频式（PFM）和脉冲宽度频率混调式，其中PWM调制是普遍采用的方式，而其他两种调制方式因电路复杂，现已极少采用。按激励方式开关稳压电源又可分为自激式和它激式两种。此外，还有按与负载的连接方式及按变换电路等不同的分类方法。

开关稳压电源大致由输入电路、变换器、控制电路和输出电路四个主体组成。如果细致划分，它包括：输入滤波、输入整流滤波、开关电路、取样电路、比较放大、振荡器、输出整流滤波等，如图7-6所示是较典型开关稳压电源的组成方框图。

开关稳压电源的工作原理大致是这样的：220 V交流电输入后直接经整流滤波变成300 V左右的直流电，通过高频PWM信号控制开关管，将直流加到开关变压器初级上；开关变压器次级感应出高频电压，经整流滤波供给负载，输出部分通过一定的电路反馈给控制电路，控制PWM占空比，以达到稳定输出的目的。交流电源输入时一般要经过扼流圈，以过滤掉电网上的干扰，同时也过滤掉电源对电网的干扰；在功率相同时，开关频率越高，开关变压器的体积就越小，但对开关管的要求就越高；开关变压器的次级可以有多个绕组或一个绕组有多个抽头，以得到需要的输出。电路中一般还应该增加一些保护电路，如空载、短路等保护。如图7-7所示是一款开关稳压电源的组成结构图。

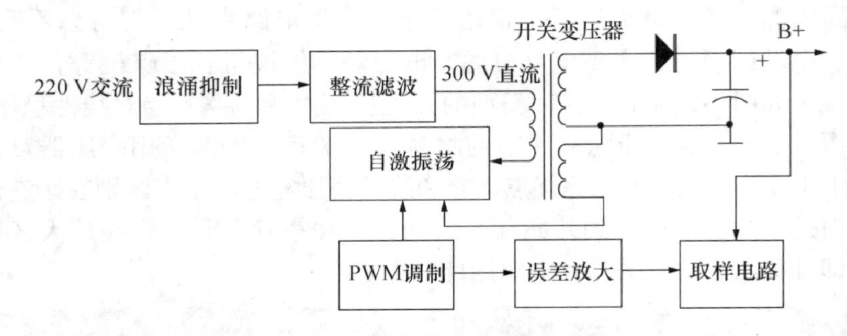

图7-6　开关稳压电源的组成方框图

1. 自激式开关稳压电源

自激式开关稳压电源是一种电路结构简单、性价比高的开关稳压电源。多数自激式开关稳压电源电路中采用大量的分立元件（也有模块化设计的电路），其电路核心是一个单管自激振荡电路，即利用开关管和开关变压器本身以及外部的反馈元件来产生振荡。自激式开关稳压电源没有单独的振荡器，开关变压器既用来传递能量，又用来产生振荡脉冲；然后在电路中加入脉宽控制电路和稳压取样电路，就构成了最基本的开关稳压电源。当然，实际电路中还要加入必要的过流过压保护。

2. 它激式模块开关稳压电源

它激式模块开关稳压电源的电路形式比较复杂，多采用集成电路模块化设计，这些模块设计使开关稳压电源具有最简外围电路、最佳性能指标、能构成无工频变压器开关稳压电源等显著优点。目前，国外开发了多种单片形式的开关稳压电源，被广泛运用于电磁炉、影碟机、空调控制电路等电子产品中。

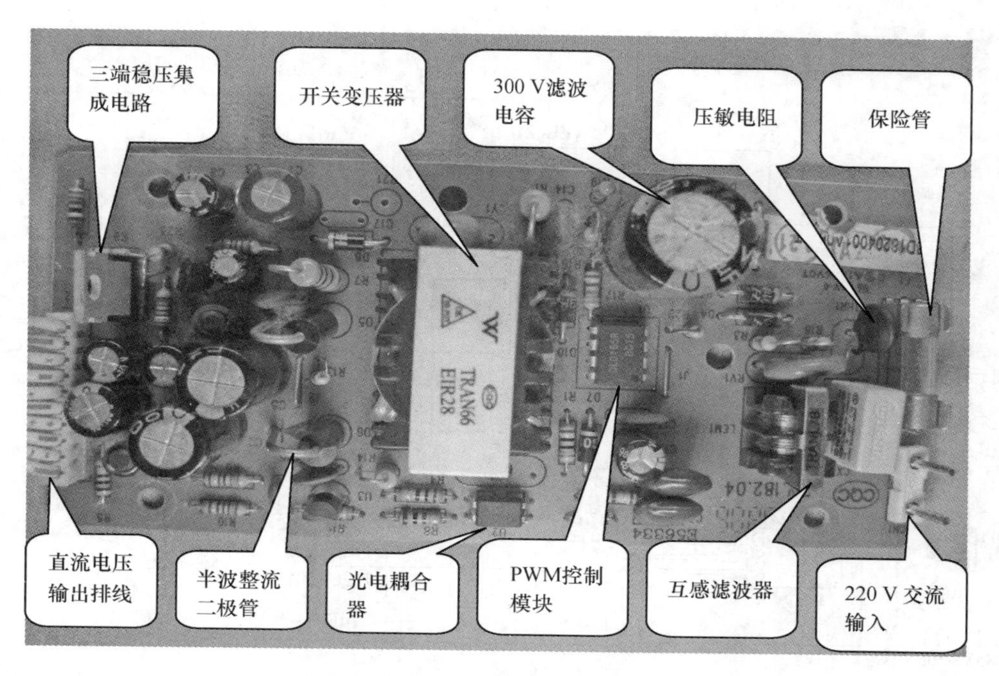

图 7-7　某开关稳压电源的组成结构图

如图 7-8 所示是一款单片模块电源的电原理图。该电路采用一块单片模块 TOP202Y 作为电源的主控芯片。该芯片将脉宽调制（PWM）控制系统的全部功能集成到三端芯片中，内含脉宽调制器、功率开关场效应管（MOSFET）、自动偏置电路、保护电路、高压启动电路和环路补偿电路，并通过高频变压器使输出端与电网完全隔离，真正实现了无工频变压器、隔离式开关稳压电源的单片集成化，使用安全可靠。该电源采用带稳压管（VDZ2）的光耦反馈工作方式。电路中共使用两片集成电路，IC_1 为 TOP202Y 型单片开关稳压电源，IC_2 是线性光耦合器。C_6 与 L_2 构成交流输入端的电磁干扰（EMI）滤波器，其中 C_6 能滤除由初级脉动电流产生的串模干扰，L_2 可抑制初级绕组中产生的共模干扰。C_7 和 C_8 为安全电容，能滤除由初、次级绕组之间耦合电容所产生的共模干扰。宽范围电压输入时，85～265 V 交流电经过整流器 BR、C_1 整流滤波后，获得直流输入电压 U_i。由 VD_{Z1} 和 VD_1 构成的漏极钳位保护电路可将由高频变压器漏感产生的尖峰电压钳位到安全值以下，并能减小振铃电压。

次级电压经 VD_2、C_2、L_1、C_3 整流滤波后产生 +7.5 V 的输出电压。R_2 和 VD_{Z2} 与输出端并联，构成开关稳压电源的假负载，可提高空载或轻载时的负载调整率。反馈绕组电压经过 VD_3 整流、C_4 滤波后，得到反馈电压；再经过光敏三极管给 TOP202Y 提供一个偏置电压。光耦合器 IC_2 和稳压管 VD_{Z2} 还构成了 TOP202Y 的外部误差放大器，能提高稳压性能。当输出电压 U_O 发生变化时，由于 VD_{Z2} 具有稳压作用，就使光耦中 LED 的工作电流 I_F 发生变化，进而改变 TOP202Y 的控制端电流 I_C；再通过调节输出占空比，使 U_O 保持稳定，这就是其稳压原理。R_1 为 LED 的限流电阻，并能决定控制环路的增益。C_5 是控制端旁路电容，除对环路进行补偿之外，还决定着自动重启动频率。

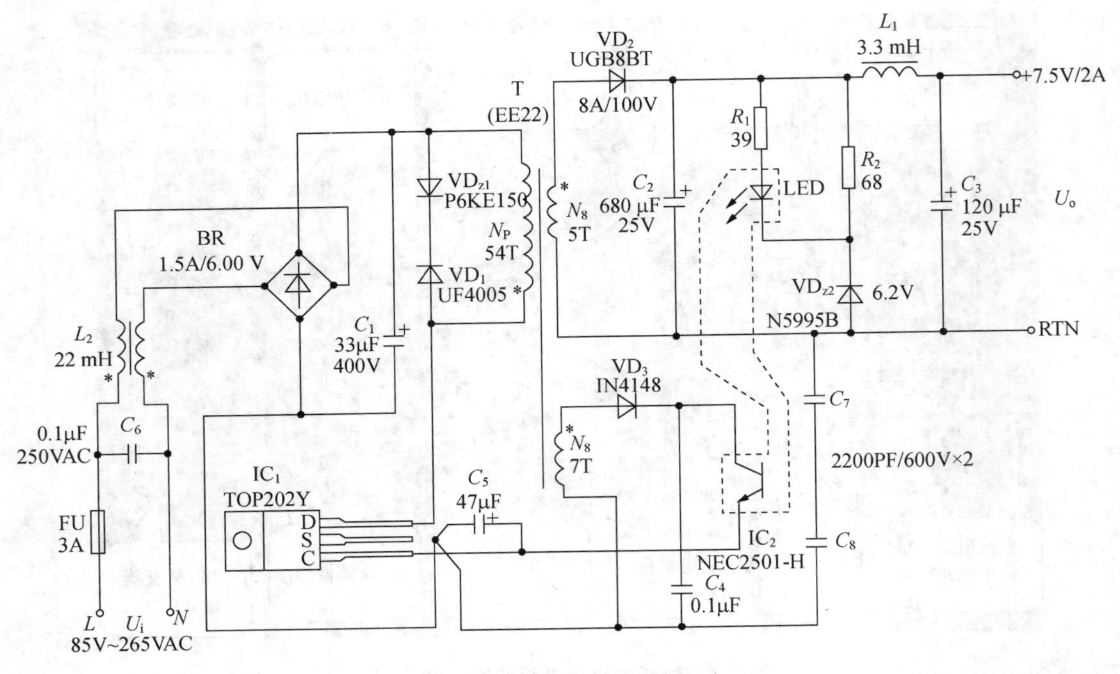

图 7-8　单片模块开关稳压电源电原理图

任务训练 2　开关稳压电源的检修

1. 训练目的：

（1）理解开关稳压电源的工作原理和分析方法；

（2）掌握开关稳压电源各关键点的电压、电流的测量方法；

（3）掌握简单开关稳压电源检修的一般方法和技巧。

2. 训练内容：

（1）开关稳压电源各关键点的电压值和电流值的测量；

（2）开关稳压电源各组输出电压为零故障检修；

（3）开关稳压电源输出电压过低故障检修；

（4）开关稳压电源输出电压过高故障检修；

（5）开关稳压电源输出电压不稳定故障检修。

3. 训练方案：5 个学生组成一个小组，每个小组挑选一名组长，每个学生均要单独完成开关稳压电源的故障维修。组长负责组织对组员修好的开关稳压电源检查并组织讨论，完成任务后对每个组员做出评价。

【注意事项】

1. 开关稳压电源采用电网 220 V 直接整流滤波，电路板上带有市电，应注意人身安全。

2. 开关稳压电源工作在高电压、大电流振荡状态，不可随意开路电路中的元件。

3. 采用电阻法测量时，应注意 300 V 滤波电容的放电，以免因放电伤及人体或损坏仪表。

4. 若通电检查，应将开关稳压电源接入调压器中，从低电压缓慢向正常电压调整，并时刻观察输出电压变化。

知识链接2 开关稳压电源的检修

无论是哪种电子产品，当其电源出现故障时，都无法正常工作。因此，电子产品的故障检修基本上都是先从电源入手，在确定其电源正常后，再进行其他部位的检修。通常，电源故障占电子设备电气故障的大多数。目前，开关稳压电源以体积小、重量轻和效率高等特点被广泛应用于几乎所有的电子设备，是当今电子信息产业飞速发展不可缺少的一种电源方式。作为电子产品的检修人员，有必要了解开关稳压电源的基本工作原理，掌握其维修技能，并熟悉其常见故障。

一、基本检修程序及方法

无论是电子产品的设计还是制作，都离不开对电路图纸的识读，对电子产品的维修亦是如此。因此，在维修前，要深刻理解电路。通过前面的理论学习我们知道，开关稳压电源的种类繁多，工作方式也不尽相同，特别是一些新型高效节能的高端开关稳压电源，如电脑、液晶电视等，其开关稳压电源都设计得较为复杂，维修难度很大，是一个需要专门学习、研究的课题。这里所介绍的方法，仅限于一些结构原理较简单的开关稳压电源。

1. 检修电路的几种方法

（1）电阻测量法：是通过测量元件电阻或电路的对地电阻来判断故障的方法，为不带电检测，它是维修中最常用的检测方法之一。值得注意的是，采用在路测量（即在电路板上直接测量元件）将会使测量结果不准确。通常，在路测量的电阻值要小于实际值，这是因为被测量元件和电路板上的其他元件是连接的，因而在路测量的数值可能是并联阻值的结果。尽管在路测量不准确，但为了提高工作效率，可以先在路粗测，并以测量值作为参考。需要注意的是，若用指针式万用表在路测量半导体PN结，挡位要置于×1挡，若呈单向导通则该PN结可能是好的，若有异常则需要取下来再次测量；对于数字万用表，用“二极管”挡来测量就可以了。

在维修过程中只靠测电阻来判断故障点有很大局限性，当经初步的电阻测量法不能奏效时，我们就要采用带电检测。通常采用的带电检测有电压测量法、电流测量法、波形测量法等几种方法。

（2）电压测量法：即测量电路某点及元器件的直流或交流工作电压，将测量的电压与参考电压进行比较来判断故障的方法。电压测量法又可分为直流电压的测量和交流电压的测量。由于除了电源整流部分之前的电路是交流电外，其余多为直流电压，故多数情况下可通过测量直流电压来判断故障。测量前，我们应该先查阅需要测量对象的引脚电压参考值和引脚功能相关资料（若没有参考电压作对比，则测量没有太大意义），然后再对应相关引脚进行测量。需要注意的是，由于开关稳压电源采用220 V电网直接整流滤波，故其带电检修有一定的危险性，最好将开关稳压电源电源输入端接入调压器。通过调压器调压和隔离的作用，可提高人身和电路的安全。如图7-9所示是一个自制的调压器维修电源。

测量时，首先在电路板上找出接地线（注意，开关稳压电源因为有开关变压器的隔离，其初级和次级电路的地线不是同一个），将黑表笔接地线不动，然后用红表笔依次去测各引脚电压值并作记录（注意，红表笔不要打滑，以免短路导致损坏芯片），如图 7-10 所示。完毕后，将记录的数据与参考值作对比检查、分析。当测量某引脚电压偏差较大时，即可怀疑该引脚及外围电路可能有故障。需要注意的是，实际测量值与参考值允许有一定的误差；此外，有些电压测量点分为静态测量和动态测量，该点的电压值在静态和动态下数值是不同的。

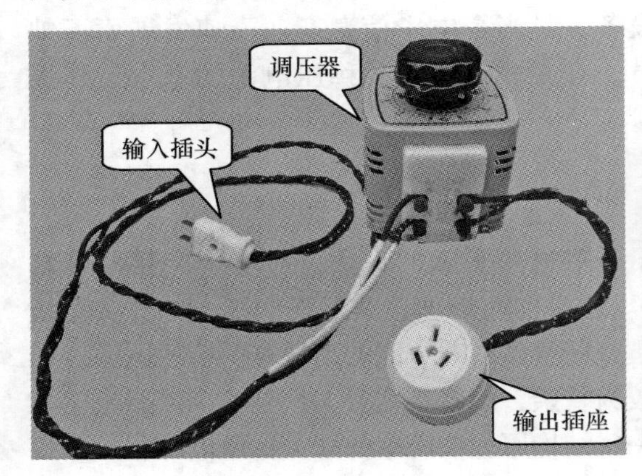

图 7-9　调压器维修电源

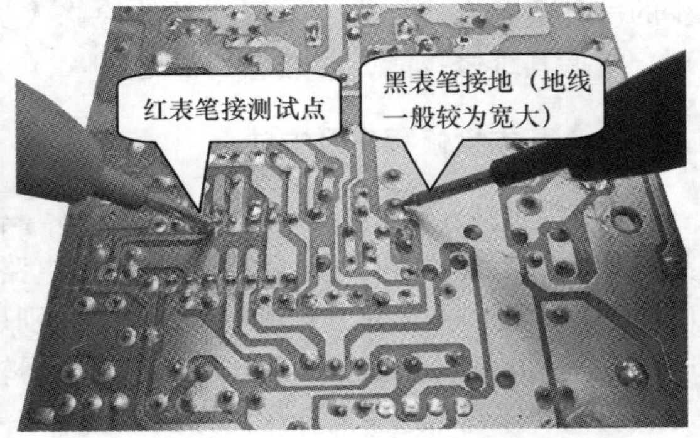

图 7-10　测量开关稳压电源电压

（3）电流测量法：是一种通过检测电源负载电流、晶体管和集成电路的工作电流来判断电路是否工作在正常状态的方法。当电路中的电流过大时，会导致器件因过载而损坏。在电路中串入电流表检测电流是较有效的方法。检测电流时应注意挡位的选择和电流表的接法。电流法常用于短路性故障的检修中。

（4）波形测量法：波形测量法是分析电路工作状态、判断故障最有效的方法之一，其方法就是用示波器来观察晶体管和集成电路某点信号的波形及幅度。观察的方法是用示波器探头顺着信号的流程顺序，从前到后逐点逐级的进行检查；同时观察各观测点是否有波形输出，输出波形幅度是否足够，线性是否良好。

2. 开关稳压电源基本检修程序

（1）不带电检查。对于经原理分析后可能会出现故障的元件，可以先采用不带电检测，以提高维修效率。不带电检查是指在断电的情况下，采用"看、闻、问"等几种直观检查和测量电阻相结合的一种方法。

看：就是用肉眼直接观察。检查电源的 PCB 板及有关元件的情况，看 PCB 板是否有断线、保险丝熔断、放电等情况；再观察电源的内部情况，看元件是否有烧焦、破裂、断腿和电容漏液等情况，若有，应重点检查此处元件及相关电路元件。

闻：闻一下电源内部是否有煳味，检查是否有烧焦的元器件。

问：询问电源损坏的经过，判断是否是对电源进行违规操作造成的。

测量电阻：在断电情况下，首先用万用表测量一下 300 V 滤波电容两端的电压。如果是开关稳压电源不起振或开关管开路引起的故障，则大多数情况下，高压滤波电容两端

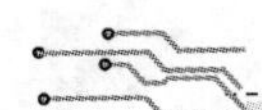

的电压未泄放掉，此电压有三百多伏，需小心。然后用万用表测量 AC 电源线两端的正、反向电阻及电容器充电情况，电阻值不应过低，否则电源内部可能存在短路。再脱开负载，分别测量各组输出端的对地电阻。正常时，表针应有电容器充放电摆动，摆动过大或过小都说明可能存在故障。此外，对于一些大功率的电阻、开关管、取样管、调宽管、稳压二极管等器件可进行在路粗测，看是否有开路、击穿等故障。

（2）带电检查。不带电检查只能获得一个故障的大致情况，大多数情况下并不能一步到位解决问题，故还需对电路进行带电检查。

带电检查首先要找到相关的电路图纸，对所维修电源的电路结构和原理有一个大致的了解，然后有的放矢地针对具体故障进行分步检修。在带电检查时，先将负载电路脱离，220 V 交流输入端接入调压器，将调压器调至 110 V 左右，使开关稳压电源处于较低安全电压。这样，开关稳压电源就不会因控制调整电路失控而损坏功率器件了。开关稳压电源的故障通常包括各组输出电压为零，输出电压过低，输出电压过高和输出电压不稳定这几种情况。无论是哪种故障，都最好采用逐级断开各部分电路的方法进行检查。目前，多数开关稳压电源采用模块化设计，其振荡、控制、过流过压等部分均在模块中，加之新型号电源模块不断涌现，确实给维修带来了麻烦。因此，在维修前应找出该模块的资料及外围图，最好能找到内部图（哪怕是方框图），确定该模块的工作电压脚，找到启动元件、过流保护电阻等关键性部位。注意，恢复损坏元件后不要轻易通电开机，须做好保护措施。

二、开关稳压电源常见故障检修

1. 故障现象：开关稳压电源各组输出电压为零

开关稳压电源各组输出电压为零说明故障有三种情况，即振荡电路停振，过流过压保护电路误动作，控制电路失控导致过流过压保护电路动作。首先测量 300 V 滤波电容两端电压是否正常，排除是因整流滤波以前的电路引起的故障。然后找出开关稳压电源的振荡电路部分，将保护电路、控制电路等其余电路全部断开，接入调压器，将电压调至 110 V 左右，开电，监测 B +（主电源）输出电压。若有输出，则说明振荡电路基本正常，需要检查其他电路。接着将保护电路接上，监测 B + 输出电压，若电压无输出，则说明保护电路有故障，应重点检查；若电压有输出，则要重点检查控制电路。

2. 故障现象：开关稳压电源输出电压过高或过低

开关稳压电源输出电压过高或过低说明故障出在控制电路。首先根据电路找出控制部分的关键元器件，找出损坏件，更换；然后是接入调压器，将电压调至 110 V 左右，开电，监测 B + 输出电压。如果将电压调至正常值时均能得到稳定输出，则说明故障已恢复。

3. 故障现象：开关稳压电源输出电压不稳定

开关稳压电源输出电压不稳定说明故障出在振荡电路和控制电路。输出电压忽高忽低说明控制电路并未处于完全失控状态，可以先断开控制电路，接入调压器，将电压调至 110 V 左右，开电，监测 B + 输出电压，看电压是否稳定。若还是不稳定，则说明可能是振荡电路频率过高或过低引起的，应重点检查定时元件；否则，故障就应出在控制电路。另外，输出级的半波整流滤波元件不良也会引起该故障。

【任务检查】

任务检查单	任务名称	姓　　名	学　　号
检　查　人	检查开始时间	检查结束时间	

检查内容		是	否
1. 串联型稳压电源安装	（1）元件的布局合理，线路没有交叉、重叠		
	（2）元件安装正确、美观，焊点无误		
	（3）正确测量各关键点电压、电流并记录		
	（4）正确测试电源的各项性能指标		
2. 开关稳压电源检修	（1）正确分析开关稳压电源各组成部分电路原理		
	（2）正确测量各关键点电压、电流和波形并记录		
	（3）正确掌握开关稳压电源检修的一般步骤		
	（4）正确运用各种检修方法和技巧进行故障分析和判断		
3. 安全文明操作	（1）注意用电安全，遵守操作规程		
	（2）遵守劳动纪律，注意培养一丝不苟的敬业精神		
	（3）保持工位清洁，整理好仪器仪表		

任务7.2　电磁炉的检修

【任务目的】

1. 熟悉电磁炉的结构和工作原理。
2. 掌握电磁炉的故障分析方法和检修技术。

【任务内容】

1. 电磁炉的拆装。
2. 电磁炉各类电子元器件的识别与检测。
3. 电磁炉各类故障分析与检修。

任务训练1　电磁炉的拆装

1. 训练目的：掌握电磁炉的拆装方法。
2. 训练内容：

（1）外壳的拆装；

（2）加热炉盘的拆装；

（3）风扇组件的拆装；

（4）功率组件及散热片的拆装；

（5）控制面板的拆装；

（6）散热风扇组件的拆装。

3. 训练方案：5个学生组成一个小组，每个小组挑选一名组长，每个学生均要单独完成电磁炉的拆装。组长负责组织对组员装好的电磁炉检查并组织讨论，完成任务后对每个组员的作品做出评价。

【注意事项】

1. 拆卸用的旋具要和对应螺钉的规格、种类相匹配，切勿野蛮操作，造成螺钉滑丝。

2. 拆卸下来的螺钉应妥善保管，以免丢失。不同规格的螺钉要分类放置并记录好对应的元件。

3. 拆卸元件时，要做好元件连接线的原始记录；在拔取连接线时，应用手指捏住连接头位置轻轻晃动拔出，切勿生拉硬拽。

4. 拆卸下来的元件应妥善保管，避免丢失、摔坏。

知识链接1　电磁炉的基本原理

电磁炉于1957年由德国人发明。它最初运用于工业电磁感应炉上，后在此基础上发展成为一种食物加热电器。电磁炉是利用电磁感应原理将电能转换为热能来加热食物的。在电磁炉工作时，其电路板上的线圈产生的交变磁场在锅具反复切割变化使锅具底部产生交变的环状电流（即涡流）；由于锅具电阻较小，产生短路热能使锅具自身快速发热，从而达到加热食物的目的。

一、电磁炉的组成及工作原理

电磁炉因其节能高效、使用方便的特点已成为我国普通家庭中不可缺少的必备家电之一。目前，各种各样的电磁炉大量充斥市场，除了如“美的”、“苏泊尔”、“奔腾”等几大品牌外，还有各种各样的杂牌机。这些电磁炉的电路虽然都不尽相同，但其组成结构和电路原理基本一致。

1. 电磁炉的组成

电磁炉的基本电路结构主要包括主回路电路（高压电路）、振荡电路、IGBT激励电路、PWM脉宽调控电路、同步电路、加热开关控制、各种检测电路、散热系统、主电源、辅助电源、报警电路、单片机控制电路等。如图7-11所示是较典型的电磁炉电路组成结构。

2. 电磁炉的工作原理

220 V工频交流电经过保险管、压敏电阻（起过压保护作用，正常时阻值无穷大，当电压超过250 V时则会短路，使保险丝熔断，保护后面的电路）组成的保护电路后，通过

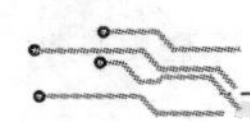

滤波电容和扼流圈平滑后分成两路：一路送入电源电路得到 +5 V、+18 V、+20 V 等各组电压；另一路送入主回路电路，经桥堆整流为脉动直流电。脉动直流电通过扼流圈和滤波电容的平滑滤波，将相对平稳的直流电供给线盘，炉盘线圈与电容组成 LC 振荡电路，从而在炉盘线圈上产生强大的交变磁场，锅具就是利用这个交变磁场来达到加热目的的。

IGBT 管控制极输入的是经过驱动电路激励的振荡信号（频率为 20～30 kHz），可使 IGBT 管工作在开关状态。通过控制该振荡信号的脉冲宽度（PWM 调制控制）来调整 IGBT 通断时间的长短，从而达到调整功率的要求。由图 7-11 可知，振荡信号要受控于同步电路，这是因为炉盘线圈与电容组成的 LC 自由振荡电路的半周期时间是出现峰值电压的时间，此时，IGBT 管截止。如果在峰值脉冲还没有消失的情况下开关脉冲提前到来，就会出现很大的导通电流致使 IGBT 击穿，所以，必须使开关脉冲的前沿与峰值脉冲后沿相同步。因此，同步电路的主要作用就是从 LC 振荡电路中取得同步信号，并根据同步信号产生锯齿波，为 IGBT 提供前级驱动波形。

由于电磁炉功率较大，其功率组件装有大型散热片，再配以风扇进行强制冷却。电路中设计有风扇检测电路，当风扇停止运转时，机器就会保护性关机。电磁炉整机的控制是由一块单片机芯片完成，单片机是整个电路的核心。一旦单片机损坏，整机就会瘫痪。此外，电路中还设计有IGBT温度检测、锅底温度检测、电流检测、VAC 检测、VCE 检测等各种保护电路，以防止机器出现异常而扩大故障。

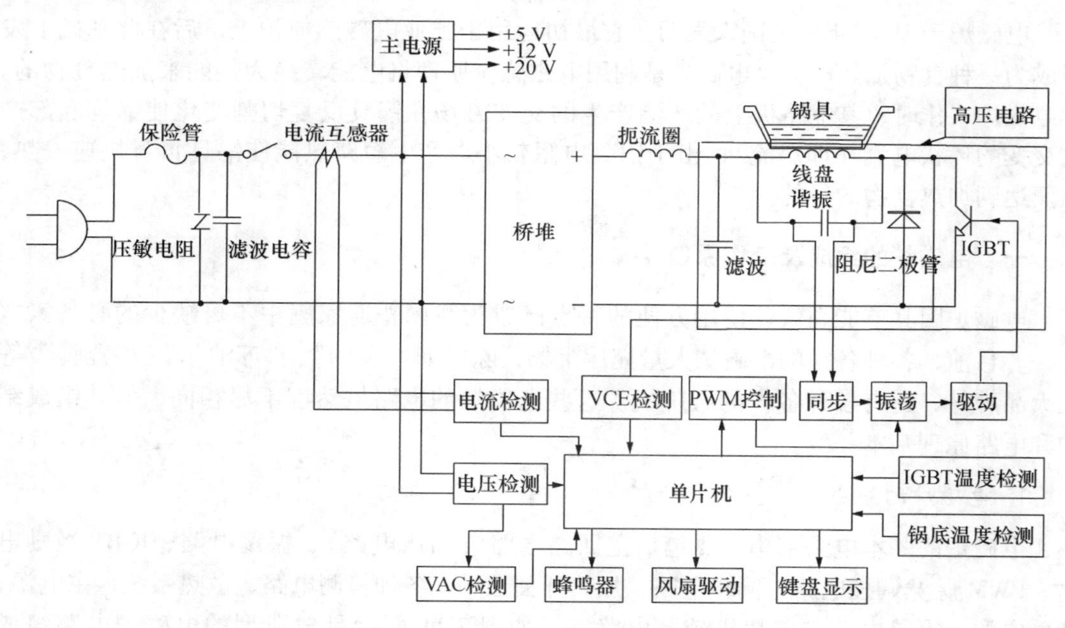

图 7-11　电磁炉的电路组成结构图

如图 7-12 所示为某电磁炉电路板的实物图。

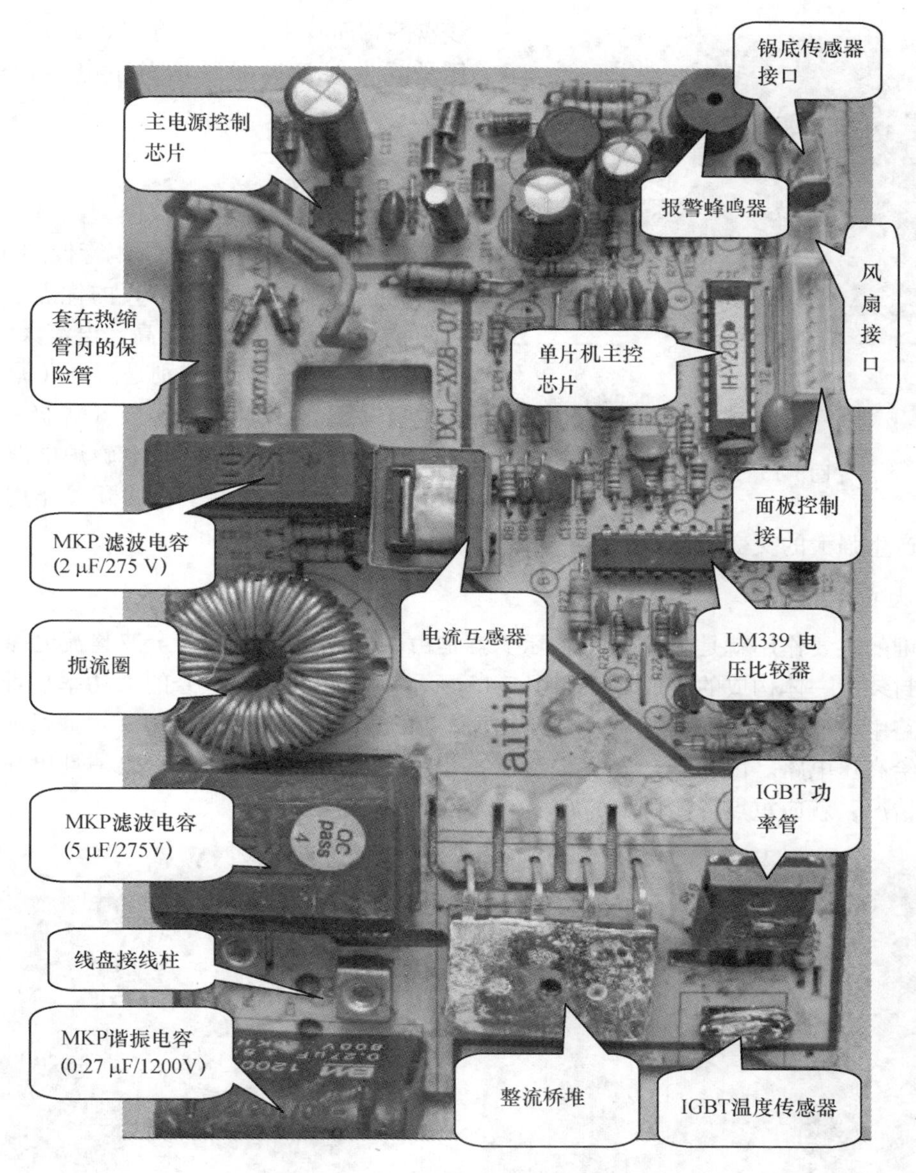

图7-12　典型电磁炉电路板图

二、电磁炉主要器件及作用

1. 加热线盘

加热线盘是电磁炉电路中体积最大的元件，它实际上就是一个用多股漆包线绞合成螺旋状并绕制在绕线支架上呈盘状结构的电感线圈（如图7-13所示）。加热线盘的主要作用就是产生高频强交变磁场，以使锅具产生涡流效益而发热。加热线盘的自身并不产生热量。为了减小损耗，提高效率，加热线盘一般采用多股漆包线绞合绕制而成。在加热

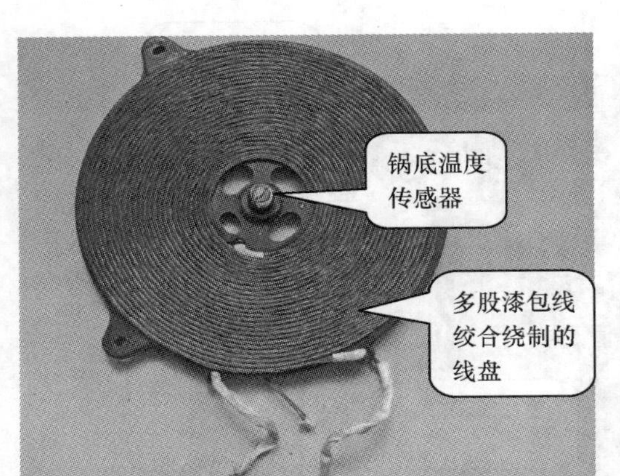

图 7-13　加热线盘

线盘的背面有 4～6 个呈条状的铁氧体，其作用是减少线盘渗漏磁场对主电路板的电磁干扰。

2. IGBT 管

IGBT 管又称绝缘栅双极型晶体管，它相当于把 MOS 管和达林顿晶体管做到了一起，同时集合了 MOSFET 与 GTR 的优点，具有输入阻抗高、速度快、耐压高、电流大等特点。IGBT 管有三个电极，分别是门极（栅极）G、集电极（漏极）C 和发射极（源极）E（如图 7-14 所示）。IGBT 管是电磁炉电路中核心的元件之一，正是由于它的开关作用才使加热线盘产生强大的交变磁场。

3. 大功率桥堆

桥堆的主要作用就是整流，它实际上就是由四个二极管按桥式全波整流电路的形式连接并封装为一体构成的集成块。如图 7-15 所示就是几种不同型号的大功率桥堆。在电磁炉电路中，桥堆将 220 V 市电直接整流成脉动的 300 V 左右的直流电，再通过滤波电容滤波供给高压电路。因为工作在大电流状态下，桥堆是易损坏部件，故一旦出现保险管熔断的情况，就应重点检测桥堆的好坏。

图 7-14　各种型号的 IGBT 功率管

图 7-15　大功率桥堆

4. 高频扼流圈

扼流圈实际上就是一个电感。它是利用电感线圈电抗与频率成正比关系，可扼制高频交流电流，让低频和直流通过的原理制成。电磁炉中所用扼流圈的作用是平滑市电，防止高频电流干扰后级电路。高频扼流圈的结构是将单股或多股漆包线绕制在环状的铁氧体芯上（如图 7-16 所示）。

5. 电流互感器

电磁炉电路中设计有检锅电路，用于检测锅具。当检锅电路出现异常时会导致不加热故障。检锅电路主要有电流互感器检锅和脉冲检锅两种方式。

电流互感器检锅方式的关键元件是电流互感器。如图7-17所示，电流互感器是一种特殊的变压器，其初级只有一匝，次级则有几百到几千匝不等。电流互感器的作用是完成电流的检测：将初级接在220 V输入电路中，则次级可感应出随初级电流大小而同步变化的电压；该电压经整流、滤波和电阻分压后送到CPU相应功能脚上进行检测。当无锅具时，线盘和谐振电容振荡时间长，能量衰减慢，流过初级电流较少，故次级电压就低，CPU判断无锅；当有锅具时，由于有合适材质的锅具的加入，线盘和谐振电容之间的振荡阻尼加大，能量衰减快，故在初级变化的电流大，从而在次级感应出的电压也大，CPU判断有锅。

图7-16　高频扼流圈

图7-17　电流互感器

脉冲检锅方式是采用将IBGT管的C极高压脉冲经电阻分压后送到电压比较器内部的一放大器的反向输入脚，而同向输入脚则由电源经过电阻分压后输入一固定的电压，这样就构成了一个比较器。比较器输出与相位相反的同步脉冲至CPU相应的检测功能脚上。当无锅具时，线盘和谐振电容的振荡时间长，能量衰减长，故在单位时间内，脉冲个数少；当有锅具时，由于锅具的阻尼加入，能量衰减很快，单位时间内脉冲的个数就比无锅具时要多很多，从而在比较器也就输出了同步的脉冲。CPU根据脉冲数量的多少来判断是否有合适材质的锅具。

6. MKP电容

MKP电容的全称是金属化聚丙烯膜电容器（如图7-18所示）。“MKP”是欧洲对薄膜电容的命名，“MK”表示薄膜电容，“P”表示电容的介质是金属化聚丙烯材料（我国国标用“CBB”命名）。MKP电容性能优良，具有绝缘电阻大、介质损耗小、不易击穿的特点，故在电磁炉电路中常用做电网滤波和高压电路300 V平滑滤波及谐振。一般作为滤波的电容参数多为2μf/400 V、4μf/400 V、5μf/400 V、8μf/400 V等几种规格，而作为谐振之用的MKP电容因谐振状态下的工作电压在1000 V左右，故其耐压值要求在1200 V左右。MKP 电容是电磁炉中体积较大的几个元件之一，在电路中起着较重要的作用。当用作滤波的 MKP 电容出现容量变小或开路时会导致不检锅，而用作谐振之用的电容容量变小或开路时会导致烧坏功率组件。

7. LM339 集成电路

电压比较器 LM339 是电磁炉最常用的集成电路之一，其作用主要是完成振荡信号的输出、同步整形、脉宽调制信号（PWM）的形成、检锅脉冲的产生、功率控制电平的形成、温度的控制等。可见，LM339 集成电路在整个电路中的作用非常重要，是电磁炉较重要的核心元件之一。当 LM339 出现问题时，就会导致不检测锅、不加热或烧坏功率组件等各种故障。LM339 内置四个翻转电压为 6 mV 的电压比较器，当电压比较器输入端电压正向（即“+”输入端电压高于“-”输入端电压）时，置于 LM339 内部控制输出端的三极管截止，此时输出端相当于开路；当电压比较器输入端电压反向（即“-”输入端电压高于“+”输入端电压）时，置于 LM339 内部控制输出端的三极管导通，将比较器外部接入输出端的电压拉低，此时输出端为 0。如图 7-19 所示是 LM339 的内部结构图。

图 7-18 MKP 电容

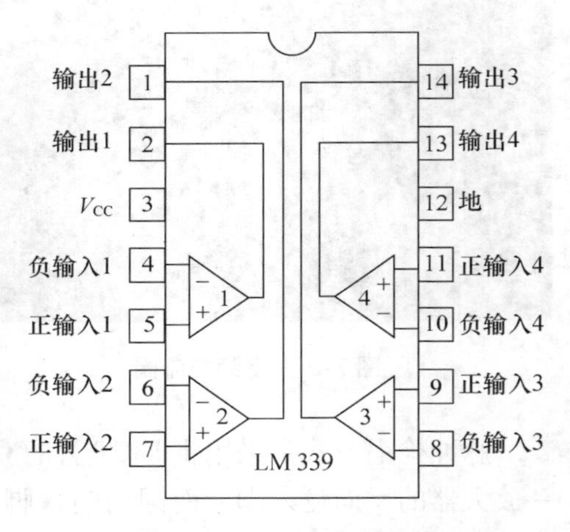

图 7-19 LM339 内部结构

8. 开关稳压电源集成电路

电磁炉整机的电源部分常采用两种方式：串联稳压电源和开关稳压电源，一般多采用开关稳压电源。电磁炉较常采用的开关稳压电源模块是 VIPerX2A 系列产品，它是一块 DIP-8 封装的小功率（7 W）集成电路，在同一块芯片上集成了一个 PWM 控制器和一个高压功率场效应 MOS 晶体管，因此，该电路具有输出稳定、结构简单等优点。

9. 单片机集成电路

电磁炉整机电路的控制是由一块单片机芯片完成的，它是电磁炉控制的核心部件。由图 7-11 可以看出，电磁炉的各个电路部分均受控于单片机。电磁炉的单片机不仅完成对整机电路输入、输出信号的控制，其内部还固化了各种控制程序，以便根据需要发出指令。由于各个生产厂家对写入的软件都加以保密，因此，市场上一般买不到写有程序

的单片机，一旦单片机损坏，就意味着电磁炉电路板报废。

任务训练2　电磁炉的检修

1. 训练目的：掌握电磁炉一般故障的分析和检修技术。

2. 训练内容：

（1）指示灯不亮也不加热故障的分析与检修；

（2）指示灯亮但不加热故障的分析与检修；

（3）不检锅故障的分析与检修；

（4）加热功率不可调故障的分析与检修。

3. 训练方案：分组设置故障进行维修。2个同学组成一个小组，需电磁炉一台；4个小组成一个大组，该大组挑选一名组长；4个小组之间相互设置故障。组长负责组织几个小组的故障设置并组织讨论，完成任务后对每个组员的完成情况进行检查和作出评价。

【注意事项】

1. 在设置故障时，要深刻理解电路图纸，切不可随意将电路的电源部分、高压部分、激励部分开路、短路，否则，有可能导致人为损坏电磁炉。

2. 电磁炉在通电工作状态下，不能用仪表的探头、表笔去触碰同步振荡电路的输入端，以免导致烧坏功率组件。

3. 电磁炉在更换元件后，不要急于接上线盘试机，否则可能烧坏IGBT和保险管，甚至是整流桥。应该在不接线盘的情况下，通电测试各点电压（如5 V、12 V、20 V，有的为18 V、22 V）和驱动电路输出的波形（正常是方波），也可以用数字万用表20 V挡测试（正常电压不断波动）。因为一般电磁炉都有锅具检测，且大概为30 s左右，故要测驱动输出应在开机的30 s内，若看不清楚可关机再开。检测正常后再接上线盘试机即可。

4. 电磁炉的电源是220 V电压直接引入（多数采用开关稳压电源），底板带有市电。在带电检测时，要注意人身安全。

知识链接2　电磁炉的故障检修

一、基本检修程序及方法

1. 询问用户，了解情况

在拆卸机壳之前，维修人员应先搞清用户的使用情况，以便排除是因使用操作不当或锅具不对、市电过低等外界因素造成的机器不能正常工作。

电磁炉是靠电磁感应原理产生热能的，其线盘可以等效成一个变压器的初级线圈，而锅具则可等效成为变压器的次级。因此，电磁炉的锅具必须是导磁良好的软磁材料。常见的几种金属，如铁、铜、铝、不锈钢等，只有铁的导磁较高，但铁易氧化的特性会给使用带来不便。所以，无论哪种单一的金属材料都不适合做电磁炉锅具。电磁炉的锅具是一种以铁做基材的复合型金属。当使用的锅具磁导率达不到要求时，将会导致不检锅。此外，电网电压不稳或太低都会导致电磁炉电路中的电压、电流检测电路保护而使之不能正常工作。需要注意的是，电磁炉的散热通风处被灰尘油污堵塞也会使机内温升

图 7-20　散热通风口

过高而导致保护电路动作。如图 7-20 所示为电磁炉的散热通风口，易聚集灰尘油污。

2. 机壳的拆卸

电磁炉的外壳结构简单，拆卸也较简单。电磁炉的外壳一般是由上盖和下盖组成。其中，上盖由灶台面板和控制面板组成。灶台面板是一种高强度、耐高温的强化陶瓷材料，即微晶玻璃，其特性是在 600℃ 高温下采用冷激法而不破裂；控制面板下方装有控制电路板。电磁炉的下盖一般与主电路板固定在一起，并通过排线和上盖面板电路连接形成整机的电气连接回路。

电磁炉的上、下盖一般用几个螺钉固定（也有的采用螺钉和机壳自带的卡子一起将外壳扣住锁紧），这些螺钉口一般在下盖较明显处。有些螺钉口在下盖的底座引脚处并被泡沫垫盖住，需要将其揭开才可看到。只要将这几个螺钉取下即可打开机壳。如图 7-21 所示为某电磁炉的固定螺钉位置。大多数电磁炉采用十字自攻螺钉，也有的采用内六角或其他较特殊的螺钉。值得注意的是，使用的旋具（螺丝刀）应和所卸螺钉的规格相符，否则极易造成螺钉口滑丝。如图 7-22 所示为两种较特殊的旋具。卸下来的螺钉应妥善保存，以免丢失。取下后盖后的电磁炉如图 7-23 所示。

图 7-21　某电磁炉的固定螺丝位置

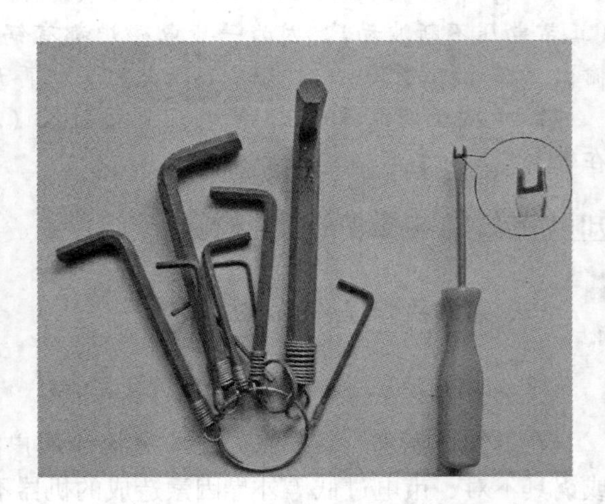
图 7-22　两种较特殊的旋具

3. 开盖后直观法检查

针对发生故障时机器有异响、冒烟、异味等情况，应首先用直观法检查大电流、高电压部分所在电路的阻容元件及半导体器件，例如检查保险管、MKP 电容、大功率电阻等易损坏部件是否完好。若保险管发黑爆裂，则说明电磁炉存在严重短路，功率组件多已损坏，需要更换。如图 7-24 所示为损坏较严重的保险管和 MKP 电容。

图7-23 取下后盖后的电磁炉

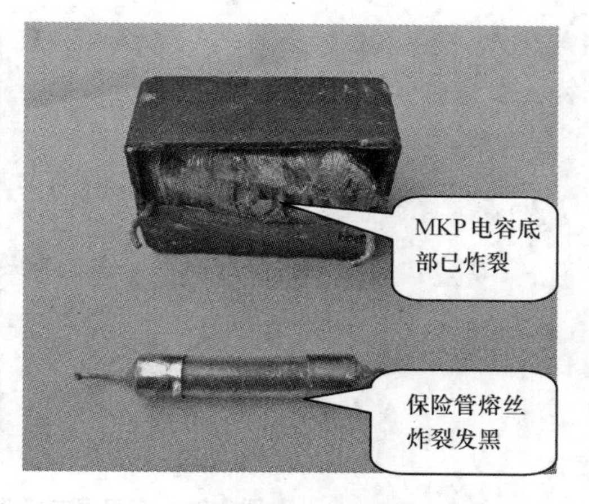

图7-24 爆裂损坏的保险管和MKP电容

4. 电磁炉元件的检测

电磁炉电路板上的电子元件主要由电阻、电容、电感、半导体等器件构成。根据经验，工作在大电流、高电压状态的电子元件是最容易发生故障的。有些看上去已发黑发糊的电子元件实际上并未损坏，而表面光洁崭新的元件可能已被击穿。事实上，大多数损坏的元件光从表面上是看不出来的。也就是说，直观法是不准确、不科学的。实际上，我们常常采用电阻测量法来判断元件的好坏。

（1）电阻测量法检测保险管。保险管是当电流过大时通过烧毁熔断体来保护后级电路的一种一次性保护器件。电磁炉上使用的保险管多为玻璃管状外壳（也有陶瓷外壳的），其熔断体是否熔断通过肉眼也能观察得到。正常的保险管阻值为“0”，损坏后阻值变为无穷大。

（2）电阻测量法检测IGBT管。先将指针万用表置于×1 K挡（数字万用表用“二极管”挡）。电磁炉使用的IGBT管有内含阻尼二极管和不含阻尼二极管两种类型（如图7-25所示）。当检测的是内含阻尼二极管的IGBT管时，正常情况下，指针万用表两表笔正、反测G、E两极及G、C两极电阻均为无穷大；当用表红笔接C极，黑笔接E极，所测阻值在3.5 kΩ左右，表笔反接则阻值为无穷大。当检测的是不含阻尼二极管的IGBT管时，其引脚只有C、E两极之间有50 kΩ左右的单向导通电阻，其余引脚均不导通。如果测得IGBT管三个引脚间电阻均很小，则说明该管已击穿损坏；若测得IGBT管三个引脚间电阻均为无穷大，则说明该管已开路损坏。实际维修中，IGBT管多为击穿损坏。

（3）电阻测量法检测桥堆。如图7-26所示，桥堆有四个引脚，根据其内部二极管的连接关系就可以很容易判断出桥堆是否损坏。由图7-26可以看出，桥堆的1脚和4脚是两对二极管串联后再并联的引出端，故1脚和4脚应呈单向导通；而1脚和3脚、1脚和2脚、2脚和4脚及3脚和4脚内部均是一支二极管连接，故也应呈单向导通关系。综上所述，桥堆的四个引脚除了2脚和3脚之间正、反测量均不导通外，其余引脚均呈单向导通关系，否则，说明桥堆已损坏。

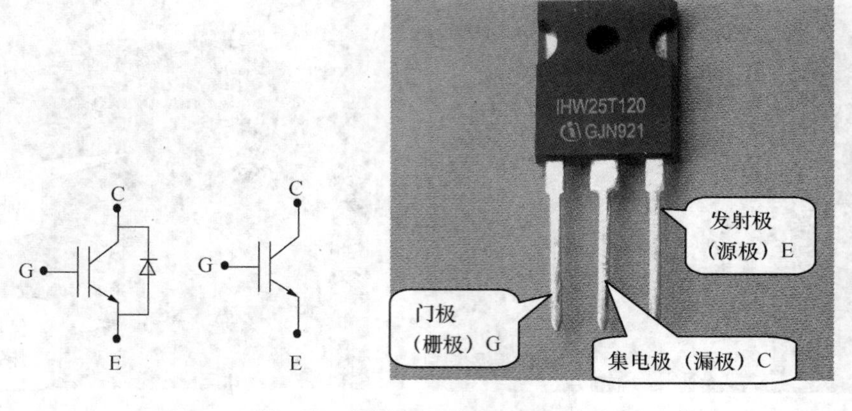

图 7-25　带阻尼二极管和不带阻尼二极管的 IGBT 管

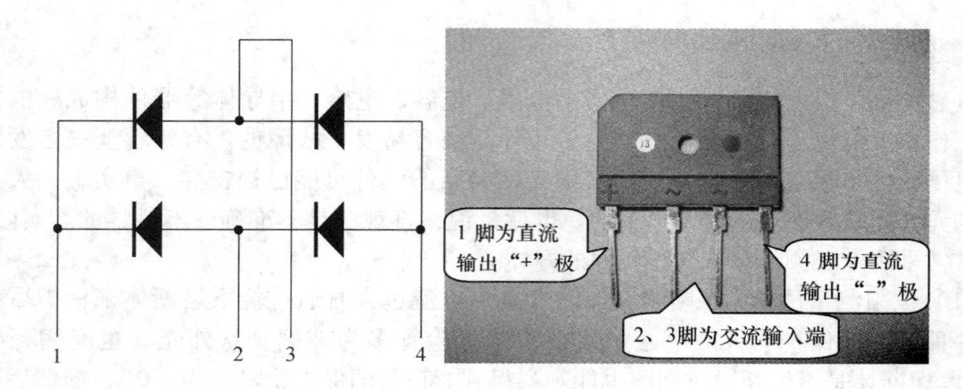

图 7-26　桥堆引脚关系

图 7-27　线盘上的热敏电阻

（4）电阻测量法检测热敏电阻。如图 7-27 所示，电磁炉的温度传感多数采用热敏电阻（也有采用双金属片温控器的）。热敏电阻是一种半导体材料制成的敏感类电阻，当外界温度发生变化时，其电阻值也会随温度的变化而变化。一般电磁炉电路板上会有两个热敏电阻，即锅底温度检测和 IGBT 温度检测。当锅底温度和 IGBT 功率管温度过高时，热敏电阻的电阻值发生变化（电磁炉多采用负温度系数热敏电阻，即温度越高阻值越小），变化的阻值通过电压比较器转换成控制电压，最终控制振荡电路使之停振。热敏电阻的检测非常简单，最好采用指针万用表检测（观察指针的变化比数字显示更加直观）。先在常温下检测其电阻值，一般为 200 kΩ 左右；接着给热敏电阻加温，可以采用手指紧紧捏住电阻体的方法（也可用打火机加温，但注意时间不要太长），

同时，监测其阻值变化。如果有较明显变化，则说明热敏电阻是好的，否则就损坏了。

5. 带电检测

（1）电压测量：测量电压比较器 LM339 的各引脚直流电压值。

首先，在电路板上找出接地线（注意，应是开关稳压电源部分中开关变压器整流滤波输出后的地线），将黑表笔接地线不动，然后用红表笔依次去测各引脚电压值并作记录（注意，红表笔不要打滑，以免短路导致损坏芯片）。完毕后，将记录的数据与参考值作对比检查、分析。当测量某引脚电压偏差较大时，即可怀疑该引脚及外围电路可能有故障。需要注意的是，实际测量值与参考值允许有一定的误差；此外，有些电压测量点分为静态测量和动态测量，该点的电压值在静态和动态下数值是不同的。

（2）电流测量：电磁炉因过流而烧毁功率组件是较常见的故障，可以采用监测电流的方法来判断电路是否有短路或过载。

（3）波形测量：需要注意的是，由于电磁炉的高压电路工作在振荡状态，尤其是谐振部分的电压峰峰值高达上千伏左右，故直接用示波器探头测量这部分电路的高频振荡波形有可能导致同步失调而烧坏功率组件。因此，要观察这部分的波形可采用间接法测量：在不加锅具的情况下接通电源（一般电磁炉都有大概 30 s 左右进行锅具检测，此时会有振荡信号输出），然后将示波器探头放在炉盘线圈上，即可观察到波形（如图 7-28 所示）。

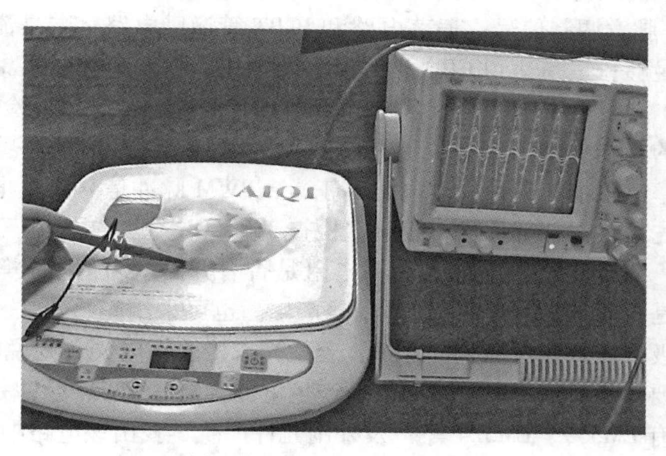

图 7-28 观察炉盘线圈波形

6. 修复后通电前的准备工作

更换元件后，不要急于通电试机，以防止烧坏功率组件。应将主电路与控制电路分开，测量电源电压各组输出和振荡激励信号的波形是否正常，再通电试机。也可采用较简单的方法，即自制一个维修插座（如图 7-29 所示），然后将电磁炉插于维修插座上，接通电源，加锅。此时有以下几种情况。

（1）若灯泡暗红，且开启电磁炉电源后灯泡一亮一暗地闪烁（适用于通电后待机指示灯亮机型），或开启电磁炉电源后灯泡一亮即暗，重开电源也是一亮即暗（适用于通电后待机指示灯不亮机型），则表明电磁炉基本正常了。

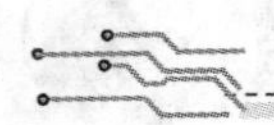

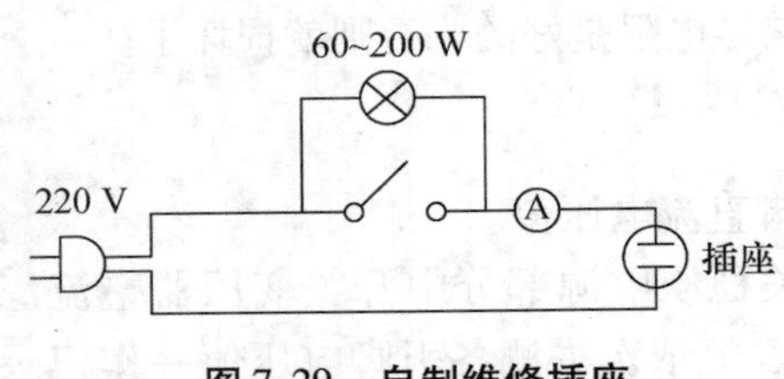

图 7-29 自制维修插座

(2) 若灯泡很亮，则表明 IGBT 管完全导通。此时，若拆除灯泡通电工作，必烧 IGBT 管。应主要查修驱动、谐振电容、高压整流等电路。

(3) 若灯泡暗红，且开启电磁炉电源后灯泡亮度不变，则应主要查修面板控制单片机供电副电源等电路。

二、电磁炉常见故障检修

电磁炉出现故障时，其 LED 显示屏一般会显示故障代码，维修人员可以根据厂商提供的维修手册查找故障点。由于目前市场上电磁炉品牌较多，各个厂家的故障代码所代表的故障含义均有所不同。例如显示的故障代码同样是“E2”，格兰士电磁炉表示电源过压（250 V），美的电磁炉表示主传感器坏，苏泊尔电磁炉表示 IGBT 功率管过热保护，奔腾电磁炉表示主传感器短路。此外，尽管这些故障代码为维修带来了便捷，但是有时并不十分准确，而且它有时只能给出一个大致的故障范围，因此，最终还是需要维修人员通过深刻的理论分析和动手实践去找出具体的故障范围。

1. 故障现象：指示灯亮，但不检锅

满足正常检锅的条件有三个：一是加入 IGBT 管 G 极的探测电压要足够，而影响该信号的电路有 PWM 脉宽调制信号、振荡电路和 IGBT 管激励电路；二是流过电流互感器的探测电流电流要足够；三是达到 CPU 相关引脚的电压。检锅电路的反馈信号最终都要送入 CPU（单片机）中进行检测，当中哪一个环节出了问题都会导致不检锅。

不检锅故障的易损部件通常有以下几个：300 VMKP 滤波电容不良造成主电压过低，同步电路的大功率电阻损坏导致检测电路不正常，PWM 脉冲信号产生电路失常导致不检锅。检修时，首先对易损坏部件进行粗测：检查 300 VMKP 滤波电容是否有鼓包、断脚或容量减少等故障，测量同步电路的大功率电阻是否有开路、阻值增大等故障。然后，用示波器检查电路是否有正常的 PWM 脉冲信号产生。也可采用简易方法：用一小型变压器初级接一发光二极管放置在炉面上，开机，若发光二极管有闪光，则说明有 PWM 脉冲信号产生，否则，要重点检查 PWM 脉冲信号产生电路。通常 PWM 脉冲是由一个集成电压比较器（常用的有 LM339、LM324 等）及外围元件产生，找出该电路中 PWM 脉冲信号的输入、输出端进行检测。此外，还应重点检查振荡、IGBT 管激励等电路。

2. 故障现象：加热功率不可调

引起加热功率不可调故障的情况有如下几种：可调电阻损坏，电流互感器损坏，主控 CPU 损坏。电磁炉电路板上一般都装有用于功率调整的可调电阻，首先检测该电阻是否接触不良或损坏；然后检测电流互感器是否损坏，通常电流互感器初级电阻为 0，次级电阻在几十欧姆左右。当以上电路均正常时，则有可能是主控 CPU 损坏。

3. 故障现象：频繁出现间歇暂停加热现象

引起频繁出现间歇暂停加热现象故障的情况有如下几种：输入电源电路滤波不良造成浪涌电压监测电路动作，电流检测取样电路故障，稳压电源输出电压不稳。

首先测量整机高压供电电路对地+300 V左右电压是否正常，若不正常，则有可能是MKP滤波电容不良等故障引起的；若正常，再测低压供电电路+18 V、+5 V电压是否均正常，若不正常，则检查电源电路。若以上两项均正常，则检测电压比较器各脚对地电压是否正常，若不正常，则要重点检查电压比较器及外围电路；若正常，则要检测电网电压检测电路的取样电路电压是否正常。

4. 故障现象：烧保险管

保险管熔断后，整机表现为无任何反应。电流容量为15 A的保险管一般自然烧断的概率极低，一般是由于过电流才会烧毁。通常保险管熔断伴随的是IGBT管和桥堆等其他元件的击穿，所以发现烧保险管故障后，必须在换入新的保险管后对电路的其他部分作检查。IGBT管和桥堆损坏主要有过流击穿和过压击穿，而同步电路、振荡电路、IGBT激励电路、浪涌电压监测电路、VCE检测电路、主回路不良和单片机（CPU）死机等都可能是造成烧机的原因。

检修时，首先采用电阻法对电路中的易损部件进行粗测，包括检查IGBT管和桥堆是否击穿；IGBT激励管是否击穿（有的采用集成电路）；测量电流互感器是否断脚；IGBT处热敏开关绝缘保护是否损坏。然后断开主回路电路，测量电压比较器和单片机的各引脚电压，检查是否有损坏。最后，更换损坏元件，接上维修插座，置锅，通电试机。

【任务检查】

任务检查单	任务名称	姓　名	学　号
检　查　人	检查开始时间	检查结束时间	

检查内容		是	否
1. 电磁炉的拆装	（1）按正确步骤拆卸电磁炉		
	（2）按正确步骤安装电磁炉		
	（3）正确识别检测电磁炉电路板上各种元器件		
2. 电磁炉的维修	（1）正确分析电磁炉各电路组成部分和工作原理		
	（2）正确测量电磁炉各关键点电压、电流和波形		
	（3）正确掌握电磁炉检修的一般步骤		
	（4）运用各种检修方法和技巧进行故障分析和判断		
3. 安全文明操作	（1）注意用电安全，遵守操作规程		
	（2）遵守劳动纪律，注意培养一丝不苟的敬业精神		
	（3）保持工位清洁，整理好仪器仪表		

项目8 电工基本技能训练

项目分析

当今时代，电早已成为人类生产生活的必需品，家庭用电设备越来越多。很难想象，如果没有了电，人们的生活方式将发生怎样的改变。本项目将着重介绍电工常用工具的使用，导电材料、导线绝缘层的剖削，导线的连接以及导线绝缘层的恢复等内容，让大家掌握电工的一些基本技能，以帮助我们解决日常生活中一些常见的用电问题。

情景设计

场景布置：教室里，教师在每一个实验台上放一套电工工具和一些电线电缆。

教师讲述：工作台上放着的是最基本的电工工具，这些工具大部分是我们日常生活中都接触用到过的。但是，我们在使用这些工具时的方法是否正确，动作是否规范，大家就不一定了解了。我们将在下面的内容中进行实操演练学习。

媒体播放：展示一些电工操作的图片并介绍电工技能的发展情况。播放电工作业人员一些常识和安全要领，介绍电工作业人员的一些基本条件，演示一些工具的使用方法。

任务8.1 常用电工工具的使用

【任务目的】

1. 熟悉常用电工工具的型号、规格。
2. 掌握常用电工工具的使用方法。

【任务内容】

1. 常用电工工具的使用。
2. 常用电工工具的维护。

任务训练 常用电工工具的使用

1. 训练目的：掌握常用电工工具的正确使用方法。
2. 训练内容：

（1）螺丝刀、钢丝钳、尖嘴钳、电工刀、剥线钳等电工工具的使用；

（2）榔头、锉刀、钢锯、活络扳手、套筒扳手、踏板等电工工具的使用。

3. 训练方案：2 个学生组成一个小组，5 个小组挑选一名组长，每个学生均要单独完成各种常用电工工具的使用。组长对组员使用常用电工工具的情况进行检查并组织讨论，完成任务评价。

【注意事项】

1. 螺丝刀带电操作时手不能接触金属杆。

2. 尖嘴钳不能用于剪切钢丝。

3. 电工刀不能用于带电作业。

4. 剥线钳的线径口要选择合适。

知识链接　常用电工工具的使用

电工工具的种类较多，常用的有螺丝刀、钢丝钳、尖嘴钳、电工刀、剥线钳等（如图 8-1 所示）。此外，常见的电工工具还有榔头、锉刀、钻床、铝绞线压接钳、冲击钻、管子钳、梯子、踏板、钢锯、活络扳手、套筒扳手、高压绝缘棒和高压验电器等。

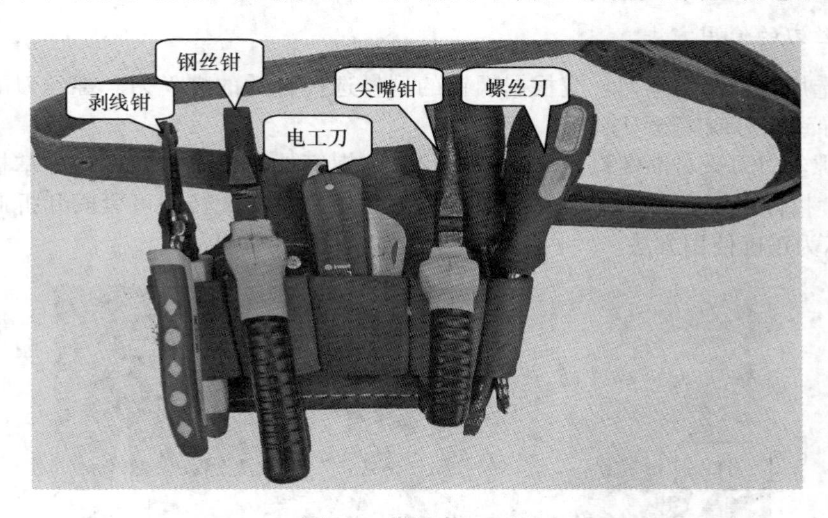

图 8-1　常用电工工具

一、螺丝刀

螺丝刀又称螺钉旋具，俗称起子、改锥等，主要用来紧固或拆卸螺钉。如图 8-2 所示，螺丝刀由绝缘手柄、螺丝杆和型口组成。螺丝刀的式样和规格很多，按手柄所用材料不同可分为木柄和塑料柄两种；按刀头形状不同又可分为“一”字形和“十”字形两种。“一”字形螺丝刀主要用来紧固或拆卸带“一”字槽的螺钉，其规格用手柄以外的刀体长度来表示，常用的有 50 mm、100 mm、150 mm、200 mm 等规格。“十”字形螺丝刀专供紧固或拆卸“十”字槽螺钉，常用的规格有 4 种：Ⅰ号适用于螺钉直径为 2.0～2.5 mm 的螺钉；Ⅱ号适用于直径 3.0～5.0 mm 的螺钉；Ⅲ适用于直径 6.0～8.0 mm 的螺钉；Ⅳ号适用于直径 10.0～12.0 mm 的螺钉。除“一”字形和“十”字形螺丝刀外，常用的还有多用螺丝刀。多用螺丝刀是一种组合工具，手柄和刀体可以拆卸，手柄一般采用塑料制成，刀体有多种规格。

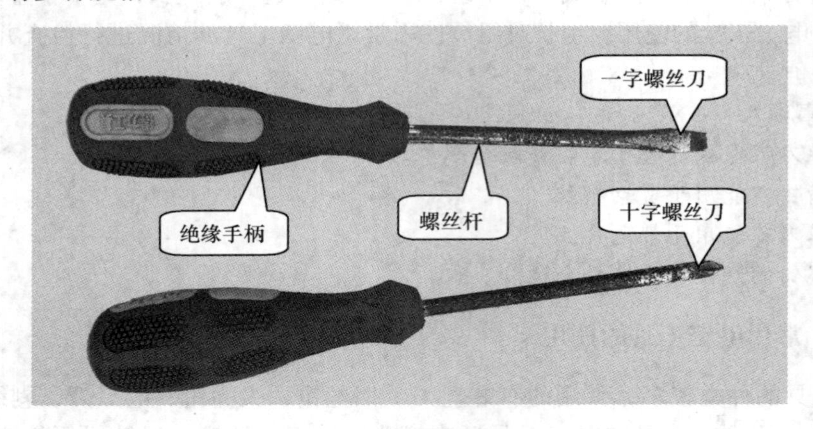

图 8-2　螺丝刀

1. 螺丝刀的使用方法

（1）选用合适的螺丝刀。应根据螺钉的型号选择合适的螺丝刀。螺丝刀的规格选择错误容易导致螺钉或螺丝刀损坏。

（2）螺丝刀刀头对准螺钉尾端，使螺丝刀与螺钉处于一条直线上，手掌根部抵住刀柄端部，食指伸出放在刀柄上，其余四指握紧刀柄，左右旋转即可紧固和拆卸螺钉，如图 8-3 所示为正确使用方法。

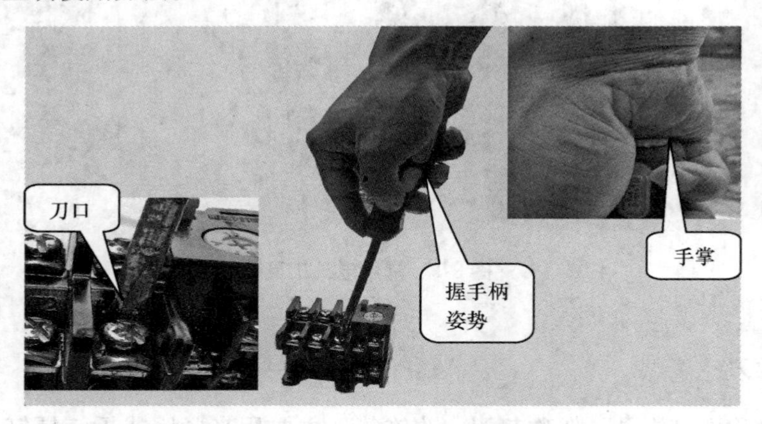

图 8-3　螺丝刀的正确使用方法

2. 螺丝刀的使用要领

（1）螺丝刀的刀柄应该保持干燥、清洁，绝缘部分无破损。

（2）为避免旋具的金属杆触及皮肤或临近带电体，应在金属杆上套绝缘套管。

（3）在紧固或拆卸带电螺钉时，手和人体不得触及螺丝刀金属杆。

（4）不得用锤子或其他工具敲击螺丝刀的手柄，或当做錾子使用。

（5）固定电气元件时，螺丝刀的转动要及时停止，防止螺钉的螺帽部分压坏电气元件。

二、钢丝钳

钢丝钳是用于夹持物件或剪断金属薄片、金属丝的工具，由钳头和钳柄两部分组成（如图 8-4 所示）。电工用钢丝钳的柄部套有绝缘管（耐压 500 V 以上）。钢丝钳的不同部位有不同的用途：钳口用来弯绞或钳夹导线线头，齿口用来紧固或松动螺母，切口用来剪切导线或剖削导线绝缘层，铡口用来铡切导线线芯、钢丝等较硬金属。钢丝钳的规格以其长度来表示，常用的规格有 150 mm、175 mm、200 mm 等。

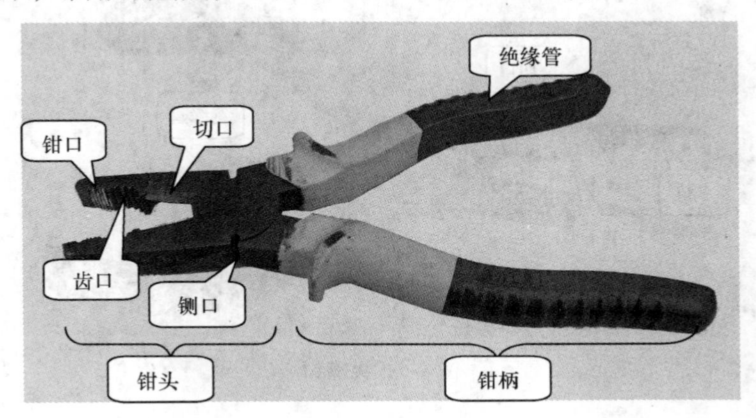

图 8-4　钢丝钳

1. 钢丝钳的使用方法

钢丝钳是根据其钳头各部分的作用来选择使用的，使用方法简单，主要是掌握其正确的握法。如图 8-5 所示为钢丝钳的正确握法。

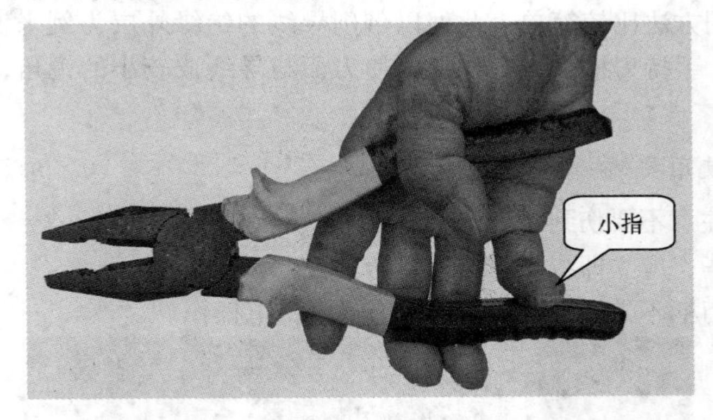

图 8-5　钢丝钳的正确握法

2. 钢丝钳的使用要领

（1）钳柄上的绝缘套管要保持完好，使用时不得靠近钳头金属部分。

（2）在使用过程中不得任意敲打，以避免变形和损坏。

（3）轴销处应经常加润滑油，以保证使用灵活。

（4）不能在剪切导线或金属丝时，用锤或其他工具敲击钳头部分。

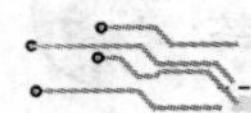

三、尖嘴钳

尖嘴钳的头部尖细（如图 8-6 所示），适合在狭小的工作空间操作，主要用于夹持较小物件（如小螺钉、垫圈、导线等元件），也可用于弯绞导线，剪切较细导线和其他较柔软的金属丝。常用的尖嘴钳按其全长分为 130 mm、160 mm、180 mm、200 mm 等几种规格，其使用方法和使用注意事项与钢丝钳相同。

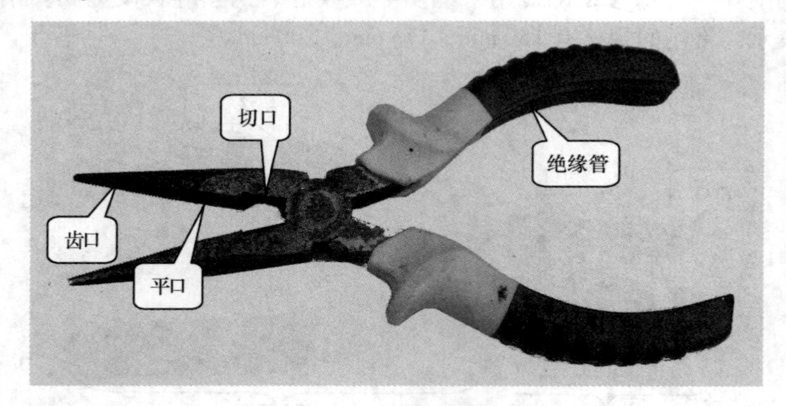

图 8-6　尖嘴钳

四、电工刀

电工刀主要用于剖削导线的绝缘外层、制作木楔等（如图 8-7 所示）。有的电工刀还带有手锯和尖锥，可用于电工器材的切割和扎孔。

1. 电工刀的使用方法

电工刀的使用方法比较简单，此处以剖削导线的绝缘外层为例来说明电工刀的使用方法。打开刀身，手持刀柄，刀口向外，使刀面与导线成较小的锐角，刀面贴在导线上进行切削。

2. 电工刀的使用要领

（1）使用时注意不要伤到手。

（2）使用完毕，应立即将刀身折进刀柄。

（3）电工刀刀柄不带绝缘装置，故不能进行带电操作。

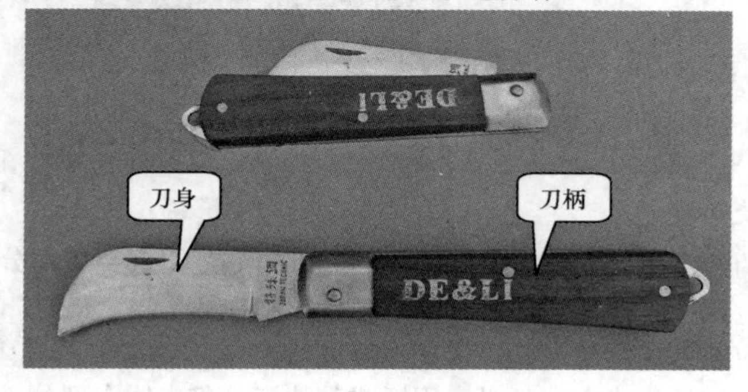

图 8-7　电工刀

五、剥线钳

剥线钳是内线电工、电动机修理、仪器仪表电工常用的工具之一。它是由刀口、压线口和钳柄组成，如图 8-8 所示为常见的剥线钳的一种。剥线钳适宜用于塑料、橡胶绝缘电线、电缆芯线的剥皮。

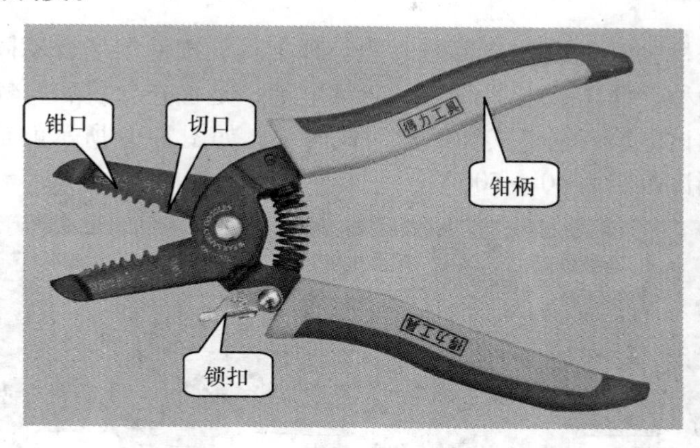

图 8-8　剥线钳

1. 剥线钳的使用方法

剥线钳的使用方法十分简便。首先打开锁扣，确定要剥削的绝缘长度后，即可把导线放入相应的切口中（直径 0.5 ～3 mm），用手将钳柄握紧，导线的绝缘层即被拉断；然后向外用力即可拉出端头的绝缘层（如图8-9 所示）。另外，剥线钳可以剪断较软的导线。

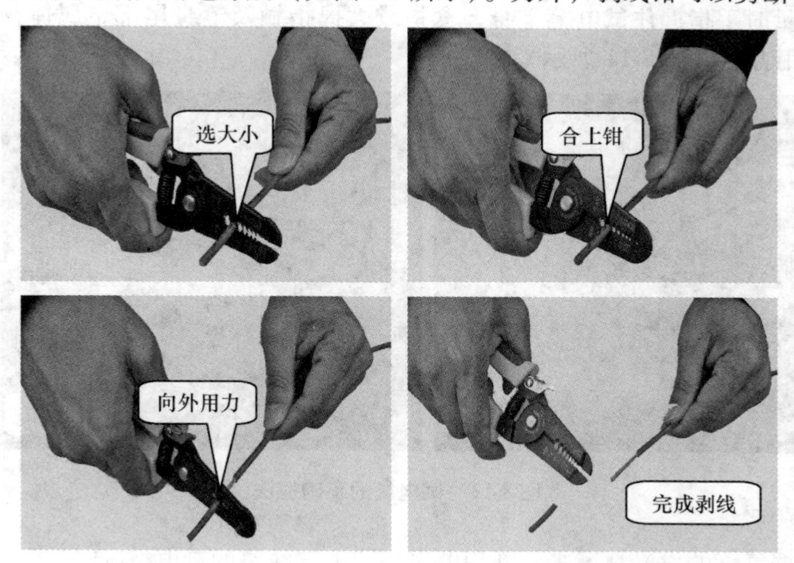

图 8-9　剥线钳的使用

2. 剥线钳的使用要领

（1）使用剥线钳剥削导线绝缘层时，要选择好相应的口径，以免损伤导线线芯。

（2）剥线钳不能用于剪断钢丝等较硬的导线。

（3）剥线钳的钳柄上套有额定工作电压500 V的绝缘套管，故只能用于500 V以下的电路工作。

六、低压验电器

验电器是用来检验电气设备是否带电的一种工具。按使用场合不同，验电器可分为高压型和低压型两种。低压验电器通常又叫试电笔，是检查导线和电气设备是否带电的常用工具。常用的试电笔有钢笔式和螺丝刀式两种，如图8-10所示就是螺丝刀式试电笔的结构，其电压测试范围为60～500 V。

图8-10　螺丝刀式试电笔的结构

1. 试电笔的使用方法

（1）测量时手指握住试电笔笔身，食指或大拇指触及笔身尾部金属体，试电笔的小窗口朝向使用者（如图8-11所示）。

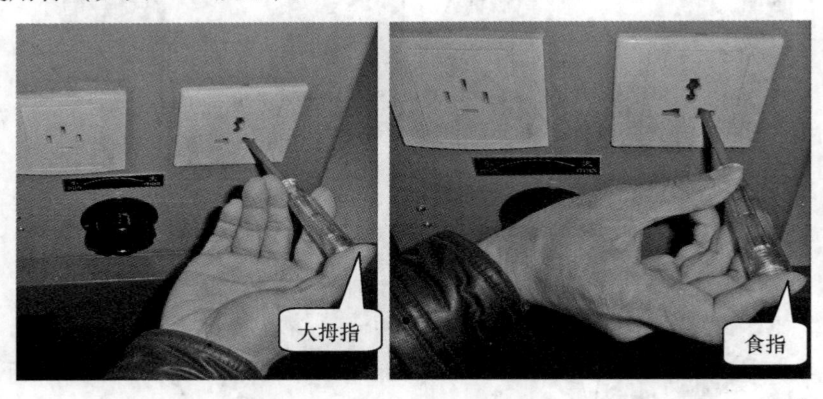

图8-11　试电笔的正确握法

（2）根据氖管的发光情况来判断用电设备或电气线路的带电情况。

① 试电笔可用来区分相线和零线。接触时氖管发亮的是相线（火线），不亮的是零线。

② 试电笔也可用来判断电压的高低。氖管越暗，则表明电压越低；氖管越亮，则表明电压越高。当出现两孔均不亮时，则说明有可能插座相线断开或电网无电；当出现两孔均发亮时，则说明插座零线断开或电网零线断开。

③ 当用试电笔触及电机、变压器等电气设备外壳时，如果氖管发亮，则说明该设备相线有漏电现象。

④ 当用试电笔测量三相三线制电路时，如果两根很亮而另一根不亮，则说明这一相有接地现象；在三相四线制电路中，如果发生单相接地时，用试电笔测量中性线，氖管也会发亮。

⑤ 用试电笔测量直流电路时，把试电笔连接在直流电的正、负极，氖管里两个电极只有一个发亮。氖管发亮的一端为直流电的正极。

2. 试电笔的使用要领

（1）使用试电笔之前，首先要检查试电笔里有无安全（限流）电阻，再直观检查试电笔是否有损坏，有无受潮或进水，检查合格后才能使用。

（2）使用试电笔时，不能用手触及试电笔前端的金属探头，这样做会造成人身触电事故。

（3）使用试电笔时，一定要用手触及试电笔尾端的金属部分，否则，因带电体、试电笔、人体与大地没有形成回路，试电笔中的氖泡不会发光，从而造成误判，认为带电体不带电，这是十分危险的。

（4）在测量电气设备是否带电之前，先要找一个已知电源测一测试电笔的氖泡能否正常发光。能正常发光，才能使用。

（5）在明亮的光线下测试带电体时，应特别注意试电笔的氖泡是否真的发光（或不发光），必要时可用另一只手遮挡光线仔细判别。千万不要造成误判，将氖泡发光判断为不发光，而将有电判断为无电。

（6）低压验电器笔尖与螺钉旋具形状相似，但其承受的扭矩很小，因此，应尽量避免用其安装或拆卸电气设备，以防受损。

七、活络扳手

活络扳手是用来紧固或旋松螺母的一种专用工具，由呆扳唇、活扳唇、涡轮、轴销和手柄等基本结构组成。如图8-12所示为常见的活络扳手。

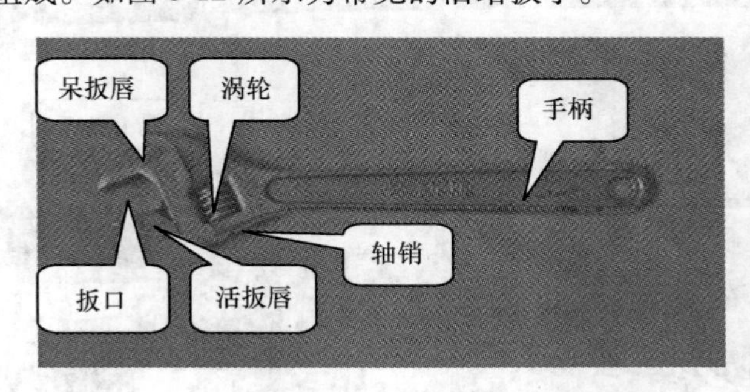

图8-12　活络扳手

1. 活络扳手的使用方法

（1）根据螺母大小调节扳口的大小。

（2）扳动小螺母时，用手握住呆扳唇的位置，以便调节扳口大小；扳动大螺母时，手应握住手柄靠端部的位置，以便用力。如图 8-13 所示为活络扳手的正确握法。

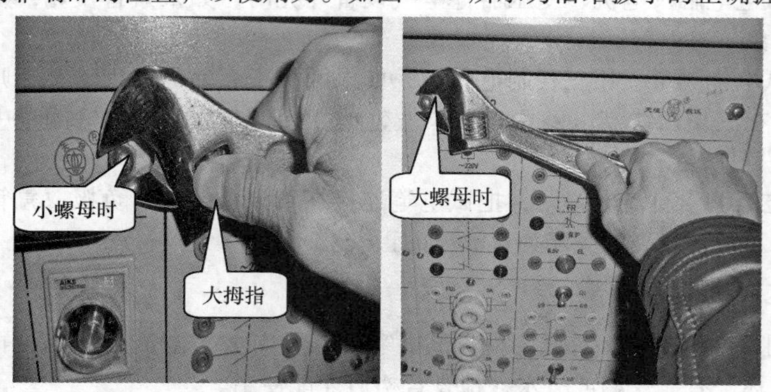

图 8-13 活络扳手的正确握法

2. 活络扳手的使用要领

（1）扳动小螺母时，因需要不断地转动涡轮，调节扳口的大小，所以手应握在靠近呆扳唇，并用大拇指调制涡轮，以适应螺母的大小。

（2）活络扳手的扳口夹持螺母时，呆扳唇在上，活扳唇在下，切不可反过来使用，以免损坏活扳唇。

（3）扳动生锈的螺母时，可先在螺母上滴几滴煤油或润滑油。

（4）扳不动时，切不可采用钢管套在活络扳手的手柄上来增加扭力，否则容易损伤活扳唇。

（5）不得把活络扳手当锤子用。

八、液压钳

液压钳主要用于电力电缆导线连接用，其中常用的是油压式液压钳。油压式液压钳主要用于压铜、铝接线端子与连接管的连接，可将接头和导线可靠地连接在一起。

液压钳主要由油箱、动力机构、换向阀和泵油机构组成，外形如图 8-14 所示。

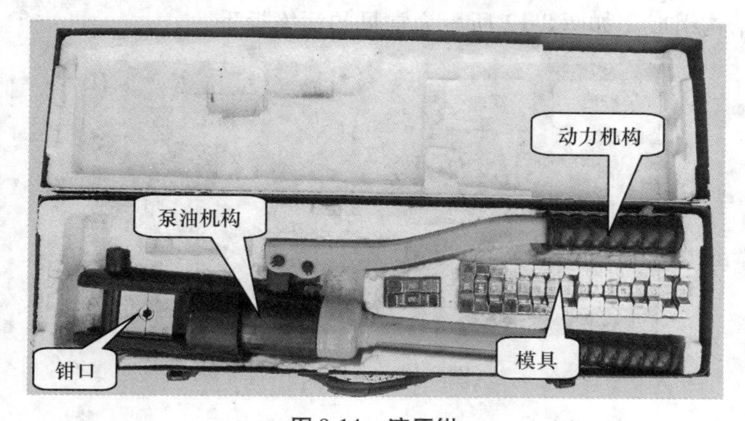

图 8-14 液压钳

1. 液压钳的使用方法

液压钳使用的具体步骤如图 8-15 所示。

（1）将准备工作做好，把需要压接的导线和接头处理好，把对应的液压钳的模具找好。

（2）合上换向阀，将需要压接的导线插入压接口中，用力分合手柄，压接到不能移动为止。

（3）打开换向阀，取下压接好的导线接头。

2. 液压钳的使用要领

（1）导线头和线鼻子要处理好，液压钳的模具选择要正确。

（2）压接时要用力均匀，不要用力过猛。

（3）取下压接的导线前，必须先打开换向阀。

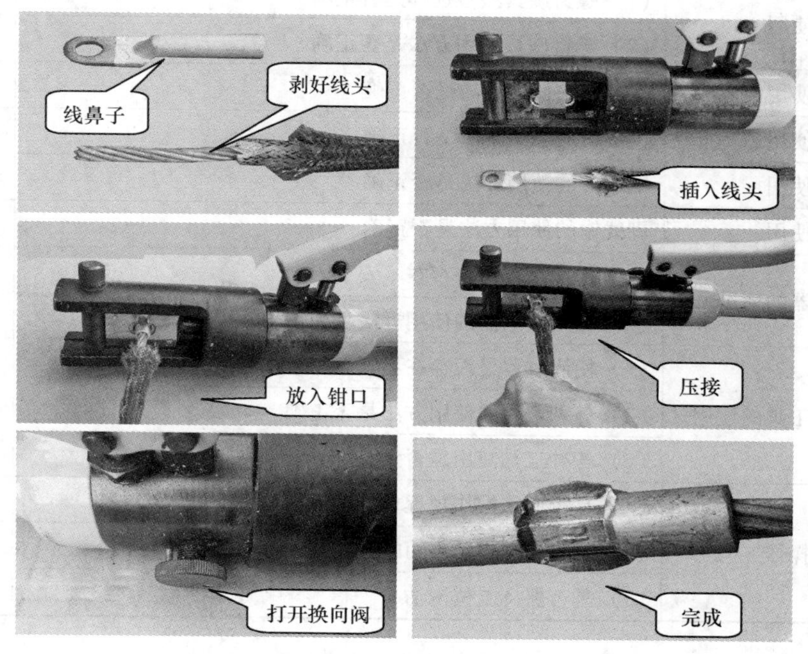

图 8-15　液压钳的使用

九、其他电工工具

除了以上介绍的电工工具，还有榔头、锉刀、钻床、冲击钻、脚踏板、钢锯（手锯）等常用的电工工具（如图 8-16 所示）。

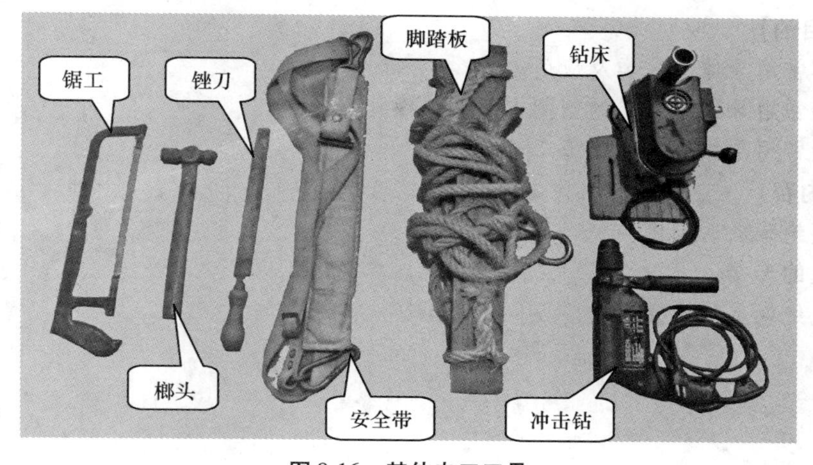

图 8-16　其他电工工具

【任务检查】

<table>
<tr><td rowspan="2">任务检查单</td><td>任务名称</td><td>姓　名</td><td colspan="2">学　号</td></tr>
<tr><td></td><td></td><td colspan="2"></td></tr>
<tr><td>检　查　人</td><td>检查开始时间</td><td colspan="3">检查结束时间</td></tr>
<tr><td></td><td></td><td colspan="3"></td></tr>
<tr><td colspan="3">检查内容</td><td>是</td><td>否</td></tr>
<tr><td rowspan="2">1. 螺丝刀的使用</td><td colspan="2">（1）螺钉旋具型号选择是否正确</td><td></td><td></td></tr>
<tr><td colspan="2">（2）螺钉旋具使用方法是否正确</td><td></td><td></td></tr>
<tr><td>2. 钢丝钳的使用</td><td colspan="2">钢丝钳的使用方法是否正确</td><td></td><td></td></tr>
<tr><td>3. 尖嘴钳的使用</td><td colspan="2">尖嘴钳的使用方法是否正确</td><td></td><td></td></tr>
<tr><td>4. 电工刀的使用</td><td colspan="2">电工刀的使用方法是否正确</td><td></td><td></td></tr>
<tr><td>5. 剥线钳的使用</td><td colspan="2">剥线钳的使用方法是否正确</td><td></td><td></td></tr>
<tr><td rowspan="2">6. 低压验电器的使用</td><td colspan="2">（1）使用过程是否存在不安全因素</td><td></td><td></td></tr>
<tr><td colspan="2">（2）低压验电器的使用方法是否正确</td><td></td><td></td></tr>
<tr><td rowspan="3">7. 其他电工工具的使用</td><td colspan="2">（1）使用过程是否存在不安全因素</td><td></td><td></td></tr>
<tr><td colspan="2">（2）各种工具的使用方法是否正确</td><td></td><td></td></tr>
<tr><td colspan="2">（3）各种工具使用是否熟练</td><td></td><td></td></tr>
<tr><td rowspan="3">8. 安全文明操作</td><td colspan="2">（1）是否遵守操作规程、劳动纪律</td><td></td><td></td></tr>
<tr><td colspan="2">（2）是否具有一丝不苟的敬业精神</td><td></td><td></td></tr>
<tr><td colspan="2">（3）是否保持工位清洁</td><td></td><td></td></tr>
</table>

任务8.2　导线线头加工

【任务目的】

1. 了解常用导体的分类及应用。
2. 掌握常用导线绝缘层的剖削方法和绝缘处理方法。
3. 掌握常用导体线头的加工工艺。

【任务内容】

1. 导线绝缘层的剖削。
2. 导线的连接。
3. 导线绝缘层的恢复。

任务训练　导线绝缘层的剖削、连接和恢复

1. 训练目的：

（1）掌握常用电工材料特性、用途、选择和使用；

（2）掌握导线剖削和可靠连接的基本方法；

（3）掌握各种导线绝缘层的恢复方法。

2. 训练内容：

（1）常用电工材料的识别；

（2）电磁线绝缘层的剖削；

（3）电力线绝缘层的剖削；

（4）铜芯导线线头的连接；

（5）铝芯导线线头的连接；

（6）电磁线绝缘层的恢复；

（7）电力线绝缘层的恢复。

3. 训练方案：2 个学生组成一个小组，每 5 个小组挑选一名组长，每个学生单独完成常用电工材料的识别、电线绝缘层的剖削、绝缘层的恢复。组长负责组织对组员操作情况的检查并组织讨论，完成任务后对每个组员的情况做出评价。

【注意事项】

1. 使用电工刀等工具时注意不要伤到人。
2. 钢丝钳不能当做榔头使用。
3. 绝缘带平时不可放在温度很高的地方，也不可浸染油类。
4. 连接时不要伤到芯线，导线连接头电气性能和机械强度性能均要可靠。

知识链接　导线线头加工工艺

一、导线的分类与应用

电工用的导线可以分成两大类，电磁线和电力线。电磁线用来制作各种电感线圈，如变压器、电动机等所用的绕组或线包；电力线用来作为各种电路中电器的连接。

1. 电力线

电力线可分为绝缘导线和裸导线两类。绝缘导线按不同材料和不同用途又可分为塑料线、塑料护套线、橡皮线、棉纱编制橡皮软线（即花线）、橡套软线、铅包线及各种电缆等。如图 8-17 所示为常见的部分绝缘导线。

2. 电磁线

电磁线是指专用于电能与磁能相互转换的带有绝缘层的导线，如图 8-18 所示为常见的电磁线。常用于电机电器、电工仪表中作绕组或元件的绝缘导线，按它们使用的绝缘材料不同分为漆包线、绕包线、无机绝缘线等。

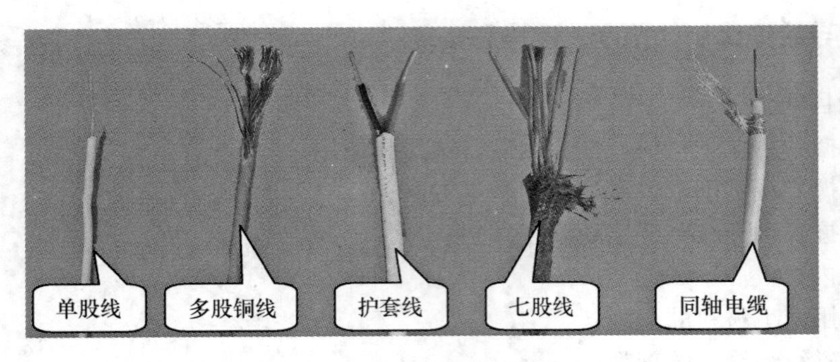

图 8-17　常见的部分绝缘导线

图 8-18　电磁线

（1）漆包线。漆包线的表面涂有漆膜做保护层，漆膜薄而牢固，均匀光滑。漆包线主要用于制造中小型电机、变压器、电器线圈等。漆包线根据它们使用的漆和截面形状不同而不同。

（2）绕包线。绕包线是指用绝缘物（如绝缘纸、玻璃丝或合成树脂等）绕包在裸导线芯（或漆包线芯）上形成绝缘层的电磁线，绕包好后的绕包线经过浸漆处理，成为组合绝缘。绕包线具有绝缘层厚、电气性能优良、过载力强等特点，常用于大中型耐高温的设备中。

（3）无机绝缘电磁线。无机绝缘电磁线有铜质和铝质两种，形状各异，其优点在于耐高温、耐辐射等。YMLB 型氧化膜扁铝线耐温可达 250℃以上，常用于高温制动器线圈等。

二、导线绝缘层的去除

线头要进行连接，就要去除线头的绝缘层。导线线头的连接处要具有良好的导电性能，不能因连接而产生明显的接触电阻，否则通电后，连接处要发热。因此，线头绝缘层要清除干净，以使线头与线头之间有良好的接触。

1. 电力线线头的剥削

（1）塑料硬线绝缘层的剥削。剥线除了剥线钳之外，有时还要用到电工刀和钢丝钳。

用钢丝钳剥绝缘层的方法，适用于芯线截面小于 4 mm^2 的塑料线。具体操作方法为：根据线头所需长度，用钳头刀口轻切塑料层（注意：不可切入芯线）；然后右手握住钳子头部用力向外勒去塑料层；与此同时，左手把紧电线反向用力配合动作（如图 8-19 所示）。

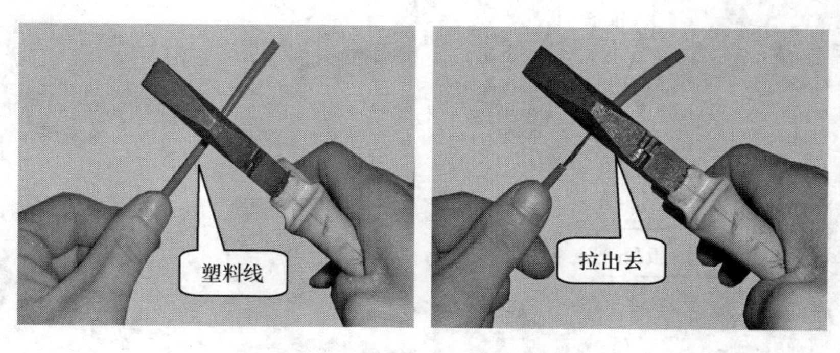

图 8-19 钢丝钳剥削绝缘层

规格较大的塑料线，可用电工刀来剥削绝缘层。具体操作方法是：根据所需的线端长度，用刀口以 45°倾斜角切入塑料层（不可切入线芯）；保持 15°角左右，用力向外削出一条缺口；然后将绝缘层剥离芯线，向后扳翻，用电工刀切去剥离的绝缘层即可，如图 8-20 所示。

（2）塑料软线绝缘层的剥削。塑料软线绝缘层要用剥线钳或钢丝钳剥离，不可用电工刀剥离，因为电工刀容易切断线芯。剥线钳的使用方法可参见图 8-9，钢丝钳的剥削方法如图 8-20 所示。

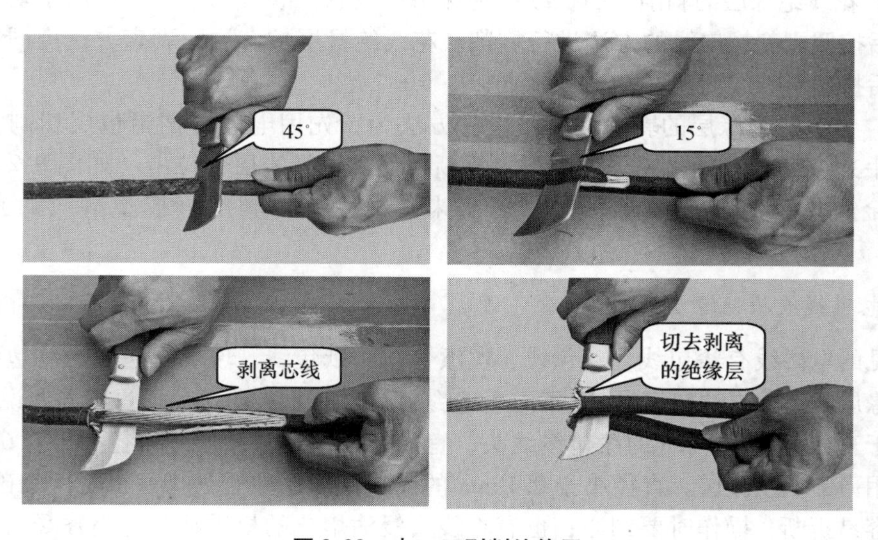

图 8-20 电工刀剥削绝缘层

(3) 塑料护套线绝缘层的剥削。护套层要用电工刀来剥离，具体操作方法是：按所需长度用刀尖在线芯缝隙间划开护套层，接着扳翻，用刀口切齐（如图8-21所示）。绝缘层的剥削方法如同塑料线，但绝缘层的切口与护套层的切口间，应留有5～10 mm距离。

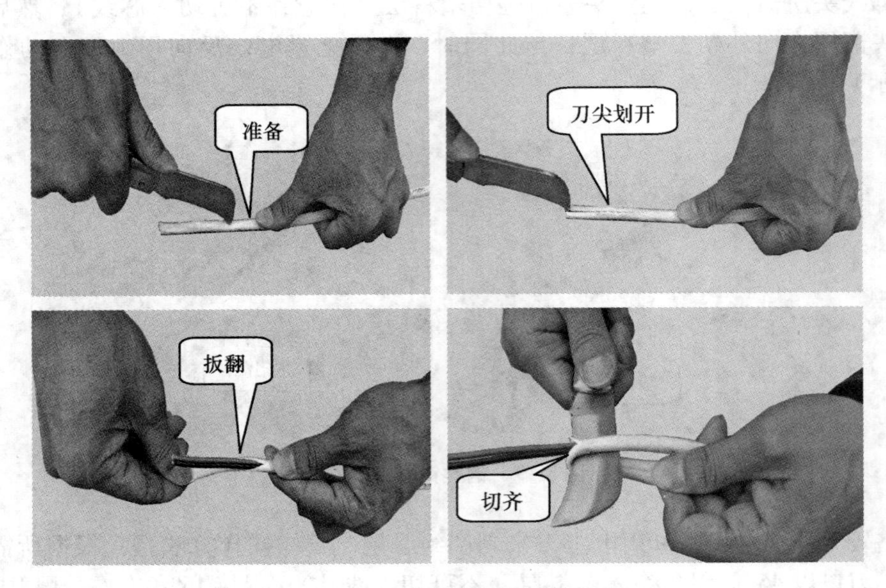

图8-21　塑料护套线绝缘层的剥削

(4) 橡皮线绝缘层的剥削。橡皮线绝缘层的剥削方法如下：先把编织保护层用电工刀尖划开，与剥离护套层的方法类同；然后用与剥离塑料线绝缘层相同的方法剥去橡胶层；最后松散棉纱层根部，用电工刀切去。

(5) 花线绝缘层的剥削。因棉纱织物保护层较软，故可用电工刀四周割切一圈后拉去；然后按照剥削橡皮线的方法进行剥削。花线绝缘层护套层的剥离方法类同塑料护套层，然后按塑料软线的剥削方法进行剥削。

(6) 铅包线绝缘层的剥削。具体操作方法为：先用电工刀把铅包层切割一刀，然后用双手来扳动切口处，铅层便沿切口折断，然后可把铅层套拉出（如图8-22所示）；网状的金属用手将其变松散，然后取出来；绝缘层的剥削可按塑料线的剥削方法进行。

2. 电磁线线头绝缘层的去除

常见的电磁线有漆包线、丝包线、丝漆包线、纸包线、玻璃丝包线、纱包线等。电磁线绝缘层的去除方法较容易，下面以漆包线线头绝缘层的除去为例进行简要说明。

对于直径大于0.1 mm的漆包线线头，宜用细砂纸擦去漆层。直径大于0.6 mm的线头，可用薄刀刮削漆层。直径小于0.1 mm的线头绝缘层较难处理，也可用细砂纸擦除，但线芯容易折断，操作时要细心；也有将线头浸沾熔化的松香液，待松香凝固后剥去松香时，将漆层一并剥落，但这种方法对高强度漆层往往不易剥落干净。

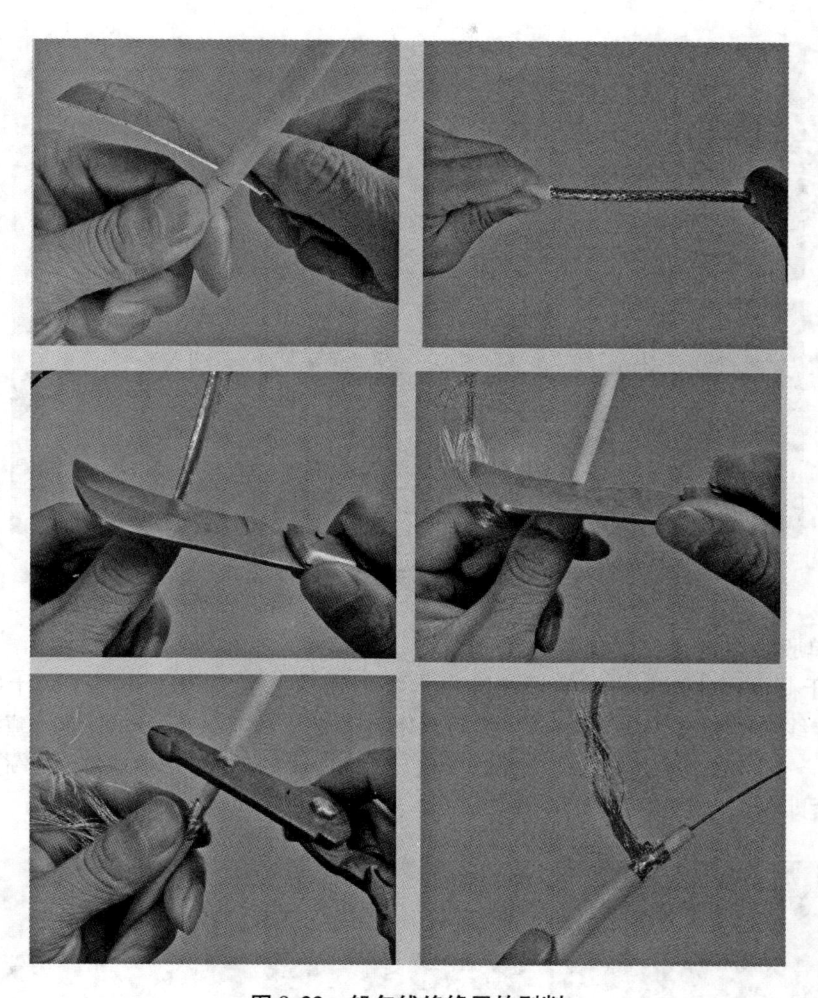

图8-22 铅包线绝缘层的剥削

三、导线线头的连接方法

1. 铜芯导线线头的连接方法

(1) 单股芯线的一字形连接方法。可利用绞接法对于截面积小于6 mm^2 的单芯导线进行直线连接(如图8-23所示)。其操作步骤如下。

步骤一:将两线头用电工刀剥去绝缘层,露出10～15 cm 裸线头,并在靠绝缘的1/4～1/5处将芯线倒角90°。

步骤二:把导线两裸端头X形相交,互相绞绕2～3圈。

步骤三:再扳直两线自由端头,将每根线头在对边线芯上紧密缠绕,每边绕6～8匝,缠绕长度不小于导线直径的10倍。

步骤四:将多余部分剪去,修平接口毛刺,用尖嘴钳或钢丝钳钳平芯线的末端,将线头收紧即可。

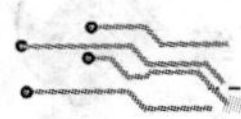

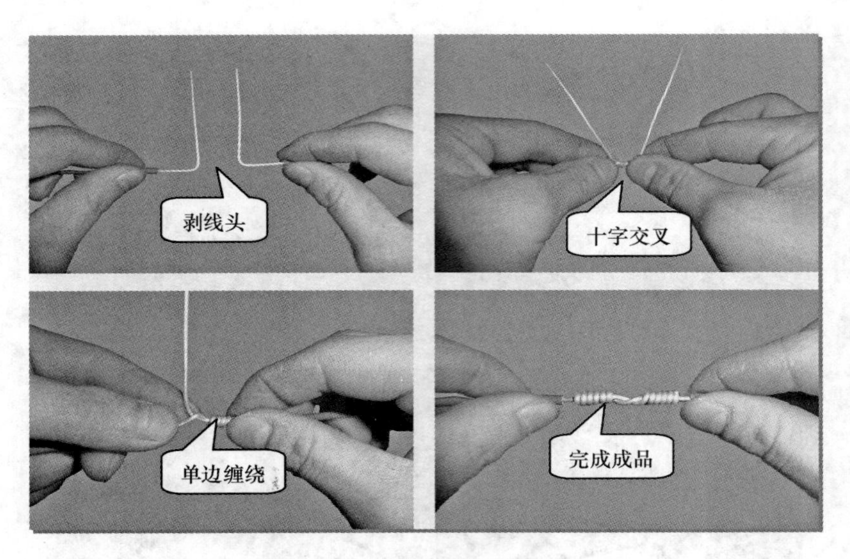

图 8-23　单股芯线的直接连接

（2）单股芯线的 T 字形连接方法。

① 对于截面积小于 6 mm^2 的导线进行 T 字形连接。将支线线头与干线十字相交后绕一单结，支线芯线根部留 3 ～5 mm；然后紧密并绕在干线芯线上 6 ～8 匝，缠绕长度为芯线直径的 8 ～10 倍，剪去多余线头并修平接口毛刺；用尖嘴钳或钢丝钳钳平芯线的末端，将线头收紧即可（如图 8-24 所示）。

图 8-24　多股铜芯软线的 T 字形连接

图 8-25　单股芯线的 T 字形连接

② 对于截面积较大的导线可用直接缠绕法进行 T 字形连接（如图 8-25 所示）。将芯线线头与干线十字相交后直接缠绕在干线上 6 ～8 匝，缠绕长度应为芯线直径的 8 ～10 倍。缠绕时要用钢丝钳配合，力求缠绕紧固，并应在接头处搪锡。

③ 有些要求较高的场所可用 T 字形缠绕绑接法连接，其操作方法与单股芯线直线连接的缠绕绑接法基本相同（如图 8-26 所示）。

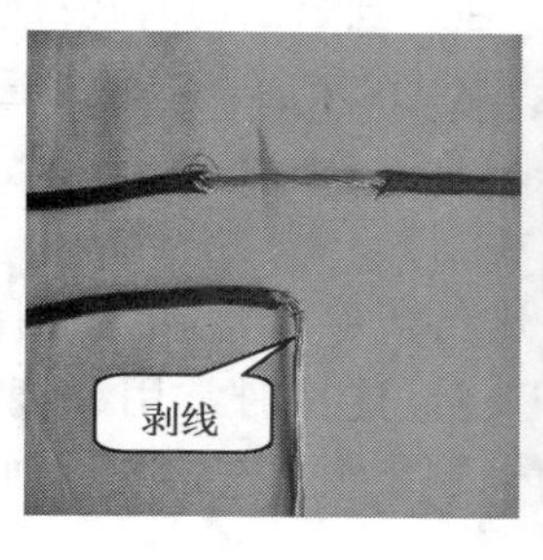

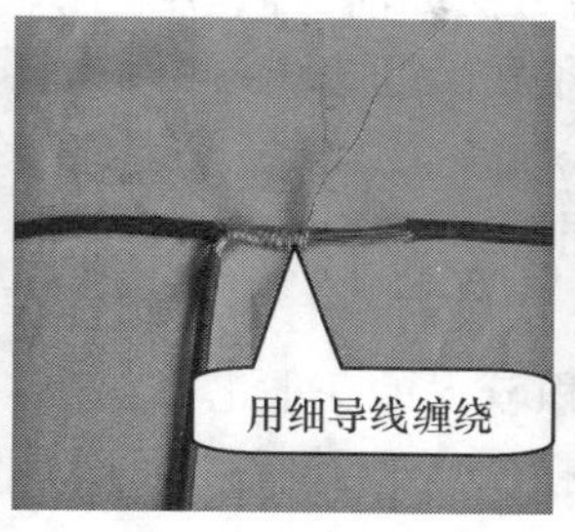

图 8-26 T 字形缠绕绑接法

（3）7 股芯线的一字形连接。7 股芯线的一字形连接一般采用自缠法，具体步骤如图 8-27 所示。

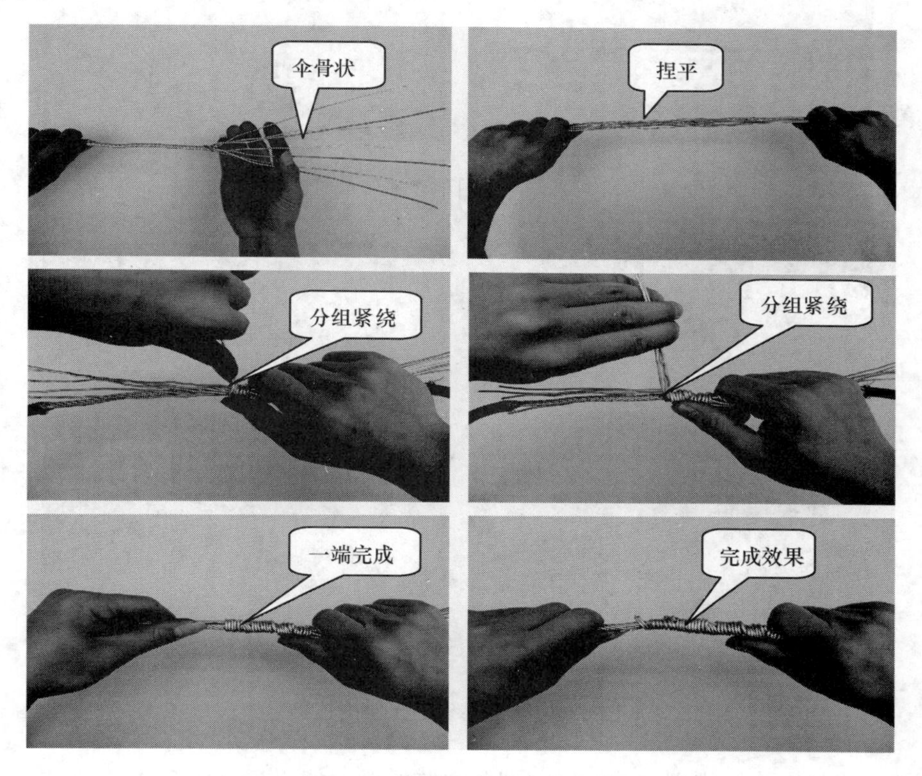

图 8-27 多股芯线的直线连接

步骤一：将两股待接线头进行整形处理，用钢丝钳将其根部的 1/3 部分绞紧，其余 2/3 部分呈伞骨状。

步骤二：将两芯线线头隔股对叉，叉紧后将每股芯线捏平。

步骤三：将一端的 7 股芯线线头按 2、2、3 分成三组，并将第一组 2 股垂直于芯线扳起，按顺时针方向紧绕两周后扳成直角，使其与芯线平行。

步骤四：将第二组芯线紧贴第一组芯线直角的根部扳起，按第一组的绕法缠绕两周后仍扳成直角。

步骤五：第三组3根芯线缠绕方法如前，但应绕三周，在绕到第二周时找准长度，剪去前两组芯线的多余部分，同时将第三组芯线再留一圈长度，其余剪去，使第三组芯线第三周绕完后正好压没前两组芯线线头。这样，一端连接结束。

步骤六：另一端连接方法相同。

(4) 7股芯线的T字形连接。7股芯线有时候也需要进行T字形连接，可用直接连接法和缠绕绑接法等。对于截面积较大的7股芯线进行T字形连接时常用缠绕绑接法，常用的7股芯线则一般以直接连接法进行连接。下面具体说明直接连接法（如图8-28所示）。

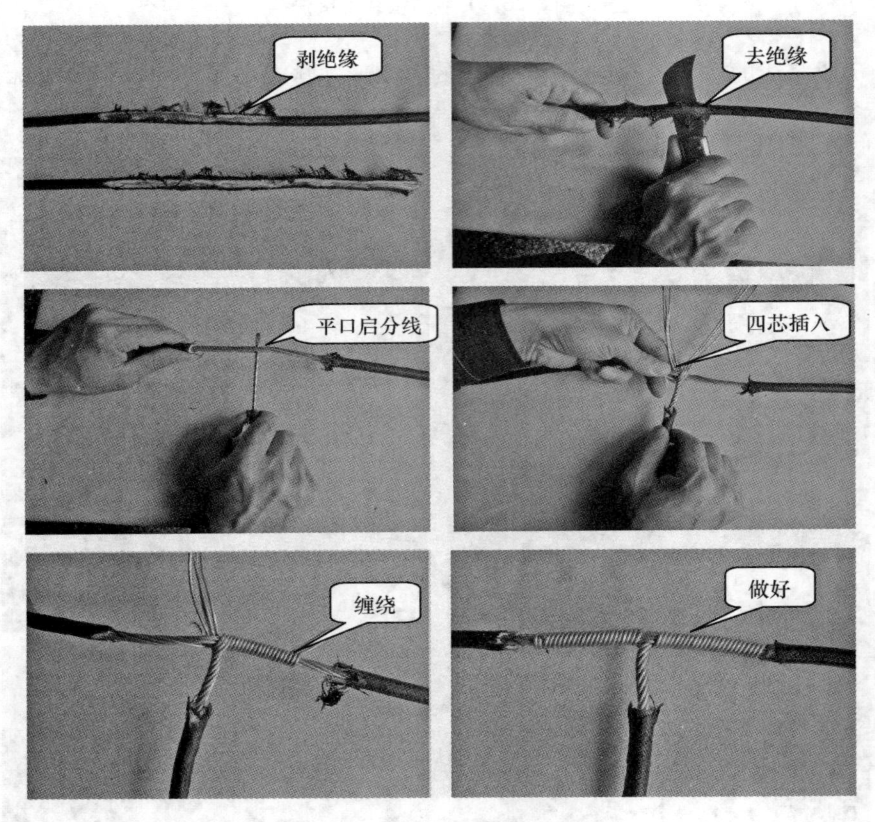

图8-28　7股芯线的T字形连接

步骤一：将支线线头剥去绝缘层，把分支芯线散开钳平后在根部1/8处进一步绞紧，再把支路线头7/8的芯线分成4根和3根两组，并排齐。

步骤二：用平口螺丝刀将除去绝缘层的干线接口部分按3股、4股分成两组。

步骤三：将支线4股一组插入两组干线中间至根部。把支线中另外3根芯线放在干线芯线的前面。

步骤四：把3根芯线的一组在干线右边紧密缠绕4～5圈，钳平线端；再把4根芯线的一组按相反方向在干线左边紧密缠绕4～5圈，剪去余端，修平切口，完成连接。

2. 铝芯导线线头的连接方法

（1）螺钉压接法：适用于负荷较小的单股芯线的连接。在线路上可通过开关、灯头和瓷接头上的接线桩螺钉进行连接。连接前必须用钢丝刷去芯线表面的氧化铝膜，并立即涂上凡士林锌膏粉或中性凡士林，然后可进行螺钉压接。若是两个或两个以上线头接在一个接线桩时，则应先把几个线头拧成一体，然后压接。

（2）钳接管的直线机械压接法：该方法适用于户内外较大负荷的多根芯线的直线连接。压接方法是：选用适应导线规格的钳接管（又称压接管），清除钳接管内孔和线头表面的氧化层；参照图 8-15 所示方法，把两线头插入钳接管，用压接钳进行压接。若是钢芯铝绞线，则两线之间应衬垫一条铝质垫片。

（3）沟线夹螺钉压接分支连接法：该方法使用架空线路的分支连接。导线截面积在 75 mm^2 及以下的，可用一副小型沟线夹，把分支线头末端与干线进行绑扎（如图 8-29 所示）；导线截面在 75 mm^2 及以上的，需用两副大型沟线夹，且两副沟线夹相隔应保持在 300 ～500 mm 之间。

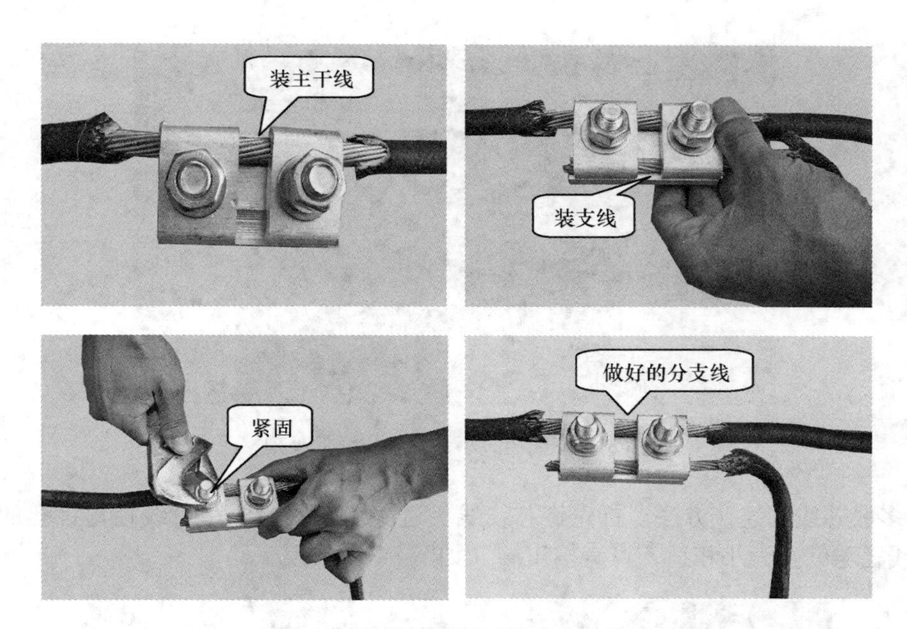

图 8-29　沟线夹螺钉压接分支连接法

3. 线头与接线柱的连接方法

常用的接线桩有三种：针孔式、螺钉平压式和瓦形式。

（1）线头与针孔式接线桩的连接。这种接线桩是靠针孔顶部的压线螺钉压住线头来完成电路连接的，主要用于室内线路中某些仪器、仪表的连接，如熔断器、开关和某些监测计量仪表等。

① 单股芯线与针孔接线桩连接。芯线直径一般小于针孔，故最好将线头折成双股并

排插入针孔内，使压接螺钉顶紧双股芯线中间。若芯线较粗也可用单股，但应将芯线线头向针孔上方微折一下，使压接更加牢固（如图 8-30 所示）。若线径过小，可将芯线一头对折后再插入（如图 8-31 所示）。

图 8-30　单股芯线与针形接线柱的连接

图 8-31　线径过小，孔径过大的处理

② 多股芯线的连接方法。首先将芯线线头进一步绞紧，要注意线径与针孔的配合程度；若线径与针孔大小相适，可直接压接（如图 8-32 所示）。

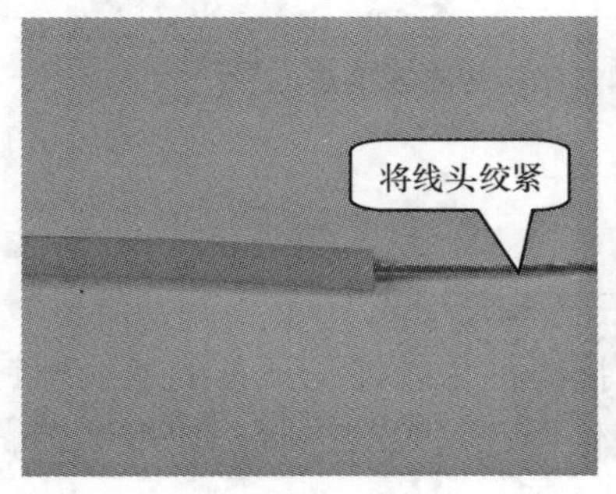

图 8-32　多股芯线与针孔式接线柱的连接

若针孔过大，可用一单股芯线在端头上密绕一层，以增大端头直径（如图 8-33 所示）；缠绕好之后再按上述方法与针孔式接线柱连接，并紧固螺钉。

图 8-33　用单股芯线缠绕多股芯线

若针孔过小，可剪去芯线线头中间几股。一般 7 股芯线剪去 1 ～2 股，19 股芯线剪去 2 ～7 股，但一般应尽量避免这种情况。

（2）线头与平压式接线桩的连接。载流量较小的单股芯线压接时，应将线头制成压接圈（羊眼圈），然后进行压接。

① 制作压接圈（羊眼圈）。压接圈（羊眼圈）的制作方法如图 8-34 所示，制作错误的压接圈（羊眼圈）如图 8-35 所示。

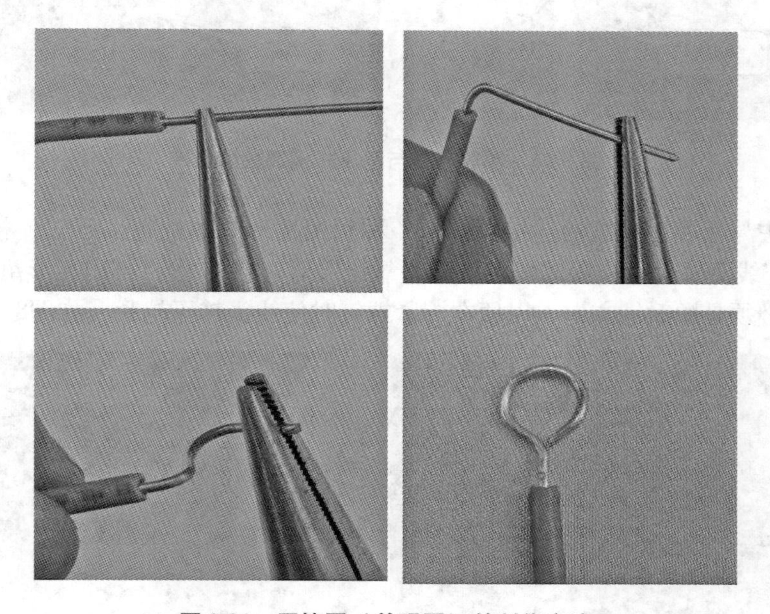

图 8-34　压接圈（羊眼圈）的制作方法

② 将压接圈套入压接螺钉，加上垫圈后，拧紧螺钉将其压牢。连接方法如图 8-36 所示。

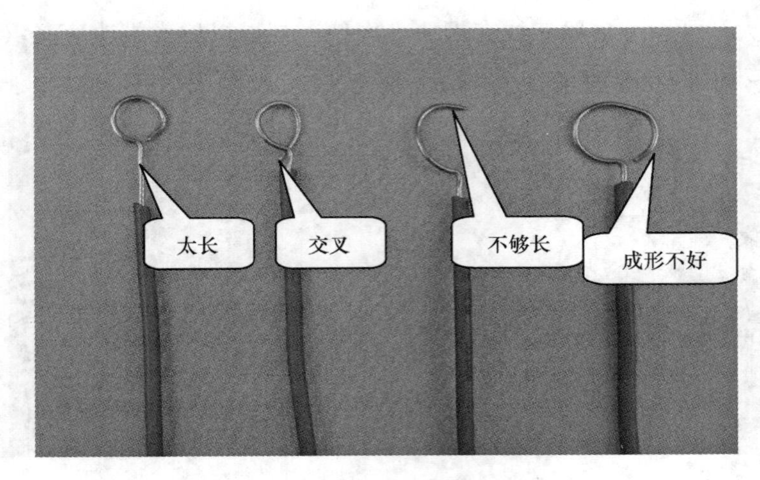

图 8-35　制作错误的压接圈（羊眼圈）

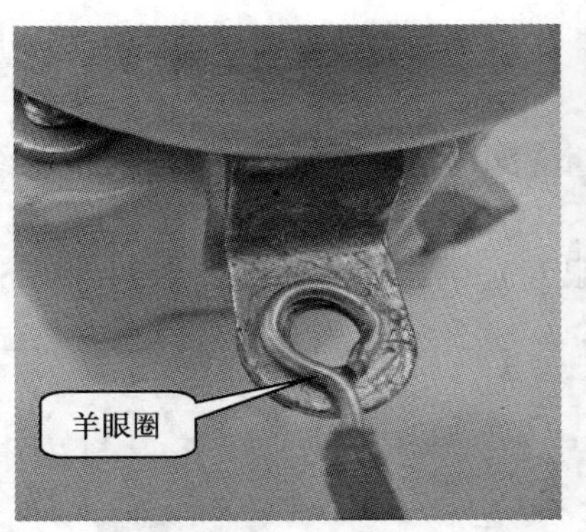

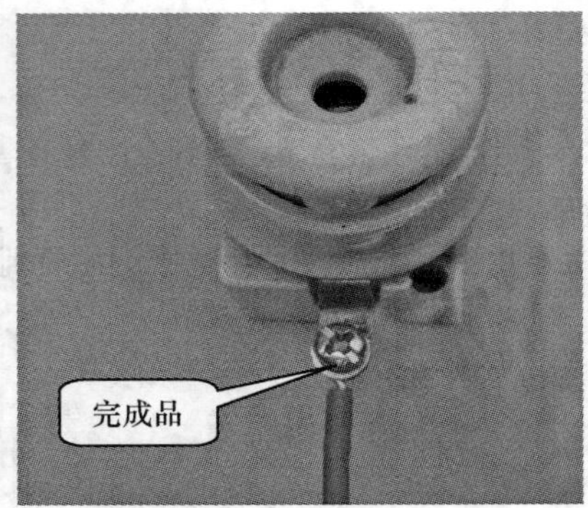

图 8-36　单股芯线与平压式接线柱的连接

（3）线头与瓦形接线桩的连接。这是一种利用瓦形垫圈进行平压式连接的方式，连接时，为防止线头脱落，应将芯线线头除去氧化层后弯成 U 形，再用瓦形垫圈进行压接。应注意 U 形必须是顺时针方向，以便在旋紧螺钉时使线头越压越紧（如图8-37所示）。

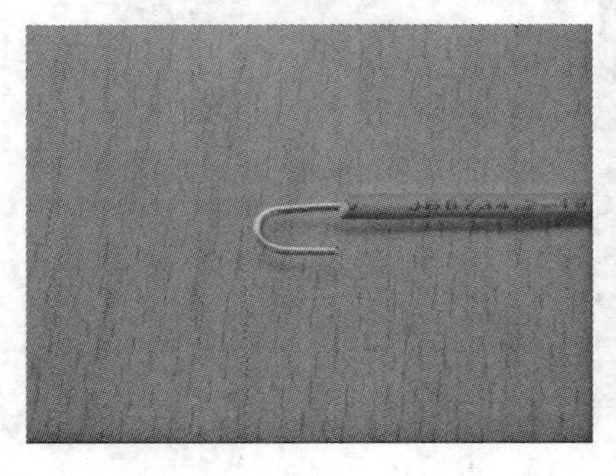

图 8-37　单股芯线与瓦形接线柱的连接

当瓦形接线柱需要同时接两根进线或出线时，可采用双 U 形接法（如图 8-38 所示）。

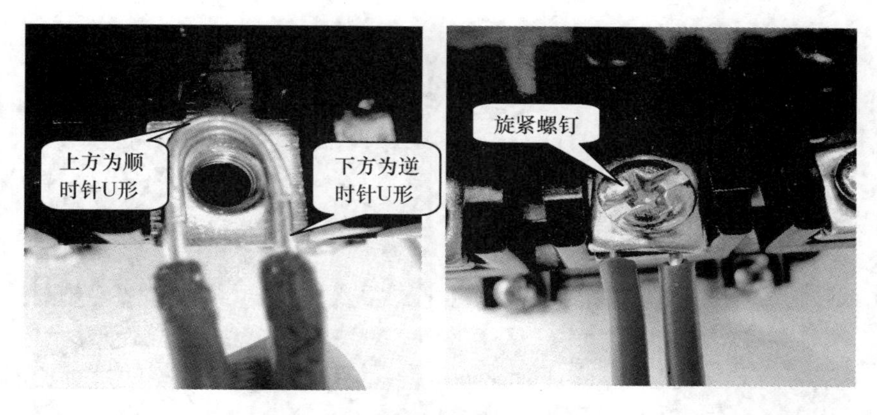

图 8-38　瓦形接线柱的双 U 形接法

四、导线绝缘层的恢复

在导线绝缘层破损或导线线头连接完毕之后，必须对破坏的绝缘层进行修复，且修复后的绝缘强度应不低于原有绝缘层。

1. 电磁线绝缘层的修复

（1）线圈内部绝缘层破损或内部有接头时，应根据线圈层间和匝间所承受的电压值，以及线圈的技术要求来选用相应的绝缘材料进行包扎修复。一般小型线圈选用电容纸；高压线圈则选用绝缘强度较高的涤纶薄膜；大线圈采用黄蜡带或青壳纸；电动机绕组要选用耐热性能较好的电容纸或青壳纸。修复时，在导线绝缘层破损处上下各衬垫一两层绝缘材料，左右两侧利用邻匝线圈压住。垫层前后两端都要留有相当于破损长度的余量。

（2）线圈端子连接处绝缘层的恢复通常采用包缠法，绝缘材料常选用黄蜡带、涤纶薄膜或玻璃纤维带。一般要包两层绝缘带；需要时，可再包缠一层纱带。

2. 电力线绝缘层的修复

电力线绝缘层通常也用包缠法进行修复。绝缘材料一般选用塑料胶布和黑胶布，宽度一般在 20 mm 较适宜。在包缠 220 V 的线路时，应内包一层塑料胶布，外缠一层黑胶布；黑胶布与塑料胶布也采用续接方法衔接。也可不用塑料胶布，只缠两层黑胶布亦可。而在包缠 380 V 的电力线时，要内包两层塑料胶布，再外缠一层黑胶带；黑胶布要缠紧并要覆盖塑料胶布。

（1）直线连接接头的绝缘恢复。具体操作方法如下：

步骤一：首先将黄蜡带从导线左侧完整的绝缘层上开始包缠，包缠两根带宽后再进入无绝缘层的接头部分（如图 8-39 所示）；

步骤二：包缠时，应将黄蜡带与导线保持约 55°的倾斜角，每圈叠压带宽的 1/2 左右；

步骤三：包缠一层黄蜡带后，再把黑胶布接在黄蜡带的尾端，按另一斜叠方向再包缠一层黑胶布，每圈仍要压叠带宽的 1/2。

（2）T 字形连接接头的绝缘恢复。具体操作方法如下：

步骤一：首先将黄蜡带从接头左端开始包缠，每圈叠压带宽的 1/2 左右（如图 8-40 所示）；

步骤二：缠绕至支线时，用左手拇指顶住左侧直角处的带面，使它紧贴于转角处芯线，而且要使处于接头顶部的带面尽量向右侧斜压；

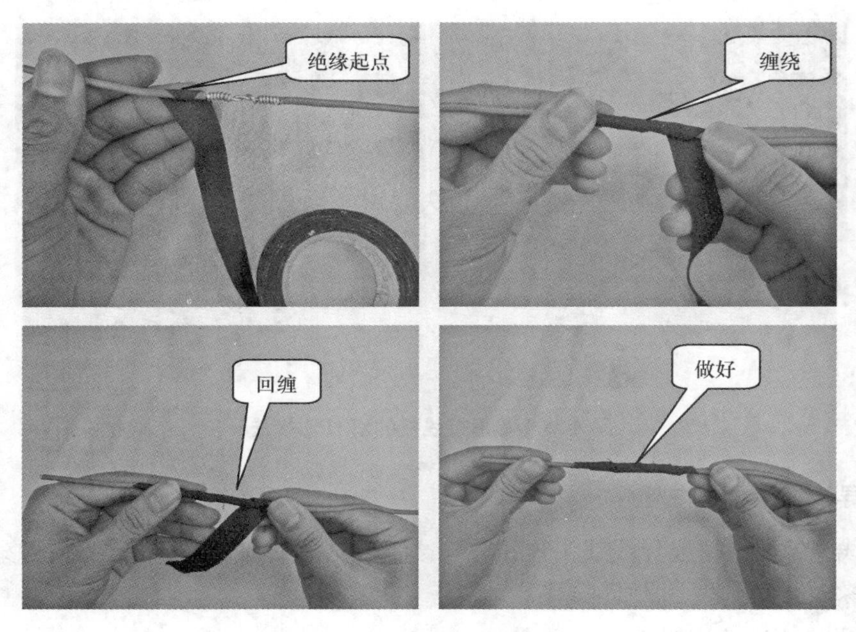

图 8-39 直线连接接头的绝缘恢复

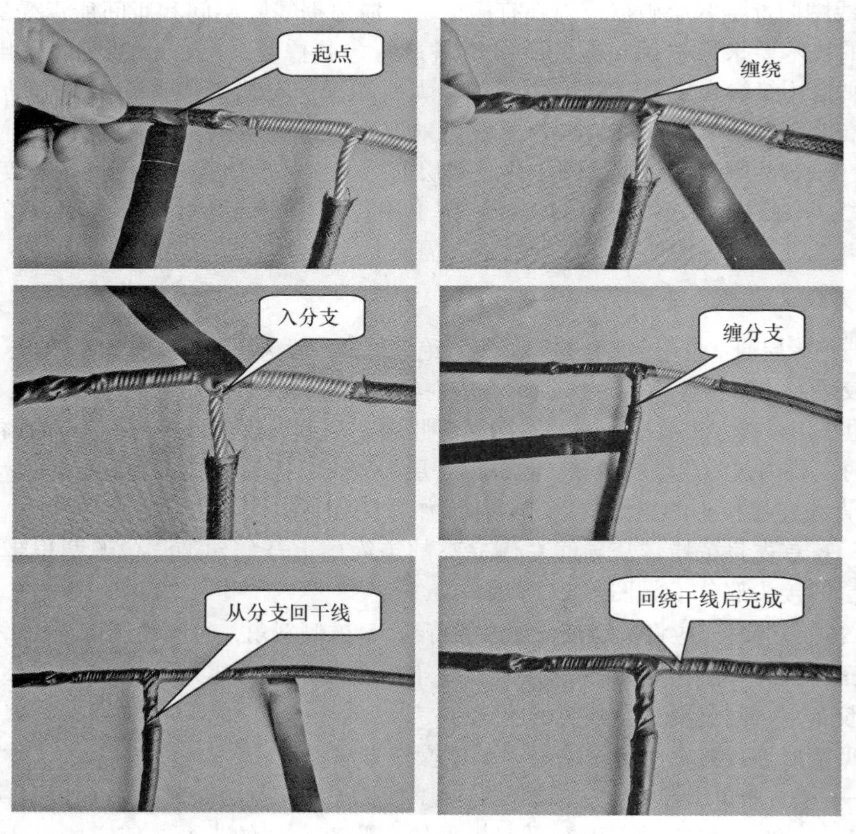

图 8-40 T 字形连接接头的绝缘恢复

步骤三：当围绕到右侧转角处时，用手指顶住右侧直角处带面，将带面在干线顶部向左侧斜压，使其与被压在下边的带面呈 X 形交叉，然后把带再回绕到左侧转角处；

步骤四：使黄蜡带从接头交叉处开始在支线上向下包缠，并使黄蜡带向右侧倾斜；

步骤五：在支线上绕至绝缘层上约两个带宽时，黄蜡带折回向上包缠，并使黄蜡带向左侧倾斜，绕至接头交叉处，使黄蜡带围绕过干线顶部，然后开始在干线右侧芯线上进行包缠；

步骤六：包缠至干线右端的完好绝缘层后，再接上黑胶带，按上述方法再包缠一层即可。

【任务检查】

任务检查单	任务名称	姓　名	学　号
检　查　人	检查开始时间	检查结束时间	

检查内容		是	否
1. 常用导线绝缘层的剥削方法	（1）工具选用是否正确		
	（2）操作方法是否规范		
	（3）线芯是否有受损现象		
2. 单股芯线的直线连接	（1）剥削方法是否正确		
	（2）芯线是否有刀伤、钳伤、断芯		
	（3）导线缠绕方法是否正确		
	（4）导线连接是否整齐、平直、圆润		
3. 单股芯线的 T 字形连接	（1）剥削方法是否正确		
	（2）芯线是否无刀伤、钳伤、断芯情况		
	（3）导线缠绕方法是否正确		
	（4）导线连接是否整齐，紧密缠绕，平直，圆润		
4. 7 股芯线的直线连接	（1）剥削方法是否正确		
	（2）芯线是否无刀伤、钳伤、断芯情况		
	（3）导线缠绕方法是否正确		
	（4）导线连接是否整齐，紧密缠绕，平直，圆润		
5. 7 股芯线的 T 形连接	（1）剥削方法是否正确		
	（2）芯线是否无刀伤、钳伤、断芯情况		
	（3）导线缠绕方法是否正确		
	（4）导线连接是否整齐，紧密缠绕，平直，圆润		
6. 电磁线绝缘层的修复	选材、缠绕方法是否正确，绝缘是否达到要求		
7. 直线连接接头的绝缘恢复	选材、缠绕方法是否正确，绝缘是否达到要求		
8. T 字形连接接头的绝缘恢复	选材、缠绕方法是否正确，绝缘是否达到要求		
9. 安全文明操作	（1）是否遵守操作规程、劳动纪律		
	（2）是否具有一丝不苟的敬业精神		
	（3）是否保持工位清洁		

项目 9　家用照明电路的设计与安装

项目分析

充足的照明是改善劳动环境、保障安全生产的必要条件。照明设备不正常运行可能导致火灾，也可能导致人身事故。照明电路分为家用照明和生产用照明两大类，两者工作原理相同，但由于用途相差较大，因而在设计和安装时有一些区别，在具体的照明强度上也有不同的要求。一个使用电路设计得合理与否，直接关系该电路使用的寿命和安全问题。怎样设计出合理的电路，需要对电器用量、使用环境以及一些其他情况作全面的了解和假想，从而给出最佳方案，为人们的生产和生活提供最基础的保障。本项目将从家用照明电路的设计和安装入手，对照明电路进行全面的介绍。

情景设计

场景布置： 在工作台上放置模拟电工板和电度表、空气开关、漏电保护器等各种家用照明电器。

教师讲述： 通过前一个项目的学习，我们掌握了电工操作的一些基本技能。但是要完成合格的家用照明电路的安装还需要掌握照明电路的原理和电器的安装方法等相关知识，我们将在下面的内容中通过实际操作来达到这个目的。

媒体播放： 展示照明电路的一些安装图片及典型电路的安装过程，播放现代装修工程装电的一些基本规则。

任务 9.1　家用照明电路的设计

【任务目的】

1. 掌握家用电路的设计方法和基本原理。
2. 了解各种家用照明设备的用途和选用原则。
3. 掌握照明用电器设备的安装方法。

【任务内容】

1. 常用照明电路电器设备的识别。
2. 设计出合理科学的电路，经过合理的布局，用科学的计算方法计算出各个参数的合理性，满足人们生产生活的需要。
3. 用符合要求的安装方法安装各种用电设备。

任务训练1　家用照明电器的识别

1. 训练目的：认识照明电路的常用设备，了解其基本功能和基本参数。

2. 训练内容：

（1）电能表的识别和使用；

（2）漏电保护器的识别和使用；

（3）空气开关的识别和使用；

（4）插座的识别和使用；

（5）常用照明灯具的识别和使用。

3. 训练方案：2个学生组成一个小组，3个小组挑选一名组长，每个学生均要单独完成各种照明用电器的使用和识别。组长负责对组员学习的具体情况进行检查并组织讨论，完成任务后对每个组员的作品做出评价。

【注意事项】

1. 各种电器用具的使用条件和环境。

2. 详细掌握用电安全常识。

3. 各电器的参数与实际使用情况的一致性和合理性。

知识链接1　家用照明电器

常用家用照明电器主要有单相电度表、漏电保护器、空气开关、插座、开关、灯座及各种照明灯具等。

一、单相电度表

单相电度表一般为民用，接220 V的设备，用于测量用户用电电能的多少。单相电度表有机械式和电子式两种，其外形如图9-1所示。

机械式单相电度表主要是由电压线圈、电流线圈、转盘、转轴、制动磁铁、齿轮、计度器等部件组成，其原理是利用电压和电流线圈在铝盘上产生的涡流与交变磁通相互作用产生电磁力，使铝盘转动；同时引入制动力矩，使铝盘转速与负载功率成正比；通过轴向齿轮传动，由计度器计算出转盘转数，从而测定出电能。

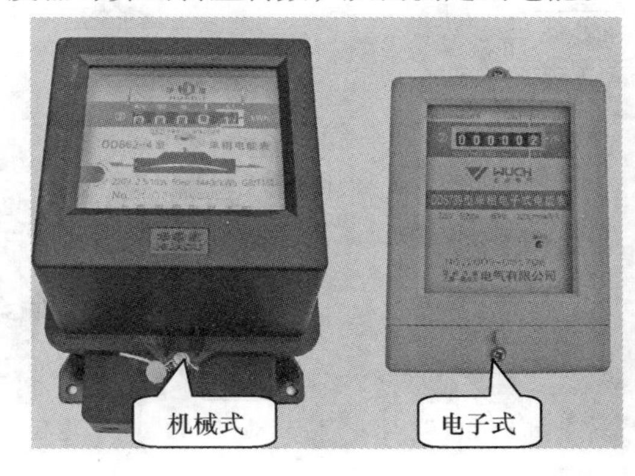

图9-1　单相电度表

与机械式电能表相比，电子式电能表具备准确度高、功耗低、启动电流小、负载范围宽、无机械磨损等诸多优点，因此得到越来越广泛的应用。电子式电能表主要是采用电阻、电容和集成电路等电子元件。目前，市场上电子式电能表厂家繁多，质量参差不齐，若选择不好，不仅不能发挥电子式电能表的优点，反而会带来不应有的损失和增加维护管理的工作量。

二、漏电保护器

漏电保护器的全称为漏电电流动作保护器，又称漏电保护开关或漏电断路器，主要是用来在设备发生漏电故障以及对有致命危险的人身触电时进行保护。

漏电保护器有电压型、电流型、脉冲型等。日常生活中最常用的是电流型电子放大式漏电保护器与低压空气开关结合在一起做成的漏电电流保护开关。如图 9-2 所示是某型号的电流型电子放大式漏电保护器。

漏电保护器的核心部件是一个检测漏电流的电流互感器，铁芯由高导磁材料制成，全部供电导线（包括零线）从中穿过。当电源供出的电流经负载使用后又全部回到电路（即无漏电）时，在互感器铁芯中的合成磁场为零，二次线圈中没有感生电动势，也就没有信号放大；若漏电保护器负荷侧的设备或线路发生漏电，则互感器中的合成磁场不为零，二次线圈中产生感生电动势，并送至放大元件以促使继电器动作，断开电流，从而起到保护作用。漏电保护器的原理图如图 9-3 所示，其内部结构如图 9-4 所示。

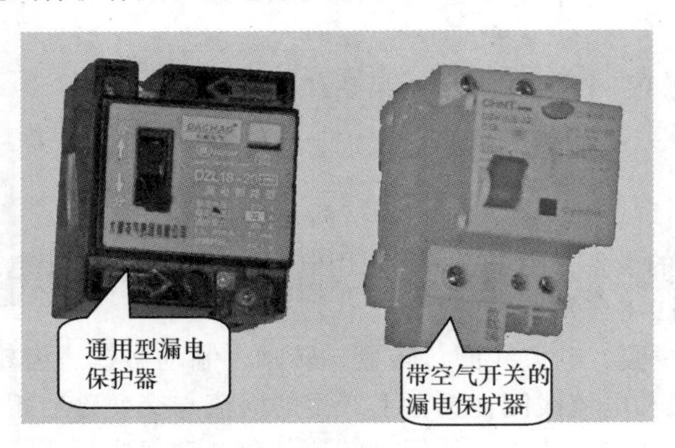

图 9-2　漏电保护器

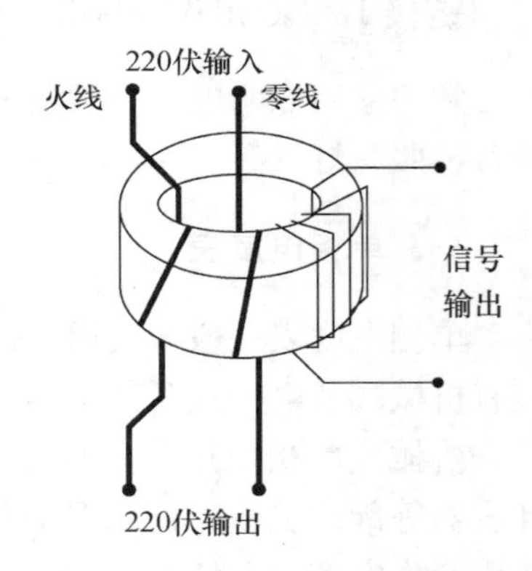

图 9-3　漏电保护器的原理图

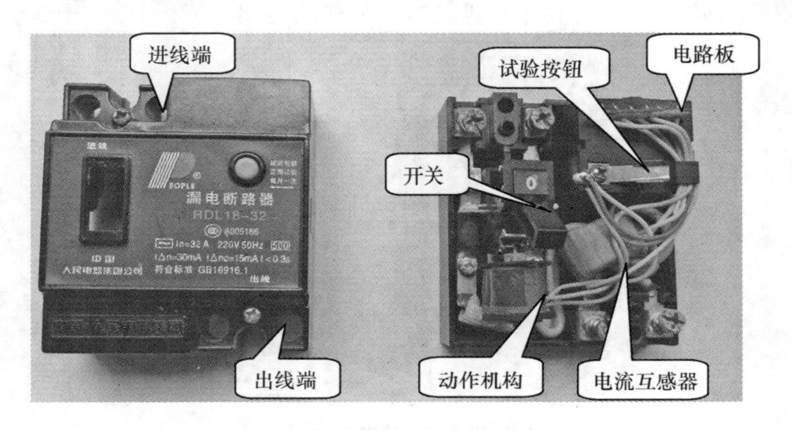

图 9-4　漏电保护器的内部结构

家用单相漏电保护器选漏电额定动作电流≤30 mA，漏电额定动作时间一般小于等于0.1 s。

购买的漏电保护器应该有安全认证标志。目前，漏电保护器只要带有长城认证标志（CCEE）或CCC认证标志，均认为符合规定要求。从抗干扰角度来说，应尽量避免使用微处理器等数字集成电路的漏电保护器，因为漏电保护器的工作环境处于强电包围之中，是典型的弱电控制强电的电子设备，很容易受到干扰而造成误动。注意，不要以为安装了漏电保护器就绝对安全。

三、空气开关

空气开关简称空开，是低压配电网络和电力拖动系统中非常重要的一种电器，集控制和多种保护功能于一身（如图9-5所示）。空气开关除了能完成接触和分断电路外，还能对电路或电气设备发生的短路、严重过载及欠电压等进行保护，同时也可以用于不频繁地启动电动机。

空气开关的工作原理是：当线路发生一般性过载时，过载电流虽不能使电磁脱扣器动作，但能使热元件产生一定热量，促使双金属片受热向上弯曲，推动杠杆使搭钩与锁扣脱开，从而分断主触头，切断电源。当线路发生短路或严重过载电流时，短路电流超过瞬时脱扣整定电流值，电磁脱扣器产生足够大的吸力，将衔铁吸合并撞击杠杆，从而使搭钩绕转轴座向上转动与锁扣脱开，锁扣在反力弹簧的作用下将主触头分断，切断电源。

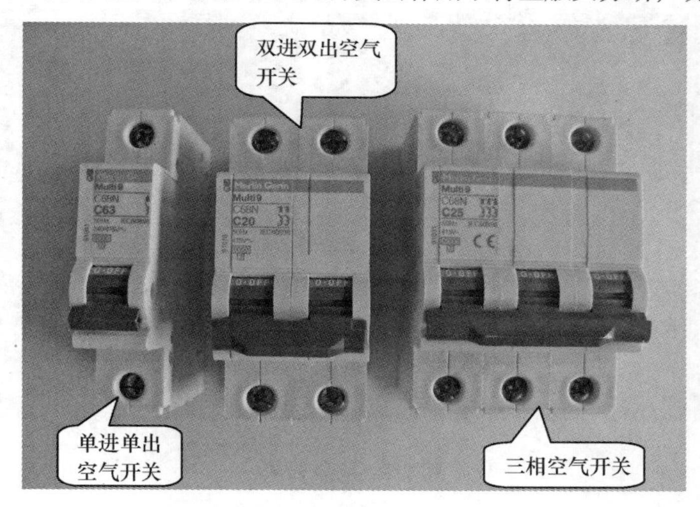

图9-5 空气开关

四、插座

电源插座是为移动式电器提供电源接口的电气设备，也是住宅电气设计中使用较多的电气附件。插座与人们的生活有着十分密切的关系，故插座的安全要求一定要满足相关用电安全要求。

单相插座有两孔插座和三孔插座两种。由于两孔插座不能满足安全用电的要求，因而两孔插座现在已经停止生产。市面上插座的品牌很多，其中较好的插座品牌有TCL、正泰、俊朗等。

插座按照安装方式又可分为明装插座和暗装插座（如图 9-6 所示）。

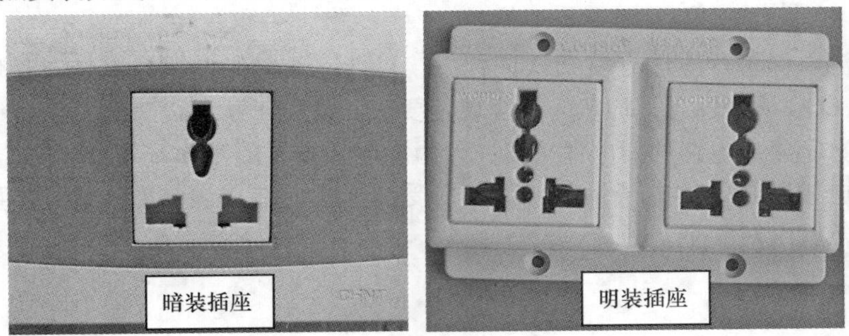

图 9-6　插座

五、开关

开关是用来接通和断开电路的元件，而且还有主动预防电气火灾的功能。开关应用于各种电子设备和家用电器中。

开关的品种很多，常用的开关有拉线开关、顶装拉线开关、防水拉线开关、平开关、暗装开关等，部分开关外形如图 9-7 和图 9-8 所示。由于使用环境不同，开关的名称也有所区别。

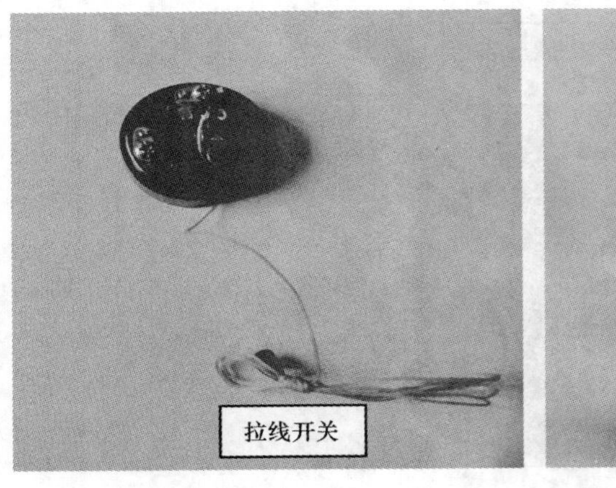

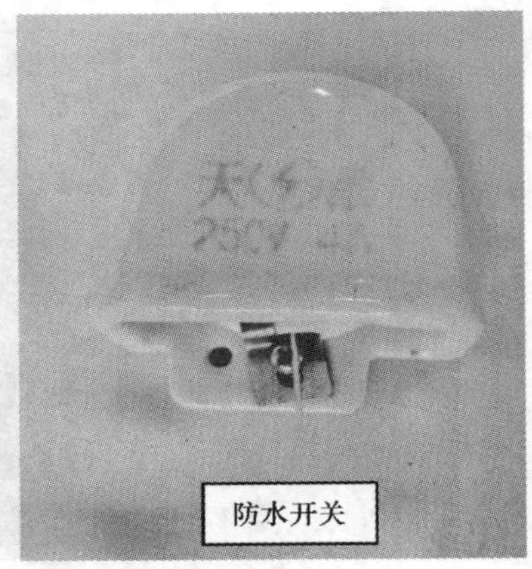

图 9-7　明装开关

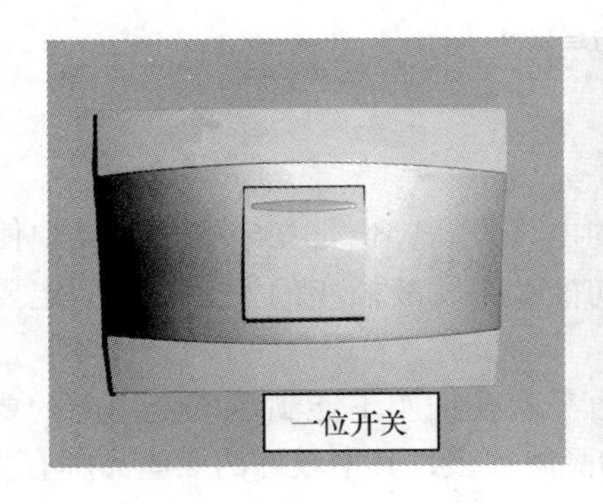

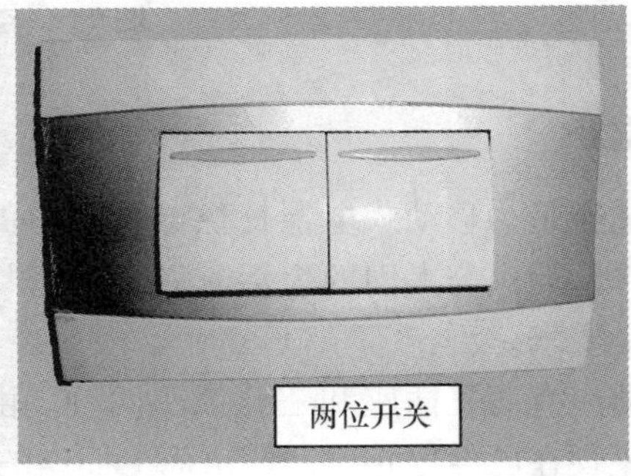

图 9-8　暗装开关

六、灯座

灯座又称灯头，是保持灯的位置和使灯与电源相连接的器件。灯座按固定灯泡的形式可分为螺口灯座和卡口灯座，按安装方式可分为吊式、平顶式和管式，按材质可分为胶木、瓷质和金属等，按用途还可分为普通型、防水型、安全型和多用型。螺口灯座如图9-9所示。

七、照明灯具

1. 白炽灯泡

白炽灯泡为最早成熟的人工电光源，它是利用灯丝通电发热发光的原理发光。

白炽灯泡结构简单，使用可靠，价格低廉，且相应的电路也很简单，因而应用广泛。白炽灯泡的主要缺点是发光效率较低，寿命较短。如图9-10所示为白炽灯泡。

白炽灯泡由灯丝、玻壳和灯头三部分组成。其中灯丝一般都是由钨丝制成，玻壳由透明或不同颜色的玻璃制成。40 W以下的灯泡，将玻壳内抽成真空；40 W以上的灯泡，在玻壳内充有氩气或氮气等惰性气体，使钨丝不易挥发，以延长寿命。灯泡的灯头有卡口式和螺口式两种形式，功率超过300 W的灯泡，一般采用螺口灯头，因为螺口灯座比卡口灯座的接触和散热要好。在新的标准里，要求均是螺口灯座。

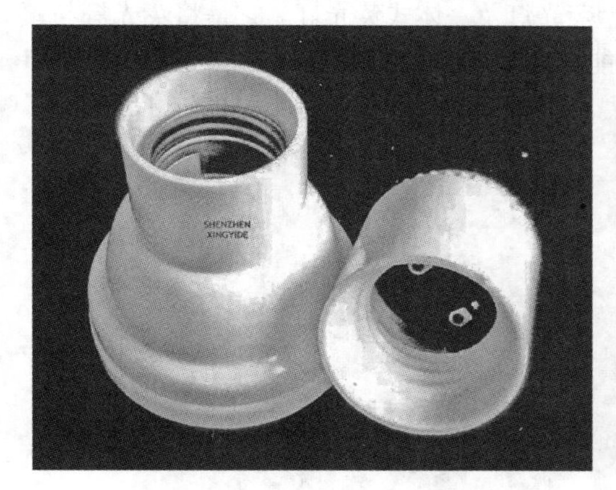

图9-9 螺口灯座

图9-10 白炽灯泡

2. 荧光灯

荧光灯又称日光灯，主要由灯管、镇流器、启辉器等组成（如图9-11所示）。荧光灯的发光效率较高，具有光色好、寿命长、发光柔和等优点。荧光灯的使用寿命是白炽灯的2.5～5倍，发光效率是白炽灯的3倍，且耐震、耐热性能好，线路简单，安装方便；但荧光灯的缺点是造价高，启辉时间长，对电压波动适应能力差，容易让人眼产生疲劳。目前常用的日光灯有电子整流式和电感器整流式两种方式。

荧光灯电路的工作原理是：当荧光灯接入电路以后，启辉器两个电极间开始辉光放电，使双金属片受热膨胀而与静触极接触，于是电源、镇流器、灯丝和启辉器共同构成一个闭合回路，电流使灯丝预热；当受热时间1～3 s后，启辉器的两个电极间的辉光放电熄灭，随之双金属片冷却而与静触极断开；当两个电极断开的瞬间，电路中的电流突然消失，于是镇流器产生一个高压脉冲，它与电源叠加后，加到灯管两端，使灯管内的惰性气体电离而引起弧光放电。在正常发光过程中，镇流器的自感还起着稳定电路中电流的作用。

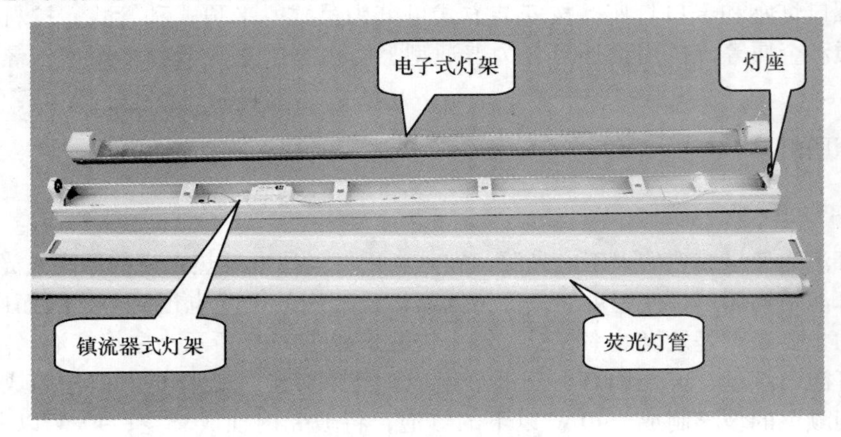

图 9-11　荧光灯

3. 电子节能灯

电子节能灯又称省电灯泡、电子灯泡、紧凑型荧光灯及一体式荧光灯。它是将荧光灯与镇流器（安定器）组合成一个整体的照明设备。节能灯的尺寸与白炽灯泡相近，与灯座的接口也和白炽灯泡相同，所以它可以直接替换白炽灯。如图 9-12 所示是各种类型的电子节能灯。

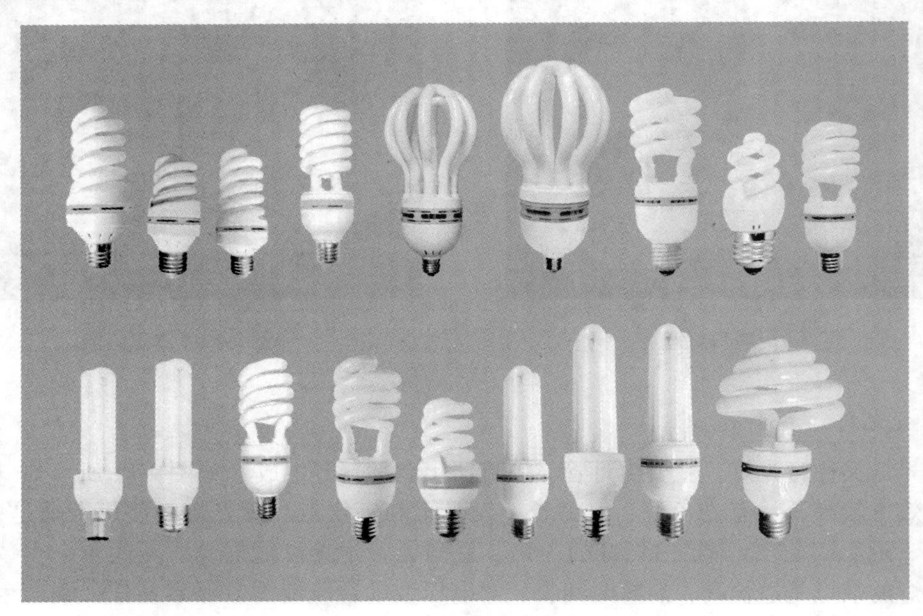

图 9-12　电子节能灯

电子节能灯的正式名称是稀土三基色紧凑型荧光灯，在 20 世纪 70 年代诞生于荷兰的飞利浦公司。电子节能灯在达到同样光能输出的前提下，只需耗费普通白炽灯用电量的

1/5～1/4，从而可以节约大量的照明电能和费用，因此被称为节能灯。

4. 其他类型的照明灯具

除了以上介绍的在日常生活中常用的灯具外，还有一些用于较大空间的照明灯具，如高压汞灯、碘钨灯和高压钠灯等（如图 9-13 所示）。目前，随着科技水平的日新月异，新型照明灯层出不穷，出现了诸如 LED 灯、太阳能灯、ESL 灯等一批新型照明灯源。未来的新型照明光源将朝着高效、节能、长寿命、环保的方向发展。

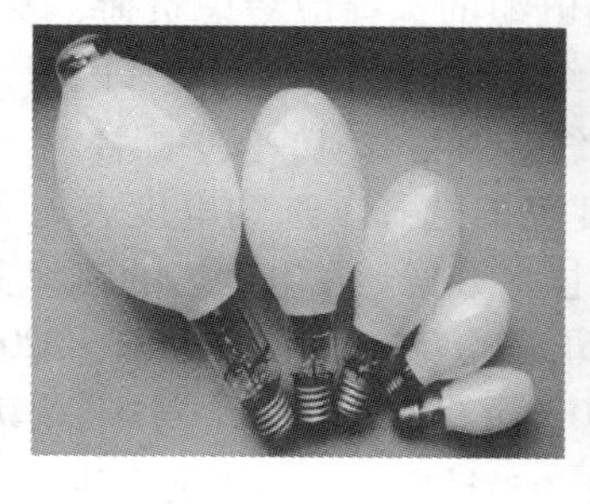
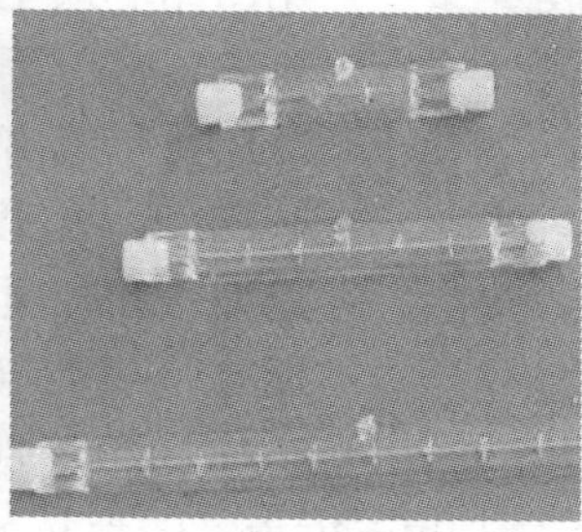
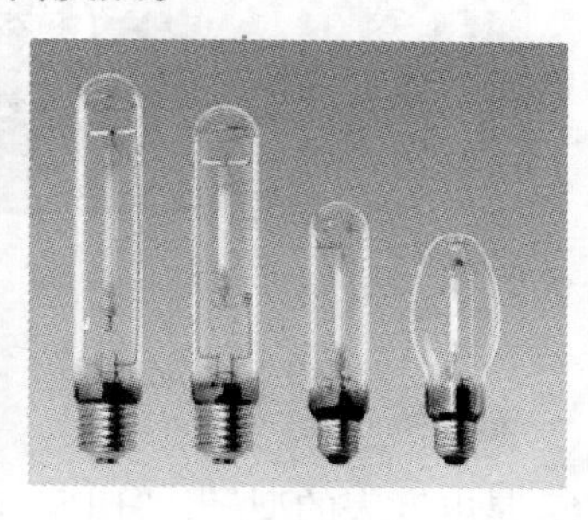

图 9-13 其他类型的照明灯具

任务训练 2 常用照明电路的设计

1. 训练目的：通过对家用电器的了解，设计合理的符合使用要求的电路。
2. 训练内容：

（1）在正常使用环境下的负荷计算；

（2）导线的选择；

（3）回路分析。

3. 训练方案：2 个学生组成一个小组，每个小组挑选一名组长，每个学生均要单独完成各种照明用电器线路的具体设计方案。组长负责对组员学习的具体情况进行检查并组织讨论，完成任务后对每个组员的作品做出评价。

【注意事项】

1. 设计出结构合理、思路清晰、电路简洁的用电电路。
2. 设计的电路线路要以最大负荷来进行计算。
3. 在使用中并不是所有电器同时使用。

知识链接 2 照明电路设计基础

一、家用配电箱、配电盒的设计

住宅小区一般采用 380 V/220 V 低压配电系统。低压配电系统要求接线灵活，保护可靠。它一般采用放射式馈电，由配电房采用三相四线制或三相五线制送到每栋楼，再经分配后送到各家各户的配电箱（一户一表）和配电盒。

1. 配电箱的设计

配电箱通常由进户断路器、电度表（电能表）等部分组成，大容量配电箱还应含有

图 9-14　配电箱

电流互感器（如图 9-14 所示）。在如今的城镇住房中，配电箱一般由电力公司负责安装，只是将进户线引至住户家中。

（1）断路器的选择。断路器应选用性能优良、质量稳定可靠、经国家认证的名优产品。空气开关的数量应考虑要有一定数量的备用回路。馈电电缆的选择应考虑负荷、发展、余量、电压等级、敷设方式、环境等因素，此外还要考虑出线开关与电缆的保护配合。

（2）电度表的选择。选购电度表先要注意型号和各项技术数据。在电度表的铭牌上都标有一些字母和数字，如“DD862，220 V，50 Hz，20（80）A，1950r/kWh……”，其中DD862 是电度表的型号，“DD”表示单相电度表，数字 862 为设计序号。一般家庭使用就需选用 DD 系列的电度表，设计序号可以不同。220 V/50 Hz 是电度表的额定电压和工作频率，它必须与电源的规格相符合。就是说，如果电源电压是 220 V，就必须选用这种 220 V 电压的电度表，而不能采用 110 V 电压的电度表。20（80）A 是电度表的标定电流值和最大电流值，括号外的 20 表示额定电流为 20 A，括号内的 80 表示允许使用的最大电流为 80 A。这样，我们可以知道这只电度表允许室内用电器的最大总功率为 $P = UI = 220\ V \times 80\ A = 17\,600\ W$。

在选购电度表前，需要把家中所有用电电器的功率加起来，同时还留有一定余量，以保证所选电度表是安全可靠的。用户在选配电度表时，应根据“该户的负载电流不大于电度表额定电流的 80%，且不小于电度表允许误差规定的最小负载电流”的原则来选择。负载电流的估算公式为：I = 负载功率（W 或 V · A）/220（V）。

2. 配电盒的设计

配电盒通常是将各路空气开关和漏电保护器安装在一起（如图 9-15 所示）。

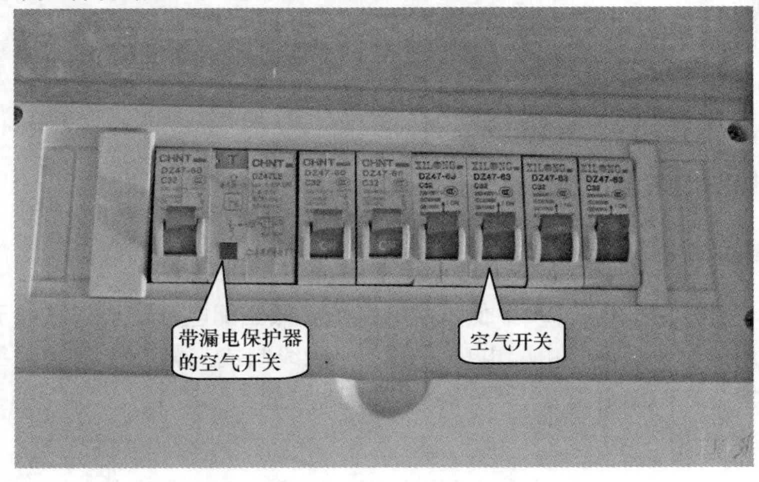

图 9-15　配电盒

配电箱将入户线引入住户后，需要经过配电盒的再次分配，以便日后线路的维护管理。配电箱一般将家中用电线路分成几个分支回路，有几个分支回路就应设置几个空气开关（插座回路还应带有漏电保护器）。一般将照明、空调回路、电源插座、厨房和卫生间的电源插座分别设置独立的回路，但具体分成几个分支回路并没有太严格的规定，总的原则是要便于管理和维护。除了空调电源插座外，其他电源插座应加装漏电保护器，卫生间应做局部等电位连接。

二、家庭用电负荷计算

常用家用电器的容量及空调用电、照明与插座、厨房和卫生间的电源插座回路的容量计算范围可参见表9-1。

表9-1　常用家用电器及回路的功率分配

序　号	回　路	家用电器名称	功　率	总功率
1	空调回路	空调（3P以下的）	7000 W	7000 W
		空调（3P以上的）供电为380 V	不定	不定
2	照明回路	大厅大灯	100～300 W	1650 W
		大厅隐灯	100～200 W	
		电视背景墙	100～200 W	
		射灯	50～100 W	
		走廊灯	50 W	
		阳台灯	50 W	
		餐厅灯	200～300 W	
		厨房	100 W	
		厕所镜前灯	50 W	
		每间卧室（一般控3间计算）	50～100 W	
3	插座回路	电暖器	800～2500 W	10 300 W
		电熨斗	500～2000 W	
		电脑	200～500 W	
		电视机	100～300 W	
		功放音箱	100～500 W	
		电加热茶具	1500～2500 W	
		饮水机	500～1500 W	
4	厨房和卫生间回路	微波炉（或光波炉）	600～1500 W	14 120 W
		电饭煲	500～1700 W	
		电磁炉	300～1800 W	
		电炒锅	800～2000 W	
		电热水器	800～2000 W	
		电冰箱	70～250 W	
		电烤箱	800～2000 W	
		消毒柜	600～800 W	
		抽油烟机	100～200 W	
		洗衣机	50～70 W	

考虑到远期用电发展，每户的用电量应按最有可能同时使用的电器最大功率总和计算。住户所用家用电器的说明书上都标有最大功率，设计人员可以根据说明书上标注的最大功率，计算出总用电量。

三、电线电缆的选择

在选用电线电缆时，一般要注意电线电缆型号和规格（导体截面）的选择。如果选择了不符合要求的电线线缆，往往会导致重大电气安全事故和火灾事故。线径选择过大，会造成不必要的浪费；线径选择过小，又会导致负载过重，线路过热，以致电线电缆绝缘老化甚至发生火灾。

下面讲述电线电缆选择的一些规则。

1. 电线电缆的种类

常用的电线电缆分为裸线、电磁线、绝缘电线、电缆和通信电缆等，根据所使用的材质又可分为铜导线和铝导线。根据使用的绝缘材料，常用电线电缆还可分为聚氯乙烯绝缘导线、丁腈聚氯乙烯复合物绝缘软导线和氯丁橡皮线等。常用绝缘导线的名称及符号参见表9-2。

表9-2　常用导线名称及符号

	常用导线名称及符号		常用导线的标识符号及代表意义	
常用导线	符合名称	常用导线名称	字母标志	代表意义
聚氯乙烯绝缘导线	BV	铜芯塑料硬线	B	布线（例如，作室内电力线，把它钉布在墙上）
	BLV	铝芯塑料硬线	V	聚氯乙烯塑料护套（一个V代表一层绝缘，两个V代表双层绝缘）
	BVR	铜芯塑料软线	L	铝线
橡皮绝缘导线	BX	铜芯橡皮线	无L	铜线
	BX R	铜芯橡皮软线	R	软线
	BXS	铜芯双芯橡皮线	S	双芯
	BXH	铜芯橡皮花线	X	橡胶皮
	BXG	铜芯穿管橡皮线	H	花线
	BLX	铝芯橡皮线		
	BLXG	铝芯穿管橡皮线		

家用安装常用的单股芯线的安全载流量参见表9-3。

表9-3　家用安装常用的单股芯线的安全载流量

截面积/mm^2	导线种类	安全载电流/A	允许接用负荷（220V）/W
2.5	铝线	12	2400
4.0	铝线	19	3800
6.0	铝线	27	5400
10	铝线	46	9200

续表

截 面 积/mm^2	导线种类	安全载电流/A	允许接用负荷（220 V）/W
1.0	铜线	6	1200
1.5	铜线	10	2000
2.5	铜线	15	3000
4.0	铜线	25	7000
6.0	铜线	35	10000
10	铜线	60	13500

2. 进户线的选择

进户线是按每户用电量及考虑今后发展的可能性选取的。每户用电量为4～5 kW，电表为5（20）A，则进户线为BV-3×10 mm^2；每户用电量6～8 kW，电表为15（60）A，则进户线为BV-3×16 mm^2；每户用电量为10 kW，电表为20（80）A，则进户线为BV-2×25＋1×16 mm^2。这样选择既可满足要求又留有一定的余量。户配电箱各支路导线为：照明回路为BV-2×2.5 mm^2，普通插座回路为BV-3×2.5 mm^2（或者BV-3×4.0 mm^2），厨房和卫生间回路、空调回路均为BV-3×4.0 mm^2。现代建筑多采用三相五线制作为进户线。

3. 导线选择要领

（1）从所列出的数据表明，同规格的铜芯线和铝芯线，铜芯线的载流量比铝芯线载流量大。所以在装修房屋时，我们大多采用铜芯线。

（2）在成本控制方面，铜比铝贵，对于一些需要成本控制的场所又能满足安全要求的情况下，常选用铝芯线。

（3）不要铜线、铝线混合使用。因为，铜硬铝软，接在一起时会接触不良，接触电阻大，在接头处发热，可能引起电气火灾。

（4）多股线的载流量要比单股线大。例如，4 mm^2 的多股铜芯软线的载流量为28 A，而4 mm^2 的单股铜芯线的载流量为25 A。相同截面积的多股铜芯软线要比单股线的安全截电流大10%左右。

（5）住宅内常用的电线截面积有1.5 mm^2、2.5 mm^2、4 mm^2、6 mm^2、10 mm^2、16 mm^2、25 mm^2、35 mm^2、50 mm^2 等。另外住宅电气电路一定要选用铜导线，因为使用铝导线会埋下众多的安全隐患，住宅一旦施工完毕，就很难再次更换导线，因此不安全的隐患会持续多年。此外，插座用电源线不得低于2.5 mm^2 的多股铜芯软线。

（6）居民家庭用的保险丝应根据用电容量的大小来选用。例如使用容量为5 A的电表时，保险丝应大于6 A小于10 A；使用容量为10 A的电表时，保险丝应大于12 A小于20 A。也就是说，选用的保险丝应是电表容量的1.2～2倍。选用的保险丝应是符合规定的一根，而不能以小容量的多根保险丝并用，更不能用铜丝代替保险丝使用。

四、强电线路设计

1. 照明回路

一般商品房仅将楼梯间灯具选用带玻璃罩的吸顶式灯具，而住户内均用普通灯座、吸顶式安装。这样选型是出于住户装修时，多将开发商选用的灯具、开关拆掉，换装上住户自己选用的灯具及开关。客厅开关的选择，宜采用多联开关，有条件也可用调光开关或单联开关及电子开关来控制客厅灯。楼梯间开关多采用节能延时开关，其种类较多。通过几年的使用表明，楼梯间开关不宜用声控开关，因为不管在室内或室外有声音达到其动作值时，开关就会动作，灯亮，而这时楼梯间无人，不需灯亮。现在楼梯间开关大多采用的是红外线系列的产品，该类产品是在灯头内设有一个特殊的开关装置，夜间有人走入其控制区（7 m）内，灯亮，经过延时 3 min 灯自熄。这比常规方式省掉了一个开关和灯至开关间的电线及布管。

照明用断路器一般可选 DZ12 系列塑料外壳式断路器，其体积小巧，结构新颖，性能优良可靠。断路器装在照明配电箱中，用于宾馆、公寓、高层建筑、广场、航空港、火车站和工商企业等单位的交流 50 Hz、单相 230 V 及以下的照明线路中，作为线路的过载、短路保护以及在正常情况下作为线路的不频繁转换之用。也可以用单相漏电保护器加空气开关来实现该功能。

照明开关必须接在火线上。如果将照明开关装设在零线上，虽然断开时电灯也不亮，但灯头的相线仍然是接通的；而人们以为灯不亮，就会错误地认为是处于断电状态。但实际上灯具上各点的对地电压仍是 220 V 的危险电压。如果灯灭时人们触及这些实际上带电的部位，就会造成触电事故。所以各种照明开关或单相小容量用电设备的开关，只有串接在火线上，才能确保安全。

2. 插座回路

普通插座回路设一路还是两路，可根据住户面积的大小及所设插座数量的多少来考虑。例如住户面积比较大，普通插座数量多且线路长，既要考虑线路和电气装置的漏电流，又要考虑漏电断路器的动作电流为 30 mA，故建议设两个普通插座回路。

住户插座的设置，既要考虑住户使用方便，又要考虑用电安全，其数量不宜少于下列数值：

（1）起居室：电源插座 4 组，空调插座 1 个；

（2）主卧室：电源插座 4 组，空调插座 1 个；

（3）次卧室：电源插座 3 组；

（4）餐室：电源插座 1 组；

（5）厨房；电源插座 4 组；

（6）卫生间：电源插座 2 组。

每组插座为两个单相三孔组合及以上。插座的选型要考虑住宅档次、经济实力、售价等因素。

3. 空调回路

空调是一种耗电量较大的电器，并且在特定的季节里，空调的工作时间较长，这点是与其他大功率家电的不同之处。同时，空调的正常启动与电源的电压变化关系密切。如果将空调与其他电器合用一路线路，一方面共用线路往往由于截面不足，造成导线发热形成隐患；另一方面空调机中的大启动电流造成较大的电压降，会影响其他电器的正

常工作，甚至停机。所以要求空调插座使用单独回路，且一个空调回路最多只能带两部空调。另外，柜式空调必须独占一个回路。

一般应根据用电线路的相数（单相电路还是三相线路）、额定电压、负载电流、漏电动作电流、预期的短路电流、负载类型等因素选择漏电断路器相应合适的额定值。一般家用的漏电断路器应选用漏电动作电流为 30 mA 及以下快速动作的产品。例如，DZL18-20 系列家用漏电开关，适用于交流 50 Hz，额定电压 220 V，额定电流 20 A 及以下的单相线路中。此类家用漏电开关既可作为人身触电保护，也可作为线路、设备的过载、过压保护，还可用于防止因设备绝缘损坏而产生接地故障电流而引起的火灾危险等。

知识链接3　家装用电线路设计实例

下面是某家庭具体的内线设计安装实例，现将具体的内线设计过程描述如下。

房屋的平面结构图如图 9-16 所示。

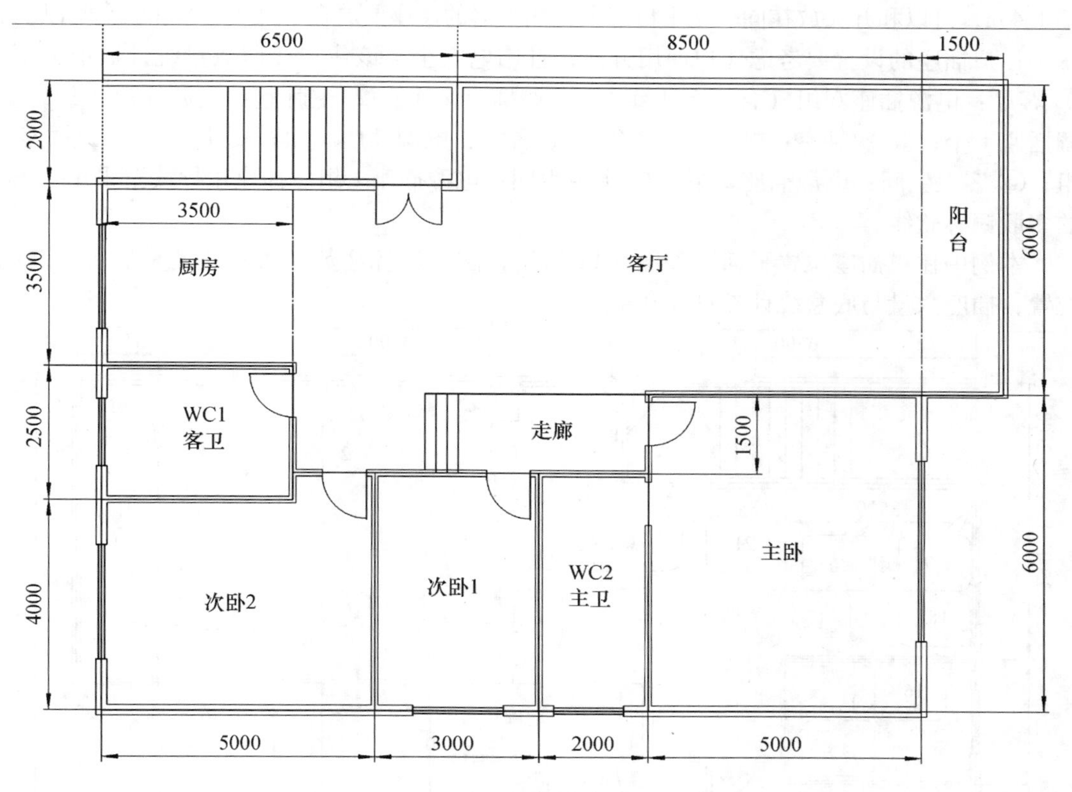

图 9-16　房屋的平面结构图

1. 了解建筑物的建筑结构、布局及客户的需求

该房屋的楼层高度是 3.3 m，客户没有很特别的要求。经过查看，该用户的进户线是三根线，离地面的高度是 2.5 m，主线是 6 mm^2 的多股铜芯软线，接地线是 1.5 mm^2 的黄绿双色线。作为专业电工，做内线安装应把握一些基本原则，该如何处理需要从专业的角度去解决，最后给客户进行必要的解释。总开关箱放在大门上面，离地 2.5 m。

2. 插座电路的设计

(1) 普通插座回路的设计。根据前面的分析，由于该客户房屋面积较大，既要考虑线路和电气装置的漏电流，又要考虑漏电断路器的动作电流为 30 mA，故建议设两个普通插座回路，即客厅与阳台一路，三间卧室和主卫一路。当然，如果只用一个插座回路也能满足基本要求。暗装插座一般离地面的高度均为 30～40 mm。

(2) 空调回路的设计。空调在家装中一般是人员较多时才使用，并且使用时间较长，因而必须单独设计。该用户设计两路空调回路即可。客厅的插座与普通插座的高度一致。卧室的空调插座高度为 2. 5 m。

(3) 厨房回路的设计。厨房的用电量较大，油烟机的插座高度一般在 2. 5 m；其他的插座高度均要高出厨台的高度 30 mm，而厨台的高度一般是 80 mm。

(4) 卫生间回路的设计。卫生间是一个长期有水的地方。洗衣机插座的高度一般不低于 1. 4 m，可以和开关放在同一水平位置上；热水器的插座要放在不低于 1. 8 m 的空间以上。

住户插座的设置要考虑住户使用方便，且用电安全。该住户插座数量统计数值如下：① 客厅：电源插座 6 组（含阳台 1 组），空调插座 1 个；② 主卧室：电源插座 3 组，空调插座 1 个；③ 次卧室：电源插座 2 组；④ 餐室：电源插座 1 组；⑤ 厨房：电源插座 4 组；⑥ 客卫生间：电源插座 2 组；⑦ 主卫生间：电源插座 1 组。插座用导线全采用 $4\ mm^2$ 的多股铜芯软线。

本例中住户插座位置平面图如图 9-17 所示，图中所标注数字表示此处是插座安装的位置；插座数量与底盒统计参见表 9-4。

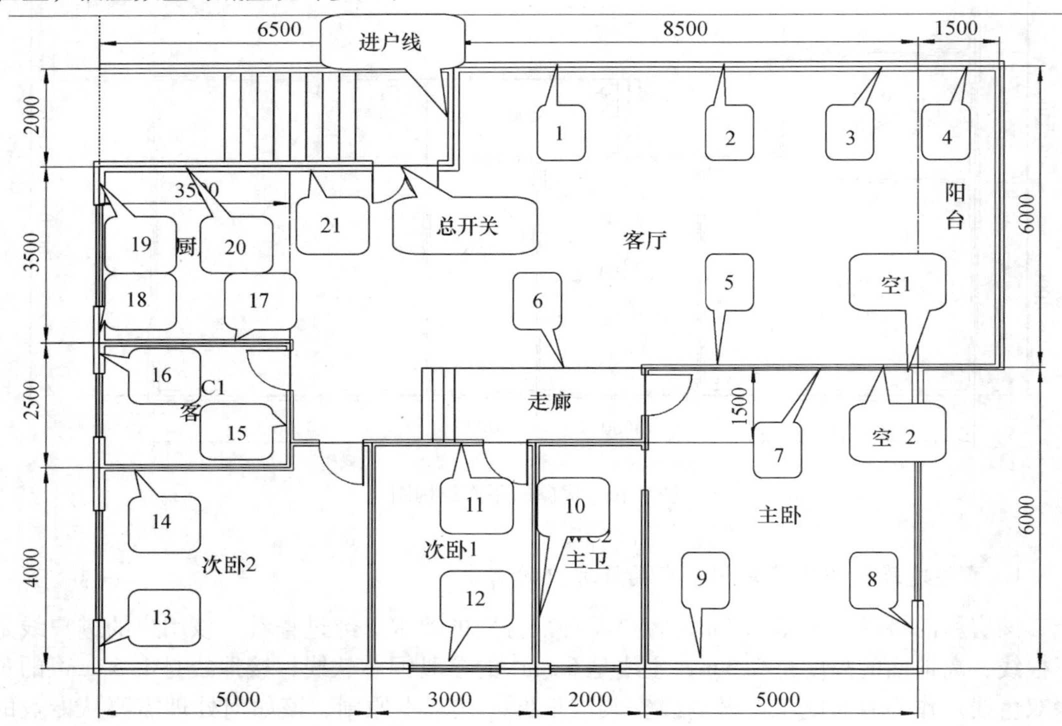

图 9-17　插座位置平面图

表9-4　插座数量与底盒统计

插座序号	名　　称	底盒位数	插座位数	备　　注
1	备用1	2	2插	
2	取暖器	2	1插	
3	备用2	2	2插	与网络信号共用
4	阳台插座	2	1插	
5	电视机	4	3插+电视	与电视信号共用
6	饮水机	2	2插	
7	主卧电视插座	4	3插+电视	与电视信号共用
8	主卧电脑用插座	4	3插+网络	与网络信号共用
9	床头插座	3	1插+2多控	与床头两组三控开关共用
10	主卫热水器	2	1插（专）	
11	床头插座	2	2插	
12	电脑插座	4	3插+网络	与网络信号共用
13	床头插座	4	2插+2双联	
14	备用插座	2	2插	
15	洗衣机插座	2	1插+1单	与客卫开关共用
16	热水器插座	2	1插（专）	
17	微波炉插座	2	2插	
18	电饭煲插座	2	2插	
19	电磁炉	2	2插	
20	油烟机	2	1插	
21	电冰箱和餐厅	3	3插	
空1	空调1（柜机）	2	1插（专）	
空2	空调2（挂机）	2	1插（专）	

3. 闭路电视、网络、有线电话的设计

闭路电视需要两路，即图9-17“插座位置平面图”中的位置5和位置7各一条线，也可在位置5处分到位置7。

网络线窜入到图9-17“插座位置平面图”中位置3，8，12即可。

有线电话也窜入到图9-17“插座位置平面图”中位置3，8，12即可。

4. 照明电路的设计

照明电路先要设计开关的位置。开关位置布局如图9-18所示，开关及其底盒统计参见表9-5。

表 9-5　开关及其底盒统计

位置序号	名　　称	底盒位数	开关及插座数	备　　注
1	客厅开关	4	6 单联	
2	阳台开关	2	1 单	
3	主卧室三控开关（两组）	2	2 双联	
4	主卧室三控开关（两组）	2	2 双联	
5	主卧室三控开关（两组）	3	2 多控 +1 单插	与插座 9 共用底盒
6	浴霸开关	1	1 个专用	方形
7	主卫照明开关	2	1 单	
8	次卧双联开关	2	2 双联	
9	次卧双联开关	2	2 双联	
10	次卧双联开关	2	2 双联	
11	次卧双联开关	4	2 双联 +2 插	与插座 13 共用底盒
12	浴霸开关	1	1 个专用	方形
13	客卫照明开关	2	1 单 +1 插	与插座 15 共用底盒
14	走廊双联开关	2	1 双联	只用一位
15	走廊双联开关	2	1 双联	只用一位
16	客厅和厨房开关	4	4 单	

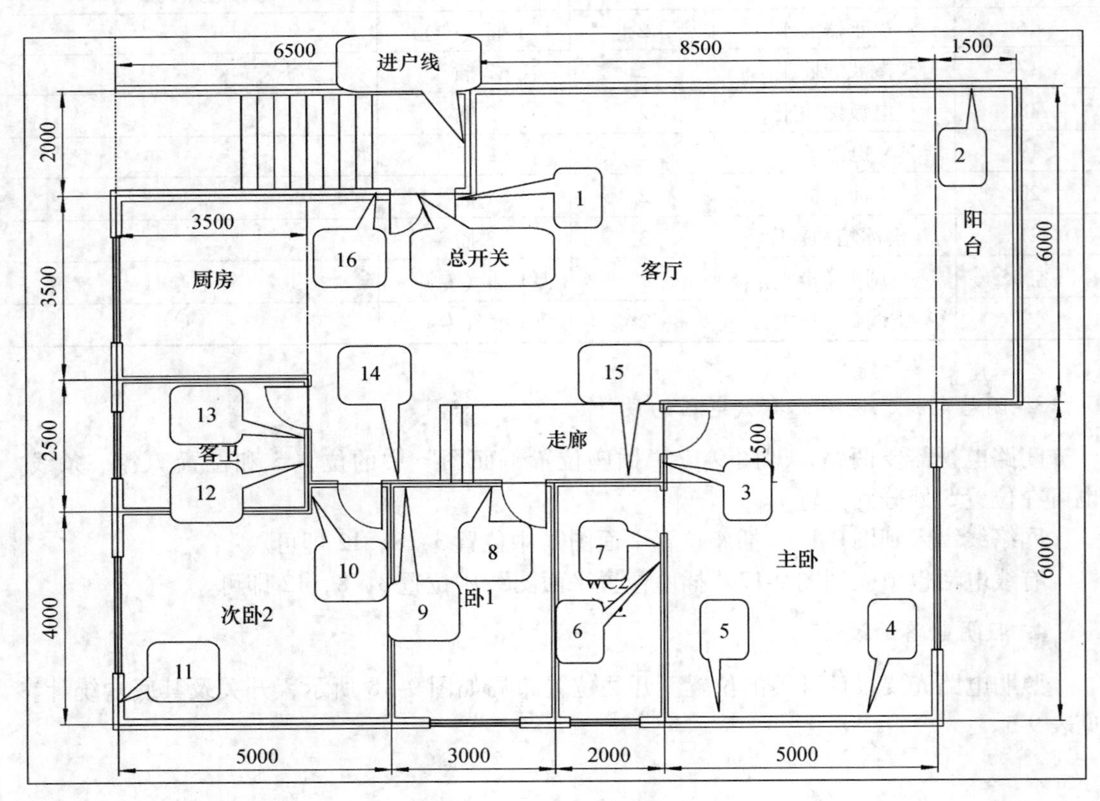

图 9-18　开关位置平面图

开关和插座汇总平面图如图 9-19 所示。

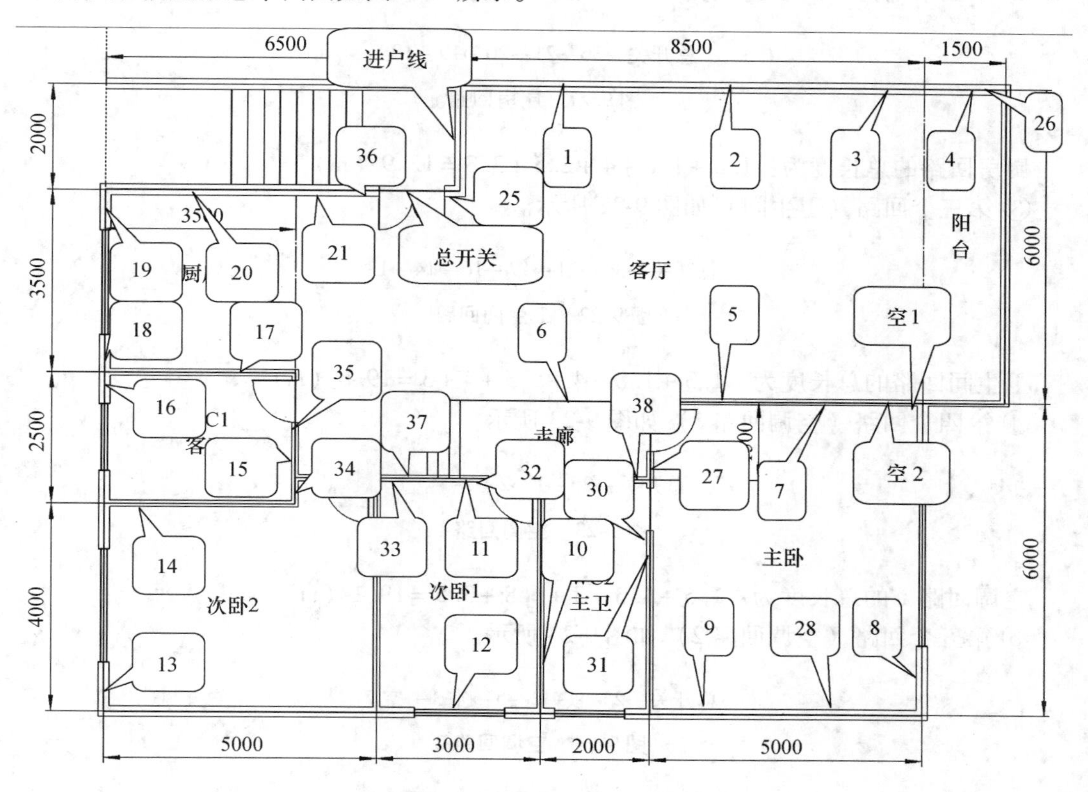

图 9-19　开关和插座汇总平面图

5. 导线长度的预算

导线采用两种规格。插座回路均采用 4 mm^2 的多股铜芯软线；照明电路的主线路采用 4 mm^2 的多股铜芯软线，分支控制线路均采用 1.5 mm^2 的多股铜芯软线。

导线均要放在穿线管中，而穿线管需要在线槽中进行埋设。只要先算出线槽的长度，就能很快算出导线的长度了。

（1）计算 4 mm^2 多股铜芯软线的用量，插座是火线和零线并行的。

① 第一个插座回路如图 9-20 所示。

总开关→25→1→2→{ 3→4→26 ; 5→{ 6 ; 7→28→{ 9→10→12→11 ; 8 } } }

图 9-20　第一个插座回路

第一个插座回路的总长度为：1.5 + 4.3 + 3 + (3 + 1.5 + 1.2) + 6.8 + (3) + 2 + 8 + (2.5) + 2.3 + 4.6 + 3 + 5.5 = 52.2 (m)

② 第二个回路（厨房）如图 9-21 所示。

总开关→36→21→20→19→18

图 9-21　厨房回路

厨房回路的总长度为：1. 3 + 1. 8 + 4 + 2. 5 + 3. 3 = 12. 9（m）

③ 第三个回路（卫生间）如图 9-22 所示。

总开关→36→21→17→16→14→13

图 9-22　卫生间回路

卫生间回路的总长度为：1. 3 + 1. 8 + 4 + 5. 5 + 4 + 3 = 19. 6（m）

④ 第四个回路（空调回路 1）如图 9-23 所示。

总开关→25→1→2→5→空 1

图 9-23　空调回路 1

空调回路 1 的总长度为：1. 5 + 4. 3 + 3 + 6. 8 + 3. 5 = 19. 1（m）

⑤ 第五个回路（空调回路 2）如图 9-24 所示。

总开关→25→1→2→5→空 1→空 2

图 9-24　空调回路 2

空调回路 2 的总长度为：1. 5 + 4. 3 + 3 + 6. 8 + 3. 5 + 3 = 22. 1（m）

⑥ 第六个回路（照明回路）如图 9-25 所示。

总开关→{25→客厅顶部一圈（零线）
36→35→34→37→32→27→30

图 9-25　照明回路

照明回路的总长度为：1. 5 + 1. 3 + 9. 5 + 1. 5 + 6 + 3 + 9 + 6 = 37. 8（m）

另外还有客厅顶部零线 23. 5 m。

故合计导线为 163. 7 m，需两卷红色线和两卷蓝色线。

（2）计算 1. 5 mm^2 多股铜芯软线的用量。

第一回路（客厅照明回路）：隐灯为 23. 5 m，大灯为 13 m，射灯为 8 m，鞋柜灯为 6 m，电视背景灯为 15 m。

第二回路（其他照明回路）：餐厅两路为 14 m；厨房两路为 12 m；客卫 6 m，浴霸为 16 m；次卧 2 是两组双控为 26 m；次卧 1 是两组双控为 18 m；主卫为 6 m，浴霸为 16 m；主卧是两组三控为 28 m。

故合计导线为 207. 5 m，需三卷红色线和三卷蓝色线。

此外，再加一卷 1. 5 mm^2 的黄绿双色线。

（3）穿线管长度和大小的预算。

① 双线走线管如图 9-26 所示。

总开关→25→{1→2→5；屋顶}

图 9-26　双管走线

双线走线管总长度：（1.5 +4.3 +3 +6.8 +3）×2 =18.6 ×2 =37.2（m）

② 单线走线管 1 如图 9-27 所示。

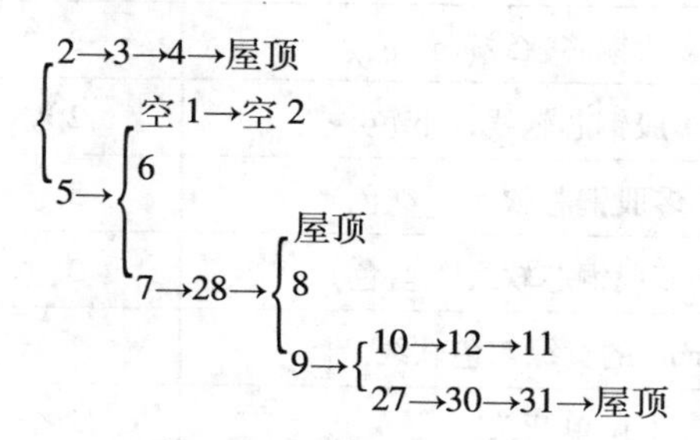

图 9-27　单管走线 1

单线走线管 1 总长度：3 +1.5 +6.8 +3.5 +3 +2 +8 +2.5 +2.3 +4.6 +3 +5.5 +8 +3.5 +5 +3 +3 =68.2（m）

③ 单线走线管 2 如图 9-28 所示。

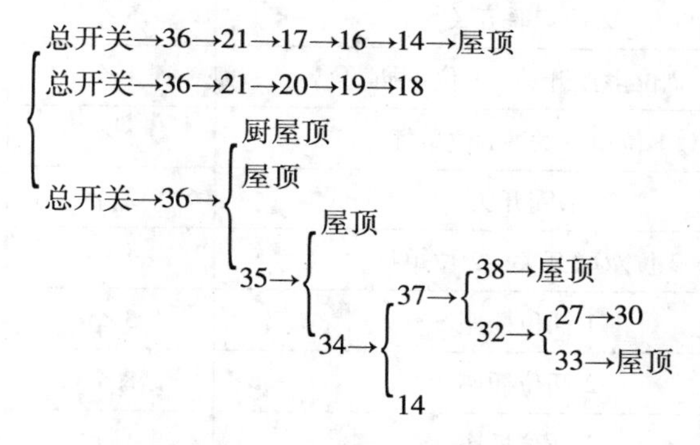

图 9-28　单管走线 2

单线走线管 2 总长度：（1.3 +1.8 +4 +5.5 +4 +3 +3）+（1.3 +1.8 +4 +2.5 +3.3）+（1.3 +9.5 +1.5 +9.5 +3 +1.5 +6 +6 +3 +3 +9 +6 +4 +6 +6）=110.8（m）

故穿线管的总长度为 37.2 +68.2 +110.8 =216.2（m）。若每根管按 6 m 算，则需 225.7/6≈38 根，取 40 根。

线管的转弯处可以用弯头连接，也可以用高温加热后整管弯曲成需要的角度，还可以用波纹管连接转弯处。

综上所述，家装用材料采购清单参见表 9-6。

表 9-6　家装用材料采购清单

序　　号	需购物品名称	数　　量	备　　注
1	两位底盒	25 个	
2	三位底盒	3 个	
3	四位底盒	6 个	
4	四方底盒（浴霸开关）	2 个	
5	6 米穿线管	40 根	
6	4 mm^2 多股铜芯软线（红色）	2 卷	
7	4 mm^2 多股铜芯软线（蓝色）	2 卷	
8	1.5 mm^2 多股铜芯软线（红色）	3 卷	
9	1.5 mm^2 多股铜芯软线（蓝色）	3 卷	
10	1.5 mm^2 的黄绿双色软线	1 卷	
11	1 位单开关	2 个	
12	4 位单开关	1 个	
13	6 位单开关	1 个	
14	1 位双联开关	2 个	
15	2 位双联开关	5 个	
16	2 位多控开关 +1 位单插	1 个	
17	1 位单开关 +1 位单插	1 个	
18	浴霸开关	2 个	
19	2 位双联开关 +2 位单插	1 个	
20	1 插位插座	3 个	
21	2 插位插座	8 个	
22	3 插位插座	1 个	
23	3 插位插座 + 电视	2 个	
24	3 插位插座 + 网络	2 个	
25	热水器专用插座	2 个	
26	空调专用插座	2 个	
27	总开关盒	1 个	
28	空气开关	6 个	
29	漏电保护器	2 个	

【任务检查】

<table>
<tr><td rowspan="2">任务检查单</td><td>任务名称</td><td>姓　　名</td><td colspan="3">学　　号</td></tr>
<tr><td></td><td></td><td colspan="3"></td></tr>
<tr><td>检　查　人</td><td>检查开始时间</td><td colspan="4">检查结束时间</td></tr>
<tr><td></td><td></td><td colspan="4"></td></tr>
<tr><td colspan="4">检查内容</td><td>是</td><td>否</td></tr>
<tr><td rowspan="5">1. 照明电路电器的识别</td><td colspan="3">（1）电度表的识别是否正确</td><td></td><td></td></tr>
<tr><td colspan="3">（2）漏电保护器的识别是否正确</td><td></td><td></td></tr>
<tr><td colspan="3">（3）空气开关的识别是否正确</td><td></td><td></td></tr>
<tr><td colspan="3">（4）插座的识别是否正确</td><td></td><td></td></tr>
<tr><td colspan="3">（5）各种灯具的识别是否正确</td><td></td><td></td></tr>
<tr><td rowspan="3">2. 照明电路的设计</td><td colspan="3">（1）在正常使用环境下的负荷计算是否正确</td><td></td><td></td></tr>
<tr><td colspan="3">（2）导线的选择是否正确</td><td></td><td></td></tr>
<tr><td colspan="3">（3）回路分析的方法是否正确</td><td></td><td></td></tr>
<tr><td rowspan="3">3. 安全文明操作</td><td colspan="3">（1）是否注意用电安全，遵守操作规程</td><td></td><td></td></tr>
<tr><td colspan="3">（2）是否遵守劳动纪律，注意培养一丝不苟的敬业精神</td><td></td><td></td></tr>
<tr><td colspan="3">（3）是否保持工位清洁，整理好仪器仪表</td><td></td><td></td></tr>
</table>

任务9.2　家庭用电线路的安装

【任务目的】

将设计好的电路安装到具体的房屋中去，实现生产生活的需要。

【任务内容】

1. 插座的安装。
2. 开关的安装。
3. 灯具的安装。

任务训练1　一个开关控制一盏灯电路的安装

1. 训练目的：在模拟电工板上按照控制原理安装电路，完成电路的安装。

2. 训练内容：

（1）插座的安装；

（2）导线的连接；

（3）开关的安装。

3. 训练方案：2个学生组成一个小组，3个小组挑选一名组长，每个学生均要单独完成控制线路的安装。组长负责对组员学习的具体情况进行检查并组织讨论，完成任务后对每个组员的作品做出评价。

【注意事项】

1. 一般照明应采用不超过250 V的对地电压。

2. 照明灯须用安全电压时，应采用一、二次线圈分开的变压器，不允许使用自耦变压器。

3. 行灯必须带有绝缘手柄及保护网罩，禁止采用一般灯口，手柄处的导线应加绝缘套管保护。

4. 根据工作需要，各种照明灯应有一定形式的聚光设备。聚光设备不得用纸片、铁片等代替，更不准用金属丝在灯口处捆绑。

5. 安装户外照明灯时，若其高度低于3 m，则应加保护装置，同时应尽量防止风吹而引起摇动。

知识链接1　常用照明电路安装

一、灯具的安装

1. 灯具的安装要求

（1）白炽灯、日光灯等电灯吊线应用截面不小于0.75 mm^2 的绝缘软线。

（2）照明每一回路配线容量不得大于2 kW。

（3）螺口灯头的安装，在灯泡装上后，灯泡的金属螺口不应外露，且应接在零线上。

（4）照明220 V灯具的高度应符合下列要求：

① 潮湿、危险场所及户外不低于2.5 m；

② 生产车间、办公室、商店、住房等一般不应低于2 m；

③ 灯具低于上述高度，而又无安全措施的车间照明以及行灯、机床局部照明灯应使用36 V以下的安全电压；

④ 露天照明装置应采用防水器材，高度低于2 m应加防护措施，以防意外触电；

⑤ 碘钨灯、太阳灯等特殊照明设备，应单独分路供电，且不得装设在易燃、易爆物品的场所；

⑥ 在有易燃、易爆、潮湿气体的场所，照明设施应采用防爆式、防潮式装置。

2. 灯座（灯头）的安装方法

灯头安装控制线路是中心头接火线，螺口接零线，其接线如图9-29所示。

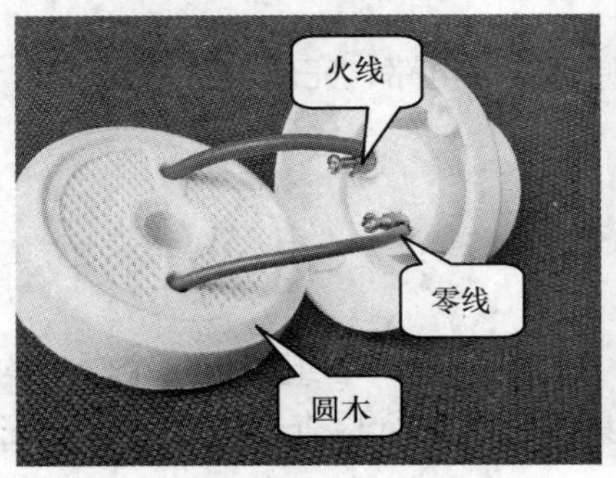

图9-29　灯头的安装

二、单相电度表的安装

1. 单相电度表的安装要求

（1）单相电度表的接线有单相跳入式和单相顺入式两种。电度表有接线盒，电压和电流的电源已经连在一起。接线盒有4个端子，即相线“一进一出”和零线“一进一出”。配线应采用进端接电源端，出端接负载端，电流线圈应接相线而不要接零线。

（2）电度表不宜安装在 $\cos\Phi=1$、标定电流5%以下的电路中。

（3）如果使用电压互感器和电流互感器，实际消耗的电能应为电度表的读数乘以电压互感器和电流互感器的变化值。

2. 单相电度表的安装方法

（1）固定电度表的安装位置要便于读表，现在多安装在电表箱中。

（2）单相跳入式电度表火线是1进2出，零线是3进4出。

（3）导线引出端应留有一定的余量，以便于安装和检修等工作。电度表的安装如图9-30所示。

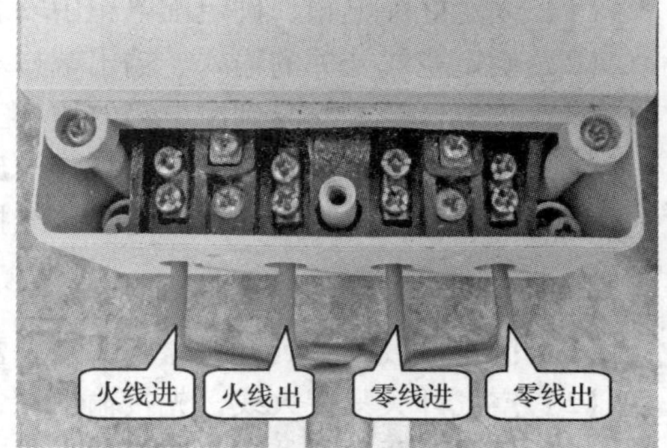

图9-30　电度表的安装

三、漏电保护器的安装

1. 漏电保护器的安装要求

（1）漏电保护器的安装应符合生产厂家产品说明书的要求。

（2）标有电源侧和负荷侧的漏电保护器不得接反。如果接反，会导致电子式漏电保护器的脱扣线圈无法随电源切断而断电，以致长时间通电而烧毁。

（3）安装漏电保护器不得拆除或放弃原有的安全防护措施，漏电保护器只能作为电气安全防护系统中的附加保护措施。

（4）安装漏电保护器时，必须严格区分中性线和保护线。使用三极四线式和四极四线式漏电保护器时，中性线应接入漏电保护器。经过漏电保护器的中性线不得作为保护线。

（5）工作零线不得在漏电保护器负荷侧重复接地，否则漏电保护器不能正常工作。

（6）采用漏电保护器的支路，其工作零线只能作为本回路的零线；禁止与其他回路的工作零线相连，其他线路或设备也不能借用已采用漏电保护器后的线路或设备的工作零线。

（7）安装完成后，要按照《建筑电气工程施工质量验收规范》（GB 50303—2002）中的第3.1.6条款，即“动力和照明工程的漏电保护器应做模拟动作试验”的要求，对完工的漏电保护器进行试验，以保证其灵敏度和可靠性。试验时可操作试验按钮三次，带负荷分合三次，确认动作正确无误，方可正式投入使用。

2. 漏电保护器的安装方法

（1）固定漏电保护器在开关盒中，一般开关盒中均有一个卡座。
（2）漏电保护器一般左边是火线，右边是零线，安装时要看漏电保护器的安装说明图。
（3）导线应加工成麻花状，然后压接到漏电保护器的接线端口中。
漏电保护器的安装如图 9-31 所示。

四、空气开关的安装

1. 空气开关的安装要求

（1）固定好配电箱，确定配电箱中安装空气开关的槽架是牢固的。
（2）确定空气开关的输入、输出端口。
（3）将空气开关安装到配电箱的槽架上。
（4）将空气开关打到断开状态，将输出电源的连接线接到空气开关的输出端口。
（5）同样的方法将输入电源的连接线接到空气开关的输入端口。

2. 空气开关的安装方法

（1）固定空气开关到开关盒中，开关盒中一般均有卡座。
（2）空气开关只接火线，先接输出端，后接输入端。
（3）导线头要进行处理，一般加工成麻花状导线头。
空气开关的安装如图 9-32 所示。

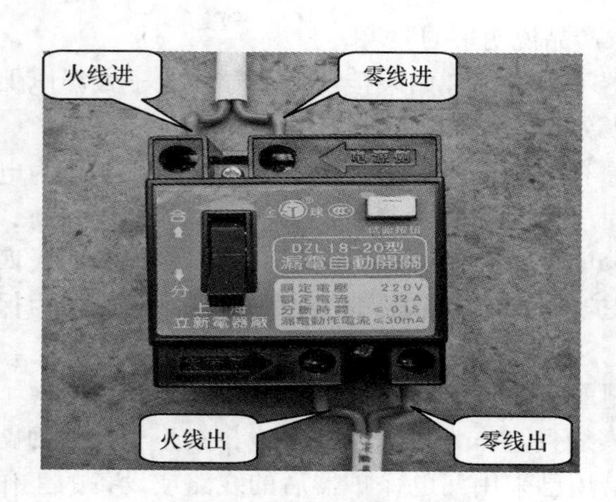

图 9-31　漏电保护器的安装

图 9-32　空气开关的安装

五、插座的安装

1. 插座的安装要求

（1）不同电压的插座应有明显的区别，不能互用。

（2）凡为携带式或移动式电器用的插座，单相应用三眼插座，三相应用四眼插座，其接地孔应与接地线或零线接牢。

（3）明装插座距地面不应低于 1.8 m，暗装插座距地面不应低于 30 cm；儿童活动场所的插座应用安全插座，或高度不低于 1.8 m。

2. 插座的安装方法

（1）将线头处理好，压接到接线孔中。注意安装时做到“左零右火上接地”（如图 9-33 所示）。

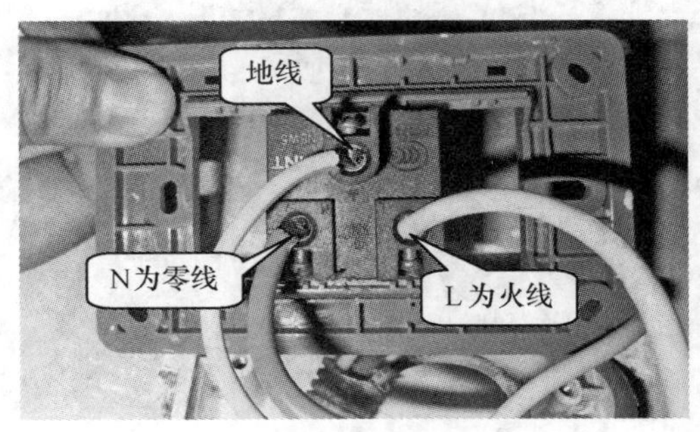

图 9-33　插座接线

（2）将接好线的插座固定到底盒上（如图 9-34 所示）。

安装好的插座如图 9-35 所示。

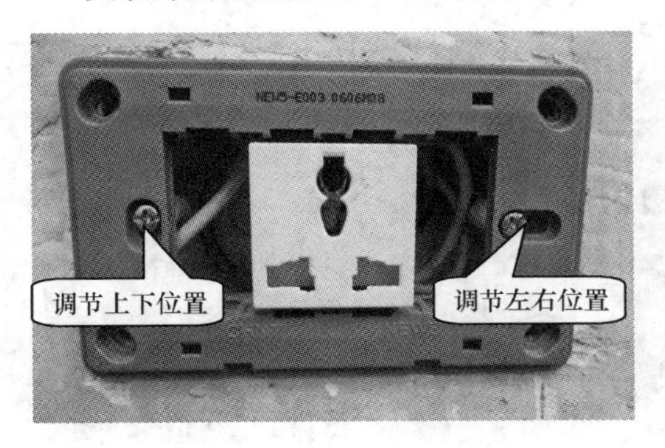

图 9-34　插座固定

图 9-35　插座的安装

六、开关的安装

1. 开关的安装要求

（1）扳把开关距地面高度一般为 1.2 ～1.4 m，距门框为 150 ～200 mm。

（2）拉线开关距地面一般为 2.2 ～2.8 m，距门框为 150 ～200 mm。

（3）多尘潮湿场所和户外应用防水瓷质拉线开关或加装保护箱。

（4）在易燃、易爆和特别场所，应分别采用防爆型、密闭型的开关，或将开关安装在其他处所控制。

（5）暗装的开关及插座装牢在开关盒内，开关盒应有完整的盖板。

（6）密闭式开关，保险丝不得外露，开关应串接在相线上，距地面的高度为 1.4 m。

（7）仓库的电源开关应安装在库外，以保证库内不工作时库内不充电。单极开关应装在相线上，不得装在零线上。

（8）当电器的容量为在 0.5 kW 以下的电感性负荷（如电动机）或 2 kW 以下的电阻性负荷（如电热、白炽灯）时，允许采用插销代替开关。

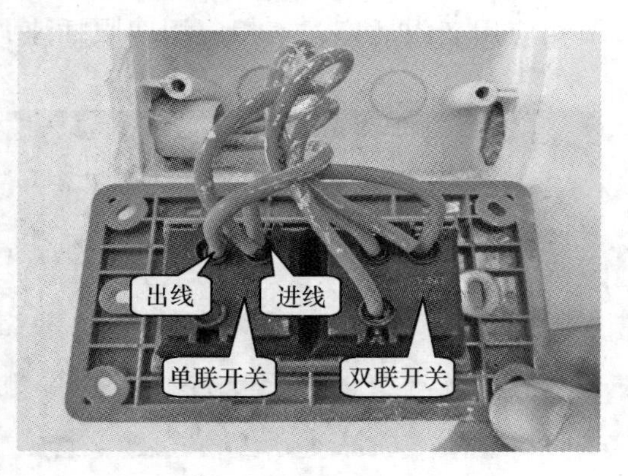

图 9-36　单联开关的安装

2. 开关的安装方法

（1）开关一般均安装在开关盒中，导线线头要进行加工处理。

（2）开关只控制火线，单联开关一般是一进一出。

（3）将接好线的插座固定到底盒上。

单联开关的安装如图 9-36 所示。

七、白炽灯的控制原理及安装训练实物图

白炽灯的控制方式有单联开关控制、双联开关控制及多控开关控制三种方式。如图 9-37 所示为单联开关控制原理。

白炽灯的安装训练实物图如图 9-38 所示。

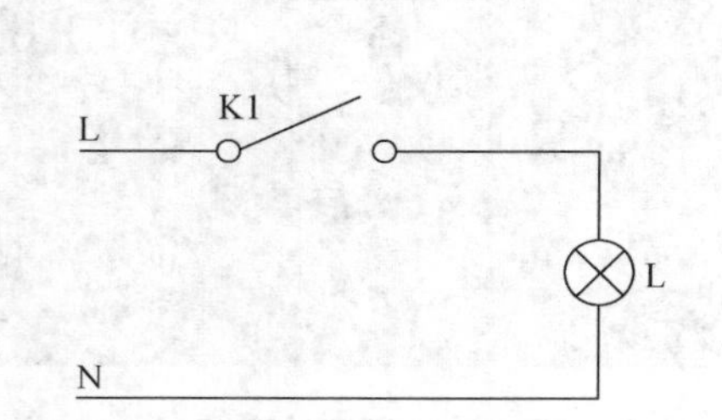

图 9-37　单联开关控制白炽灯的控制原理

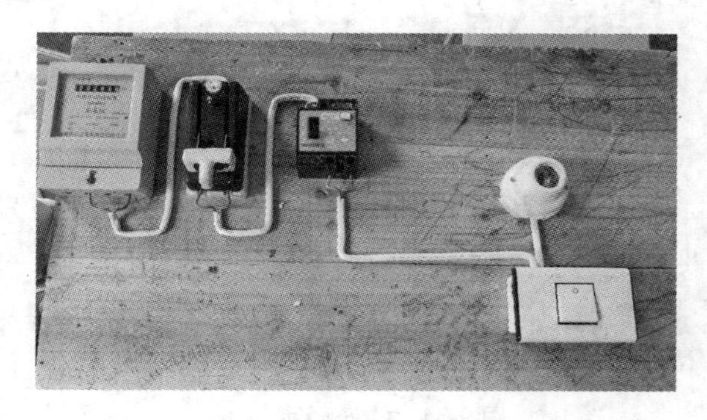

图 9-38　模拟电工板上安装训练

任务训练 2　两地控制同一盏灯电路的安装

1. 训练目的：

（1）掌握两地控制电路的安装方法；

（2）掌握两地控制的基本原理。

2. 训练内容：

（1）异地控制电路的连接；

（2）双联开关的安装技术要领。

3. 训练方案：2 个学生组成一个小组，4 个小组挑选一名组长，每个学生均要单独完成控制线路的安装。组长负责对组员学习的具体情况进行检查并组织讨论，完成任务后对每个组员的作品做出评价。

【注意事项】

1. 两个开关控制电压均是 220 V，要安装在火线上，并且要牢固可靠。

2. 注意安装时双联开关的静触头和动触头的接线要正确。

知识链接2　两地控制同一盏灯的安装

一、双联开关的安装

1. 双联开关的安装要求

双联开关的安装和单联开关的安装要求相似，但要分清静触点和动触点。两地控制一盏灯的电路如图9-39所示。

2. 双联开关的安装方法

（1）双联开关一般均安装在开关盒中，导线线头要进行加工处理。
（2）开关只控制火线，双联开关要按照开关上的标志来安装。
（3）将接好线的插座固定到底盒上。
双联开关的安装如图9-40所示。

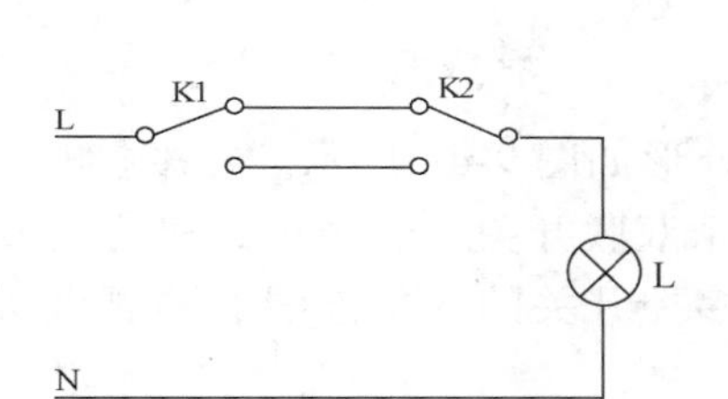

图9-39　两地控制一盏灯电路图

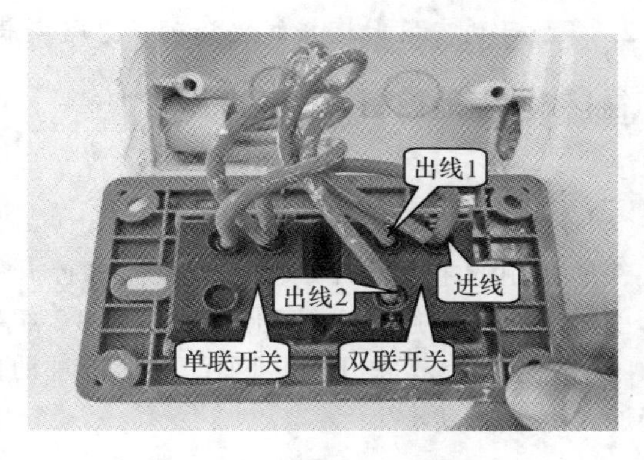

图9-40　双联开关的安装

二、两地控制安装训练实物图

两地控制安装电路的训练安装实物连接图如图9-41所示。

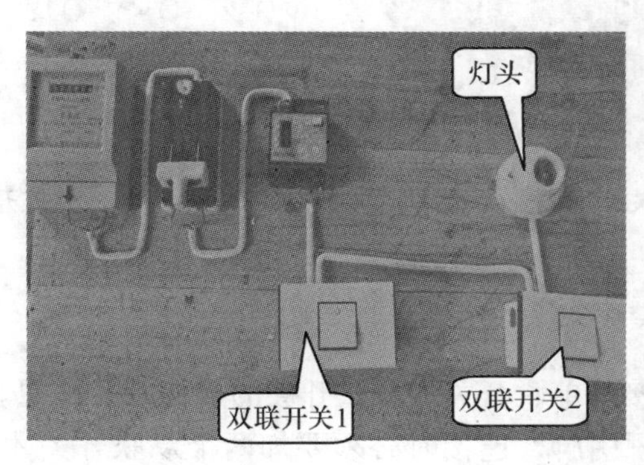

图9-41　在模拟电工板上安装训练

任务训练3 三地控制同一盏灯电路的安装

1. 训练目的：

（1）掌握三地控制电路的安装方法；

（2）掌握三地控制的基本原理。

2. 训练内容：

（1）三地控制电路的安装连接；

（2）三地控制电路的基本原理分析。

3. 训练方案：2个学生组成一个小组，3个小组挑选一名组长，每个学生均要单独完成控制线路的安装。组长负责对组员学习的具体情况进行检查并组织讨论，完成任务后对每个组员的作品做出评价。

【注意事项】

1. 按电路将两个双联开关安装在火线上，电路连接时静触点和动触点不能出错。

2. 多控开关安装时连接线要正确，电路安装要规范。

知识链接3 三地控制一盏灯的安装

一、多控开关

三地控制的主要器件是多控开关。多控开关的外形如图9-42所示。在多控开关的六个引线脚中，静触头1和动触头L1及L2组成一个双联开关，静触头2和动触头L3及L4组成另一个双联开关，两个开关同时动作。多控开关的内部连线有两种（如图9-43所示）。

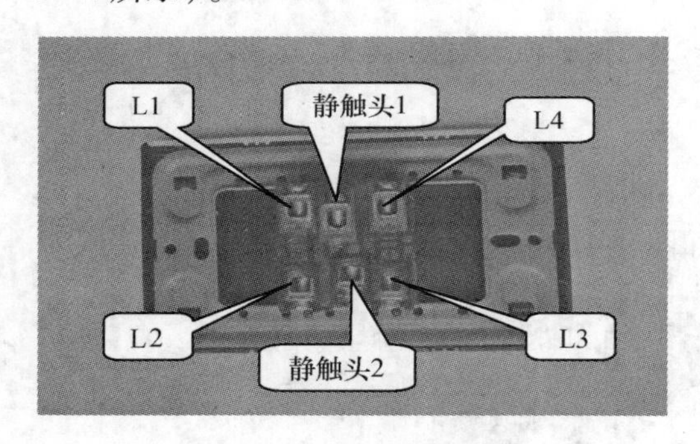

图9-42 多控开关外形图

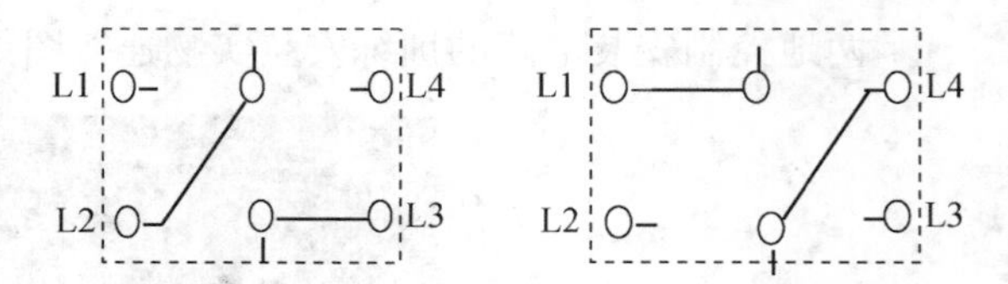

图9-43 多控开关的两种工作状态

二、多控开关的安装要求

（1）多控开关的连接与单联开关和双联开关的连接基本相似。

（2）多控开关有六只引脚，连接时必须要加两个双联开关才能组合成一个三地控制功能的电路。

如图9-44所示为三地控制一盏灯的电路图。

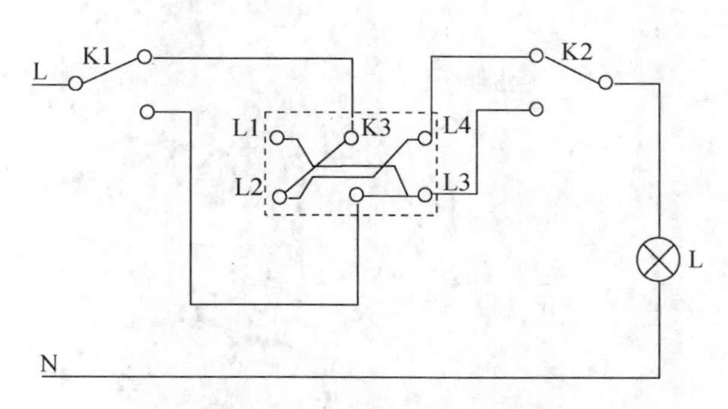

图9-44　三地控制一盏灯电路图

三、多控开关的安装方法

（1）开关一般均安装在开关盒中，导线线头要进行加工处理。

（2）开关只控制火线，多控开关要按照开关上的标志来安装。

（3）将接好线的开关固定到底盒上。

多控开关的安装接线如图9-45所示，控制电路的实物连接模拟安装训练如图9-46所示。

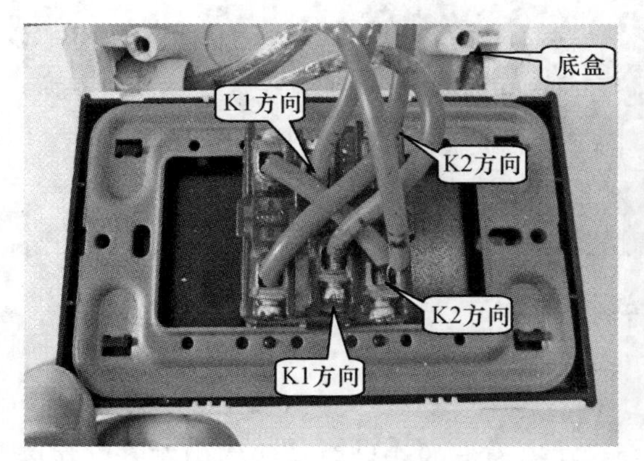

图9-45　多控开关的安装

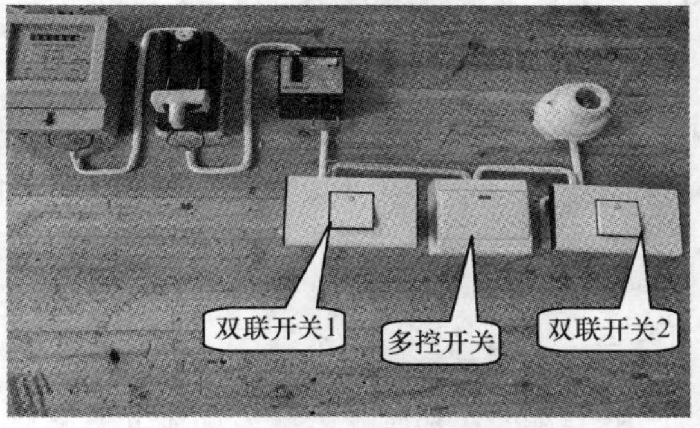

图9-46　在模拟电工板上安装训练

知识链接4　家装用电线路安装实例

以任务9.1中的设计实例为基础进行线路的安装，具体过程介绍如下。

一、打线槽

先按设计要求打线槽，注意线槽的深度和宽度能埋下线管即可。根据现场的需要，有些线管可以直接从屋顶或者从地板上走（如图9-47所示）。

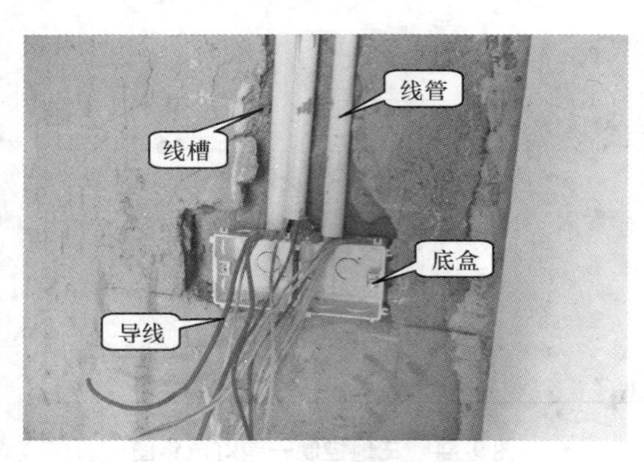

图 9-47　在线槽中的线管

二、总开关盒的安装

本套房屋共用了 6 组空气开关和 1 个漏电保护器（如图 9-48 所示）。

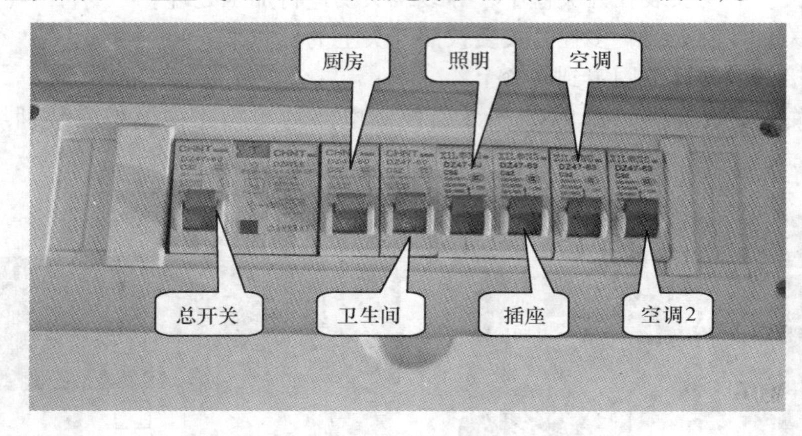

图 9-48　总开关盒

三、布线管

将导线穿入线管并安装上插座开关的底盒。在墙面上的线管要从线槽中布管，在屋顶和地板上的线管如图 9-49 和图 9-50 所示。

图 9-49　在屋顶上的线管

图 9-50　在地板上的线管

四、固定线管

用对应的管卡将线管固定好。

五、封线槽

用少量的水泥浆将底盒固定平整，并用水泥砂浆将线管槽填好（如图9-51 所示）。

图9-51　用水泥浆填线槽管

六、等待

此时电工需要等待泥水工和木工完成相关的工作之后才能入场工作。

七、装灯

待墙面处理完毕时将插座开关安装好，并要求灯具安装工人把灯具安装好（如图9-52 和图9-53 所示）。

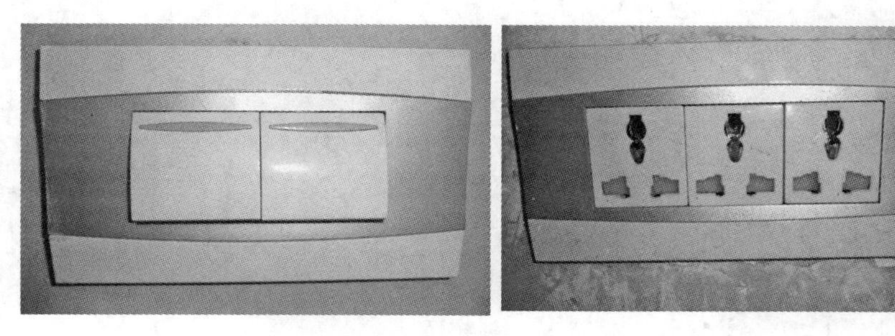

图9-52　安装好的开关与插座

图9-53　安装好的灯具

安装调试完毕，电工的工作基本完成。

【任务检查】

<table>
<tr><td rowspan="2">任务检查单</td><td>任务名称</td><td colspan="2">姓　名</td><td colspan="2">学　号</td></tr>
<tr><td></td><td colspan="2"></td><td colspan="2"></td></tr>
<tr><td>检 查 人</td><td>检查开始时间</td><td colspan="4">检查结束时间</td></tr>
<tr><td></td><td></td><td colspan="4"></td></tr>
<tr><td colspan="4">检查内容</td><td>是</td><td>否</td></tr>
<tr><td rowspan="4">1. 一个开关控制一盏灯电路的安装</td><td colspan="3">（1）灯头的安装是否正确</td><td></td><td></td></tr>
<tr><td colspan="3">（2）开关的安装是否正确</td><td></td><td></td></tr>
<tr><td colspan="3">（3）导线的连接是否正确</td><td></td><td></td></tr>
<tr><td colspan="3">（4）电度表的安装是否正确</td><td></td><td></td></tr>
<tr><td rowspan="2">2. 两地控制同一盏灯电路的安装</td><td colspan="3">（1）双联开关的连接是否正确</td><td></td><td></td></tr>
<tr><td colspan="3">（2）控制线路布局是否合理</td><td></td><td></td></tr>
<tr><td rowspan="2">3. 三地控制同一盏灯电路的安装</td><td colspan="3">（1）多控开关安装是否正确</td><td></td><td></td></tr>
<tr><td colspan="3">（2）控制线路布局是否合理</td><td></td><td></td></tr>
<tr><td rowspan="3">4. 安全文明操作</td><td colspan="3">（1）是否注意用电安全，遵守操作规程</td><td></td><td></td></tr>
<tr><td colspan="3">（2）是否遵守劳动纪律，注意培养一丝不苟的敬业精神</td><td></td><td></td></tr>
<tr><td colspan="3">（3）是否保持工位清洁，整理好仪器仪表</td><td></td><td></td></tr>
</table>

项目 10　机床电气线路的安装与检修

项目分析

在工业生产中，广泛运用着各种生产机械和生产设备，这些机械和设备主要是以电机作为动力。作为电气控制工作者，其职责就是维护机器的正常运转，保证生产的顺利进行。随着电气技术的飞速发展，从事电气工作的技术工人不断增加，熟悉和掌握机床电气控制线路的工作原理及常见故障的处理方法，是每个从业者必须具备的基本功。

情景设计

场景布置：教师在实验室的工作台上放置一块模拟电工板和各种机床低压电器。

教师讲述：同学们，大家认识这些元器件吗？在机床电气线路当中，它们起什么作用？用我们手上的这些元器件可以组成哪些控制电路？又如何进行安装与维修？在接下来时间里，我们将通过电路分析和实际操作使同学们掌握机床电气线路的基本安装方法与维修技能。

媒体播放：播放机床加工工件的视频，展示常见低压电器的图片。

任务 10.1　机床电气线路识图

【任务目的】

1. 认识常见低压电气器件，掌握低压电器的结构、工作原理及选择原则。
2. 理解机床电气原理图，熟练掌握机床控制电路的工作原理。

【任务内容】

1. 常用低压电器的识别与选择。
2. 点动与自锁控制电路、正反转控制电路、降压启动控制电路原理图的绘制和识读。

任务训练 1　常用低压电器的识别与选择

1. 训练目的：

（1）熟悉常用低压电器的结构和作用；

（2）能够根据需要选择合适的低压电器。

2. 训练内容：

（1）交流接触器的识别与选择；

（2）熔断器的识别与选择；
（3）按钮开关的识别与选择；
（4）热继电器的识别与选择；
（5）时间继电器的识别与选择；
（6）转换开关的识别与选择；
（7）行程开关的识别与选择；
（8）其他低压电器。

3. 训练方案：2 个学生组成一个小组，3 个小组组成一个大组，每个大组组挑选一名组长。每个学生均要单独完成各个电器的识别和选择。组长负责对组员进行检查并组织讨论，完成任务后对每个组员的完成情况做出评价。

【注意事项】

1. 安装时要选择合适的电工工具。旋具要和对应螺钉的规格、种类相匹配，切勿野蛮操作，以免造成螺钉滑丝、元器件损坏等。

2. 安装时一定要根据安装要求进行安装，切不可自行改变安装方法，以免造成器件损坏。

3. 拆卸时，应备有盛放零件的容器，以免丢失零件。

知识链接 1　常用低压电器

在工矿企业的电气控制设备中要用到各种低压电器，这些低压电器是电气控制中的基本组成元件。控制系统的优劣与低压电器的性能有直接的关系。作为电气工程技术人员，应该熟悉低压电器的结构、工作原理和选择标准。

低压电器是指工作在交流 1200 V 以下，直流 1500 V 以下，在电路中能实现对电路或非电对象切换、控制、保护、检测、变换和调节目的的电气元件。

在机床电气线路中需要运用多种低压电器，下面我们介绍几种常见的低压电器。

一、交流接触器

交流接触器广泛用于电力系统中，能频繁地接通和断开交流主电路，实现远距离自动控制。如图 10-1 所示为几种常见的交流接触器。

1. 交流接触器的组成及结构

交流接触器主要由电磁系统、触点系统、灭弧系统及其他部分组成，其外形和结构如图 10-2 所示。

（1）电磁系统：电磁系统包括电磁线圈和铁芯，它是交流接触器的重要组成部分，交流接触器依靠它带动触点的闭合与断开。

（2）触点系统：触点系统是交流接触器的执行部分，包括主触点和辅助触点。主触点的作用是接通和分断主回路，控制较大的电流；而辅助触点是在控制回路中，用以满足各种控制方式的要求。

（3）灭弧系统：灭弧系统用来保证触点断开电路时所产生的电弧可靠地熄灭，减少电弧对触点的损伤。为了迅速熄灭断开时的电弧，通常交流接触器都装有灭弧装置，一般采用半封式纵缝陶土灭弧罩，并配有强磁吹弧回路。

（4）其他部分：包括绝缘外壳、弹簧、传动机构等。

图 10-1　几种常见的交流接触器

图 10-2　交流接触器的外形及结构

2. 交流接触器的工作原理

当线圈通电后，线圈中的电流产生一个磁场，在铁芯中产生磁通及电磁吸力，此电磁吸力克服弹簧反力使得衔铁吸合；衔铁带动触点系统动作，使常闭触头打开，常开触头闭合，实现线路的互锁或接通。当线圈失电或线圈两端电压显著降低时，电磁吸力慢慢消失，当其小于弹簧反力时，衔铁在反作用弹簧力的作用下释放，触点系统复位，此时的电路断开或解除互锁。

3. 交流接触器的文字及图形符号

交流接触器的国家标准文字符号用 KM 来表示，当一个电气原理图中出现多个交流接触器时，通常是在 KM 后加阿拉伯数字下标，如 KM_1、KM_2 等。交流接触器在原理图中的图形符号如图 10-3 所示。

4. 交流接触器的型号及选择

交流接触器的型号意义如图 10-4 所示。

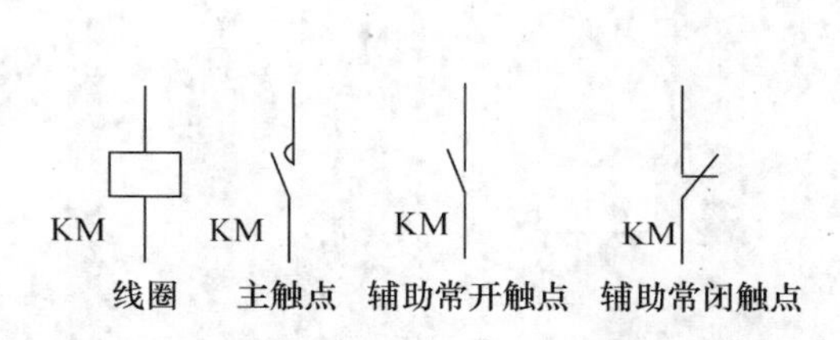

图 10-3　交流接触器的图形符号

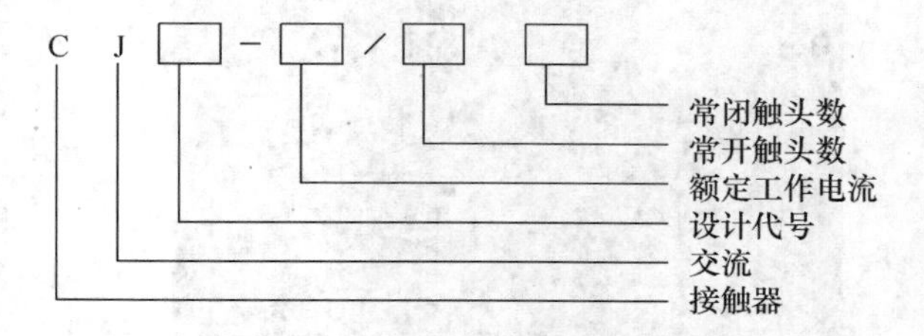

图 10-4　交流接触器的型号意义

在使用低压电器时，要选择合适的型号与规格。如果选择错误的电器，不仅可能会带来电路的控制异常，甚至可能导致电器的损坏和造成电气事故。所以，电器的选择原则有着非常重要的意义。

交流接触器的选择标准如下。

（1）按接触器的控制对象、操作次数及使用类别选择相应类别的接触器。

（2）按使用位置处线路的额定电压选择交流接触器。

（3）按负载容量选择接触器主触头的额定电流。

（4）对于吸引线圈的电压等级和电流种类，应考虑控制电源的要求。

（5）对于辅助接点的容量选择，要按连锁回路的需求数量及所连接触头的遮断电流大小考虑。

（6）对于接触器的接通与断开能力问题，选用时应注意一些使用类别中的负载，如电容器、钨丝灯等照明器，其接通时电流数值大，通断时间也较长，选用时应留有余量。

（7）对于接触器的电寿命及机械寿命问题，由已知每小时平均操作次数和机器的使用寿命年限，计算需要的电寿命；若不能满足要求则应降容使用。

（8）选用交流接触器时应考虑环境温度、湿度、使用场所的振动、尘埃、化学腐蚀等，应按相应环境选用不同类型接触器。

（9）对于照明装置适用接触器，还应考虑照明器的类型、启动电流大小、启动时间长短及长期工作电流，接触器的电流选择应不大于用电设备（线路）额定电流的90%。对于钨丝灯及有电容补偿的照明装置，应考虑其接通电流值。

二、熔断器

熔断器广泛应用于低压配电系统、控制系统及用电设备中，其作用是用作短路和严重过载保护，它是应用最普遍的保护器件之一。熔断器是一种过电流保护电器。使用时，将熔断器串联于被保护电路中，当被保护电路的电流超过规定值并经过一定时间后，由熔体自身产生的热量熔断熔体，使电路断开，从而起到保护的作用。在电类系统中，比较常见的熔断器如图10-5所示。

1. 熔断器的组成及结构

熔断器主要由熔体、磁帽、进线端、出线端和支座等部分组成，其中熔体是控制熔断特性的关键元件。典型熔断器的外形及结构如图10-6所示。

图10-5　几种常见的熔断器

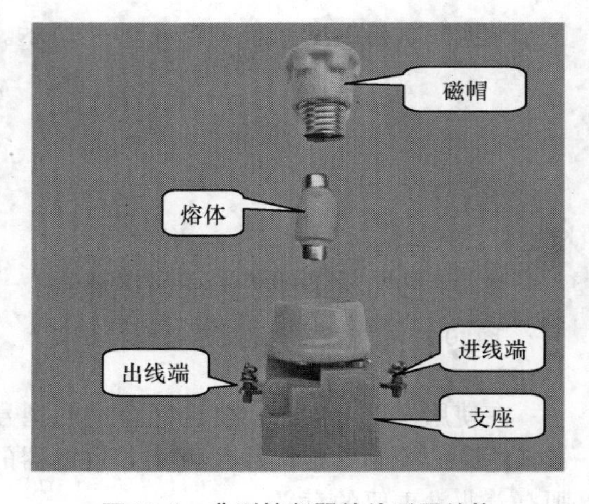

图10-6　典型熔断器的外形及结构

2. 熔断器的工作原理

熔断器是根据电流超过规定值一定时间后，以其自身产生的热量使熔体熔化，从而使电路断开。

3. 熔断器的文字及图形符号

在电气原理图中，我们通常以 FU 作为熔断器的文字符号，熔断器的图形符号如图 10-7 所示。

4. 熔断器的型号及选择

熔断器根据不同的需要有不同的型号，熔断器的型号意义如图 10-8 所示。

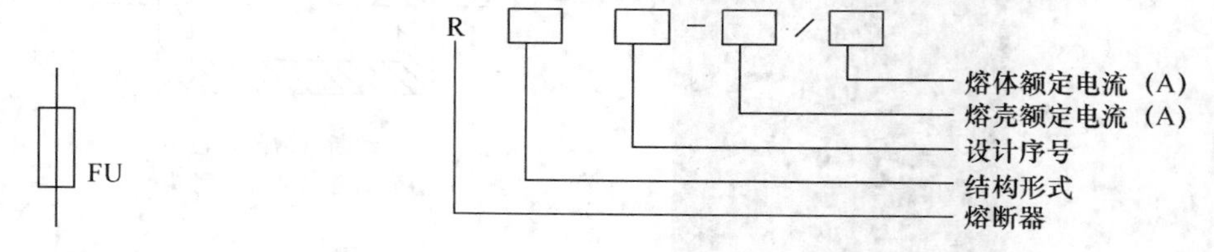

图 10-7　熔断器的图形符号　　图 10-8　熔断器型号意义

在实际生产中，由于各种电气设备都具有一定的过载能力，允许在一定条件下较长时间运行；但当负载超过允许值时，就要求保护熔体在一定时间内熔断。还有一些设备启动电流很大，但启动时间很短，所以要求这些设备的保护特性要适应设备运行的需要，要求熔断器在电机启动时不熔断，而在短路电流作用下和超过允许过负荷电流时，能可靠熔断，以便起到保护作用。熔体额定电流选择偏大，则负载在短路或长期过负荷时不能及时熔断；但若选择过小，则可能在正常负载电流作用下就会熔断，影响设备正常运行。可见，为保证设备正常运行，必须根据负载性质合理地选择熔体额定电流。

熔断器主要是根据熔体的额定电流来选择的。在不同类型的电路中，熔断器选择的标准也不一样。熔断器的选择原则如下。

（1）在照明电路中，熔体额定电流≥被保护电路上所有照明电器工作电流之和。

（2）在电动机控制电路中，对于单台直接启动电动机，熔体额定电流 =（1.5～2.5）×电动机额定电流；对于多台直接启动的电动机，总保护熔体额定电流 =（1.5～2.5）×各台电动机电流之和；对于降压启动的电动机，熔体额定电流 =（1.5～2）×电动机额定电流；对于绕线式电动机，熔体额定电流 =（1.2～1.5）×电动机额定电流。

（3）在配电变压器低压侧，熔体额定电流 =（1.0～1.5）×变压器低压侧额定电流。

三、按钮开关

按钮是一种最常用的控制电器，其结构简单，控制方便。在电路中，按钮开关通常起着控制电路通断的作用。比较常见的按钮开关如图 10-9 所示。

图 10-9　几种常见的按钮开关

1. 按钮开关的结构及组成

按钮开关由按钮帽、复位弹簧、桥式触点等组成。如图 10-10 所示是典型按钮开关的外形及结构图。

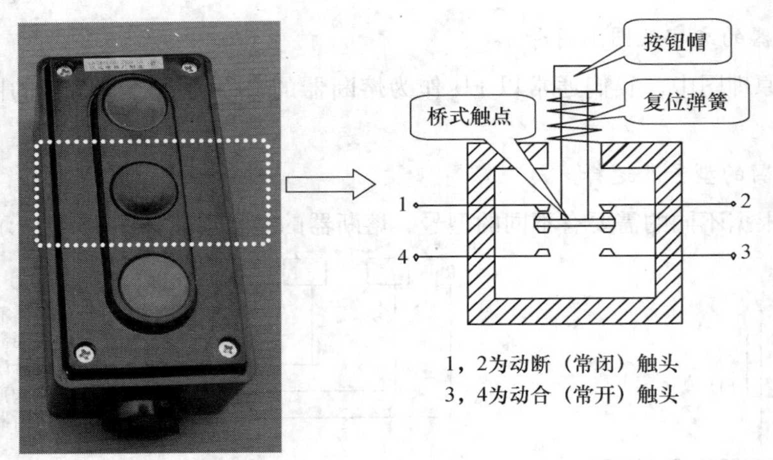

图 10-10　典型按钮开关的外形及结构

2. 按钮开关的工作原理

按动按钮帽，使控制按钮的静触头与桥式触头接通，电路接通。当松开按钮帽后，通过复位弹簧复位，电路恢复到断开状态。

3. 按钮开关的文字及图形符号

在电路中，按钮开关的文字符号为 SB，图形符号如图 10-11 所示。

4. 按钮开关的型号及选择

按钮开关的型号意义如图 10-12 所示。

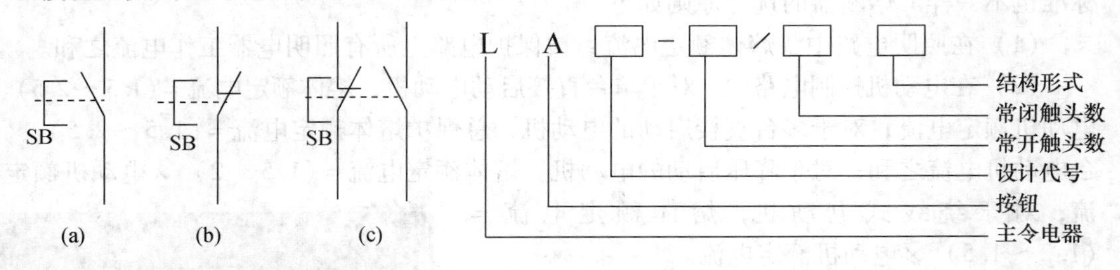

图 10-11　按钮开关的图形符号

（a）常开按钮；（b）常闭按钮；（c）复合按钮

图 10-12　按钮开关的型号意义

按钮开关的选择原则如下。

（1）根据使用场合，选择按钮开关的种类，如开启式、防水式、防腐式等。

（2）根据用途，选用合适的形式，如钥匙式、紧急式、带灯式等。

（3）按控制回路的需要，确定不同的按钮数，如单钮、双钮、三钮、多钮等。

（4）按工作状态指示和工作情况的要求，选择按钮及指示灯的颜色。通常启动按钮使用绿色，停止按钮和急停按钮使用红色，点动按钮使用黑色，复位按钮使用蓝色，当复位按钮还具有停止功能时使用红色。

四、热继电器

热继电器是电动机启动工作及保护线路中的器件，它利用电流的热效应来推动动作机构使触头闭合或者断开。热继电器主要用于电动机的过载保护、断相保护、电流不平衡保护以及其他电气设备发热状态时的控制。如图10-13所示为两种比较常见的热继电器。

1. 热继电器的组成及结构

热继电器是由复位按钮、热元件、触头系统、动作机构等部分组成，如图10-14所示是典型热继电器的外形及结构图。

图10-13　两种常见的热继电器

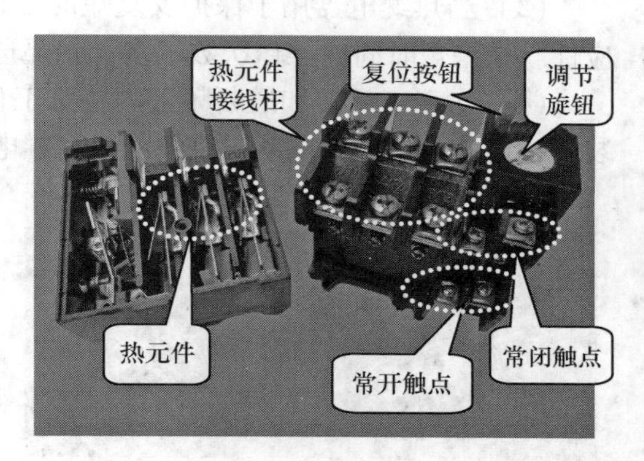

图10-14　典型热继电器的外形及结构

2. 热继电器的工作原理

当电动机出现故障或者过载时，电路中电流超过额定电流后，使热继电器加热双金属片，双金属片受热变形，带动热继电器的动作机构动作，使常闭触头断开，切断了给电动机供电的接触器线圈回路；而接触器开路主触头断开，就切断了电动机电源。重新使用时，通过复位按钮复位，即可恢复正常。

3. 热继电器的文字及图形符号

在电气原理图中，我们通常用FR作为热继电器的文字符号，图形符号如10-15所示。

4. 热继电器的型号及选择

热继电器的型号意义如图10-16所示。

热继电器主要用于保护电动机的过载，因此选用时必须了解电动机的情况，如工作环境、启动电流、负载性质、工作制、允许过载能力等，其选择原则如下。

（1）原则上应使热继电器的安秒特性尽可能接近甚至重合电动机的过载特性，或者在电动机的过载特性之下，同时在电动机短时过载和启动的瞬间，热继电器应不受影响（不动作）。

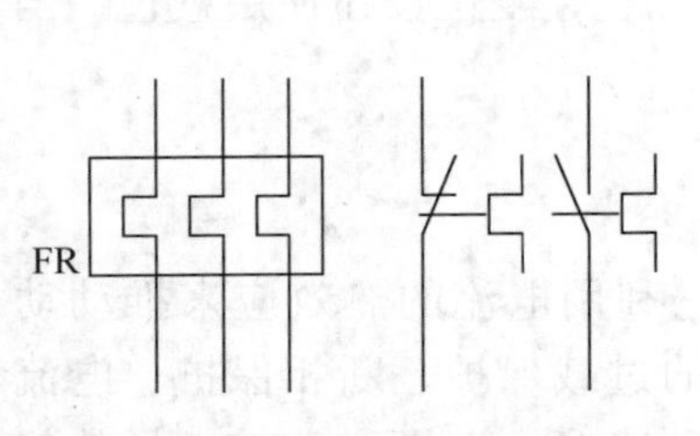

图 10-15　热继电器的图形符号

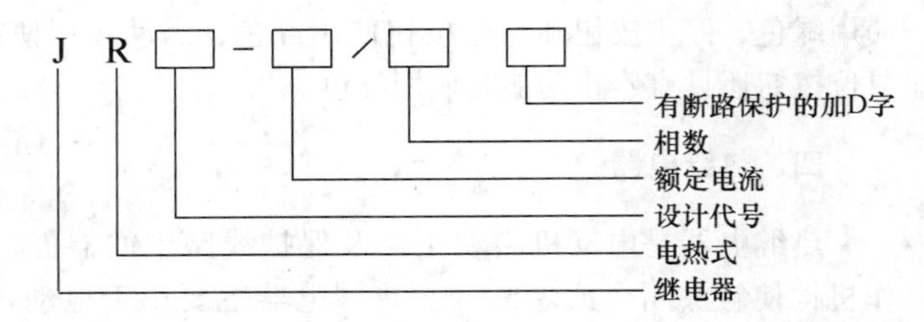

图 10-16　热继电器型号的意义

（2）当热继电器用于保护长期工作制或间断长期工作制的电动机时，一般按电动机的额定电流来选用。例如，热继电器的整定值可等于 0.95 ～1.05 倍的电动机的额定电流，或者取热继电器整定电流的中值等于电动机的额定电流，然后进行调整。

（3）当热继电器用于保护反复短时工作制的电动机时，热继电器仅有一定范围的适应性。如果短时间内操作次数很多，就要选用带速饱和电流互感器的热继电器。

（4）对于正反转和通断频繁的特殊工作制电动机，不宜采用热继电器作为过载保护装置，而应使用埋人电动机绕组的温度继电器或热敏电阻来保护。

图 10-17　两种常见的时间继电器

五、时间继电器

时间继电器是指感受部分在感受外界信号后，经过一段时间才能使执行部分动作的继电器。即当吸引线圈通电或断电以后，其触头经过一定延时才动作以使控制电路接通或断开。如图 10-17 所示为两种常见的时间继电器。

1. 时间继电器的外形及结构

时间继电器主要是由瞬动触头、延时触头、弹簧片、铁芯、衔铁等部分组成。如图 10-18 所示是典型时间继电器的外形及结构图。

2. 时间继电器的工作原理

时间继电器有很多种，按其控制原理可分为通电延时型继电器和断电延时型继电器两种。下面我们以通电延时型继电器来说明一下其工作原理。

当通电延时型时间继电器的电磁铁线圈通电后，会将衔铁吸下，于是顶杆与衔铁间出现一个空间；当与顶杆相连的活塞在弹簧的作用下由上向下移动时，在橡皮膜上面形成一个空气稀薄的空间，空气由进气孔逐渐进入气室；活塞因受到空气的阻力，不能迅速下降，在降到一定位置时，杠杆使出头动作（常开触点闭合，常闭触点断开）；线圈断电时，弹簧使衔铁和活塞等复位，空气经橡皮膜与顶杆之间推开的气隙迅速排出，触点位置瞬时复位。

断电延时型时间继电器与通电延时型时间继电器的原理和结构均相同，只是将其电磁结构翻转 180°后再安装。

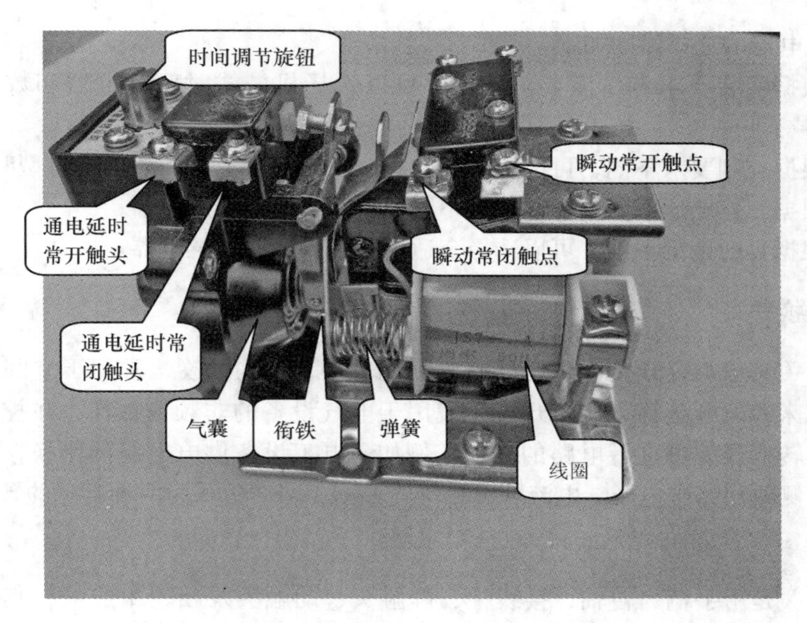

图 10-18　典型时间继电器的外形及结构

3. 时间继电器的文字及图形符号

时间继电器的文字符号为 KT，时间继电器的图形符号如图 10-19 所示。

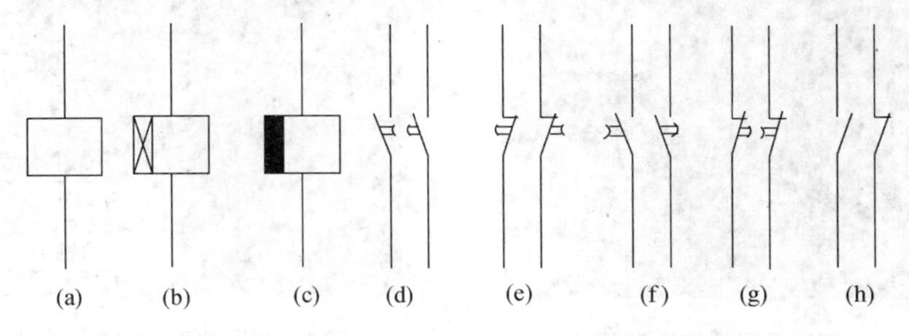

图 10-19　时间继电器的图形符号

（a）线圈一般符号；（b）通电延时线圈；（c）断电延时线圈；（d）通电延时闭合动合（常开）触点；（e）通电延时断开动断（常闭）触点；（f）断电延时断开动合（常开）触点；（g）断电延时闭合动断（常闭）触点；（h）瞬动触点

4. 时间继电器的型号及选择

时间继电器的型号有很多，其型号意义如图 10-20 所示。

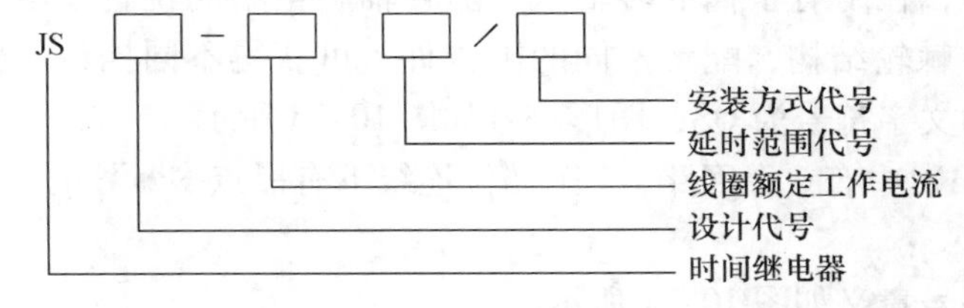

图 10-20　时间继电器的型号意义

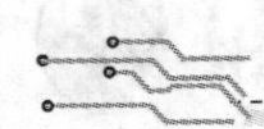

时间继电器的选择原则如下：

（1）根据安装要求和精度要求不同，可以选择机械式时间继电器和数字式时间继电器；

（2）根据控制要求不同，可以选择断电延时型时间继电器和通电延时型时间继电器；

（3）根据工作电压不同，可以选择不同电压等级的时间继电器；

（4）根据延时范围不同，可以选择合适延时范围的时间继电器。

六、转换开关

转换开关又称组合开关，它的控制容量比较小，结构紧凑，常用于空间比较狭小的场所，如机床和配电箱等。转换开关一般用于电气设备的非频繁操作，在控制和测量系统中，采用转换开关可进行电路的转换。例如，电工设备供电电源的倒换，电动机的正反转倒换，测量回路中电压、电流的换相等。如图 10-21 所示为两种常见的转换开关。

1. 转换开关的组成

转换开关是由手柄、转轴、接线柱、静触头、动触头及凸轮组成的，其结构和外形如图 10-22 所示。

图 10-21　两种常见的转换开关

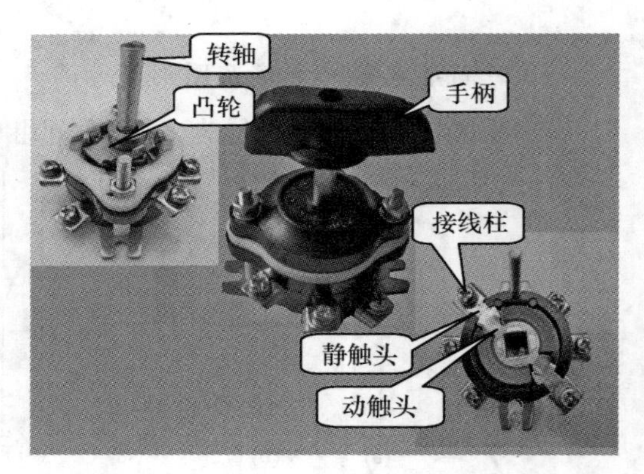

图 10-22　典型转换开关的外形及结构

2. 转换开关的工作原理

转换开关是刀开关的一种发展，其区别是刀开关操作时为上下平面动作，而转换开关则是左右旋转平面动作，并且转换开关可制成多触头、多挡位的开关。转换开关的接触系统是由数个装嵌在绝缘壳体内的静触头座和可动支架中的动触头构成。动触头是双断点对接式的触桥，在附有手柄的转轴上，随转轴旋至不同位置使电路接通或断开。定位机构采用滚轮卡棘轮结构，配置不同的限位件，可获得不同挡位的开关。在电气原理图中，转换开关的文字符号为 QS，图形符号如图 10-23 所示。

在图 10-23（c）中有 6 个回路，3 个挡位连线下有黑点“●”的，表示这条电路是接通的。

转换开关的型号意义如图 10-24 所示。

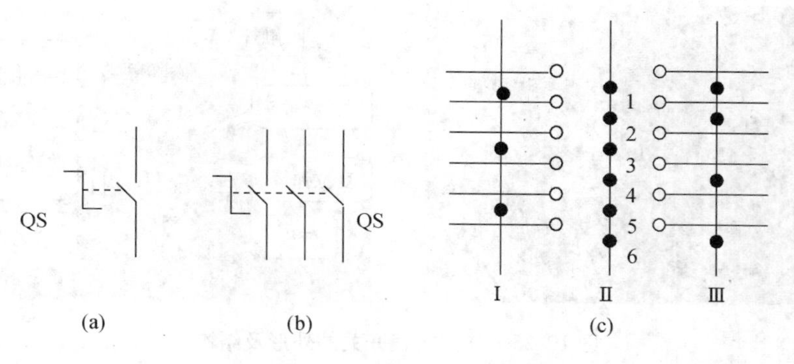

图 10-23　转换开关的图形符号

（a）单极；（b）三极；（c）转换开关的另一种图形符号

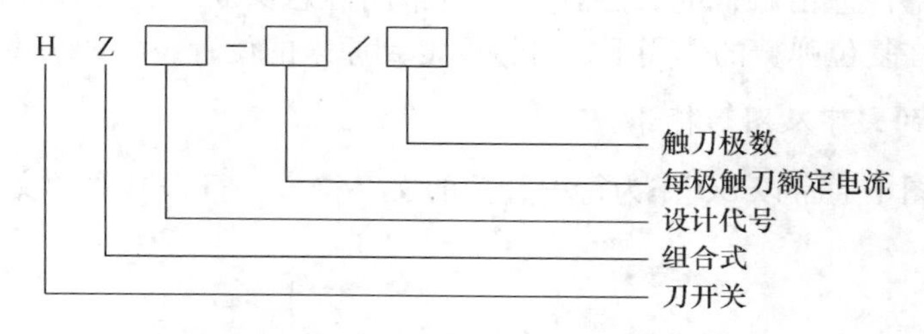

图 10-24　转换开关的型号意义

3. 转换开关的选择

转换开关有很多种型号，选择时应注意以下两点：

① 根据电路所需要的触刀极数进行选择；

② 根据电路的额定电流进行选择。

七、行程开关

行程开关是位置开关（又称限位开关）的一种，它是一种常用的小电流主令电器。行程开关利用生产机械运动部件的碰撞使触头动作来实现接通或分断控制电路，从而达到一定的控制目的。通常，行程开关被用来限制机械运动的位置或行程，使运动机械按一定位置或行程自动停止、反向运动、变速运动或自动往返运动等。如图 10-25 所示为几种常见的行程开关。

图 10-25　几种常见行程开关

1. 行程开关的结构

行程开关是由触杆、桥式静触头、常闭静触头、常开静触头、复位弹簧、外壳及接线柱等部分组成的，其结构和外形如图 10-26 所示。

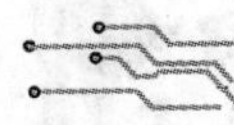

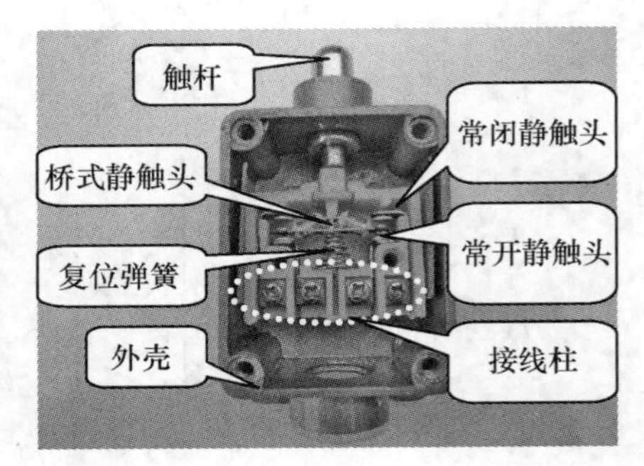

图 10-26　典型行程开关的外形及结构

2. 行程开关的工作原理

当机械运动部件撞击触杆时，触杆下移使常闭静触头断开，常开静触头闭合；当运动部件离开后，在复位弹簧的作用下，触杆回复到原来的位置，各触头恢复到常态。

3. 行程开关的文字及图形符号

在电气原理图中通常以 SQ 作为行程开关的文字符号，行程开关的文字及图形符号如图 10-27 所示。

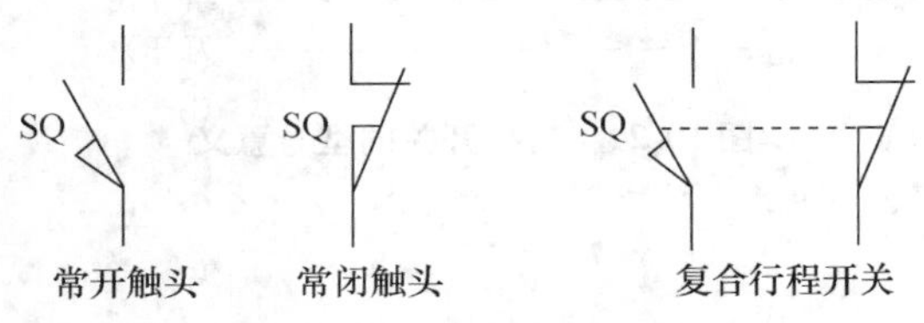

图 10-27　行程开关的文字及图形符号

4. 行程开关的型号及选择

行程开关有很多种，不同型号的开关可以用在不同的场合。行程开关的型号意义如图 10-28 所示。

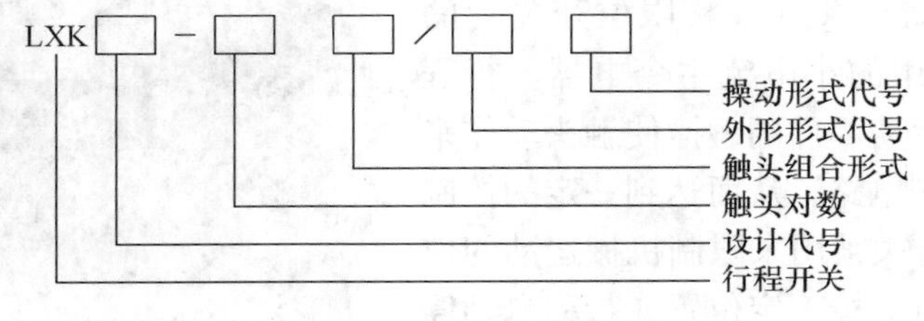

图 10-28　行程开关的型号意义

行程开关的选择原则如下：

（1）根据应用场合及控制对象选择类型；

（2）根据安装环境选择防护形式，如开启式或保护式；

（3）根据控制回路的电压和电流选择规格；

（4）根据机械与行程开关的传力与位移关系选择合适的头部形式。

八、其他低压电器

在机床电气线路中，还有其他一些低压电器，它们在电气线路中也起着至关重要的作用。

（1）电流继电器：电流继电器分为欠电流继电器和过电流继电器两种，它们在电气线路中起着电流保护的作用。欠电流继电器是当线路中的电流过小时起保护作用，过电流继电器是当线路当中的电流过大时起保护作用。

（2）电压继电器：电压继电器分为欠电压继电器和过电压继电器两种，它们在电气线路中起着电压保护的作用。欠电压继电器是当线路电压过低时触头动作起保护作用，过电压继电器是当线路电压过高时触头动作起保护作用。

（3）中间继电器：中间继电器是用来增加控制电路中的信号数量或者将信号放大的继电器。中间继电器触头数量较多，没有主辅之分，且对各对触头允许通过的电流大小相同。

（4）速度继电器：速度继电器用于把转速的快慢转换成电路通断信号，与接触器配合完成对电动机的反接制动控制，因此也称为反接制动继电器。

（5）直流接触器：主要用于远距离接通和分断直流电路，还用于直流电动机的频繁启动、停止、反转和反接制动。直流接触器的结构和工作原理与交流接触器基本相同。

（6）刀开关：主要用于隔离电源。与交流接触器不同的是，刀开关用于不频繁接通和断开电路的地方。

任务训练2　机床电气线路识图

1. 训练目的：

学会机床电气线路的电路图识读，并能设计简单的控制电路。

2. 训练内容：

（1）点动与自锁控制线路的识读与绘制；

（2）正反转控制线路的识读与绘制；

（3）降压启动线路的识读与绘制。

3. 训练方案：2个学生组成一个小组，每个小组挑选一名组长，每个学生均要单独识读和绘制电气原理图并讲述工作原理。组长负责对组员绘制的电气原理图进行检查并组织讨论该图的工作原理，完成任务后对组员的作品做出评价。

【注意事项】

1. 绘制原理图时，应按照一定顺序完成，以防止漏线、错线而导致接线图的故障。

2. 绘制原理图时，应注意同一元器件的不同组件可以不在一起。

3. 在描述工作原理时，注意同一器件的不同组件在得、失电时会一起动作，要合在一起描述。

知识链接2　机床控制电路的绘图与识图

一、绘制电气原理图的基本原则

机床的电气线路通常很复杂，通常在绘制其原理图时要按照一定的规则进行绘制，这样才能使电气原理图浅显易懂，更好地配合机床线路的安装和调试，同时在检修的时候也可以提供很大的便利。绘制电气原理图的基本原则如下。

(1) 原理图一般分为主电路和辅助电路两部分画出。主电路就是从电源到电动机绕组的大电流通过的路径；辅助电路则包括控制回路、照明电路、信号电路及保护电路等，多由继电器的线圈和触点、接触器的线圈和辅助触点、按钮、照明灯、信号灯、控制变压器等电器元件组成。一般主电路用粗实线标示，画在原理图的左边或上部；辅助电路用细实线标示，画在原理图的右边或下部。

(2) 在原理图中，各电器元件不画实际的外形图，而是采用国家规定的统一标准来画，文字符号也要符合国家标准。属于同一电器的线圈和触点，都要用同一个文字符号来标示。当使用相同类型的电器时，可在文字符号后加注阿拉伯数字序号来区分。

(3) 在原理图中，各电器元件的导电部分（如线圈和触点的位置)，应根据便于阅读和分析的原则来安排，绘在它们完成作用的地方。同一电器元件的各个部件可以不画在一起。

(4) 原理图中所有电器的触点，都按没有通电或者没有外力作用时的开闭状态画出。例如：继电器、接触器的触点，按线圈未通电时的状态画；按钮、行程开关的触点，按不受外力作用时的状态画；控制器按手柄处于零位时的状态画等。

(5) 在原理图中，有直接电联系的交叉导线的连接点要用黑圆点标示；无直接电联系的交叉点，交叉处不能画黑圆点。

(6) 在原理图中，无论是主电路还是辅助电路，各电气元件一般应按动作顺序从上到下、从左到右依次排列，可水平布置或垂直布置。

二、电气原理图阅读分析的方法

电气原理图通常可以分为几部分，如主电路、控制电路、照明电路等，如何快速地读懂电气原理图呢？在阅读分析电气原理图时，应遵循一定的读图方法。

1. 分析主电路

从主电路入手，根据每台电动机的控制要求去分析它们的控制内容。控制内容包括启动、方向控制、调速和制动等。

2. 分析控制电路

根据主电路中各电动机的控制要求，逐一找出控制电路中的控制环节，分别进行分析。

3. 分析辅助电路

控制电路包括电源显示、工作状态显示、照明和故障报警等部分，它们大多是由控制电路中的元件来控制的，所以在分析时，还要回过头来对照控制电路进行分析。

4. 分析连锁与保护环节

机床对于安全性和可靠性有很高的要求，实现这些要求，除了合理地选择拖动和控制方案以外，在控制线路中还设置了一系列的电气保护和必要的电气联锁。

5. 总体检查

经过化整为零，逐步分析了每一个局部电路的工作原理以及各部分之间的控制关系之后，还必须用集零为整的方法，检查整个控制线路，看是否有遗漏。特别是要从整体的角度去进一步检查和理解各控制环节之间的联系，理解电路中每个元件所起的作用。

知识链接 3　典型机床电气线路原理图分析

一、三相异步电动机既可点动又可连动控制线路

在实际生产中，当机床设备正常运行时，一般电动机都处于连续运行状态；但是在试车或者调整刀具与工件的相对位置时，往往需要电动机能够电动控制。实现这种控制要求的电路是三相异步电动机的点动和连动运行电路（如图 10-29 所示）。

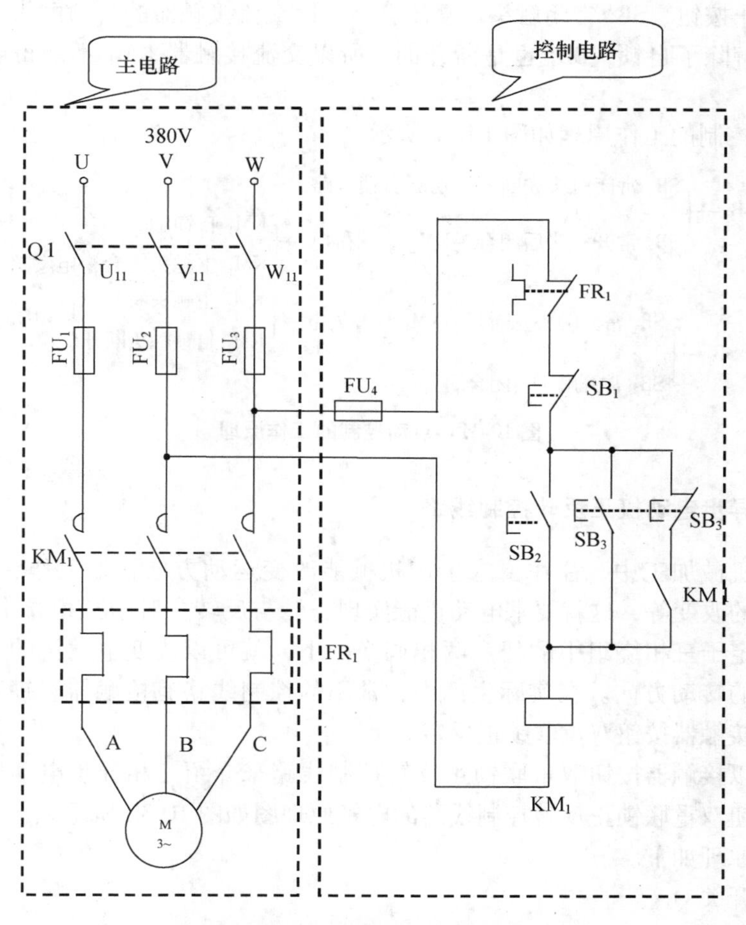

图 10-29　既可点动又可连动控制线路

电路工作原理如下。

合上电源开关 Q_1。

（1）连动控制的工作原理如图 10-30 所示。

启动：按下 SB_2→KM_1 线圈得电→{ KM_1 常开触头闭合；KM_1 主触头闭合 }→电动机 M 连续运动

停止：按下 SB_1→KM_1 线圈失电→{ KM_1 常开触头断开；KM_1 主触头断开 }→电动机 M 停止运动

图 10-30　连动控制的工作原理

当松开 SB_2 常开触头复位后，因为交流接触器 KM_1 的常开触头闭合已将 SB_1 短接，控制电路仍保持接通，所以交流接触器继续得电，电动机 M 实现连续运转。这种当松开启动按钮 SB_2 后，交流接触器 KM_1 通过自身常开触头而使线圈保持得电的作用叫做自锁（或自保）。与启动按钮并联起到自锁作用的常开触头叫做自锁触头（或称自保触头）。

当松开停止按钮、SB_1 常闭触头恢复闭合后，因交流接触器的自锁触头在切断控制电路时已分断，解除了自锁，SB_1 也是断开的，所以交流接触器 KM_1 不能得电，电动机也不能转动。

（2）点动控制的工作原理如图 10-31 所示。

启动：按下 SB_3→{ SB_3 常闭触头先断开，切断自锁电路；SB_3 常开触头后闭合→KM_1 线圈得电→{ KM_1 自锁触头闭合；KM_1 主触头闭合→电动机 M 启动运转 } }

停止：松开 SB_3→{ SB_3 常开触头先断开→KM_1 线圈失电→{ KM_1 主触头断开；KM_1 自锁触头断开 }→电动机 M 停转；SB_3 常开触头后闭合 }

图 10-31　点动控制的工作原理

二、三相异步电动机正反转控制线路

在日常的机械加工中，往往要求生产机械能改变运动方向，如工作台的前进后退、机床主轴方向的改变等，这就要求电动机能实现正转与反转。对于三相异步电动机来说，只要把电动机定子三相绕组中的任意两相调换一下，就可以改变电动机的定子相序，从而改变电动机的转动方向。在实际生产中，常用的控制线路有接触器联锁正反转、按钮联锁正反转和接触器按钮双重联锁正反转。

下面我们以接触器按钮双重联锁正反转控制线路来介绍三相异步电动机的正反转控制。接触器按钮双重联锁正反转控制线路的电气原理图如图 10-32 所示。

电路工作原理如下。

合上电源开关 Q_1。

（1）正转控制的工作原理如图 10-33 所示。

（2）反转控制的工作原理如图 10-34 所示。

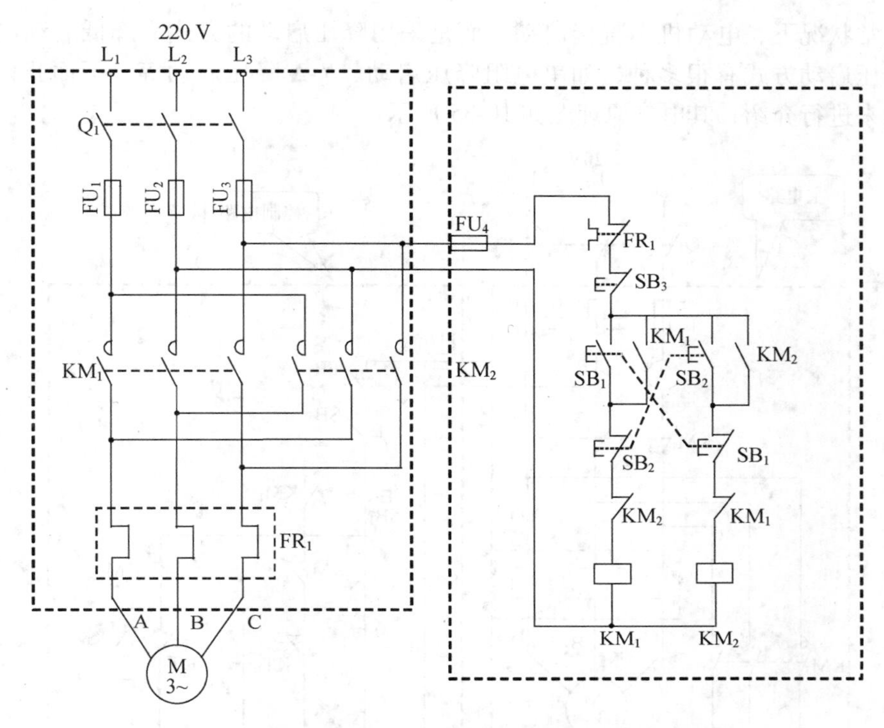

图 10-32　按钮和接触器双重联锁正反转控制线路

图 10-33　正转控制的工作原理

按下 SB_2→
- SB_2 常闭触头先断开切断 KM_1 线圈回路（松开 SB_2 后联锁解除）→电动机停止正转
- SB_2 常开触头后闭合→KM_2 线圈得电→
  - KM_2 常闭触头断开切断 KM_2 线圈回路
  - KM_2 主触头闭合 ｝→电动机 M 启动反转
  - KM_2 自锁触头闭合 ｝

图 10-34　反转控制的工作原理

在现实的生产应用中，如果仅仅采用接触器联锁，那就给操作者带来很大的不便，而且容易产生误操作造成两相短路故障；如果仅仅采用按钮联锁，则一旦发生接触器触头熔焊现象就很容易发生短路现象。因此，实际的加工生产往往把这两种联锁方式结合起来使用，既操作方便又安全可靠，并且反转迅速。这种既有电气联锁又有机械联锁的双重联锁控制方式被称为复合联锁控制。

三、时间继电器控制 Y-Δ 降压启动控制线路

在实际生产中，由于电动机启动电流较大，容易造成电路中的一些低压电气损坏。

因此，通常状况下，电动机不直接启动，而是采用降压启动的方式来降低启动电流。电动机的降压启动方式有很多种，如串电阻降压启动、Y-Δ 降压启动等。下面我们以 Y-Δ 降压启动来进行介绍，其电气原理图如 10-35 所示。

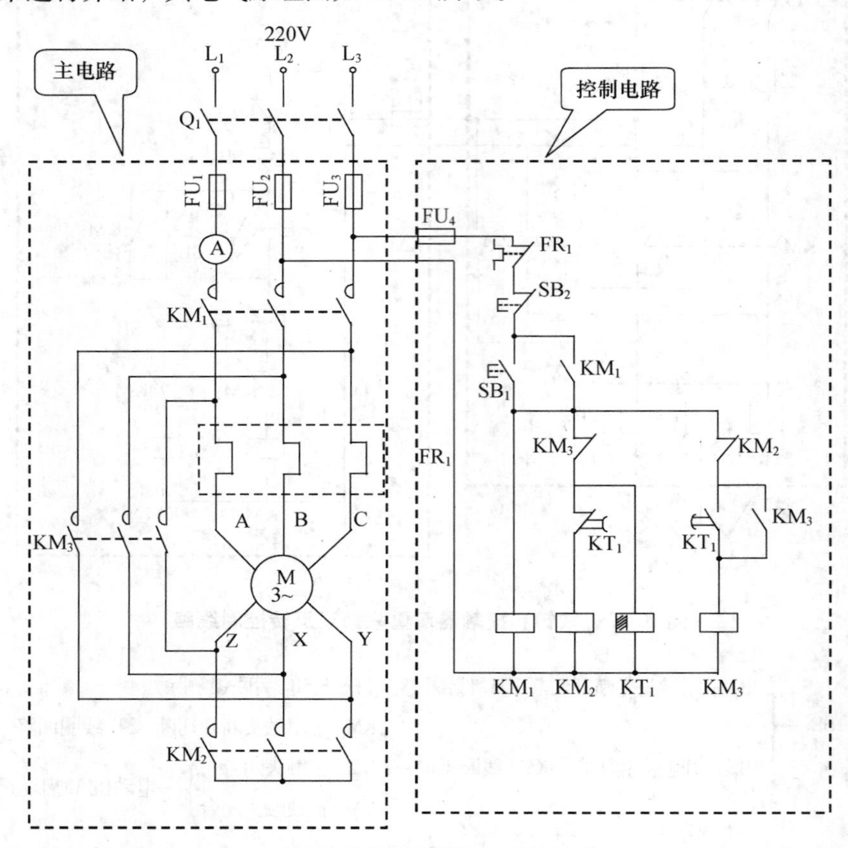

图 10-35　基于时间原则的 Y-Δ 降压启动控制线路

电路工作原理如下。

合上电源开关 Q_1，启动与停止的工作原理如图 10-36 所示。

启动：按下 SB_1→
- →KM_1 线圈得电→{ KM_1 自锁触头闭合；KM_1 主触头闭合 }
- →KM_2 线圈得电→KM_2 主触头闭合
- （以上）→电动机 M 成 Y 形接法开始转动
- →KT_1 线圈得电（经一定时间以后）→{ KT_1 常闭触头先断开→KM_2 线圈失电→KM_2 主触头断开；KT_2 常开触头后闭合→KM_3 线圈得电→ }

→{ KM_2 主触头得电→电动机 M 成 Δ 形接法转动（KM_1 主触头一直处于闭合状态）；KM_2 常闭触头断开→KT_1 线圈失电 }

停止：按下 SB_2→{ KM_1 线圈失电→KM_1 主触头断开；→电动机 M 停止转动 }→KM_3 线圈失电→KM_3 主触头断开

图 10-36　启动与停止的工作原理

【任务检查】

任务检查单	任务名称	姓　　名	学　　号
检　查　人	检查开始时间	检查结束时间	
检查内容		是	否
1. 常见低压电器的识别与选择	（1）是否能正确识别常见低压电器		
	（2）是否能根据需要选择常见低压电器		
2. 机床电气识图	（1）是否能正确绘制各种电气原理图		
	（2）是否能合理识读各种电气原理图		
3. 安全文明操作	（1）注意用电安全，遵守操作规程		
	（2）遵守劳动纪律，一丝不苟的敬业精神		
	（3）保持工位清洁，整理仪器仪表		

任务 10.2　机床控制电路的安装与调试

【任务目的】

1. 通过对三相异步电动机点动控制和自锁控制线路的实际安装接线，掌握由电气原理图变换成安装接线图的知识。

2. 通过实验进一步加深理解双重联锁正反转控制的特点及其在机床控制中的应用。

【任务内容】

1. 机床电气线路的安装原则。

2. 双重联锁正反转控制线路的安装接线。

任务训练　机床控制电路的安装与调试

1. 训练目的：通过实际安装接线，掌握机床控制线路的安装与调试技能。

2. 训练内容：

（1）根据电气原理图正确安装机床电气线路；

（2）正确调试机床电气线路。

3. 训练方案：2 个学生组成一个小组，每个小组挑选一名组长，每个学生均要单独完成任务要求的控制线路的接线。组长负责对组员接好的线路进行检查并组织讨论，完成任务后对每个组员的作品做出评价。

【注意事项】

1. 在进行元器件安装时，使用旋具不可用力过大，以免损坏元器件。

2. 在通电试车之前，先要检查好线路是否连接正确，以免造成短路损坏器件。

3. 在通电调试的过程中不可用手接触电器裸露部分，以免造成人身安全事故。

知识链接　机床电气线路的安装与调试

作为一名检修电工人员，不仅需要理解机床电气的控制原理和掌握电路图的识读，还要掌握实际的线路安装和调试方法。

在机床电气线路安装与调试的过程中，接线及电器的布局都应遵循一定的规则，而并不是可以随心所欲地安排电器的位置。下面将讲述一些关于机床控制电路安装的规则。

一、机床控制电路的安装原则

1. 电器的布局原则

（1）电器尽可能地安装在一起，只有那些需要安装在指定位置的电器（如按钮等器件）才允许分散安装在电工板的指定位置上。发热元件必须隔开安装，必要时采用风冷。

（2）所有电器必须安装在便于更换、检测方便的地方。

（3）安排器件必须符合规定的间隔和爬电距离，并考虑有关的检修条件。

（4）由电源电压直接供电的电器最好装在一起，使其与只由控制电压供电的电路分开。

2. 电器的安装原则

（1）转换开关。转换开关一般安装在左上方便于操作。

（2）交流接触器。交流接触器要垂直安装在电工板上，安装地点应避免剧烈震动，以免造成误动作。

（3）按钮开关。对应的启动和停止按钮应临近安装，且停止按钮必须在启动按钮的下边或左边。当两个启动按钮控制相反方向时，停止按钮可以装在它们中间。

（4）热继电器的安装。

① 热继电器应安装在其他发热元件的下方，其工作环境温度应与被保护设备的环境温度相差不超过20℃，以保证保护动作的正确执行。

② 热继电器连接的导线截面面积要满足负荷要求；接线时应使接点紧密可靠，出线端的导线不应过粗或过细，以防止轴向导热过快或过慢而使继电器错误动作。

（5）熔断器的安装。

① 瓷插式熔断器应垂直安装，且外观应完整无损，接触紧密可靠。

② 螺旋式熔断器的电源进线应接在底座中心端的接线端子上，用电设备应接在螺旋壳的接线端子上。

③ 熔断器内应安装合适的熔体，不可用多根小规格的熔体并联代替一根大规格的熔体。

④ 安装熔断器时，各级熔体应相互配合，并做到下一级熔体比上一级熔体小。

⑤ 熔断器应安装在各相线上，在三相四线制或三相三线制的中线上严禁安装熔体，但在单相二线制的中线上又应该安装熔体。

3. 连接导线的布线原则

（1）布线通道应尽可能的少，同路并行导线按主电路、控制电路分类集中，单层密排（如图10-37所示）。

（2）布线应尽可能紧贴安装面布线，相邻电器之间也可以走“飞线”（如图10-38所示）。

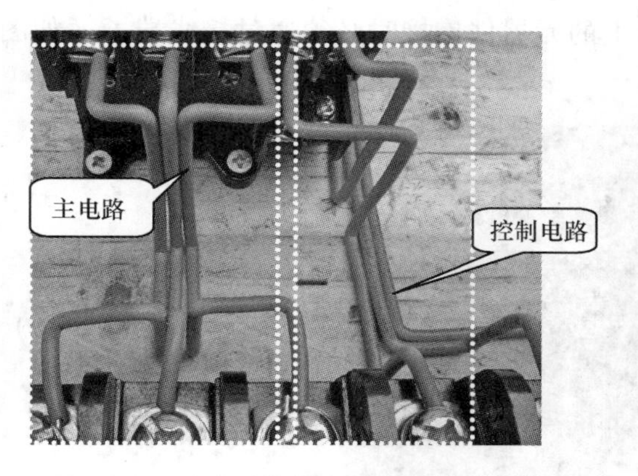

图 10-37　主电路与控制电路布线分类集中

图 10-38　飞线布线及安装面布线

（3）安装导线应尽可能靠近元器件走线（如图 10-39 所示）。

（4）布线要求横平竖直，分布均匀，自由走形（如图 10-40 所示）。

图 10-39　布线靠近元器件

图 10-40　布线的横平竖直

（5）同一平面的导线应高低一致或前后一致，尽量避免交叉（如图 10-41 所示）。

（6）变换走向时应垂直成 90°角（如图 10-42 所示）。

图 10-41　布线要求高低前后一致

图 10-42　变换走向时垂直布线

（7）按钮连接线必须用软线，与配电板上的元器件连接时必须通过接线端子（如图 10-43 所示）。

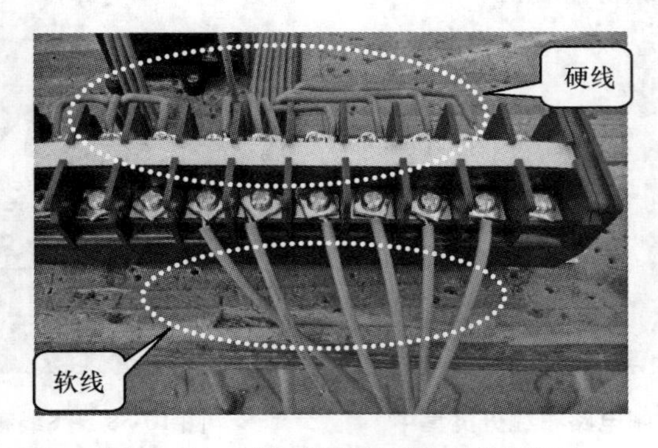

图 10-43　接线端子前后布线的不同

二、机床控制电路的安装与调试实例

下面以机床电气控制线路中常用的双重联锁正反转控制线路为例，在模拟电工板上介绍机床控制线路的安装与调试方法。

1. 准备工作

根据控制要求，列出元器件清单（参见表 10-1），然后根据明细表配齐电器元件（如图 10-44 所示）。

表 10-1　双重联锁正反转控制线路元器件清单

元器件名称	型　　号	数　量
交流接触器	CJT1-20	2
熔断器	RL1-15	2
熔断器	RL1-60	3
热继电器	JR36-20	1
按钮开关	LA19H	1
端子板		1
转换开关	HZ10—25/3	1
导线	主电路 BV2.5 mm^2，控制电路 BV1.5 mm^2，按钮线 LBVR0.75 mm^2	若干

2. 布局与安装

在电工板上将元器件摆放在电工板上，然后进行合理化布局并安装好元器件（如图 10-45 所示）。

图 10-44　在模拟电工板上配齐所需的器材

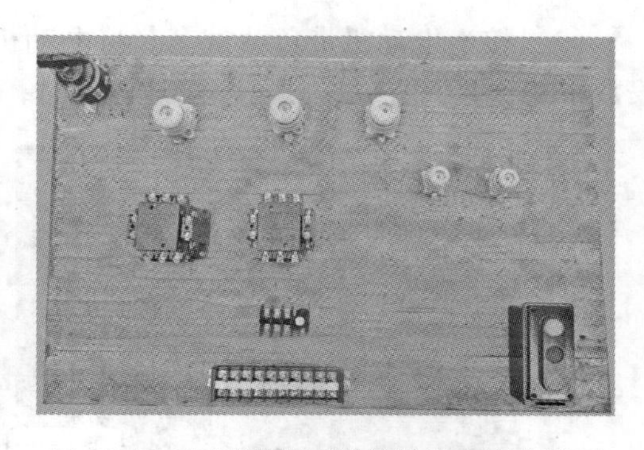

图 10-45　双重联锁正反转线路电器布局图

3. 布线

根据双重联锁正反转控制线路电气原理图布线，布线要符合导线的连接规则。连接好的电路如图 10-46 所示。

图 10-46　连接好的双重联锁正反转电路

4. 安装后的检查

安装完毕后，要对连接好的线路和安装质量进行必要的检查，以避免在调试时带来不必要的电器故障。检查一般可按两部分进行。

（1）常规检查。对照图纸检查各线路是否有错接、漏接，各接线端子是否有接触不良、松脱等现象；同时，观察电器元件是否有外观破损、接头脱落等现象，发现故障后及时排除。

（2）用万用表不带电检查。在不带电的情况下用万用表进行通断检查。这是一个比较有效的测量方法，但是对于比较复杂的电路只能得到一个粗测值。具体检查方法如下：

① 检查主电路。接上主电路的 U、V、W 三根电源线，断开控制电路的连线。将交流接触器的灭弧罩取下，将万用表打至合适电阻挡位置，用手按下主触头，测量在模拟吸合状态下 U、V、W 三根电源线两两之间是否有短路现象。

② 检查控制电路。接上控制电路的连线，断开主电路的 U、V、W 三根电源线。将万用表拨至电阻挡，表笔接在控制回路的两个节点处，同时分别按下对应的正反转控制按钮（如图 10-47 所示）。此时观察测得的电阻值，该电阻值即是交流接触器线圈的电阻（其阻值根据交流接触器的型号不同而不同，一般为几百欧姆到上千欧姆不等）。然后在不放开正反转控制按钮的状态下，再按下红色停止按钮，此时，电路应成断开状态，即电阻值为无穷大。当同时按下正转和反转控制按钮时，电路也应呈断开状态。如果测量的结果与上述不符合，则说明控制电路的接线有问题，需要及时排除。

5. 调试

经过上述检查无误后，即可通电试车。调试可按下列方法进行。

（1）不带电动机空载试车。在不接电动机的情况下，将三相电源接入。按下控制按钮，观察交流接触器的吸合情况，看是否有控制异常等现象。

（2）接上电动机带负载试车。将电动机的三相电接上通电试车。注意，电动机必须安放平稳，且其外壳必须可靠接地。此时，电动机应转动迅速、平稳且噪声小。

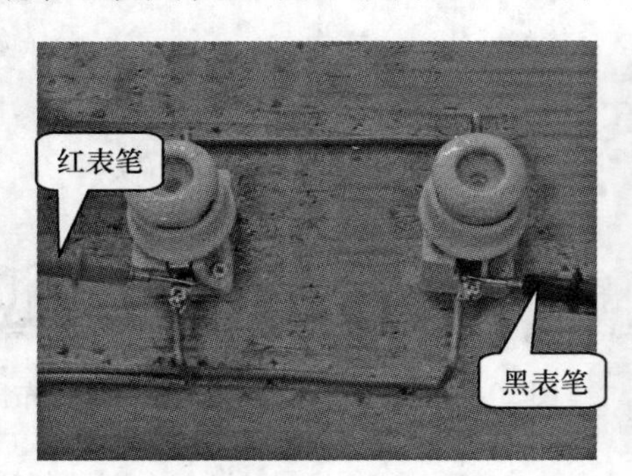

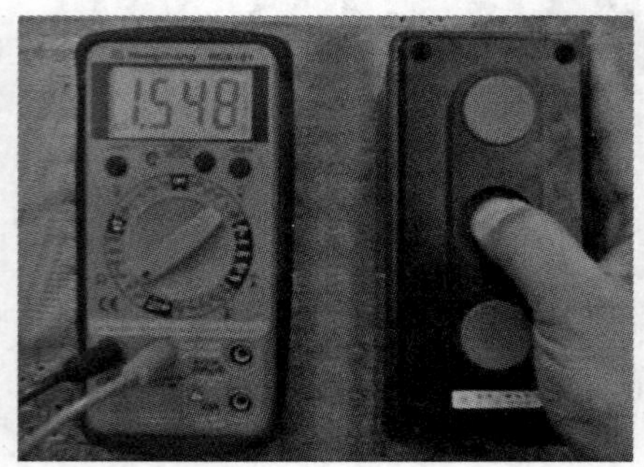

图 10-47　电阻法检查控制电路

6. 常见故障判断

（1）若电动机只能单向运转，应检查主电路。

（2）若电动机只能进行点动控制，应检查正、反转接触器及正、反转按钮的自锁触点是否进行了互换。

（3）按钮联锁的内部接线与接触器的联锁触点均不可接错，否则在误按按钮时，容易造成主电路中两相电源短路故障。

注意，在模拟电工板上有很多裸露部分，在通电试车时，一定要注意安全。

在现实的生产生活中，实际的机床电气线路远比学习实验中的训练要复杂得多，这就需要电气工作者经过勤学苦练才能掌握过硬的本领，从而保证电力拖动系统的正常运行，这对提高劳动生产率和安全生产都具有重大作用。

【任务检查】

任务检查单	任务名称	姓　名	学　号
检　查　人	检查开始时间	检查结束时间	

检查内容		是	否
1. 机床电气线路的安装与调试	（1）是否能正确读懂电气原理图		
	（2）是否能根据电气原理图接线		
	（3）是否符合安装原则		
	（4）接线是否美观		
	（5）接线是否正确		
	（6）试车是否成功		
2. 安全文明操作	（1）注意用电安全，遵守操作规程		
	（2）遵守劳动纪律，一丝不苟的敬业精神		
	（3）保持工位清洁，整理仪器仪表		

任务10.3　机床电气线路的检修

【任务目的】

1. 通过机床电气线路的检修步骤和方法的学习，掌握基本的机床控制电路常见故障的检修。

2. 通过机床电气线路故障现象的分析，快速排除故障。

【任务内容】

1. 电气故障检修步骤和方法。

2. 常见电气故障检修。

任务训练　机床电气线路的检修

1. 训练目的：学会机床电气线路一般故障的分析和检修。

2. 训练内容：

（1）常见机床电气故障的检修；

（2）对常见检修故障提出检修方案。

3. 训练方案：分组设置故障进行检修。2个同学组成一个小组，需安装好的电工板一块；4个小组组成一个大组，该大组挑选一名组长；4个小组之间相互设置故障。组长负责组织几个小组的故障设置并组织讨论，完成任务后对每个组员的完成情况进行检查和作出评价。

【注意事项】

1. 通电试车之前，一定要对裸露金属部分进行绝缘处理。

2. 在设置故障时，要深刻理解工作原理，切不可随意设置成短路故障，否则容易导致熔断器的损坏。

3. 若发生短路故障，在排除故障之前不能通电试车。

4. 通电时的电源是380 V电压直接引入，在带电检测时，要注意人身安全。

知识链接　机床电气线路的检修技术

机床的故障一般包括电气系统故障、机械系统故障以及液压系统故障等。本项目重点研究的是电气系统方面的故障原因。机床电气故障的原因复杂，即使是同一故障现象，发生的部位也会不相同。这就要求检修人员平时认真学习，积累经验，并在充分了解原理图的基础上，对机床故障进行分析、判断，直到故障被排除。

一、机床电气线路检修的基本方法

在机床修理的实践中，人们总结出机床电气检修的基本方法如下。

1. 询问用户法

所谓询问用户法，是指检修人员向工作人员询问发生故障的过程和现象。例如，工作人员描述：当按下启动按钮时，电动机只嗡嗡的响但不转动。分析其故障原因，从机械上讲，可能是机械部分卡住不能转动；从电气上讲，就是缺相运行。这时，就应该首先检查电源的熔断器情况或用万用表检查电源电压。又如，工作人员描述：当进刀量太大时，电动机不工作。分析其故障原因，可能是因为电动机过载而使热继电器动作。

2. 感官判断法

感官判断法是指用人的感觉器官去发现故障点。

看——用眼睛看，如观察熔体是否熔断，接线是否有脱落等。

听——用耳朵听电器的动作情况，如电动机有嗡嗡声而不转动，则是机械卡住或缺相。

闻——用鼻子闻，即检查是否有线圈或熔体熔断。

摸——切断电源后，用手去摸。如触摸行程开关，如果是因为行程开关没有动作而中断操作，则可能是撞块没有撞到行程开关或者行程开关已损坏。

3. 操作检查法

操作检查法即通电试验，进行亲自操作检查，以对用户反映的情况进行验证，或者对用户反映的情况做一些补充，从而为检修时尽量缩小检修范围。一些常见的电气故障参见表 10-2。

表 10-2　常见电气故障

机床电气常见故障	故障现象	可能造成的原因	排除方法
电动机不转动	电动机有嗡嗡声，但不转动	电动机缺相	检查主电路，可能有断线，或未连接良好的接线
短路故障	试车时 FU4 保险烧坏	控制电路有短路故障	检查控制电路，排除短路故障
短路故障	试车时 FU1 或 FU2 或 FU3 保险烧坏	主电路可能有短路故障	检查主电路，排除短路故障

4. 万用表检查法

万用表检查法分为电压测量法和电阻测量法两种。

（1）电压测量法。在检修电气设备故障时，通过测量有关线路和设备的电压来查找故障所在，是最常用也是最有效的方法之一。检测时，可将万用表转换开关置于合适的挡位，测量故障电路的线路电压或节点电压，以此来确定故障点或故障原因。电压测量法又分为电压分阶测量法和电压分段测量法。

① 电压分阶测量法。如图 10-48 所示，电压分阶测量法的方法和步骤如下所述。

A. 测量 L_1 与 L_2 之间的电压。将万用表置于电压挡的合适挡位上，测量 L_1 与 L_2 之间的电压。L_1 与 L_2 为三相交流电的相线，两者之间的电压应为 380 V。

B. 测量 U_3。测量 1 与 4 之间的电压 U_3，如果测得的电压为 380 V，则说明交流接触器线圈没有短路；如果测得的电压为 0 V，则应检查熔断器是否熔断，如熔断，在更换新的熔体之后，还要检查交流接触器线圈是否短路，其机械运动是否受阻。

C. 测量 U_1、U_2 等。将万用表的表笔一端接在 4 点上，按住 SB_1 不放，另一只表笔分

别接在 1，2，3 点上，正常值均为 U。若检测到某点（如 2 点）的电压值为 0 V，说明有断路故障；将表笔上移，当移至某点时，测得的电压为 U，则说明该点之上的触点和线路无断路，该点之下的点有断路故障。以图 10-48 为例，图中可能是热继电器常闭触点动作或者是接线断路。

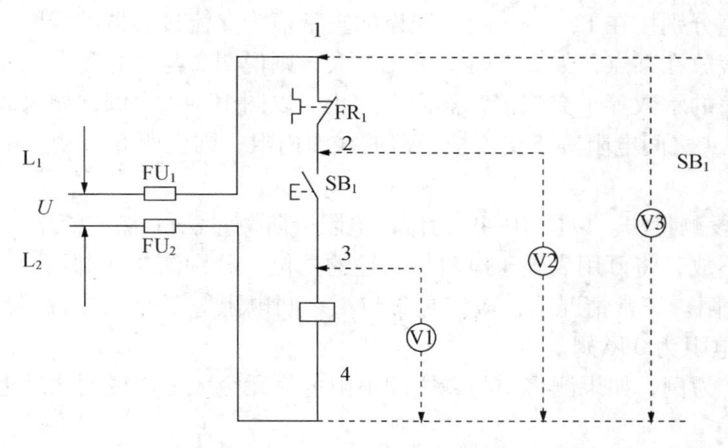

图 10-48 电压分阶测量法举例电路

② 电压分段测量法。如图 10-49 所示，电压分段测量法的方法和步骤如下所述。

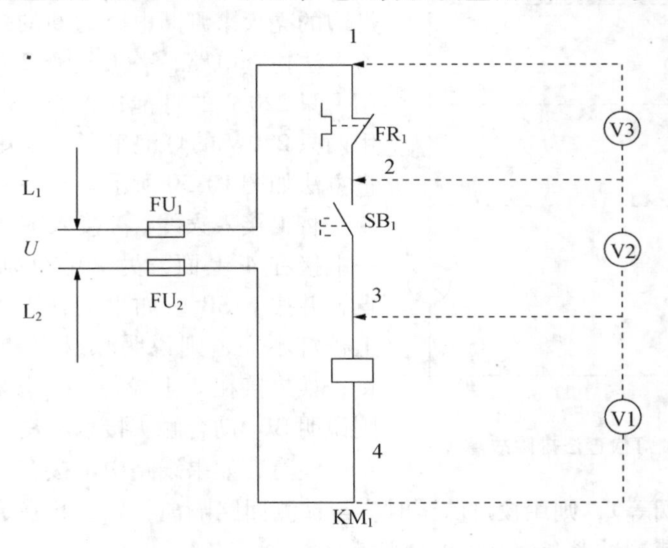

图 10-49 电压分段测量法举例电路

A. 测量 U_3。正常值应为 U，如果测得值为 0 V，应该检查 FU_1、FU_2 是否熔断。

B. 测量 $U_1 \sim U_2$。按住 SB_1 不放，用万用表分别测量相邻两个标号 1 与 2、2 与 3、3 与 4 之间的电压。正常值应该为 1 与 2、2 与 3 之间电压为 0 V，3 与 4 之间电压为 U。例如测得 2 与 3 电压为 U，则说明按钮开关断路。

（2）电阻测量法。它是指用万用表的欧姆挡对电器的触头、线圈以及连接线进行直流电阻值的测量，并以此来判断它们是否短路和断路。使用电阻法检测电路时，必须断开电源，否则将会烧坏万用表。电阻测量法和电压测量法相似，也分为电阻分阶测量法和电阻分段测量法。

① 电阻分阶测量法。以图 10-48 为例，电阻分阶测量法的检测方法和步骤如下所述。

按住 SB_1 不放，将万用表置于电阻挡合适的挡位，将万用表的一只表笔固定接在 4 上，另一只表笔分别接在 1、2、3 上，测得的正常值为交流接触器的线圈内阻。

如果万用表放在某点，如 2 点时，为无穷大，则说明 2 与 4 之间有断路；然后将表笔下移直至万用表的示数等于交流接触器内阻为止。以图 10-48 为例，如果 2 与 4 之间的电阻无穷大，3 与 4 之间电阻等于交流接触器的线圈内阻，则说明 SB_1 动合触头有断路或者接线断路。

② 电阻分段测量法。以图 10-49 为例，电阻分阶测量法的检测方法和步骤如下所述。

按住 SB_1 不放，将万用表置于电阻挡合适的挡位，分别测量相邻两点 1 与 2、2 与 3、3 与 4 之间的电阻。正常情况下，应该是 3 与 4 之间电阻等于交流接触器线圈内阻，1 与 2、2 与 3 之间电阻为 0 欧姆。

以图 10-49 为例，如果测得 1 与 2 之间电阻值为无穷大，则说明热继电器动作过，或者接线有断路。

5. 校灯检查法

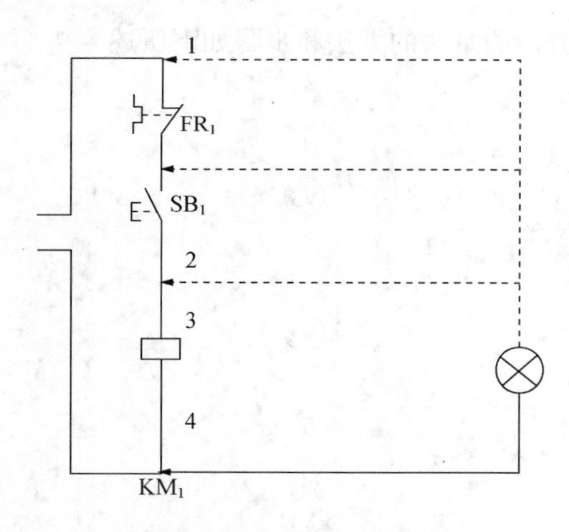

图 10-50　校灯检查法排除故障

校灯检查法是在电路中接入灯泡，通过观察灯泡的亮灭来判断电路通断的一种方法。用校灯检查法检查电路，一般检查 220 V 电路时，可采用一只 220 V 的灯泡；检查 380 V 电路时，通常用两只 220 V 的灯泡串联。校灯检查法的具体测量方法如图 10-50 所示。

将 1 接入火线、4 接入零线之后，用校灯的一端接在 4 上面，另一端分别测试 1、2、3 各点，并按下 SB_1。如果接在 1 上校灯亮，接在 2 上校灯不亮，则说明热继电器常闭触头接触不良；如果接在 2 上校灯亮，接在 3 上校灯不亮，则说明 SB_1 动合触头接触不良。

注意，如果线路中串接有电感元件（如接触器、继电器的线圈等），则用校灯测试时应与被测回路隔离，以防止在通电的瞬间因为自感电动势过高而使测试者产生麻电的感觉。

在实践中，排除故障的方法并不只局限于以上介绍的方法。此外，电阻法、电压法通常交叉使用，这样可以更加快速地排除故障。这些都要靠个人在实际工作中慢慢摸索和总结。

二、机床电气线路故障检修步骤

1. 检修前的询问与直观检查

检修前的询问与直观检查是电气线路与设备故障检修的前奏，也是获得故障分析第

一手资料的方法。通常这一阶段的工作是否全面、正确，直接关系到检修的效率。直观检查通常是指看、听、闻、摸等，这些已在前面介绍，此处不再赘述。

2. 进行电路分析，确定故障范围

对于较复杂的电气线路和设备的检修，应该根据设备的电气控制关系和原理图，分析确定故障的可能范围，查找故障点。机床电气线路一般都是由主电路和控制电路组成的。一般情况下，主电路故障较简单，容易查找；机床电气线路故障的复杂性主要表现在控制电路上。

3. 逐步缩小故障范围

经过直观检查未找到故障点时，可通电试验控制电路的动作关系，逐块排除故障以查找故障点。例如在可以连动的控制线路中，按下启动按钮后，若电动机只能点动，则说明与启动按钮相连的交流接触器辅助常开触头断路或者是连线断路。

【任务检查】

<table>
<tr><td rowspan="2">任务检查单</td><td>任务名称</td><td>姓　名</td><td colspan="2">学　号</td></tr>
<tr><td></td><td></td><td colspan="2"></td></tr>
<tr><td>检　查　人</td><td>检查开始时间</td><td colspan="3">检查结束时间</td></tr>
<tr><td></td><td></td><td colspan="3"></td></tr>
<tr><td colspan="3">检查内容</td><td>是</td><td>否</td></tr>
<tr><td rowspan="4">1. 机床线路检修</td><td colspan="2">（1）是否掌握排除故障的检修方法</td><td></td><td></td></tr>
<tr><td colspan="2">（2）是否掌握排除故障的步骤及程序</td><td></td><td></td></tr>
<tr><td colspan="2">（3）是否掌握常见机床电气故障造成的原因</td><td></td><td></td></tr>
<tr><td colspan="2">（4）是否能排除机床常见电气故障</td><td></td><td></td></tr>
<tr><td rowspan="3">2. 安全文明操作</td><td colspan="2">（1）注意用电安全，遵守操作规程</td><td></td><td></td></tr>
<tr><td colspan="2">（2）遵守劳动纪律，注意培养一丝不苟的敬业精神</td><td></td><td></td></tr>
<tr><td colspan="2">（3）保持工位清洁，整理好仪器仪表</td><td></td><td></td></tr>
</table>

项目 11　小型变压器的设计与手工制作

项目分析

在交流电路中，变压器是一种将电压升高或降低的设备，理想状况变压器能把任意大小的电压转变成频率相同的任意大小的电压，以满足电能的输送，分配和使用要求。例如：发电机本身发出来的电，电压值较低，通过变压器把电压升高才适合输送到较远的用电区域，用电区域又必须通过变压器降压，得到合适的电压值供给动力设备及日常用电设备使用。通过这一项目的学习，我们将了解变压器基本特性，熟悉常用变压器的结构及工作原理，掌握小型变压器的设计思路、方法，掌握小型变压器的制作流程与制作方法。

情景设计

场景布置：教师在工作台上放置手工制作的一个小型变压器。

教师讲述：在日常生活中有很多地方需要进行电压转换，比如：车床的照明用的是较低电压的 36 V，这就需要将 380 V 的动力电转变成 36 V。这些大小不同的电压我们通过什么东西来转换得到呢？通过本项目的学习，我们将熟悉变压器转换电压大小的原理，重点掌握小型变压器的设计与制作方法。

媒体播放：展示电力变压器、各种家用电器内部的变压器，以及仪器仪表内变压器的图片；展示小型变压器带负载的工作过程，变压器制作、安装及调试视频。

任务 11.1　小型变压器的设计

【任务目的】

1. 了解小型变压器的结构、组成形式及工作原理。
2. 掌握小型变压器的设计规则、设计流程及设计方法。

【任务内容】

1. 小型变压器线径的选择。
2. 小型变压器骨架的设计。
3. 小型变压器硅钢片的选择。

任务训练　输出 12 V 的小型变压器的设计

1. 训练目的：掌握小型变压器的设计方法。

2. 训练内容：设计一个输入为 220 V/50 Hz，输出为 12 V/40 W 的小型变压器。

3. 训练方案：教师提供设计思路指导，每个学生单独完成设计任务。3 个学生组成一个小组，挑选一名组长，组长负责组织讨论，对组员进行指导，并对每个组员的训练内容进行检查和评价。

【注意事项】

1. 12 V 为正常工作时的电压，设计时应考虑留有余量。
2. 40 W 为输出功率，设计时应综合考虑实际因素造成的功率损失。
3. 硅钢片及漆包线的选择要合适，但要综合考虑实际的条件。

知识链接　小型变压器的设计

一、变压器基础

1. 变压器的基本工作原理

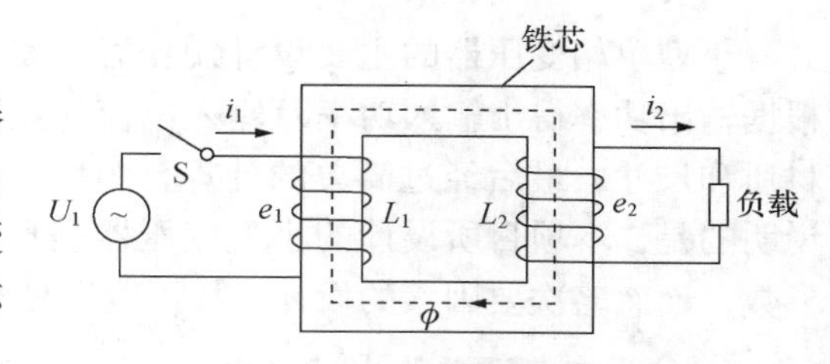

图 11-1　变压器原理图

如图 11-1 所示是变压器原理图。变压器的基本工作原理是：当一个正弦交流电压 U_1 加在初级线圈两端时，初级线圈中产生交变的电流 i_1 并产生交变磁通 ϕ，磁通沿着铁芯穿过初级线圈和次级线圈形成闭合的磁路。交变的磁通将在次级线圈中感应出互感电动势 e_2，同时 ϕ 也会在初级线圈上感应出一个自感电动势 e_1，e_1 的方向与所加电压 U_1 方向相反、大小相近，从而限制了 i_1 的大小。在次级线圈没有使用电器的时候 i_1 是非常小的，理想状况为 0（零）。但实际情况下，变压器本身有一定的损耗（铜损耗、铁损耗等）。如果不考虑变压器的损耗，可以认为变压器次级负载消耗的功率等于初级从电源取得的电功率。

2. 变压器的基本结构

变压器的基本结构包括变压器骨架、铁芯、绕组、变压器油、油箱、冷却装置、调压装置、保护装置和出线套管等部分。日常生活中使用的小型变压器结构简单，一般由骨架、铁芯、绕组等部分构成（如图 11-2 所示）。

3. 变压器的用途及分类

变压器不仅可以降压，还可以升压。远距离输电一般用升压变压器升高电压，在用电地点再用降压变压器降到我们所需要的电压（我国工频电为 220 V、50 Hz）。在家用电器设备和无线电路中，变压器经常用作升降电压、改变电流、匹配阻抗、安全隔离等。

变压器的分类方法有很多，例如按照工作类型可分为电力变压器和小型变压器，而电力变压器和小型变压器又有很多结构形式。如图 11-2 所示为常见的电力变压器和小型变压器的外观形式。本项目仅对小型变压器的设计及制作进行介绍。

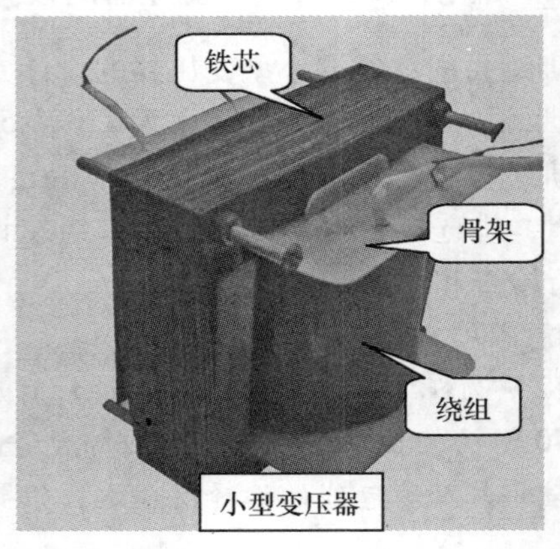

图 11-2　电力变压器和小型变压器

二、小型变压器的设计

小型单相变压器的主要设计制作思路是：由负载的大小确定变压器的输出功率，再根据输出功率得出输入功率及输入电流，然后根据用户的使用要求及环境决定变压器的材质和尺寸；最后经过简单的计算，为手工制作小型变压器提供足够的数据支持。需要说明的是，本项目所设计的小型变压器是日常生活中所使用的变压器，只考虑其重要的参数，而忽略次要因素的设计，故不能满足对工艺要求较高的一些地方。

1. 计算变压器总输出功率 P_2

设计时，假设功率因数为 1。总输出功率的大小受变压器二次侧绕组供给负载量的限制，多个负载则需要多个二次侧绕组，各绕组的电压、电流分别为 U_2，I_2；U_3，I_3；U_4，$I_4 \cdots U_n$，I_n，则 P_2 为：

$$P_2 = U_2 I_2 + U_3 I_3 + U_4 I_4 + \cdots + U_n I_n \quad (\mathrm{V \cdot A})$$

2. 根据总输出功率估算变压器输入功率 P_1、额定功率 P_N 和输入电流 I_1

（1）对于小型变压器，考虑负载运行时的功率损耗后，其输入功率 P_1 的计算公式为：

$$P_1 = P_2 / \eta \qquad (\mathrm{V \cdot A})$$

式中，η 为变压器的效率。η 的取值小于 1，变压器效率取值表参见表 11-1。

表 11-1　变压器效率取值表

输入视在功率 P_2（V·A）	<10	10～30	30～80	80～200	200～400	400 以上
效　率 η	0.6	0.7	0.8	0.85	0.9	0.95

（2）输入电流 I_1 的计算式为：

$$I_1 = P_1 / U_1$$

式中，U_1 为原边（初级）电压，即电源电压，单位为伏特（V）。

（3）小型变压器的额定功率取输入功率和输出功率的平均值，即：

$$P_N = (P_1 + P_2)/2 \quad (\text{V}\cdot\text{A})$$

三、变压器铁芯截面积的计算及硅钢片尺寸的选用

1. 铁芯截面积的计算

小型单相变压器的铁芯样式有很多，如 F 形、E 形，此处以 E 形硅钢片为例进行介绍。E 形铁芯的几何形状如图 11-3 所示，其中柱横截面的大小与变压器额定功率 P_N 的关系为：

$$S = K_0\sqrt{P_N} \quad (\text{cm}^2)$$

式中，K_0 为经验系数，其取值大小与 S 有关，可从《电工手册》中查到参考数据。如果旧铁芯铭牌数据丢失，则可根据上式确定其额定功率。

由图 11-3 可知，铁芯截面积为：

$$S = a \times b$$

式中，a 为铁芯柱宽，b 为铁芯净叠厚。

由 S 计算值并结合实际情况，即可确定 a 和 b 的大小。考虑到硅钢片间绝缘漆膜及硅钢片间隙的厚度，实际的铁芯厚度 b' 的计算公式为：

$$b' = b/0.9$$

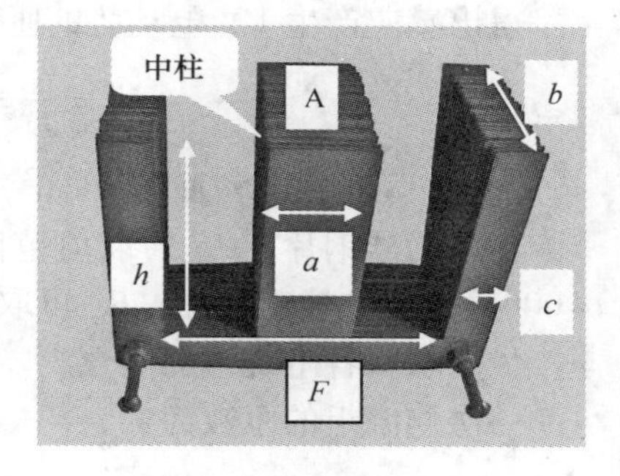

图 11-3　变压器铁芯尺寸

2. 硅钢片尺寸的选用

表 11-2 列出了目前通用的小型变压器硅钢片的规格，可供查询，若需要更详细的内容可查询《电工手册》。表 11-2 中，a 表示铁芯中柱的宽度，c 表示铁芯外部的宽度，F 表示硅钢片两内侧的尺寸，h 表示硅钢片铁芯柱高度。

表 11-2　小型变压器通用硅钢片尺寸　　单位：mm

a	c	F	h
13	7.5	40	34
16	9	50	40
19	10.5	60	50
22	11	66	55
25	12.5	75	62.5
28	14	84	70
32	16	96	80
38	19	114	95
44	22	132	110
50	25	150	125
56	28	168	140
64	32	192	160

3. 硅钢片材料的选用

小型变压器通常采用0.35 mm 厚的硅钢片作为铁芯材料，硅钢片材料规格型号的选取和材料磁通密度 B_m 以及铁芯的结构、形状等有关。

如果变压器采用E字形铁芯或拼条式铁芯结构，则硅钢片材料最好选用冷轧硅钢片。因为冷轧硅钢片使磁路有了方向性，顺向时磁阻小，并具有较高的磁通密度，磁通密度 B_m 可达（1.5～1.6）T；而垂直方向时磁阻很大，磁通密度很小。

4. 计算骨架“散件”的尺寸

根据铁芯柱宽、铁芯叠后等参数计算“骨架”散件的尺寸，具体计算方法在本任务的“设计举例”中介绍。

四、计算每个绕组的匝数 N

由变压器感应电势的计算公式：

$$E = 4.44fN\Phi_m \times 10^{-8} = 4.44fNB_mS \times 10^{-8}$$

得出感应产生1 V 电动势的匝数为：

$$N_0 = \frac{N}{E} = \frac{10^8}{4.44fB_mS} = \frac{450\,000}{B_mS}\text{（匝/伏）}$$

式中，S 是铁芯截面积（cm^2），B_m 是铁芯的磁感应强度（高斯）。

不同的硅钢片，B_m 的取值范围有所不同。一般对于冷轧硅钢片，B_m 可取12 000～14 000高斯；热轧硅钢片，B_m 可取小些，为10 000～12 000 高斯，通常取10 000 高斯。

最后求取各个绕组的匝数。

一次侧绕组的匝数为：

$$N_1 = U_1N_0\text{（匝）}$$

二次侧绕组的匝数为：

$$N_2 = kU_2N_0$$

$$\cdots$$

$$N_n = kU_nN_0$$

式中，k 是二次侧绕组负载时，因内部阻抗压降而增加的系数，取值一般为1.05～1.15。变压器容量越小，k 取值越大。

五、计算每个绕组的导线直径并选择相应导线

小型单相变压器的绕组目前多采用圆铜漆包线绕制。导线的截面积决定于电流的大小。由 $I = SJ = \frac{\pi}{4}d^2J$ 得：

$$d = \sqrt{\frac{4I}{\pi J}} = 1.13\sqrt{\frac{I}{J}}$$

式中，I 为绕组的电流（A），J 为导线允许的电流密度（A/mm^2），d 为导线的直径（mm）。

铜导线的电流密度一般可取2～2.5 A/mm^2，没有特殊要求时可取2.5 A/mm^2。变压

器短时工作时，电流密度可取 4 ～5 A/mm²。

根据计算出的 d 值，查表 11-3 选取相同或相近截面的导线直径 φ；再根据直径 φ 值查相关表格，得到漆包导线带漆膜后的外径 φ'。

表 11-3　常用圆铜漆包线规格

导线直径 φ/mm	导线截面 /mm²	导线最大外径 φ/mm		导线直径 φ/mm	导线截面 /mm²	导线最大外径 φ'/mm	
		油性漆包线	其他绝缘漆包线			油性漆包线	其他绝缘漆包线
0.10	0.00785	0.12	0.13	0.59	0.273	0.64	0.66
0.11	0.00950	0.13	0.14	0.62	0.302	0.67	0.69
0.12	0.01131	0.14	0.15	0.64	0.322	0.69	0.72
0.13	0.0133	0.15	0.16	0.67	0.353	0.72	0.75
0.14	0.0154	0.16	0.17	0.69	0.374	0.74	0.77
0.15	0.01767	0.17	0.19	0.72	0.407	0.78	0.80
0.16	0.0201	0.18	0.20	0.74	0.430	0.80	0.83
0.17	0.0255	0.20	0.22	0.80	0.503	0.86	0.89
0.18	0.0255	0.20	0.22	0.80	0.503	0.86	0.89
0.19	0.0284	0.21	0.23	0.83	0.541	0.89	0.92
0.20	0.03140	0.225	0.24	0.86	0.581	0.92	0.95
0.21	0.0346	0.235	0.25	0.90	0.636	0.96	0.99
0.23	0.0415	0.255	0.28	0.93	0.679	0.99	1.02
0.25	0.0491	0.275	0.30	0.96	0.724	1.02	1.05
0.28	0.0573	0.31	0.32	1.00	0.785	1.07	1.11
0.29	0.0667	0.33	0.34	1.04	0.849	1.12	1.15
0.31	0.0755	0.35	0.36	1.08	0.916	1.16	1.19
0.33	0.0855	0.37	0.38	1.12	0.985	1.20	1.23
0.35	0.0962	0.39	0.41	1.16	1.057	1.24	1.27
0.38	0.1134	0.42	0.44	1.20	1.131	1.28	1.31
0.41	0.1320	0.45	0.47	1.25	1.227	1.33	1.36
0.44	0.1521	0.49	0.50	1.30	1.327	1.38	1.41
0.47	0.1735	0.52	0.53	1.35	1.431	1.43	1.46
0.49	0.1886	0.54	0.55	1.40	1.539	1.48	1.51
0.51	0.204	0.56	0.58	1.45	1.651	1.53	1.56
0.53	0.221	0.58	0.60	1.50	1.767	1.58	1.61
0.55	0.238	0.60	0.62	1.56	1.911	1.64	1.67
0.57	0.255	0.62	0.64				

六、核算铁芯窗口的面积

计算出各个绕组的匝数及其所用导线的直径之后，还应考虑导线的排列方式，并且核算铁芯窗口能否容纳所有的绕组。变压器绕组的绕制一般有分层绕制和不分层绕制两种，此处采用分层绕制，即每层之间须用绝缘纸隔开，各个绕组之间也要用绝缘纸隔开。在进行校对时还需要知道层间和绕组间绝缘纸的厚度，以及导线和绝缘层的最大外径。

核算所选用的变压器铁芯窗口能否放置得下所设计的绕组。如果放置不下，则应重选导线规格，或者重选铁芯。其核算方法如下。

（1）小型变压器的绕组一般是绕在绝缘骨架上的，骨架的高度等于铁芯窗口的高度 h，如果骨架端面的厚度为 e，则取每层匝数 n 为：

$$n = 0.9\ [h - 2e - (2 \sim 4)]\ /d'\ (\text{匝/层})$$

式中，系数 0.9 是为考虑绕组框架两端各空出 5% 的地方不绕导线而留的余量；系数（2～4）是为考虑绕组框架厚度留出的空间。

（2）每个绕组需绕制的层数 w 为：

$$w = N/n\ (\text{层})(\text{不足一层的按一层计算})$$

（3）计算层间绝缘及每个绕组的厚度。

① 一、二次侧绕组间绝缘的厚度为 δ'。当电压不超过 500 V 时，一般可用 2～3 层 0.12 mm 厚的牛皮纸或 1 层 0.25 mm 厚的青壳纸；此外，一、二次绕组间应加一层静电屏蔽层，厚度不定（可用漆包线绕制）。

② 骨架最内部一层和绕完线圈后最外面一层的厚度之和为 δ_0。最内部一层可以用一层 0.25 mm 厚的青壳纸，最外面一层绕 2～3 层青壳纸。

③ 层间绝缘厚度为 γ。一般用一层 0.12 mm 厚的牛皮纸如果线径较粗，层间绝缘用一层 0.25 mm 后的青壳纸；如果线径较细，可以用厚度小于 0.1 mm 的透明纸。

最后可求出一次侧绕组的总厚度为：

$$\delta_1 = w\ (d' + \gamma)\ (\text{mm})$$

同理可求出二次侧每个绕组的总厚度。

④ 全部绕组的总厚度为：

$$\delta = (1.1 \sim 1.2)(\delta_0 + \delta' + \delta_1 + \cdots + \delta_n)\ (\text{mm})$$

式中，系数（1.1～1.2）为考虑绕制工艺因素而留的余量。

若求得绕组的总厚度 δ 小于窗口宽度 C，则说明设计方案可以实施；若 δ 大于 C，则方案不可行，应调整设计。设计计算调整的思路有两种。其一是加大铁芯叠厚 b'，使铁芯柱截面积加大，以减少绕组匝数。经验表明，$b' = (1 \sim 2)\ a$ 为较合适的尺寸，故不能任意增大叠厚。其二是重新选取硅钢片尺寸，若加大铁芯柱宽 a，可增大铁芯截面积，从而减少匝数。

七、小型变压器的设计举例

以设计一台初级输入电压为 220 V、输出电压为 36 V、功率为 40 W 的小型变压器为例，其设计步骤如下。

1. 计算变压器的总输出功率

根据设计要求得到，变压器总输出功率 $P_2=40\ \text{W}$

2. 计算变压器的输入功率、输入电流和额定功率

变压器输入功率：$P_1=P_2/\eta=40/0.8=50$（V·A）（查表得 $\eta=0.8$）

输入电流：$I_1=P_1/U_1=50\ \text{W}/220\ \text{V}=0.228\ \text{A}$

小型变压器的额定功率：$P_N=(P_1+P_2)/2=45$（V·A）

3. 计算铁芯截面积

铁芯截面积 $S=K_0\sqrt{P_N}$（cm^2），查表得 $K_0=1.75$。经验表明，K_0 取 1.75 时铁芯窗口还有余量，故在此取 $K_0=1.2$。

于是得到：$S=1.2\sqrt{45}=1.2\times6.7=8$（$\text{cm}^2$）。

4. 硅钢片材料的选用

现有 KEI-25 型 E 字形硅钢片：$a=25$ mm，$h=62.5$ mm，$c=25$ mm。

铁芯的净厚度 $b=\dfrac{S}{a}=32$ mm，因此硅钢片的片数为 32/0.35 =91 片。

取叠片系数为 0.9，则铁芯叠成后的厚度为 $b'=32/09=35$（mm）。

因为 $b'/a=35/25=1.4$，该值在（1～2）之间，故方案可用。

5. 计算骨架"散件"的尺寸

根据上述计算及硅钢片的选择，计算出骨架"散件"的尺寸。

（1）计算出的"面板"尺寸如图 11-4 所示。其中，37 mm 为铁芯叠成厚度 b' + 钢制板厚度 ×2 = 35 mm + 1 mm ×2 = 37 mm；27 mm 为铁芯柱宽 a + 钢制板厚度 ×2 = 25 mm + 1 mm ×2 = 27 mm；75 mm 为硅钢片两内侧尺寸 $F=75$ mm；88 mm 为面板长度（此值不定，可根据实际略微调整）。

（2）计算出的"挡板"尺寸如图 11-5 所示。其中，62.5 mm 为铁芯柱的高度 $h=62.5$ mm；27 mm 为铁芯柱宽 a + 钢制板厚度 ×2 = 25 mm + 1 mm ×2 = 27 mm；1 mm 为钢制板厚度；4 mm 为边缘外侧尺寸；15 mm 为内部卡槽尺寸，与"夹板"尺寸配合。

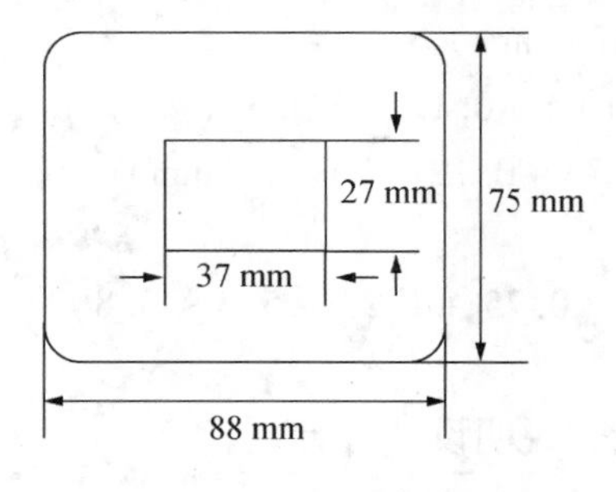

图 11-4　面板尺寸

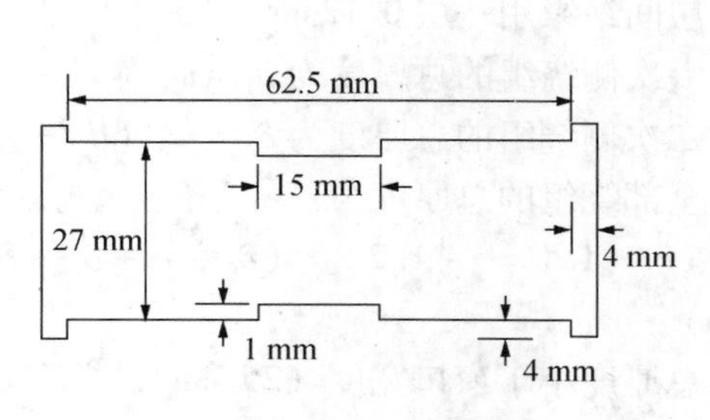

图 11-5　挡板尺寸

（3）计算出的"夹板"尺寸如图 11-6 所示。其中，1 mm 为钢制板厚度；15 mm 为内

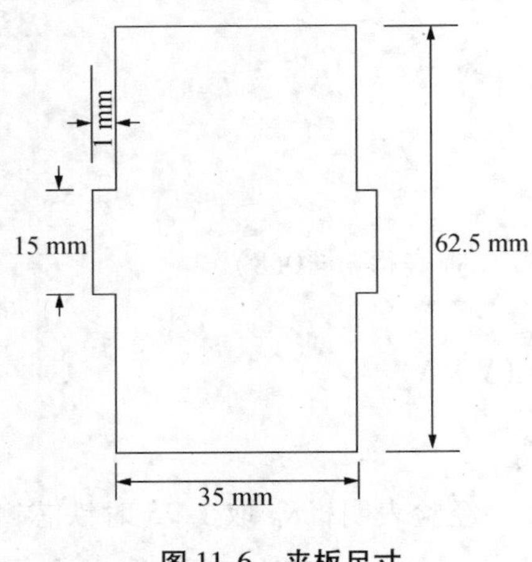

图 11-6　夹板尺寸

部卡槽尺寸，与“挡板”尺寸配合；62.5 mm 为铁芯柱的高度 $h=62.5$ mm。

6. 计算感应产生 1 V 电动势的匝数

感应产生 1 V 电动势的匝数 $N_0=\dfrac{450\,000}{B_m S}=\dfrac{450\,000}{10\,000\times 8}=5.6$（匝/伏）

一次侧绕组的匝数为：$N_1=U_1N_0=220\times 5.6=1232$（匝）

二次侧绕组的匝数为：$N_2=kU_2N_0=1.1\times 36\times 5.6=222$（匝）（取 $k=1.1$）

7. 计算每个绕组的导线直径并选择相应导线

计算时取 $J=2.5\ \text{A/mm}^2$ 得：

初级绕组直径 $d_1=1.13\sqrt{\dfrac{I_1}{J}}=1.13\sqrt{\dfrac{0.228}{2.5}}=0.34$（mm）

次级绕组直径 $d_2=1.13\sqrt{\dfrac{P_2/U_2}{\text{J}}}=1.13\sqrt{\dfrac{40/36}{2.5}}=0.74$（mm）

查表知道没有 0.34 mm 的漆包线，故取 0.35 mm，则 $d_1'=0.41$ mm；$d_2'=0.83$ mm。

8. 核算铁芯窗口的面积

初级每层匝数 $n_1=0.9\,[h-2e-(2\sim4)]/d_1'=0.9\,[62.5-2-2]/0.41=128$（匝/层）

初级绕组的层数：$w_1=N_1/n_1=1232/128=10$（层）

次级每层匝数 $n_2=0.9\,[h-2e-(2\sim4)]/d_2'=0.9\,[62.5-2-2]/0.83=63$（匝/层）

次级绕组的层数：$w_2=N_2/n_2=222/63=4$（层）

一、二次侧绕组间用一层青壳纸，用直径 1 mm 漆包线绕制静电屏蔽层，其绝缘的厚度为 $\delta'=0.25+1=1.25$（mm）。

骨架最内部用一层青壳纸做绝缘，绕完线圈后最外面用两层青壳纸做绝缘，则其厚度 $\delta_0=0.25\times 3=0.75$（mm）。

层间绝缘用一层 0.12 mm 厚的牛皮纸，则 $\gamma=0.12$（mm）。

一次侧绕组的总厚度为 $\delta_1=w_1(d_1'+\gamma)=10(0.41+0.12)=5.3$（mm）

二次侧绕组的总厚度为 $\delta_2=w_2(d_2'+\gamma)=4(0.83+0.12)=3.8$（mm）

全部绕组的总厚度为：

$\delta=(1.1\sim-1.2)(\delta_0+\delta+\delta_1+\delta_2)=1.1(0.75+1.25+5.3+3.8)=12.2$（mm）

总厚度小于窗口宽度（25 mm），并有足够的余量，说明设计可行。

【任务检查】

任务检查单	任务名称	姓　　名	学　　号
检　查　人	检查开始时间	检查结束时间	

检查内容		是	否
1. 骨架的设计及硅钢片的选择	（1）骨架的设计是否合理		
	（2）硅钢片的选择是否合理		
2. 绕组的设计与漆包线的选择	（1）绕组的设计是否合理		
	（2）初级绕组漆包线的选择是否合理		
	（3）次级绕组漆包线的选择是否合理		
3. 安全文明	（1）操作是否存在不安全因素		
	（2）是否遵守劳动纪律		
	（3）穿戴及工位是否清洁		

任务 11.2　小型变压器的手工制作

【任务目的】

1. 熟悉小型变压器的手工制作流程。
2. 掌握小型变压器的手工制作方法和制作工艺。

【任务内容】

1. 小型变压器骨架的制作。
2. 小型变压器绕组的制作。
3. 小型变压器的参数测试。

任务训练　小型变压器的制作

1. 训练目的：根据现有的设备、材料，手工制作一个小型变压器。

2. 训练内容：制作输入为 220 V、50 Hz，输出为 12 V、40 W 的小型变压器。

3. 训练方案：3 个学生组成一个小组，每个小组挑选一名组长，每个人单独完成小型变压器的手工制作。组长负责对组员进行指导并组织讨论，完成任务后对每个组员的作品进行检查和做出评价。

【注意事项】

1. 本任务选用的是钢制板（玻璃纤维板），其粉末对皮肤有刺激作用，容易引起过敏，因此每次用完锉刀，应该用肥皂洗手。

2. 线圈的绕制应该注意相间绝缘和层间绝缘，在使用绕线机时应调整好其计数初值，并对绕线机的计数准确与否进行检查。

3. 打孔时女生要戴工作帽，不能戴手套。

4. 通电调试之前应进行仔细的检测，符合要求并征得指导教师同意之后方可通电调试。

5. 通电调试时应单人操作，设监护人，初、次级一定不要接反。

知识链接　小型变压器的手工制作

一、材料及工量具的准备

手工制作小型变压器有着一整套严格而复杂的工序。在制作之前，首先要根据设计要求，准备好相应的材料和工量具。

1. 材料

小型变压器的制作主要用到以下材料：打好孔的木芯一个，孔径与绕线机相对应；钢制板一块，用于制作变压器的骨架；铅笔、青壳纸、牛皮纸、绝缘清漆、硅钢片、漆包线、螺钉（固定硅钢片）。主要材料如图 11-7 所示。

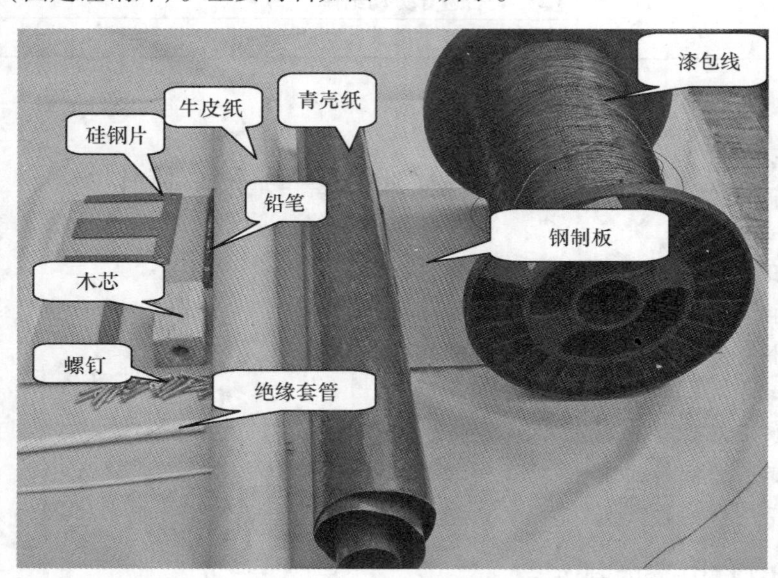

图 11-7　小型变压器制作主要材料

在这里重点介绍一下木芯。在绕制变压器绕组时，要将漆包线绕在小型变压器的骨架上，但骨架本身并不能直接套在绕线机轴上绕线，而是在骨架内腔塞入一个木芯。木芯的正中心要钻一个直径 10 mm（绕线机螺杆直径）的孔，这个孔用来套在绕线机螺杆上。注意，木芯的孔不能偏斜，否则会影响后期绕组的制作质量。木芯通常用杨木或杉木制作，中间的孔一般用钻床钻出。木芯四边要相互垂直，边角部分用砂纸磨成圆角。

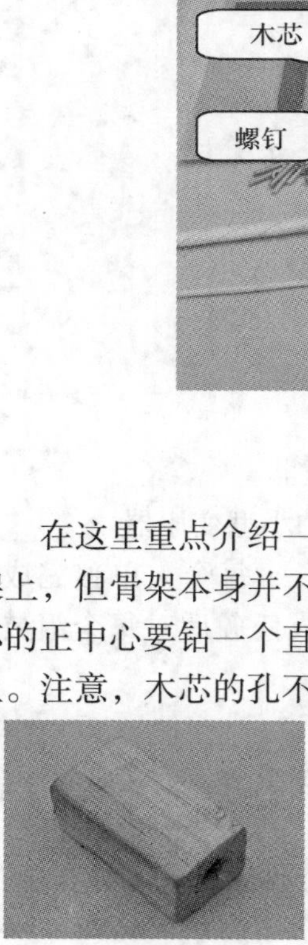

木芯的尺寸为：截面宽度要比硅钢片的舌宽略大 0. 2 mm，截面长度比硅钢片叠厚尺寸略大 0. 3 mm，高度比硅钢片窗口约高 2 mm。木芯的外表要做得光滑平直。制作好的木芯如图 11-8 所示。

图 11-8　制作好的木芯

2. 工量具

小型变压器的制作主要用到以下工量具：电工刀一把，用于骨架的中间挖孔；钢尺一把，用于测量钢制板的大小，确定骨架的大小；钢锯一把，用于骨架的裁剪；锉刀一把，用于骨架的修理；台钻一台，用于钻装接线柱孔；螺丝刀一把，用于扭紧硅钢片固定螺丝；剪刀一把，用于剪绝缘套管；绕线机一台，用于绕组的制作；线圈圈数测量仪一台，用于测量绕组的匝数；兆欧表一块，用于测量绝缘电阻；万用表一块，用于测量直流电阻值和电压；钳形电流表一块，用于测量绕组电流；温度计一支，用来测量温度。主要工量具如图 11-9 所示。

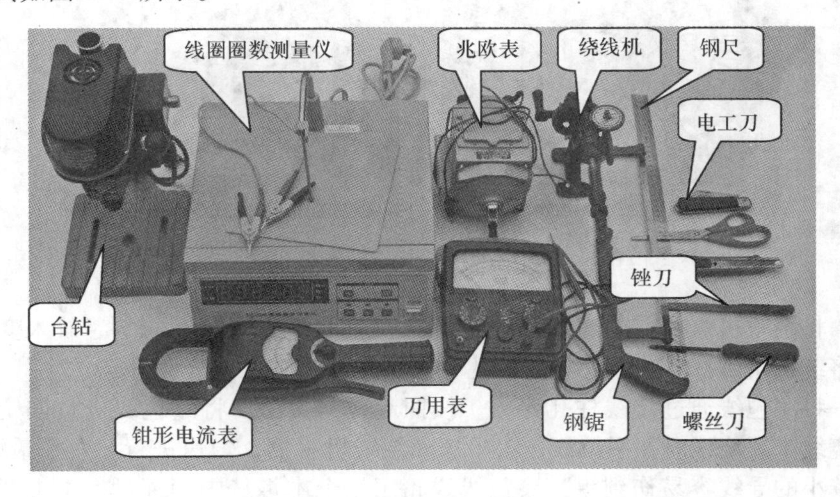

图 11-9　小型变压器制作主要工量具

因多数工量具在本书前面章节已经介绍过，在此仅对绕线机和线圈圈数测量仪（线圈匝数测试仪）的使用方法进行介绍。

（1）绕线机。绕线机有很多种，此处以手动表盘式绕线机为例，用来制作变压器绕组（如图11-10所示）。

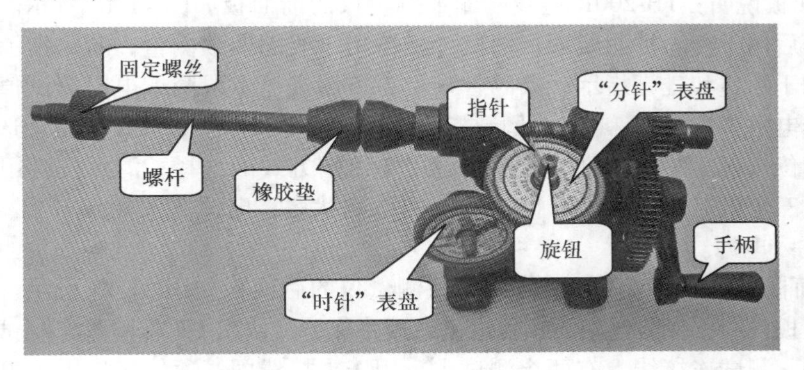

图 11-10　手动表盘式绕线机

在使用绕线机时，应该注意以下几个事项。

第一，绕线机在使用之前应该先进行调零操作。逆时针扭动表盘指针上方的旋钮，将“时针”“分针”调至“0”（零）处，然后将旋钮顺时针扭紧（如图 11-11 所示）。注意扭的时候不要用力太猛，不要将指针弄变形，否则会影响计数的准确性。当然，在使用之前也可以不进行调零，只要记下来初始值即可，但有些指针在调零前的数据可能指示不明确，故建议大家在使用之前进行调零。

图 11-11　绕线机的表盘

第二，将绕线机螺杆前的螺丝和固定用橡胶垫取下，将做好的木芯放入变压器骨架中，然后将绕线机螺杆穿入木芯中间的孔中，将橡胶垫放入，扭紧固定螺丝。

第三，将漆包线通过接线柱孔穿入，按照起绕的方法，将漆包线进行固定，然后就可以开始绕线了。绕线时左手拉线，右手摇动绕线机手柄，匀速进行。左手最好戴手套，因为直径较小的导线容易伤到手。漆包线线轮用一个木棍从中间穿过，木棍两端搭放在木凳或其他固定物上。

（2）线圈圈数测量仪。线圈圈数测量仪（线圈匝数测试仪）是用来测量变压器、电动机、发电机绕组等各种绕线线圈匝数的仪器，种类较多。我们此次使用的是 TH-200R 型，该仪器具有智能化、测试精度高、速度快、使用方便等特点，并且该仪器还可测量线圈直流电阻。下面介绍该仪器的使用方法。

① 前面板说明：TH-200R 型线圈圈数测量仪的前面板如图 11-12 所示。其中，转臂逆时针打开后用于套入被测线圈；测试传感器用于线圈圈数测量；断路指示灯和碰壳指示灯分别用于断路和碰壳指示；数码管显示窗口用来显示线圈或电阻测试值；两个电阻值指示灯，电阻单位为 Ω 和 kΩ；圈数指示灯用于圈数指示；参数按键用于选择测试圈数或电阻；相位按键、断路按键、静音按键用于讯响方式的选择；清零按键用于电阻测试短路清零；三个讯响指示灯用于指示目前的讯响状态；电源开关用于开启（1）或关闭（0）仪器输入电源。

② 后面板说明：TH-200R 型线圈圈数测量仪的后面板如图 11-13 所示。其中，转臂作用同前面板说明；保险丝用于仪器过流或短路保护，使用 1 A 保险丝；测试端口用于接测试连接线，测试连接线上有两个测试夹，用于夹持线圈；通信接口用于出厂校验；电源接 220 V 交流电；铭牌标明制造单位、日期及仪器编号等。

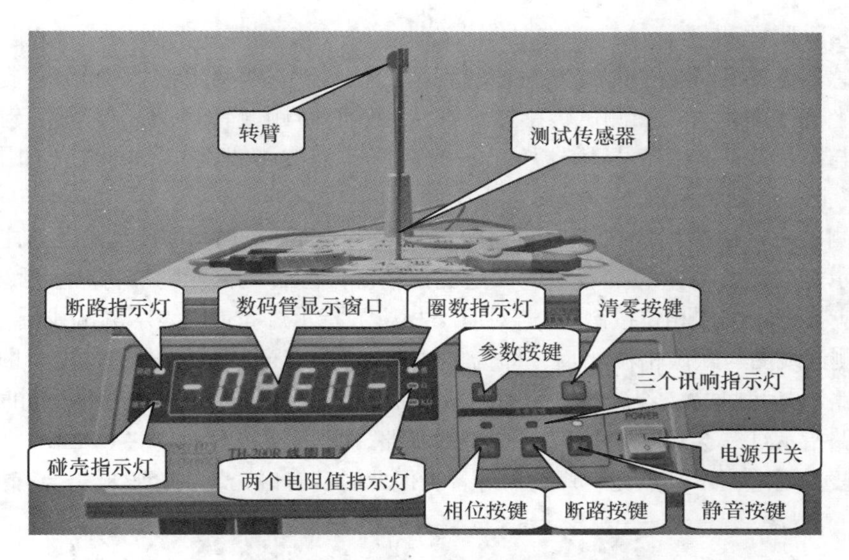

图 11-12　TH-200R 型线圈圈数测量仪前面板

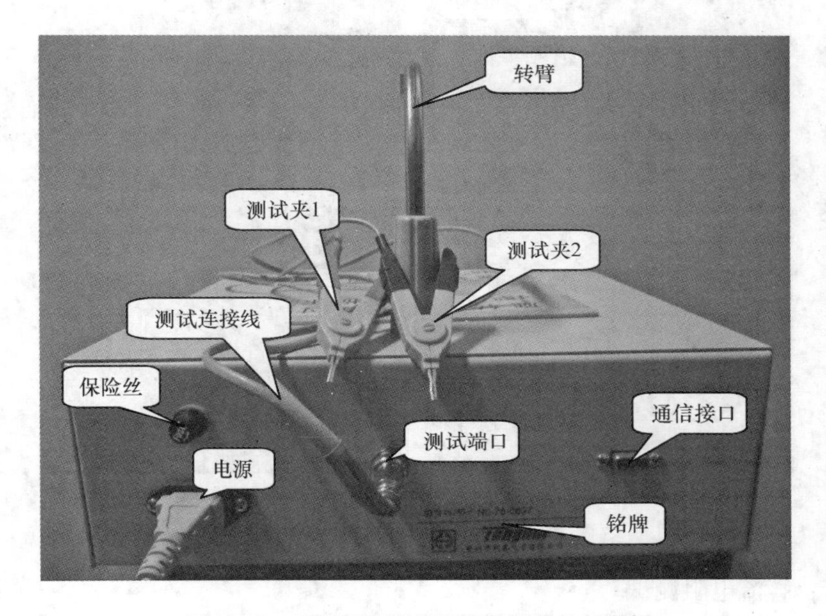

图 11-13　TH-200R 型线圈圈数测量仪后面板

③ 操作说明如下。

第一步：测量准备。

插上电源线和测试线，将电源开关开启（1），所有显示器及指示灯应全亮，约 1 s 后显示“TH-20R”，说明该线圈圈数测量仪的型号为 TH-200R；然后预热 15 min，以保证仪器测试准确。

第二步：参数选择。

根据实际测量需要，按“参数按键”在圈数测量和直流电阻测量之间进行转换。

第三步：圈数测量。

将传感器上的转臂向逆时针方向转动到适当位置（转角不能大于45°）；把被测线圈套入仪器上部平面垂直线圈测试传感器；将传感器转臂顺时针转动，与垂直传感器靠拢；将测试夹与被测线圈连接，显示器所显示的数值即为被测线圈实际圈数（如图11-14所示）。重复上一过程可测试下一线圈。

圈数测量时，通过相位按键、断路按键和静音按键可选择讯响方式，与之对应的讯响方式指示灯会亮。测量时如有相应设定测试情况产生，内部蜂鸣器将产生断续声响，给测试者相应报警。按“相位按键”，若对应“相位”指示灯亮，则表示测试线圈与默认相位相同；若测试线圈与默认相位相反，即为“－”，这时有断续报警声响。按“断路按键”，对应“断路”指示灯亮，若被测线圈断路或没接通，则会有断续报警声响，同时仪器左上方的“断路指示灯”会点亮；任何时候测试开路，显示器将显示“－OPEN－”信息。按“静音按键”，对应指示灯点亮，蜂鸣器静音；但此时若有碰壳，则蜂鸣器仍会有报警音。

图11-14　圈数测量

第四步：直流电阻测试。

将两测试夹按图11-15所示短接，按下“清零按键”，清除底数。将被测线圈接入测试线，按“参数按键”选择测量直流电阻，仪器根据电阻值的大小自动选择量程，数码显示窗口显示其测量值。电阻测试时可以把被测线圈放在传感器外面。直流电阻测量如图11-15所示。

④ 线圈圈数测量仪使用注意事项如下：

A. 避免仪器周围有较大磁场，以免影响仪器正常测试；

B. 避免被测线圈自身短路，以免影响测量精度；

C. 被测线圈应放在传感器中央部分（直流电阻的测量除外），以免影响测量结果；

D. 测试线是易损器件，若仪器出现测试不准确，应先检查测试线是否损坏；

E. 被测件应轻拿轻放，避免撞击传感器；

F. 传感器转臂转动不可超过 45°，否则将损坏仪器，强力转动转臂可能会造成传感器永久损坏；

G. 运输、搬动仪器时应注意不要碰到仪器，尤其是传感器部分。

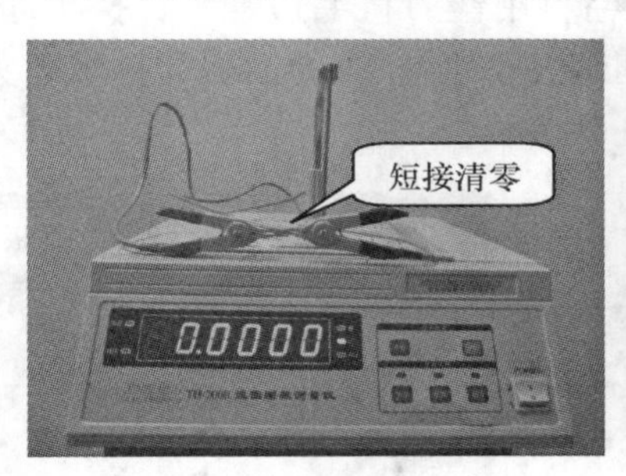

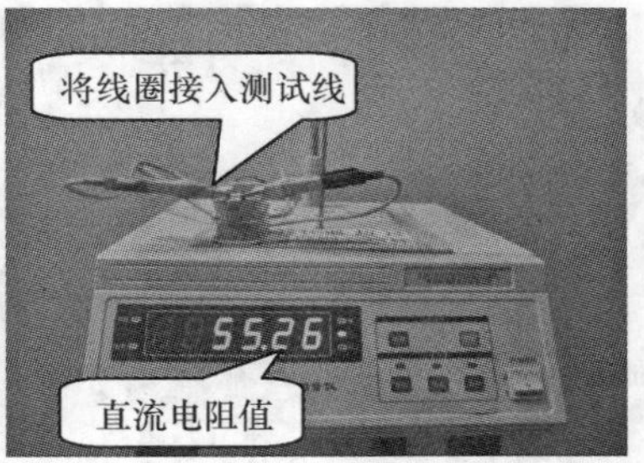

图 11-15　直流电阻测量

二、变压器骨架的制作

变压器骨架的作用是用来支撑绕组并将之与硅钢片绝缘。变压器的骨架一般有两种制作方法。

一种是简易骨架，即用青壳纸在木质芯上绕 1～2 圈，用胶水粘牢，其高度略低于铁芯窗口高度。骨架干燥以后，木芯在骨架中应能插得进、抽得出；最后用硅钢片插试，以硅钢片刚好能插入为宜。线圈绕到两端时要特别注意，以免在绕制层数较多时散塌，造成返工。

另一种是积木式骨架，外观形式如图 11-16 所示。该骨架能方便地绕线和增强线包的对地绝缘性能，材料以厚度为 0.5～1.5 mm 厚的钢制板、胶木板、环氧树脂板、塑料板等绝缘板为宜。下面简述积木式骨架的制作方法。

1. 钢制板的裁剪

市场上常见的钢制板规格有 1 mm 厚或 2 mm 厚，大小有 1 m×2 m 或 1 m×1 m，使用时按照实际尺寸考虑余量进行裁剪。制作积木式骨架，需要"面板"、"挡板" 和 "夹板"各两块，其制作步骤如下。

（1）画尺寸。根据设计的需要，用钢尺在钢制板上量好尺寸，并用铅笔画好线。画好线的钢制板如图 11-17 所示。

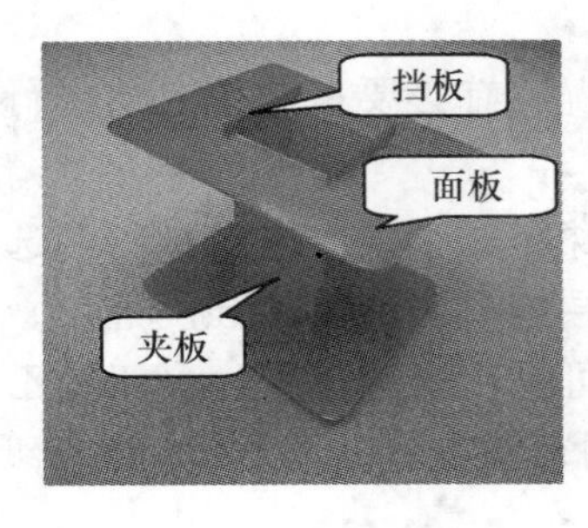

图 11-16　积木式骨架

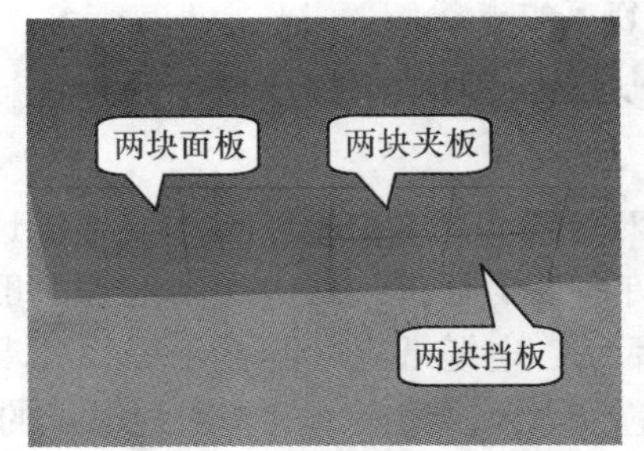

图 11-17　画好线的钢制板

（2）裁剪（用钢锯锯下来）。根据画好的线，用钢锯（手锯）将骨架“散件”毛料裁剪下来。裁剪下来的骨架毛料如图 11-18 所示。

2. 骨架的制作

（1）锉毛边和画线。将裁减下来的骨架毛料用锉刀将毛边锉平，擦干净；然后用铅笔画好边框。若铅笔画不上，可用尖锥轻划出痕迹。画好线的面板、挡板、夹板如图 11-19 所示。

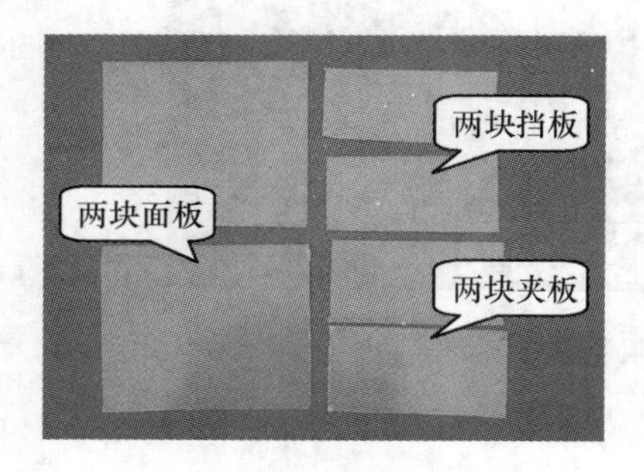

图 11-18　骨架下料图

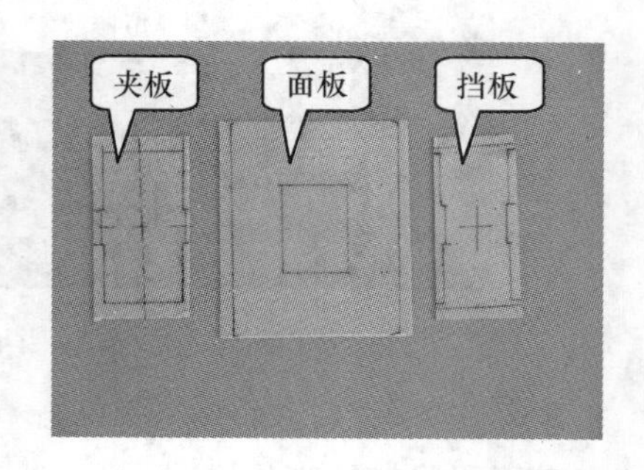

图 11-19　画好图的骨架散件

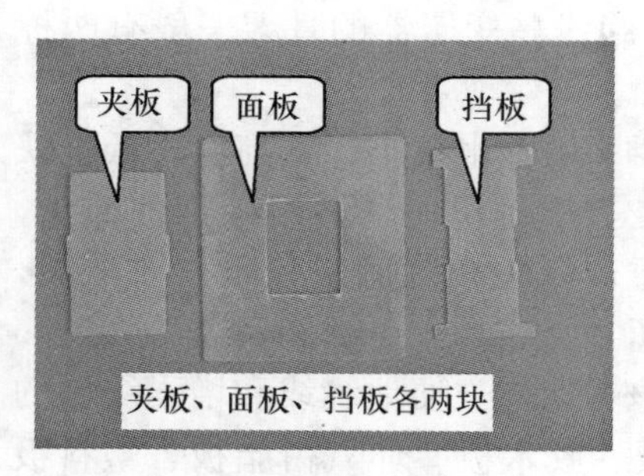

图 11-20　制作好的骨架散件

（2）“散件”的制作（即夹板、面板和挡板的制作）。按照画好的图进行“散件”制作。其中，制作面板中间的挖孔时，可先用电工刀在中间挖出一个小孔，然后用锉刀锉出满足要求的尺寸。另外，其中的一块面板需要打孔，以用于绕组接头的接出或者安装接线柱，此时可用台钻钻出适当的小孔。如图 11-20 所示为制作好的骨架散件。

（3）组装。将制作好的骨架散件组装起来。组装时要小心，若组装不上，不要用蛮力，要进行检查。组装好的骨架参照图 11-16。

三、绕组的制作

绕组是变压器的重要组成部分，其制作是小型变压器制作的重点部分，也是难点部分。

1. 制作前的准备

为减少制作过程中出现缺少工量具或材料的情况，有必要在制作之前进行相应的准备工作。

（1）对导线和绝缘材料的选用。导线选用聚酯漆包圆铜线。绝缘材料的选用受耐压要求和允许厚度的限制，其中层间绝缘一般按两倍层间电压的绝缘强度选用，常采用牛皮纸、电话纸、电缆纸、电容器纸等，要求较高的可采用聚酯薄膜、聚四氟乙烯或玻璃漆布；铁芯绝缘及绕组间绝缘按对地电压的 2 倍选用，一般采用青壳纸、绝缘纸板、玻璃漆布等，要求较高的则采用层压板或云母制品。

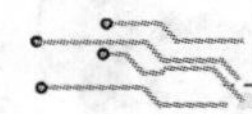

我们此次制作层间绝缘采用的是牛皮纸，铁芯绝缘及绕组间绝缘采用的是青壳纸。按照设计要求先将绝缘纸裁剪成条状（如图11-21所示）。

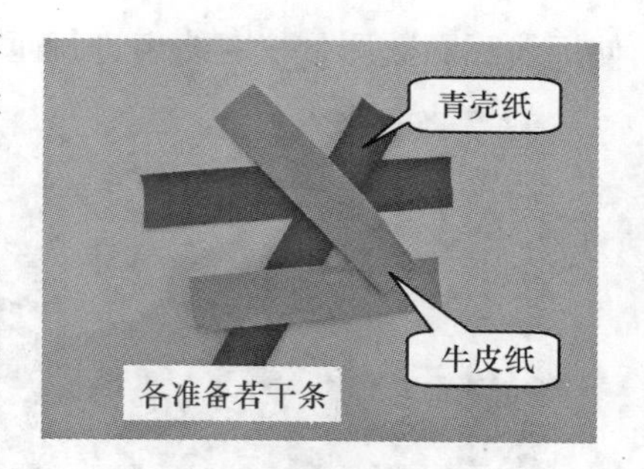

图11-21　裁剪好的绝缘纸

（2）引出线。变压器每组线圈都有两个或两个以上的引出线，一般用多股软线、较粗的铜线或用铜皮剪成的焊片制成。将引出线焊在线圈端头，用绝缘材料包扎好后，从骨架端面（面板）预先打好的孔中伸出，以备连接外电路。对于绕组线径在0.35 mm以上的可用本线作引出线；线径在0.35 mm以下的，一般用多股软线作引出线，也可用薄铜皮做成的焊片作引出线头。

我们此次制作用到的导线分别为0.35 mm和0.74 mm，故采用本线作引出线。

2. 绕组的制作

线圈的绕制步骤通常按照初级绕组→静电屏蔽→次级绕组的顺序依次叠绕。

（1）初级绕组的制作。制作初级绕组的具体步骤如下。

① 绕组的起绕。起绕时，在导线引线头套入绝缘套管，从引线孔穿出，然后压入一条用青壳纸或牛皮纸片做成的绝缘折条，待绕几匝后抽紧起始头（如图11-22所示）。

② 绕线的方向。绕线时，绕线机的转速应与掌握导线的手左右摆动的速度相配合，并将导线稍微拉向绕组前进的相反方向约5°左右，以便将导线排紧（如图11-23所示）。

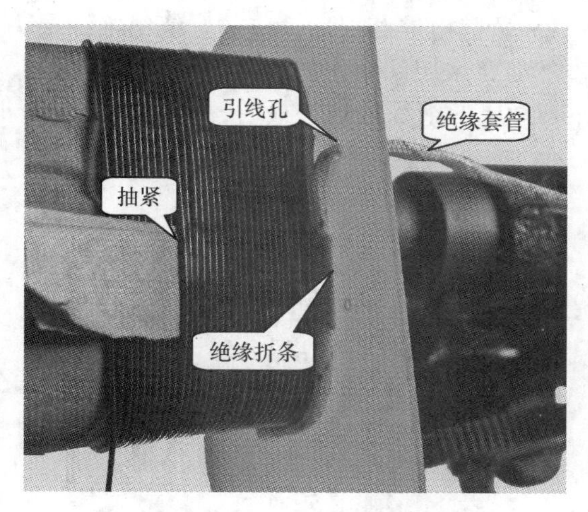

图11-22　绕组起绕

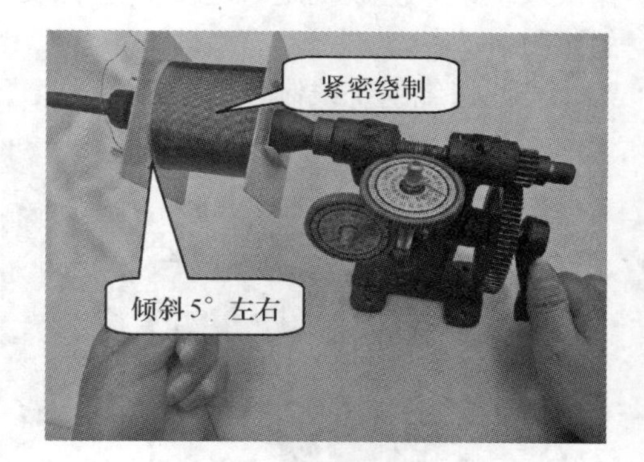

图11-23　绕线方向

③ 层间绝缘的放置。每绕完一层导线，先刷一层绝缘清漆，然后安放一层层间绝缘（有些还需要处理好中间抽头）。导线应排列整齐、紧密，不得有交叉或叠线现象，绕到设定的匝数为止。层间绝缘层的放置如图11-24所示。

④ 绕组的收尾。当绕组绕至近末端时，先垫入固定出线用的绝缘折条（日常一般用青壳纸或绝缘条制作而成），待绕至末端时，把线头穿入折条内，然后抽紧末端线头（如图11-25所示）。当绕完绕组的初级后，为了防止因绕线机可能带来的匝数计数误差，应

使用线圈圈数测量仪对绕组进行匝数测量。

图 11-24　层间绝缘层

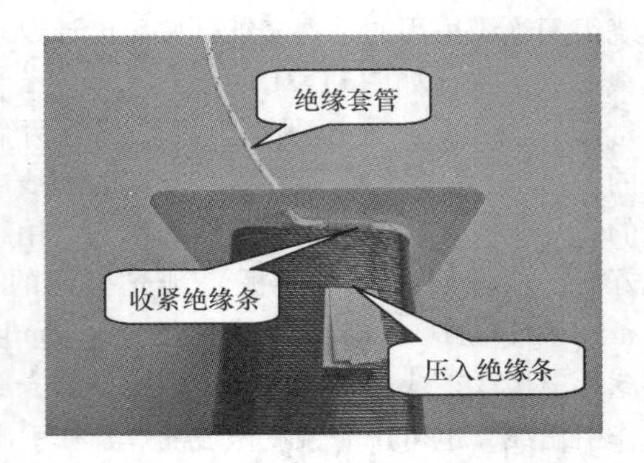

图 11-25　末端线头处理

（2）静电屏蔽层。电子设备中的电源变压器，需要在初级绕组和次级绕组之间放置静电屏蔽层。屏蔽层可以用 0.1 mm 厚的铜箔或其他金属箔制成，其宽度比骨架长度稍短，长度比初级绕组的周长短 5 mm 左右，安放在初级绕组和次级绕组之间。注意，屏蔽层不能碰到导线，且自身不能构成回路，以免引起短路。屏蔽层的铜箔上焊接一根多股铜芯软线作为引出接地线。如果没有铜箔，也可采用直径为 0.12 ～1 mm 的漆包线密绕一层，一端埋在绝缘层内，另一端作为接地线引出。如图 11-26 所示为用漆包线绕制的静电屏蔽层。

（3）次级绕组的制作。初级绕组制作完毕且放置静电屏蔽层后，应放置绕组绝缘层。这里我们采用一层青壳纸（如图 11-27 所示）。然后，采用同制作初级绕组一样的方法制作次级绕组。次级绕组绕完后，进行绕组最外面一层的绝缘处理。最后，测量次级绕组的匝数。

至此，绕组绕线制作完毕。

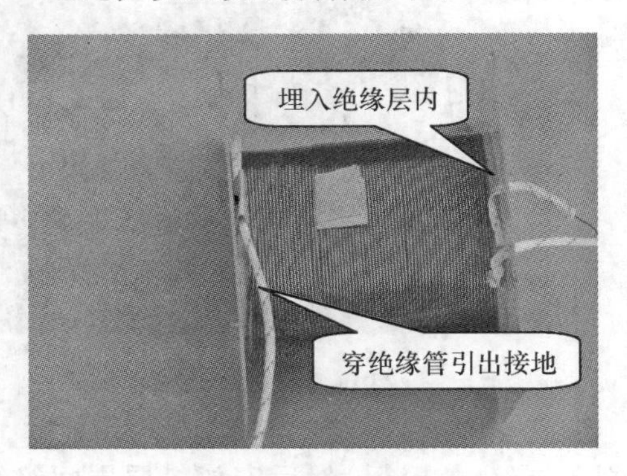

图 11-26　静电屏蔽层

图 11-27　绕组间绝缘层

（4）绝缘处理。为防止受潮和增加绝缘强度，线圈需要做绝缘处理。绝缘处理一般有两种方法。

第一种：在绕制过程中，每绕好一层，就刷一层绝缘清漆，然后放上绝缘层；绕组绕好后，通电烘干。烘干时，用一台 500 V·A 的自耦变压器，将交流电流表与欲烘干的变

压器的高压绕线串联，低压绕组短路。逐渐升高自耦变压器的输出电压，使电流达到额定值的 2 ～3 倍。半小时后，绕组应烫手，若不烫手，可继续提高自耦变压器的输出电压，直到烫手为止（70 ～80℃左右）。通电 12 h 烘干即可。

第二种：将绕组放在烘箱内加热到 70 ～80℃，预热 3 h 后取出，立即将其浸泡在清漆中约半小时，取出后在通风处滴干，然后在 80℃烘箱内烘 8 h 左右即可。

四、硅钢片的安装

1. 硅钢片的检查及挑选

（1）检查硅钢片是否平整，冲压时是否留下毛刺。毛刺容易损坏片间绝缘，导致铁芯涡流增大；不平整则将影响装配质量。

（2）检查表面是否锈蚀。锈蚀后的斑块会增加硅钢片的厚度，减小铁芯有效截面；同时又容易吸潮，从而降低变压器的绝缘性能。

（3）检查硅钢片表面绝缘是否良好。如果表面绝缘不好，容易形成铁芯短接，使用时产生的热量将增大，严重的将烧坏变压器。如果有绝缘层剥落，应重新涂刷绝缘漆。

（4）检查硅钢片的含硅量是否满足要求。磁芯的导磁性能主要取决于硅钢片的含硅量，含硅量高的硅钢片导磁性能好，而导磁性能差的硅钢片会造成变压器的铁耗增大。但含硅量也不能太高，因为含硅量过高的硅钢片容易碎裂，机械性能差。一般要求硅钢片的含硅量在 3%～4%。硅钢片的含硅量可用简单的折弯方法进行检查：用钳子夹住硅钢片的一角将其弯成直角时即能折断，表明含硅量在 4% 以上；弯成直角又恢复到原位才折断的，表明含硅量接近 4%；如反复弯三、四次才能折断的，含硅量约 3%；当含硅量在 2% 以下时，硅钢片就很软了，难于折断。

2. 装配要求

（1）硅钢片要装紧。装紧不仅可防止铁芯从骨架中脱出，还能保证有足够的有效截面积，可以避免绕组通电后因铁芯松动而产生杂音等。

（2）装配铁芯时不得划破或胀破骨架，不得误伤导线，以免造成绕组断路或短路。

（3）铁芯磁路中不应有气隙，各片开口处要衔接紧密，以减小铁芯磁阻。

（4）要注意装配平整、美观。

3. 硅钢片的装配步骤

小型变压器的铁芯装配通常用交叉插片法进行装配，步骤如下。

（1）先在线圈骨架一侧插入 E 形硅钢片，再在另一侧插入硅钢片，一片一片地交叉对镶（如图 11-28 所示）。这样左、右两侧交替对插，直到插满。

（2）将 I 形硅钢片（横条）按铁芯剩余空隙厚度叠好插进去即可（如图 11-29 所示）。

插片的关键是插紧。最后几片不容易插进，这时可将已插进的硅钢片中容易分开的两片间撬开一条缝隙，嵌入 1 ～2 片硅钢片，用木槌慢慢敲进去；同时在另一侧与此相对应的缝隙中加入片数相同的横条。

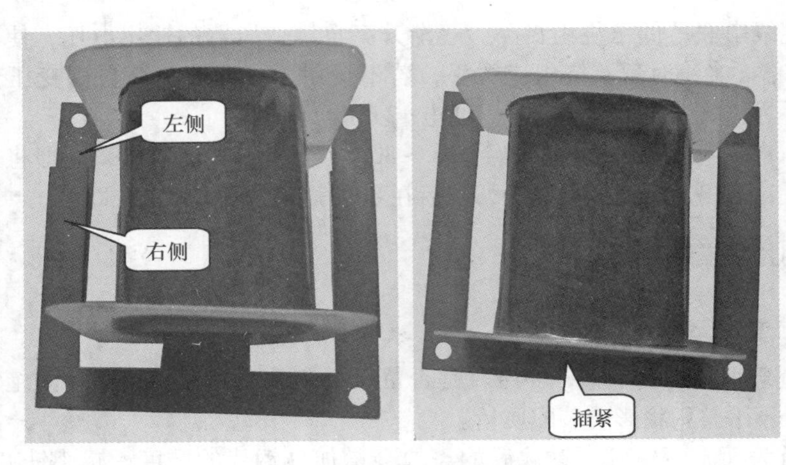

图 11-28　安装 E 形硅钢片

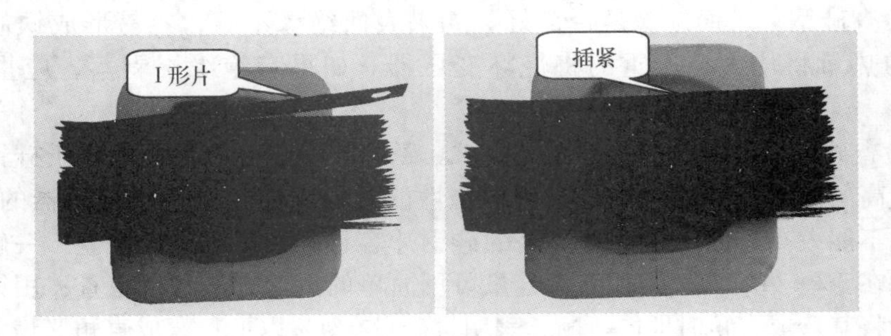

图 11-29　安装 I 形硅钢片

装配铁芯前，应注意先进行硅钢片的检查和选择。此外，在安装的时候不要出现抢片与错位现象。“抢片”是在双面插片时一层的硅钢片插入另一层中间（如图 11-30 所示）。

如果出现抢片而未及时发现，则继续敲打将损坏硅钢片。因此，一旦发生抢片，应立即停止敲打，将抢片的硅钢片取出，整理平直后重新插片。否则这一侧的硅钢片敲不进去，另一侧的横条也插不进来。

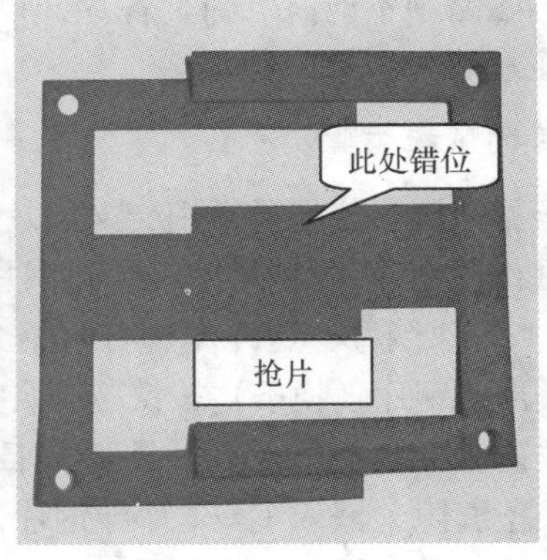

图 11-30　抢片与不抢片

（3）铁芯固定。装配完硅钢片后，在铁芯螺孔中穿入螺钉固定即可（如图 11-31 所示）。也可将铁皮剪成一定的形状，包套在铁芯外边，用于固定。

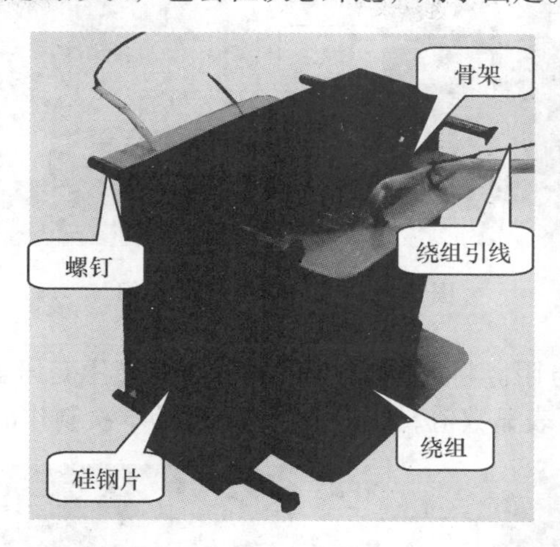

图 11-31　硅钢片装配完成

五、测试

小型变压器组装完成后，一般要进行如下测试。

1. 绕组直流电阻的测量

用万用表通过绕组的引线测量初级绕组和次级绕组的直流电阻（也可在绕组制作完毕时用线圈圈数测量仪测量），并记录测量结果。如图 11-32 所示为本次制作的测量结果。

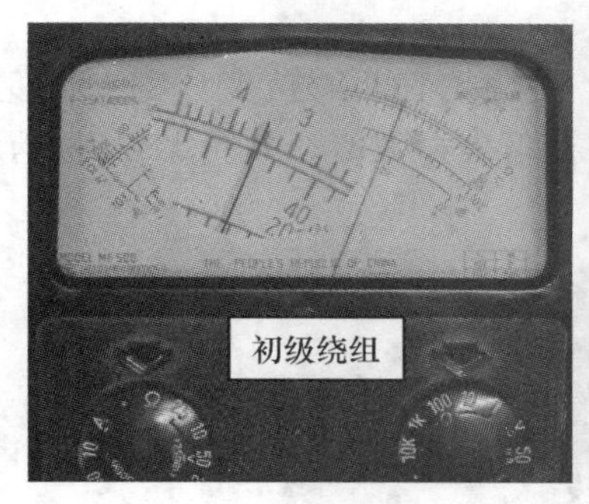

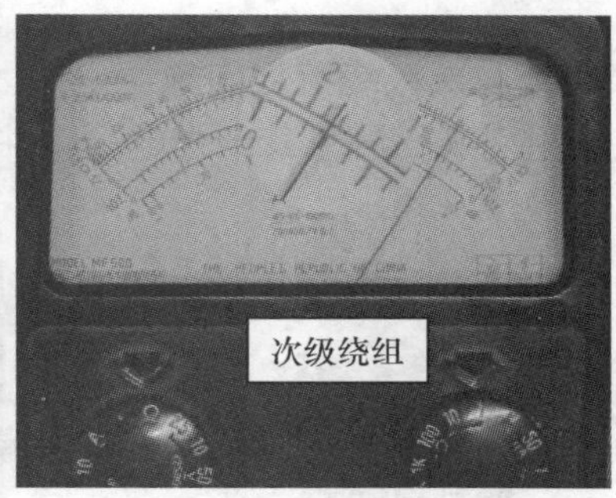

图 11-32　绕组直流电阻

2. 绝缘电阻的测量

用兆欧表测量各绕组间和各绕组对地（铁芯）绝缘电阻，并记录测量结果。对于 400 V以下的变压器，其绝缘电阻应不低于 90 MΩ。

（1）初级绕组对地电阻。将兆欧表两鳄鱼夹分别夹住变压器初级绕组引线和铁芯，以每分钟 120 转的速度摇动兆欧表，并记下表显数值。如图 11-33 所示为本次制作的测量结果。注意，鳄鱼夹夹住绕组引线之前，应确保引线端已经刮去绝缘层并用砂纸砂去表面氧化层。

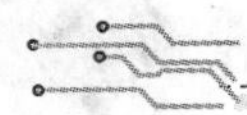

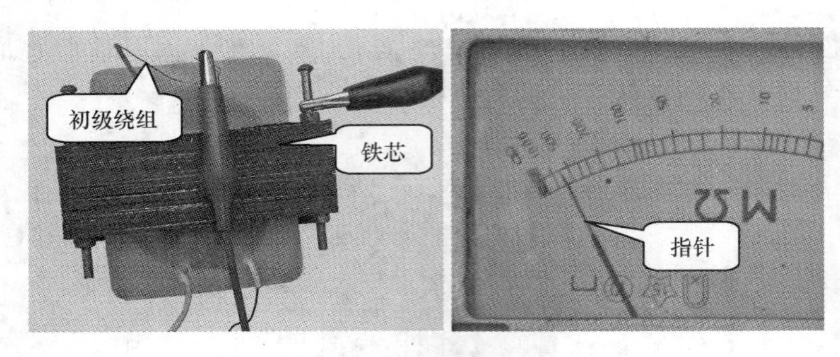

图 11-33　初级绕组对地电阻

（2）次级绕组对地电阻。将兆欧表两鳄鱼夹分别夹住变压器次级绕组引线和铁芯，测量其绝缘电阻，并记下表显数值。如图 11-34 所示为本次制作的测量结果。

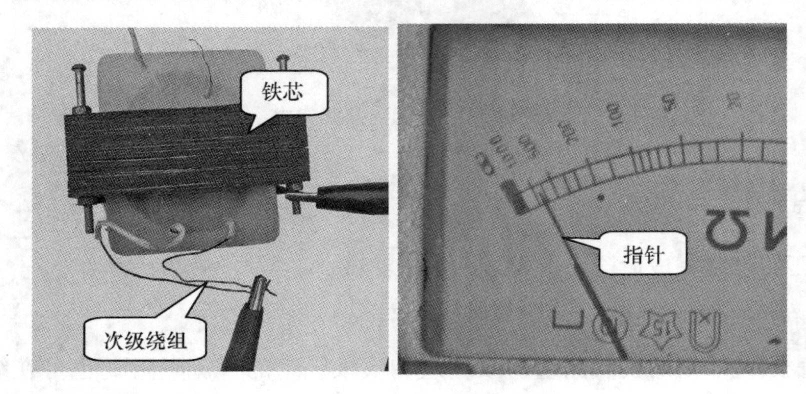

图 11-34　次级绕组对地电阻

（3）初级绕组与次级绕组之间绝缘电阻。将兆欧表两鳄鱼夹分别夹住变压器初级绕组引线和次级绕组引线，测量其绝缘电阻，并记下表显数值。如图 11-35 所示为本次制作的测量结果。

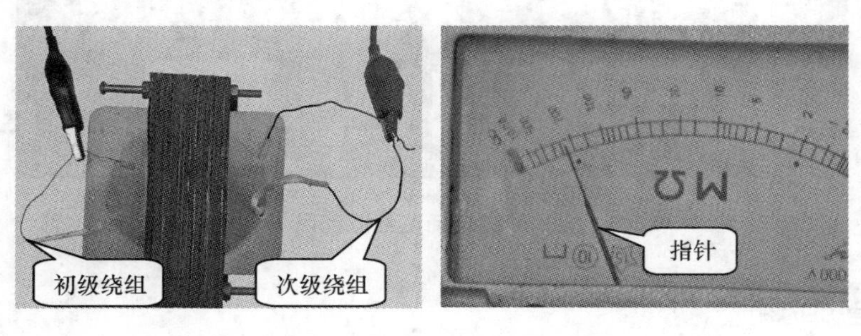

图 11-35　初级绕组对次级绕组之间电阻

3. 空载测试

在通电测试时需要在一次侧加上额定输入电压。额定输入电压可通过调压器获得。常用的调压器结构简单，由电压调节旋钮、电压指示刻度、电源输入端、输出端等组成

（如图 11-36 所示）。通过调节“电压调节旋钮”即可改变输出端的电压。在这里我们将输出电压调节至 220 V，为保证其输出电压准确，调整完毕可以用万用表测量其输出电压。

（1）空载电压的测量。当一次侧加上额定电压时，用万用表测量二次侧各个绕组的开路电压，并记录测量结果。二次侧各绕组的空载电压允许误差为 5%，若有中心抽头，其允许误差为 2%。如图 11-37 所示为本次制作的测量结果。

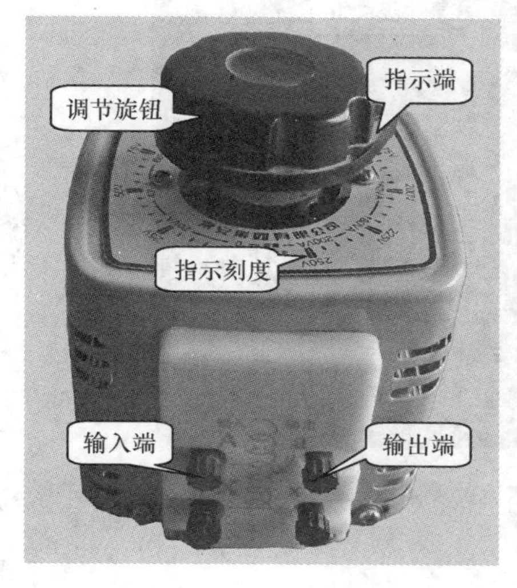

图 11-36　调压器的结构

图 11-37　空载电压测量

（2）空载时初级绕组电流的测量。当一次侧加上额定输入电压时，用钳形电流表测量一次侧的空载电流，并记录测量结果。空载电流约为额定电流的 5%，如果空载电流大于额定电流的 10%，则变压器损耗较大；如果空载电流超过额定电流的 20%，则变压器的损耗非常大，温升将超过允许值，变压器不能使用。如图 11-38 所示为本次制作的测量结果。

4. 带负载测试

（1）带负载时输出电压的测量。给变压器二次侧接上额定功率的负载，一次侧加上额定电压时，用万用表测实际输出电压，并记录测量数据。对于电子电器用的小型电源变压器，误差要求是：高电压 ±3%，其他线圈电压 ±5%；有中心抽头的线圈，不对称度应小于 2%。如图 11-39 所示为本次制作的测量结果。

图 11-38　空载时初级绕组电流

图 11-39　带负载时输出电压

（2）带负载时初、次级绕组电流的测量。给变压器二次侧接上额定功率的负载，一次侧加上额定输入电压，用钳形电流表测量初级绕组电流和次级绕组电流，并记录测量结果，将测量结果与额定功率的电流进行比较，误差应在10%以内。如图11-40所示为本次制作的测量结果。

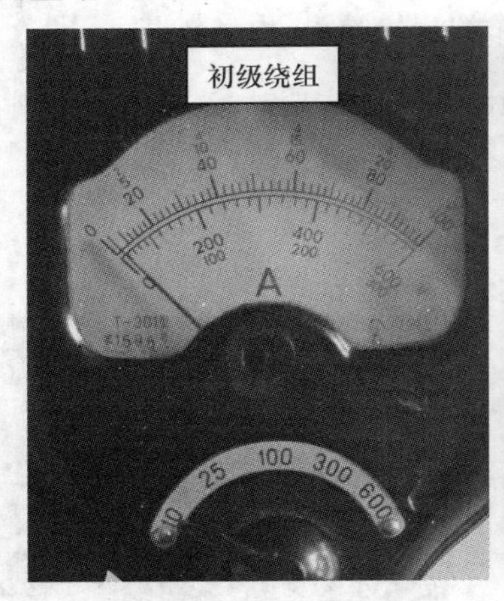

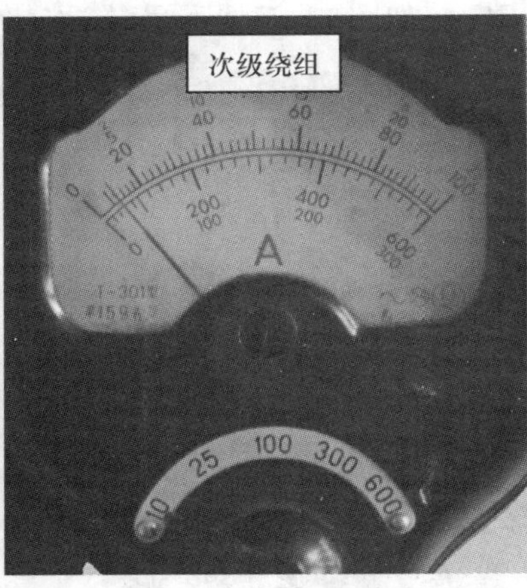

图11-40　带负载时电流的测量

5. 温升测量

将温度计放置在铁芯和绕组之间。为保证温度测量准确，将温度计四周用棉布或保温纸塞住（如图11-41所示）。

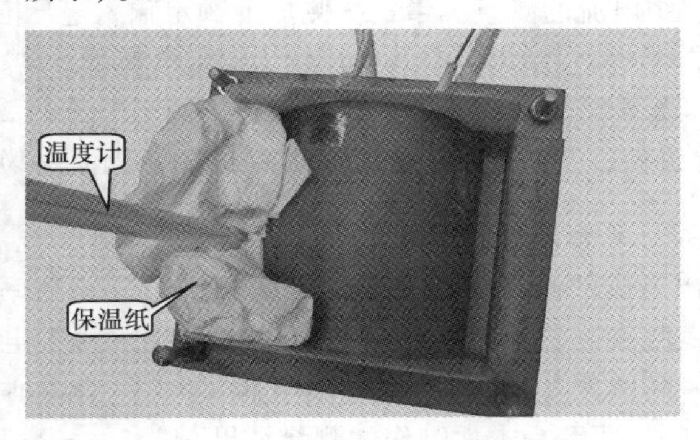

图11-41　温度计的放置

给小型变压器加上额定负载，通电之前从温度计读出小型变压器的温度，然后通电24 h后，再次读出小型变压器的温度。记录测量结果。小型变压器的温升不应超过40℃。如图11-42所示为本次制作的测量结果。

变压器绕组绕线记录和测试训练记录的表格参见表11-4和表11-5。

表11-4　变压器绕组绕线记录

初级绕组绕线直径	次级绕组绕线直径	初级绕组圈数	次级绕组圈数

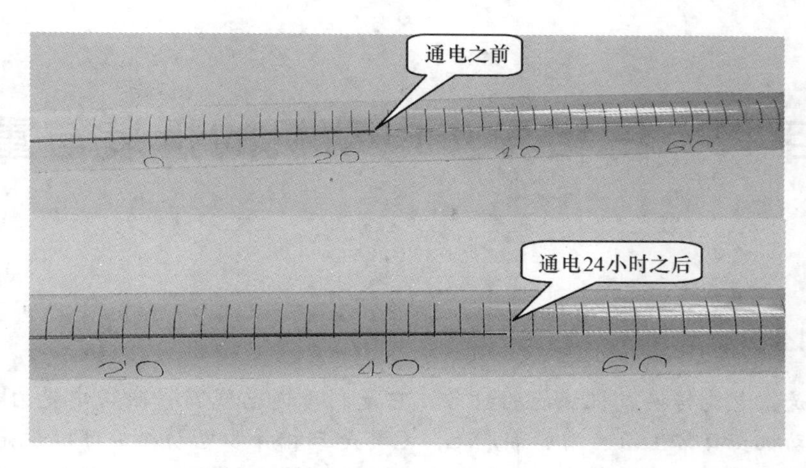

图 11-42　温升的测量

表 11-5　变压器测试训练记录

直流电阻		绝缘电阻			空载电压		空载电流		负载电压		负载电流		额定负载电流		温升		
初级绕组	次级绕组	初级与次级间	初级对地	次级对地	初级绕组	次级绕组	初级绕组	次级绕组	初级绕组	次级绕组	初级绕组	次级绕组	初级绕组	次级绕组	通电时间	起始温度	终止温度
								—									

【任务检查】

任务检查单	任务名称	姓　　名	学　　号
检　查　人	检查开始时间	检查结束时间	

检查内容		是	否
1. 骨架的制作	（1）整体尺寸是否合适		
	（2）面板尺寸是否合适		
	（3）挡板尺寸是否合适		
	（4）夹板尺寸是否合适		
2. 绕组的制作	（1）初级线圈绕制是否规范		
	（2）次级线圈绕制是否规范		
	（3）引线制作是否合理		
3. 硅钢片的安装	（1）镶片是否整齐		
	（2）E 形片安装是否正确		
	（3）I 形片安装是否正确		
4. 安全文明操作	（1）操作是否存在不安全因素		
	（2）是否遵守劳动纪律		
	（3）穿戴及工位是否清洁		

项目12　三相异步电动机的拆装与重绕

项目分析

电动机是把电能转换成机械能的设备，它是利用通电线圈在磁场中受力转动的原理制成的。电动机在日常生活应用非常广泛，尤其是三相异步电动机，可以说是无处不在。因此，三相异步电动机的检修技术不仅是一项重要的技术，并且是一种十分有用的技术。本项目将通过对三相异步电动机的拆装、定子的重绕以及常见故障的判断来让学生对三相异步电动机有一个基本的了解和学习。

情景设计

场景布置：课堂上，教师在每个工作台上准备一台三相异步电动机。

教师讲解：同学们，大家可能都知道我们桌子上放置的是一台电动机。电动机的种类很多，你们看到的只是其中很常用的一种。大家在日常生活中或多或少都接触到过电动机，比如潜水泵、卷扬机等，而工业上用得最多的还是三相异步电动机。我们将通过接下来的项目学习，让大家掌握三相异步电动机的结构、拆装方法、定子绕组的重新绕制等学习内容。

媒体播放：展示各种电动机的图片、视频，展示日常生活、工厂企业等电动机的工作画面，播放三相异步电动机定子绕组的绕制视频。

任务12.1　三相异步电动机的拆装

【任务目的】

1. 了解笼形三相异步电动机的结构、工作原理。
2. 掌握笼形三相异步电动机的拆装工艺。

【任务内容】

1. 笼形三相异步电动机的结构。
2. 三相异步电动机常用维修工具及仪器。
3. 笼形三相异步电动机的拆装方法、维修方法。

任务训练　三相异步电动机的拆卸与装配

1. 训练目的：

（1）掌握三相异步电动机的拆卸和装配技术；

（2）熟悉三相异步电动机的结构、特点及工作原理；

（3）了解三相异步电动机的铭牌和机械特性。

2. 训练内容：

（1）认识三相异步电动机，熟悉其结构；

（2）三相异步电动机常用维修工具的使用练习；

（3）三相异步电动机拆卸与装配练习。

3. 训练方案：2 个人组成一个小组，小组的每个人单独完成电动机的拆装，其中一人做监护；从 5 个小组中选择一人作为组长，能够组织小组的工作，并能够做出技术指导。

【注意事项】

1. 根据电动机的基本结构来拆装，不要用蛮力。

2. 注意拆卸场所的清洁工作，不应有尘土、烟灰、水汽等。

知识链接 1　电动机概述

一、三相异步电动机的用途、特点和分类

1. 三相异步电动机的用途

三相异步电动机广泛应用于工业、农业、交通运输及其他各行业，其容量大小不一，在起重机、纺织、印染、玻璃制品、石油、化工、化肥、制药等场所的机械传动中广泛使用。可以说，三相异步电动机的应用无处不在。

2. 三相异步电动机的特点

三相异步电动机的优点是结构简单，运行可靠，效率高，容易制造，成本低；缺点是功率因数低，调速性能差，重量大。

3. 三相异步电动机的分类

三相异步电动机按转子结构形式可分为鼠笼式三相异步电动机和绕线式三相异步电动机；按防护形式可分为开启式三相异步电动机、防护式三相异步电动机、封闭式三相异步电动机和防爆式三相异步电动机；按通风冷却方式可分为自冷式三相异步电动机、自扇冷式三相异步电动机、他扇冷式三相异步电动机和管道通风式三相异步电动机；按安装结构形式可分为卧式三相异步电动机、立式三相异步电动机、带底脚三相异步电动机和带凸缘三相异步电动机。

二、三相异步电动机的结构与工作原理

1. 三相异步电动机的结构

三相异步电动机的种类很多，但各类三相异步电动机的基本结构是相同的，主要由定子和转子两大基本部分组成，且在定子和转子之间具有一定的气隙。此外，三相异步电动机还有端盖、轴承、接线盒、吊环等其他附件。三相异步电动机的基本结构如图 12-1 所示。

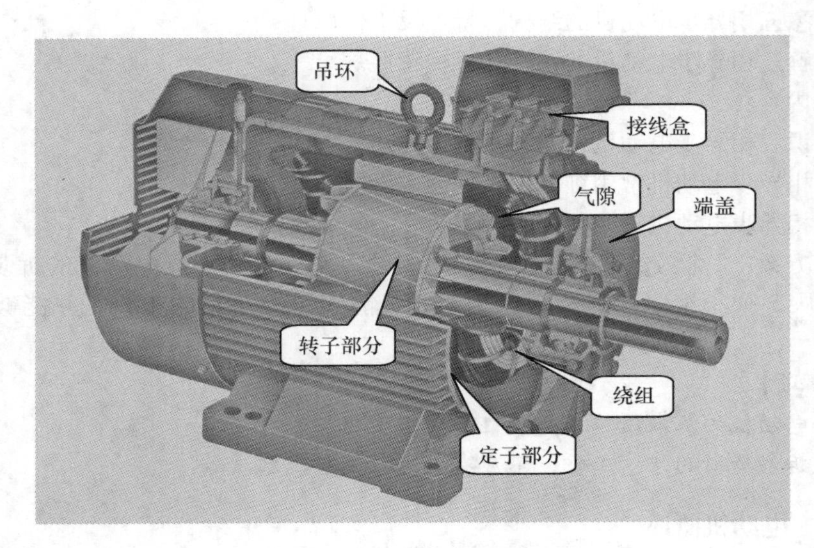

图 12-1　三相异步电动机的结构

（1）转子部分。转子的作用是带动其他机械设备旋转。转子是由转子铁芯、转子绕组（在转子鼠笼内部）及转轴等部件组成（如图 12-2 所示）。

图 12-2　电动机转子

转子铁芯是用 0.5 mm 厚的硅钢片叠压而成，套在转轴上，作用和定子铁芯相同，一方面作为电动机磁路的一部分，另一方面用来安放转子绕组。

转子绕组分为鼠笼式和绕线式两种。鼠笼式是在转子铁芯的每一个槽中插入一根铜条，在铜条两端各用一个铜环把导条连接起来，称为铜排转子；也可用铸铝的方法，把转子导条和端环风扇叶片用铝液一次浇铸而成，称为铸铝转子。绕线式与定子绕组一样，也是一个三相绕组。

（2）定子部分。定子是用来产生旋转磁场的。三相异步电动机的定子一般由外壳、定子铁芯、定子绕组等部分组成（如图 12-3 所示）。

① 三相异步电动机的外壳包括机座、端盖、轴承盖、接线盒及吊环等部件（如图 12-4所示）。

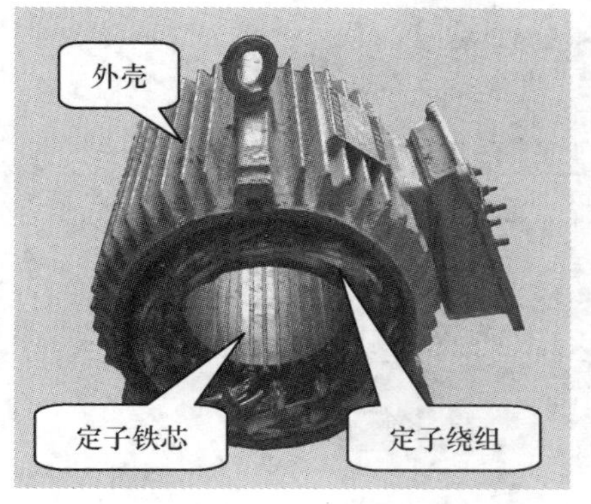

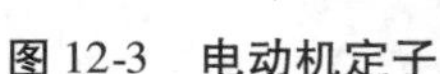
图 12-3　电动机定子

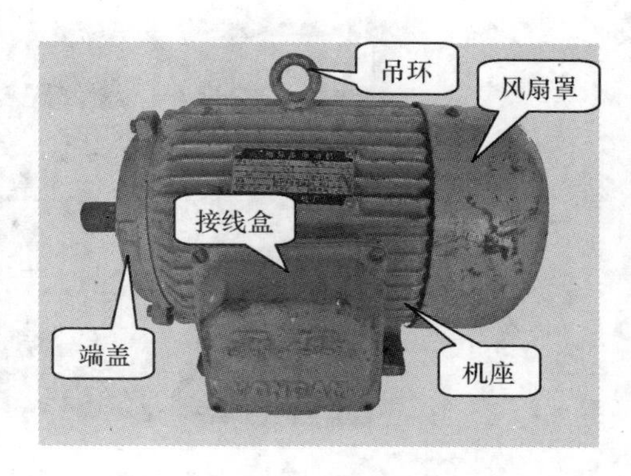

图 12-4　电动机外壳

机座：铸铁或铸钢浇铸成型，其作用是保护和固定三相异步电动机的定子绕组。中、小型三相异步电动机的机座还有两个端盖支撑着转子，是三相异步电动机机械结构的重要组成部分。通常，机座的外表要求散热性能好，所以一般都铸有散热片。

端盖：用铸铁或铸钢浇铸成型，它的作用是把转子固定在定子内腔中心，使转子能够在定子中均匀地旋转。

轴承盖：也是铸铁或铸钢浇铸成型的，它的作用是固定转子，使转子不能轴向移动；此外还具有存放润滑油和保护轴承的作用。

接线盒：一般是用铸铁浇铸，其作用是保护和固定绕组的引出线端子。

吊环：一般是用铸钢制造，安装在机座的上端，用来起吊、搬抬三相异步电动机。

② 定子铁芯是三相异步电动机磁路的一部分，由 0.35～0.5 mm 厚、表面涂有绝缘漆的薄硅钢片叠压而成。由于硅钢片较薄而且片与片之间是绝缘的，所以减少了由于交变磁通通过而引起的铁芯涡流损耗。铁芯内圆有均匀分布的槽口，用来嵌放定子绕组。

③ 定子绕组是三相异步电动机的电路部分。三相异步电动机有三相绕组，通入三相对称电流时，就会产生旋转磁场。

2. 三相异步电动机的工作原理

三相异步电动机的工作原理为：电动机的三相定子绕组通入三相交流电后，将产生一个旋转磁场；该旋转磁场切割转子绕组，从而在转子绕组中产生感应电流；载流的转子导体在定子旋转磁场作用下将产生电磁力，从而在电动机转轴上形成电磁转矩，驱动电动机旋转，并且电动机的旋转方向与旋转磁场方向相同。

三、三相异步电动机的铭牌

三相异步电动机的铭牌标示出了电动机的型号、接法、防护等级、出厂日期等。如图 12-5 所示为某一三相异步电动机的铭牌部分。现对其中的“型号”一栏做简单说明。

型号：Y100L-4：

Y——三相异步电动机；

100——中心高（单位为 mm）；

L——机座长度代号（S 为短，M 为中，L 为长）；

4——磁极数（4 极）。

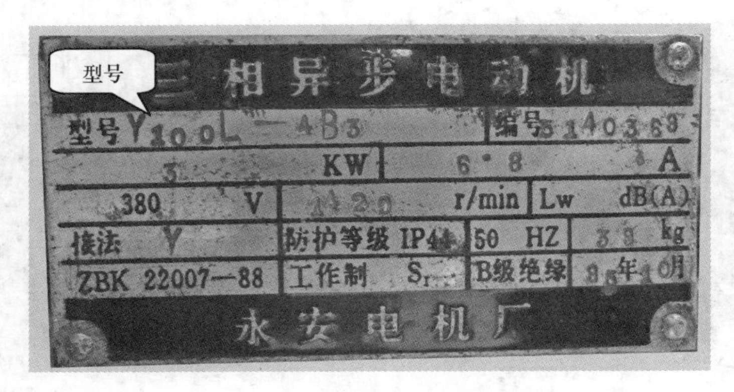

图 12-5　三相异步电动机铭牌

知识链接 2　三相异步电动机的拆装

一、电动机常用维修工具、仪表与维修材料

1. 常用工具

（1）钢丝钳。钢丝钳用来处理导线的线头，紧固或起松螺母，剪切导线或剖切软导线的绝缘层等。

（2）螺丝刀。螺丝刀在电动机拆装中的主要作用是用来扭紧或放松电机端盖的螺母。

（3）电工刀。电工刀用来削制槽楔等。

（4）活络扳手。活络扳手主要用来扭动螺母和顶拔器。

（5）套筒扳手。套筒扳手是由多个带六角孔或十二角孔的套筒及手柄、接杆等多种附件组成，特别适用于拧转空间十分狭小或凹陷很深处的螺栓或螺母。当螺母端或螺栓端完全低于被连接面，且凹孔的直径不能使用开口扳手、活络扳手及梅花扳手时，就可使用套筒扳手。此外，当存在螺栓件空间限制时，也只能用套筒扳手。如图 12-6 所示为套筒扳手套件。

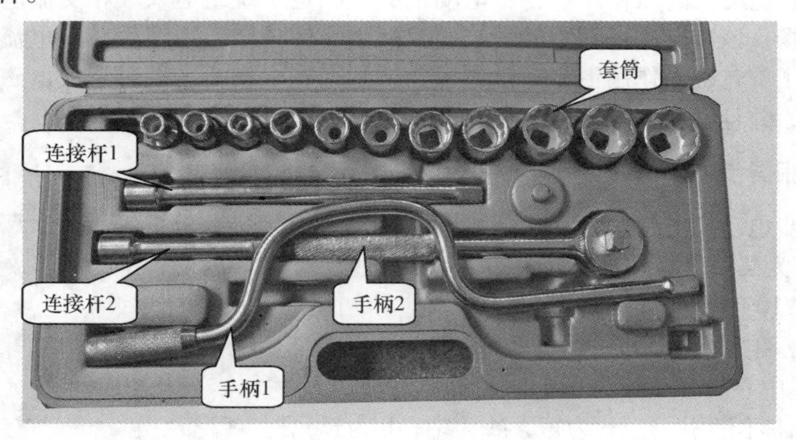

图 12-6　套筒扳手套件

（6）顶拔器。顶拔器又称拉具，主要用于拆卸皮带轮和轴承等配件，常见的有二爪和三爪两种。如图 12-7 所示为常见的拉具。

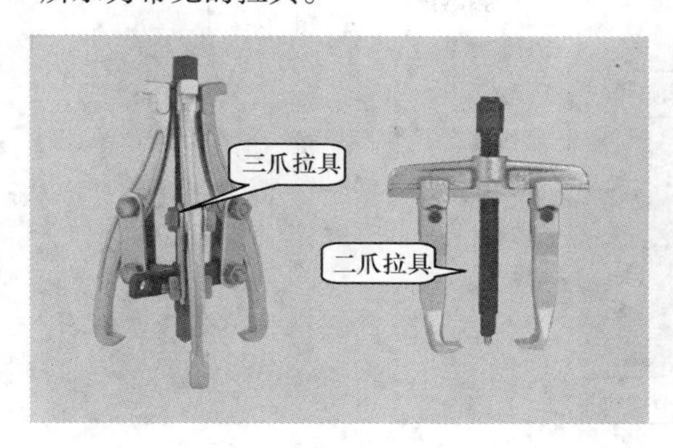

图 12-7　拉具

（7）锤子和铜棒。在拆卸轴承时，若直接用锤子进行敲击容易损坏轴承，而铜棒质地比钢铁软，故用铜棒传递力量可避免轴承和轴等金属表面损伤。日常生活中常用木棒来代替铜棒。如图12-8所示为锤子和铜棒。

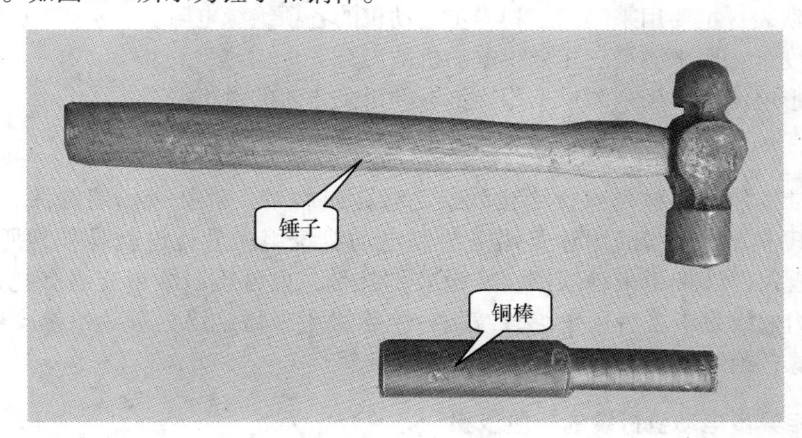

图 12-8　锤子和铜棒

（8）喷灯。喷灯的火焰温度可达 800 ～1000℃。其使用原理是先在预热盆中倒入酒精，点燃后产生的热量使灯座内的酒精气化并由灯管排出被点燃。灯管上有升降开关以调节空气和酒精量。酒精在燃烧时发出喷气声，火焰呈微弱的淡蓝色。

（9）线模及绕线机。线模是用来确定绕组线圈大小的模子，目前使用较多的是大小可调的线模（如图 12-9 所示）。绕线机用来绕制绕组线圈。

（10）划线板和压线板。划线板和压线板是用来嵌线的。划线板的作用是将绕组导线划入定子槽内，压线板的作用是将绕组压平，以方便安装槽楔。划线板与压线板的样式如图 12-10 所示。

（11）钢刷与剪刀。钢刷是用来清理定子槽用的，剪刀用来剪绝缘套管、绝缘纸等（如图 12-10 所示）。

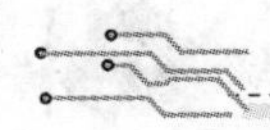

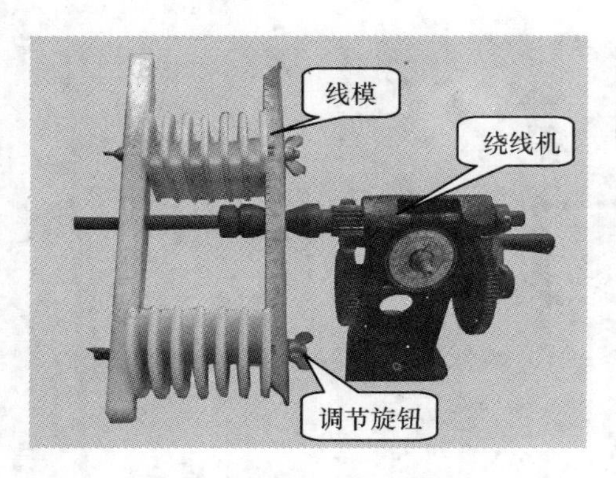

图 12-9　线模与绕线机

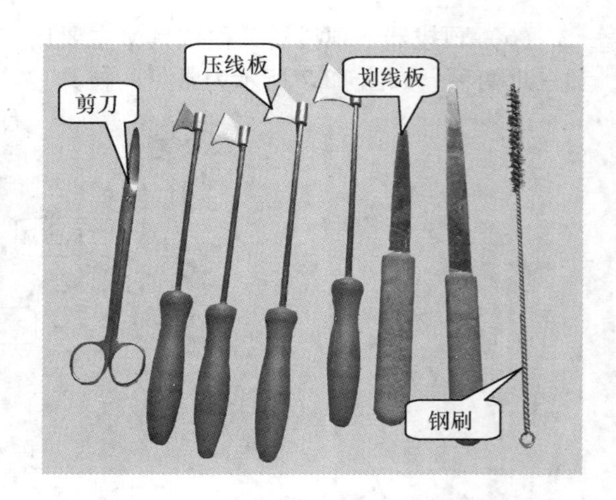

图 12-10　划线板与压线板、钢刷与剪刀

2. 常用仪表

（1）万用表：用来测量绕组的直流电阻、工作电压等。

（2）兆欧表：主要用来测试三相异步电动机的各项绝缘电阻。

（3）温度计：用来测量三相异步电动机的温升。

（4）钳形电流表：用来测量三相异步电动机工作时的电流。

3. 材料

电动机维修常用的材料有：漆包线、毛竹、白纱带、绑扎带、绝缘漆、绝缘套管、绝缘纸等。其中，漆包线的用途是用来绕制电动机绕组；毛竹也就是平常所说的竹子，用来制作槽楔；白纱带用来绑线圈，若没有绑扎带，也可用白纱带充当绑扎带；绑扎带的用途是绕组嵌线完毕之后用来绑扎绕组；绝缘漆用来做绝缘处理；绝缘套管主要用于接头处的绝缘；绝缘纸用于槽间绝缘和相间绝缘。

二、三相异步电动机拆装的一般步骤

维修三相异步电动机的前提是能够正确拆装三相异步电动机，如果拆卸方法不正确，则可能造成电动机的损坏，扩大故障。拆卸三相异步电动机前，应先做好准备工作，包括准备好拆卸工具，做好拆卸前的原始数据记录，在电动机上做好位置标记，以及检查电动机的外部结构情况，以便维修好电动机后的装配工作。

三相异步电动机的拆卸步骤如下。

1. 取下接线盒上盖

将接线盒外的螺钉用螺丝刀拆下，取下接线盒上盖即可（如图 12-11 所示）。

注意，应把拆下的螺钉以及后期维修时拆下的一些零碎部件放在盒子里收好，不要弄丢。

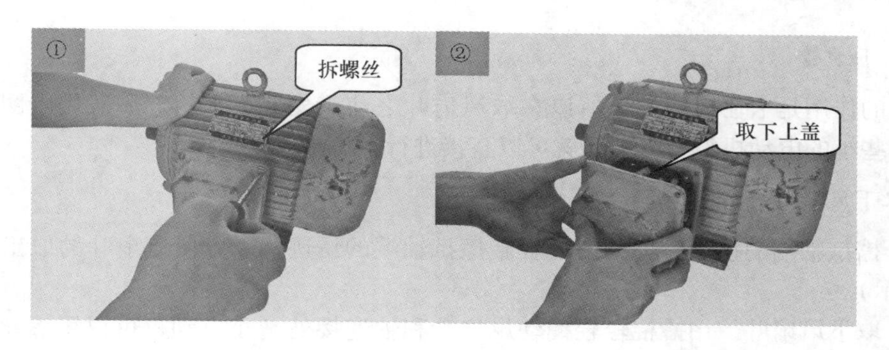

图 12-11　取下接线盒

2. 拆除电动机引线

用扳手将接线盒内的接线柱上的螺丝扭松，然后取下电源线及接地线（如图 12-12 所示）。注意，拆下之前要对引线做好标记，以方便装配。

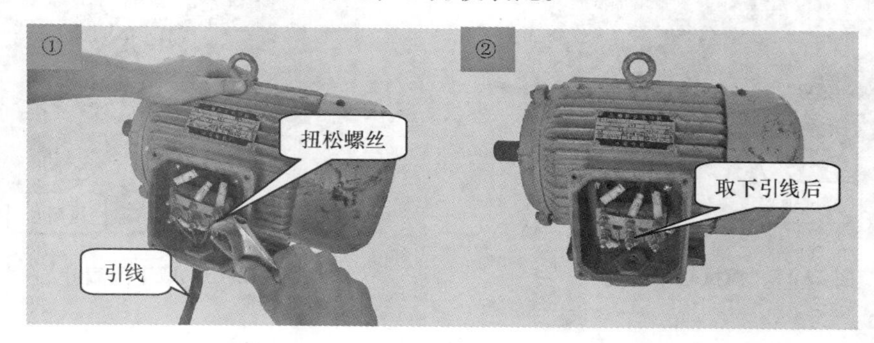

图 12-12　拆除电动机引线

3. 拆卸风扇罩

（1）拆卸风扇罩螺钉。用螺丝刀拆下风扇罩上的螺钉（如图 12-13 所示）。
（2）取下风扇罩。拆下所有的螺钉后用手取下风扇罩（如图 12-14 所示）。

图 12-13　拆卸风扇罩螺钉

图 12-14　取下风扇罩

4. 取下卡簧

卡簧的作用是卡住风扇叶，所以在取风扇叶之前应先取下卡簧。一般用卡圈钳取下卡簧。有些小的电动机没有卡簧，就可以直接进行下一步。

5. 取下风扇叶

（1）擦拭轴端的锈迹。用细砂纸轻轻擦拭轴端的锈迹，以方便风扇叶的取出（如图12-15 所示）。

（2）取下风扇叶。用撬棍轻轻撬动风扇叶和轴连接处（小电动机可以用螺丝刀轻轻撬动），即可取下风扇叶（如图 12-16 所示）。

注意，若撬不动，切不可用蛮力，应用热水浇注风扇叶。风扇叶受热后膨胀，趁热撬动即可取下。

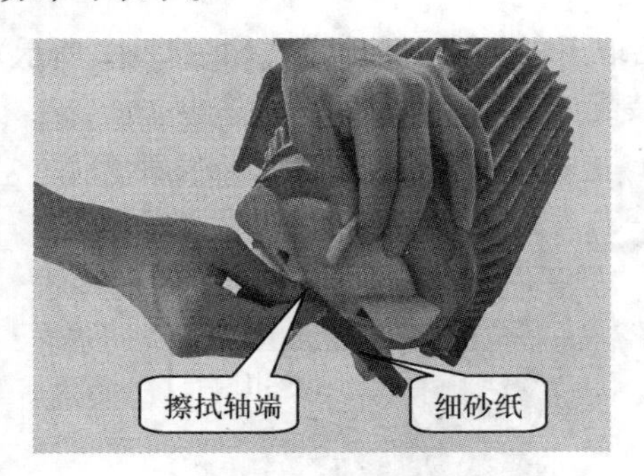

图 12-15 擦拭轴端锈迹

图 12-16 取下风扇叶

6. 拆卸前端盖

（1）拆下端盖上的螺钉。为了方便装配时复位，拆卸端盖前要在端盖和机壳连接处做好标记，再用活络扳手或套筒扳手卸下前、后端盖的螺钉（如图 12-17 所示）。

图 12-17 拆卸端盖螺钉

（2）拆卸前端盖。松开端盖的紧固螺栓后，用专用撬棍（小型电动机可用大平口螺丝刀）插入“耳朵”根部撬动，四周用力均匀，端盖与机座离开缝隙后，在电动机端盖上垫上木板，用锤子均匀敲打端盖四周，端盖与机座分离开后，把端盖取下（如图 12-18 所示）。

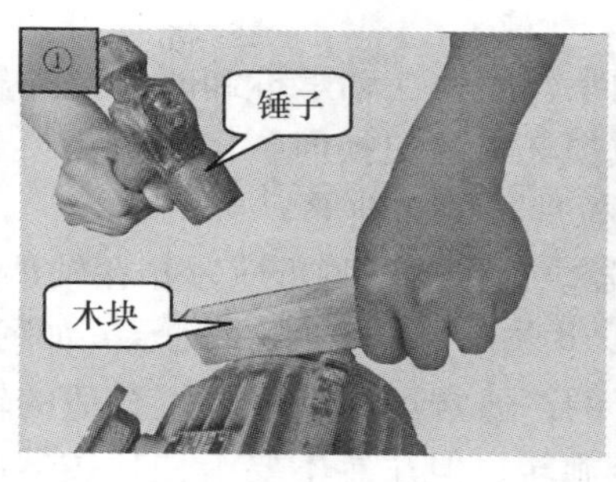

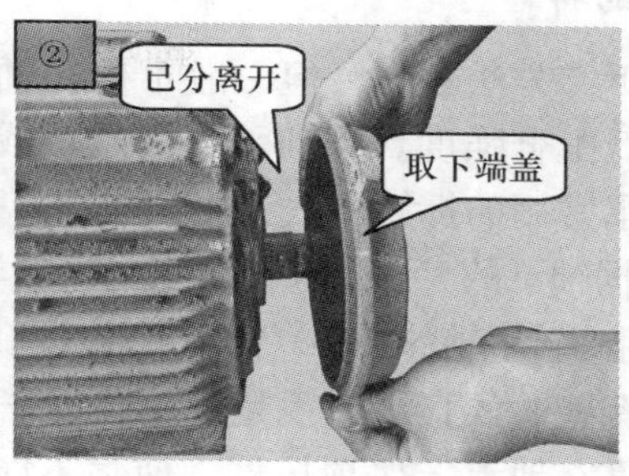

图 12-18　拆卸端盖

7. 抽出转子

首先在后端盖和机座上做好标记，以方便后期装配；然后在前端盖的轴端垫一木块，用锤子敲击木块，待后端盖与机座分开后，将转子和后端盖一同取下。取出时一手托住转子，一手托住转子轴端，将转子连同后端盖一同抬出（如图 12-19 所示）。对于大型电动机，因其转子较重，需要先将后端盖取出后，用起重设备将转子吊出来。

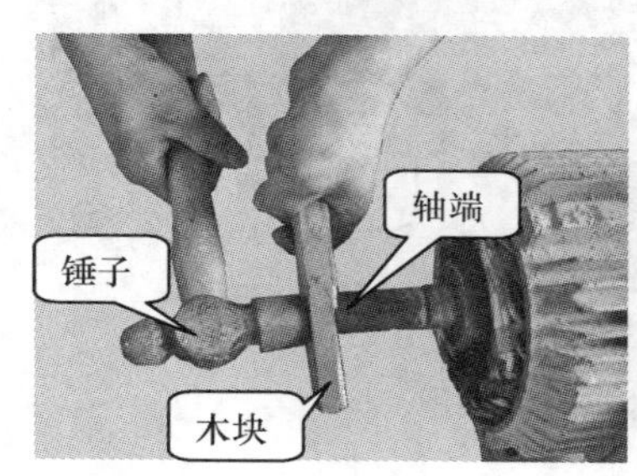

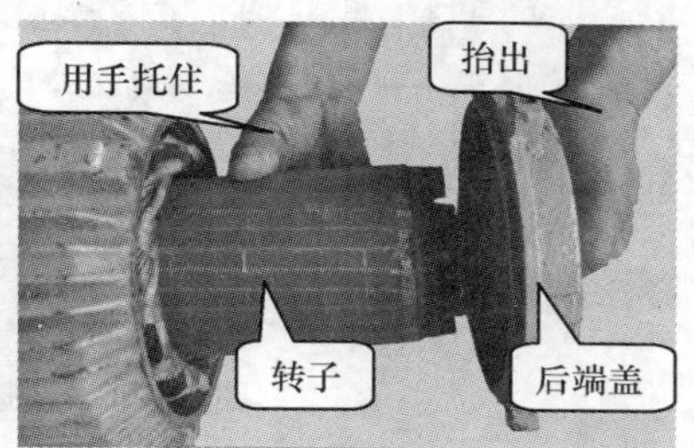

图 12-19　取出转子

8. 后端盖的拆卸

将转子连同后端盖固定好，端盖轴端向下，用木槌敲打端盖四周；也可在端盖上垫一木块，用锤子敲打。敲松后，将转子连同端盖放平，双手将后端盖取出即可（如图 12-20所示）。

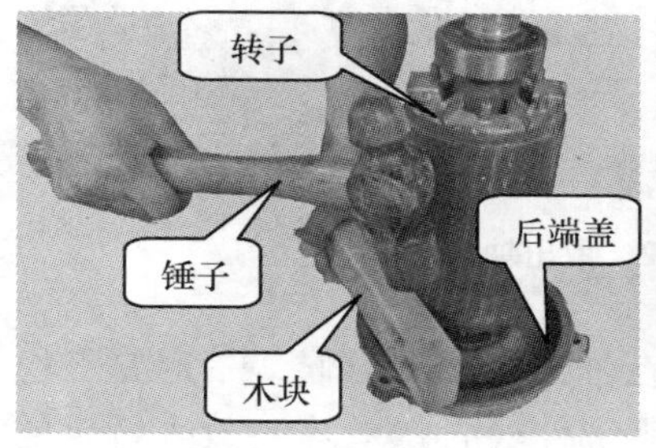

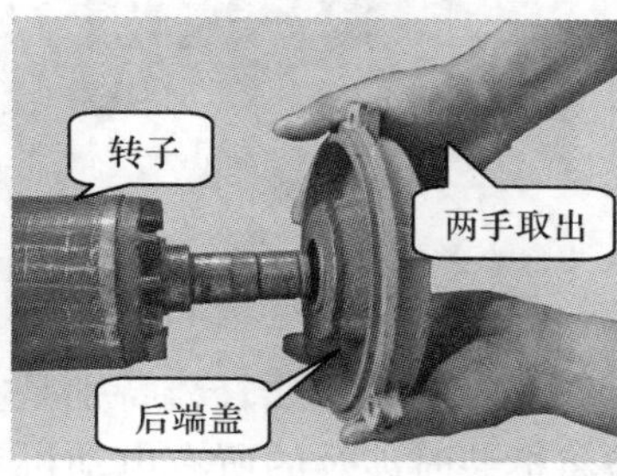

图 12-20　拆卸后端盖

9. 轴承的拆卸

轴承的拆卸方法较多，但一般不拆卸轴承，因为在轴承拆卸时会磨损轴承与转轴的配合面，降低配合强度。当轴承磨损严重或损坏需要更换时，需拆下更换新轴承。下面介绍一种轴承常用的拆卸方法：用顶拔器（拉具）拆卸轴承。

（1）根据轴承的大小，选择合适的顶拔器。顶拔器的脚爪应紧扣在轴承的内圈上，其丝杠顶点要对准转子轴的中心，慢慢扳转丝杠，均匀用力，即可拉出轴承（如图 12-21 所示）。

注意，有些时候直接用手是稳不住转子的，通常可用一根长短合适的铁棍穿进顶拔器内，一头靠在地上卡住顶拔器，使之不能旋转，但注意不要卡住顶拔器的丝杠，以免损坏丝杠上的螺纹。

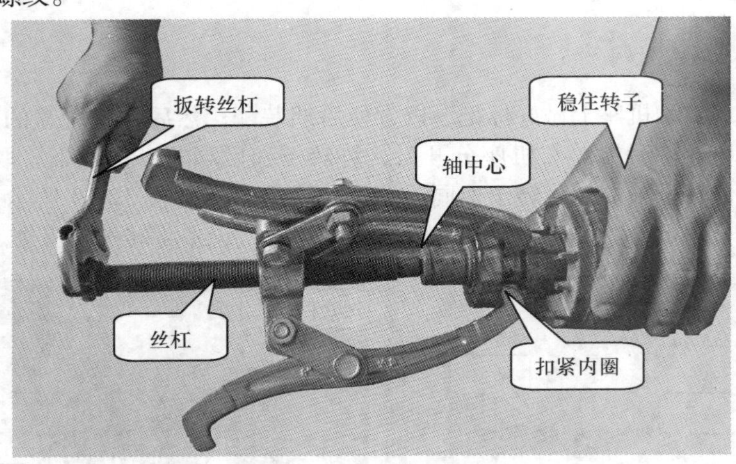

图 12-21　顶拔器拆卸轴承

（2）取出轴承。用顶拔器拉松轴承后，用手将轴承取出来（如图 12-22 所示）。

图 12-22　取出轴承

注意，拆卸的时候动作要轻，特别是在抽出转子的时候，一定要平稳，以免擦伤铁芯和绕组。应将拆装时涉及的所有电动机零部件（含螺丝等）放入特定的零件盒中，以免丢失或人为损坏。

三、三相异步电动机的装配

电动机维修好后，还需要装配起来。装配的步骤与拆卸的步骤大致相反。电动机拆下来的各部件在装配之前要进行清理。清扫定子和转子内表面的污垢，一般用空气压缩机进行吹风清扫，也可用自行车加气筒吹气，个别在缝隙中的油泥可用刷子刷洗；轴承要进行彻底的清洗；检查其他地方，进行适当的修整和清扫。

1. 检查定子腔内有无杂物

没有杂物时方可进行装配，若有杂物，则需进行清理。

2. 轴承的装配

轴承的装配一般有两种方法：热套法和冷套法。注意，之前若是热装配的轴承，不允许改为冷套法装配。

（1）冷套法。把轴承套到轴上，对准轴颈，用一段内径略大于轴径而外径略小于轴承内圈的铁管，将其一端顶在轴承的内圈上，用锤子敲打铁管的另一端，将轴承推进去。

（2）热套法。把轴承置于 80～100℃的变压器油中，加热 30～40 min。加热时轴承要放在浸于油内的网架上，不与箱底或箱壁接触。为防止轴承退火，加热要均匀，温度和时间不宜超过要求。热套时，要趁热迅速地把轴承一直推到轴颈。如果套不进，则应检查原因；若无外因，可用套筒顶住轴承内圈，用锤子轻轻敲入，并用棉布擦净变压器油。

3. 装配后端盖

将转子固定，后端盖轴端向上，将后端盖放入转子内，然后用木槌敲打端盖四周；或垫一木块在端盖上，用锤子敲打其四周，将后端盖装上（如图 12-23 所示）。

注意，敲打的时候不要用力过猛，而应力度适度，并且边敲打边观察是否装配到底。

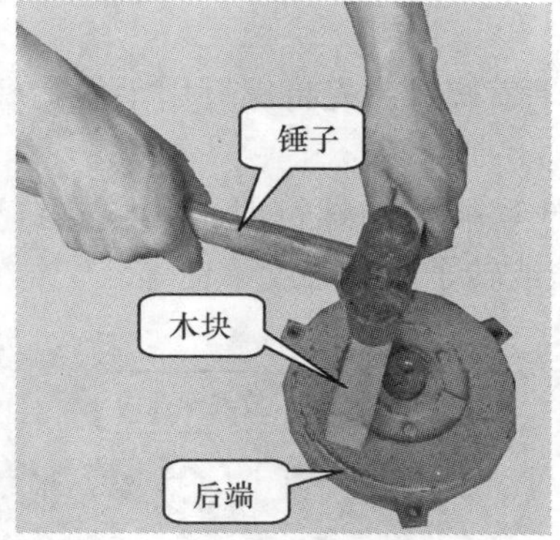

图 12-23　装配后端盖

4. 装配转子

将转子连同后端盖用手抬起，穿入定子腔内，将后端盖按之前的标记对好位置，然后用木槌将端盖敲入；或在后端盖上垫一木块，用锤子敲打端盖四周，将其敲入（如图 12-24 所示）。对于大型电动机，转子较重，需要用起重设备。

注意，装配转子时要小心，不要碰伤定子绕组。

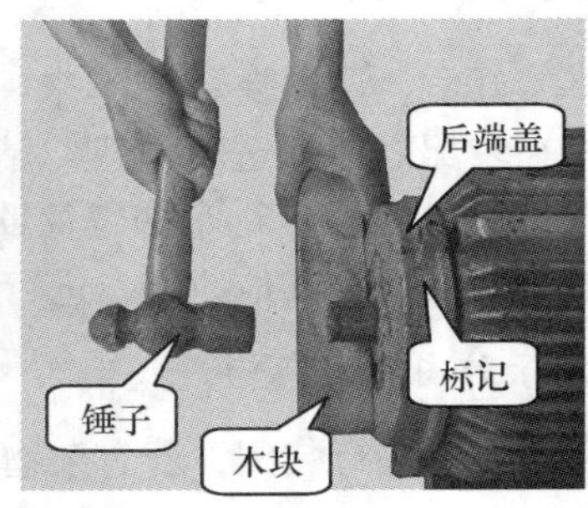

图 12-24　装配转子

5. 装配前端盖

（1）装配端盖。将前端盖标记对准机座的标记，用木槌均匀敲击端盖四周；或垫一个木块用锤子敲打，不可单边用力（如图 12-25 所示）。

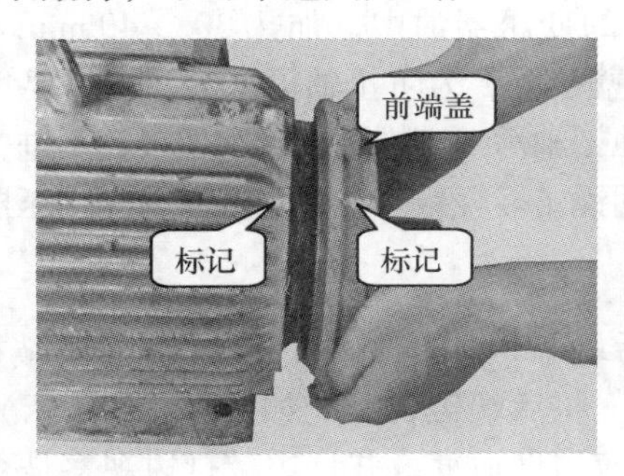

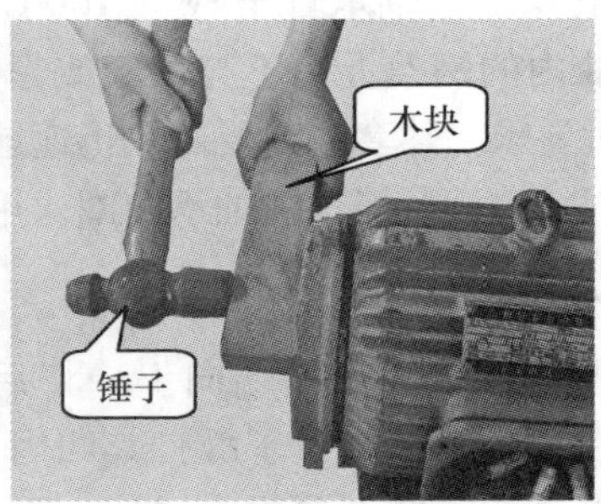

图 12-25　后端盖的装配

（2）装端盖螺钉。先将螺钉用手扭在螺孔内，然后用套筒扳手将其扭紧即可（如图 12-26 所示）。

注意，拧紧端盖的螺钉时，几颗螺钉要逐步拧紧，使四周均匀受力，否则易造成“耳朵”断裂或转子的同心度不良等。

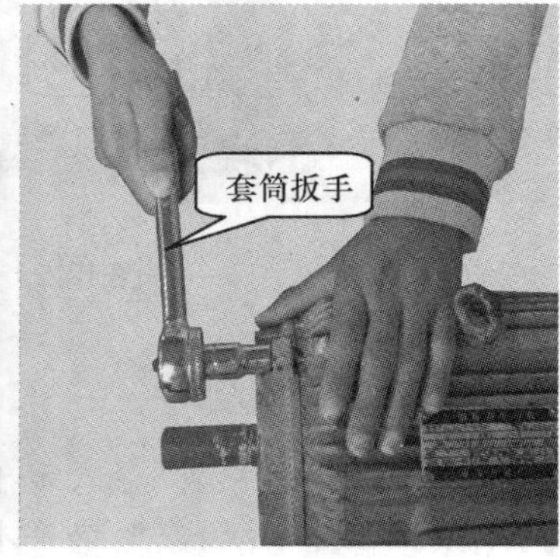

图 12-26　装端盖螺钉

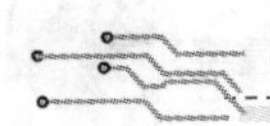

6. 风扇叶的装配

端盖固定后，用手转动一下，转子在定子内部应转动自如，无摩擦、碰撞现象。若转动部分没有摩擦并且轴向空隙值正常，即可安装风扇叶。

（1）风扇“键齿”与“键槽”。风扇叶内有一个“键齿”，该“键齿”应与轴上的“键槽”对好。“键齿”与“键槽”的结构和样式如图 12-27 所示。

图 12-27　“键齿”与“键槽”

（2）风扇叶的装配。将风扇叶按位置对准轴位置，放在轴端，然后垫一木板，用锤子轻轻敲打木板即可将风扇叶装上（如图 12-28 所示）。敲打的时候注意不要太用力，并且应边打边观察安装是否到位。

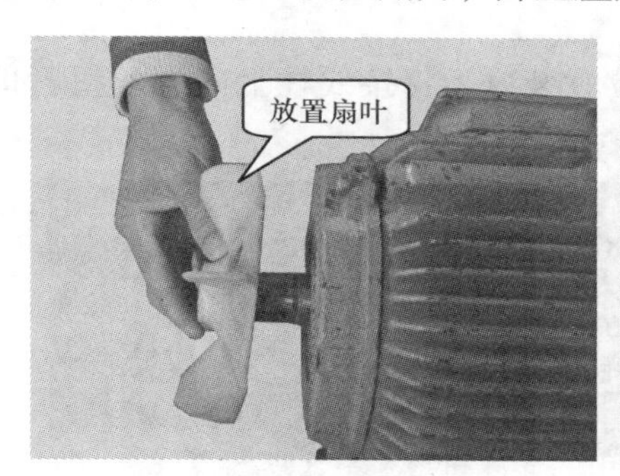

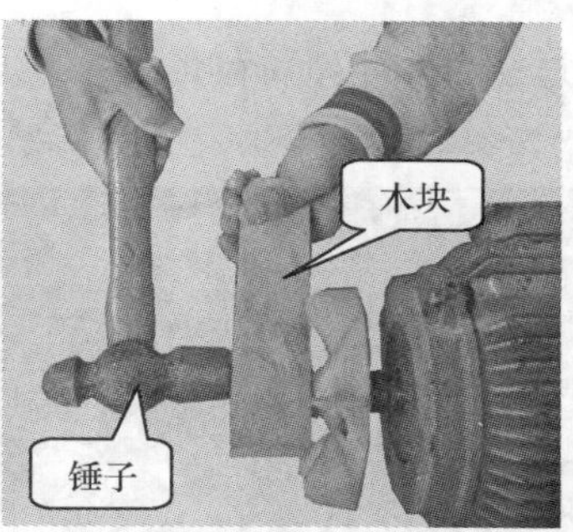

图 12-28　安装风扇叶

7. 卡簧的装配

风扇叶装好之后，装上卡簧（如图 12-29 所示）。注意，不要让卡簧“飞出”，否则容易伤到人。

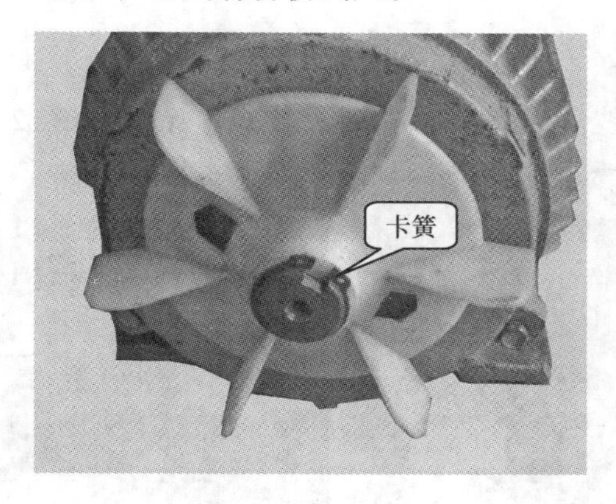

图 12-29　装配卡簧

8. 风扇罩的装配

将风扇罩按照标记对准装上，然后装上固定风扇罩的螺钉即可（如图 12-30 所示）。

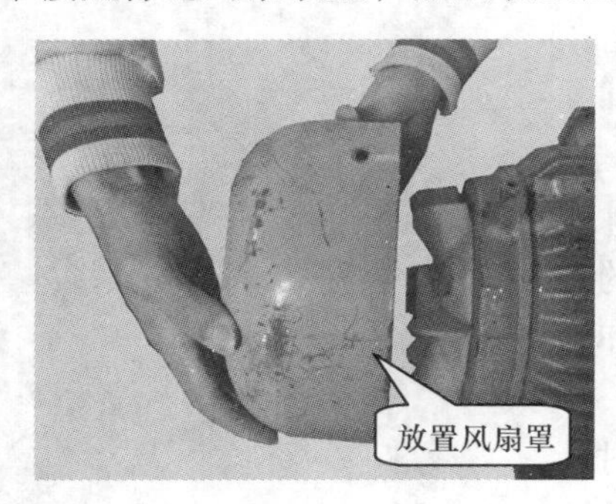

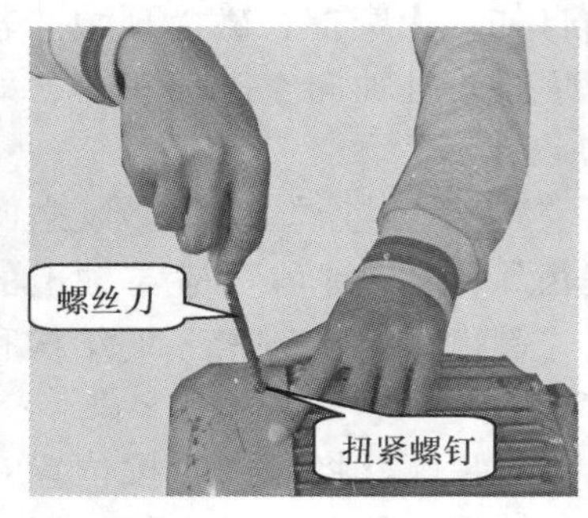

图 12-30　风扇罩的装配

9. 安装引线

将引线通过引线孔按照拆卸之前的位置装好，将接线柱上的螺丝扭紧即可（如图 12-31所示）。

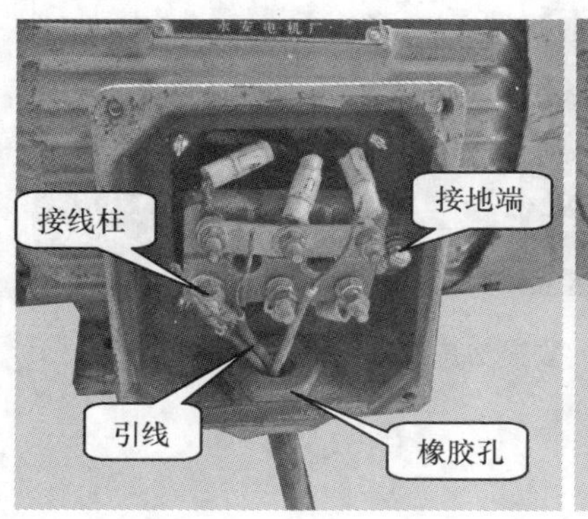

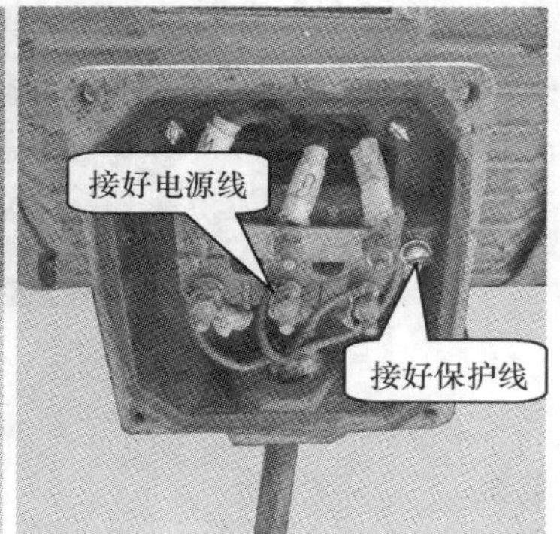

图 12-31　安装引线

10. 接线盒上盖的装配

将引线接好后，把接线盒上盖装上，扭紧固定螺丝（如图 12-32 所示）。至此装配完毕。

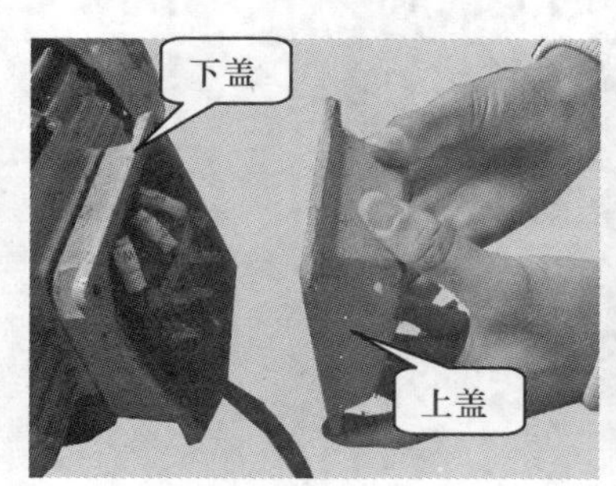

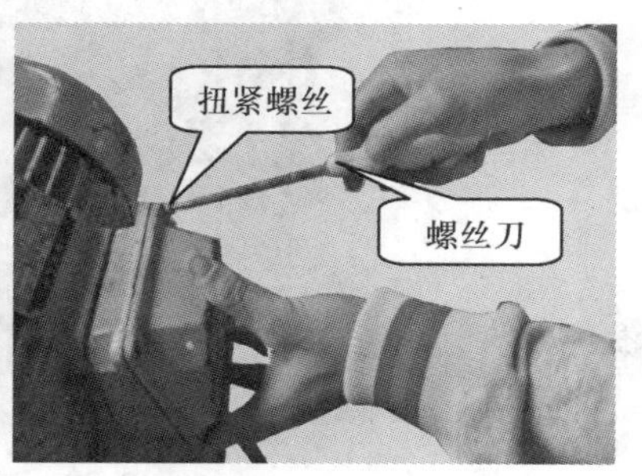

图 12-32　接线盒上盖的装配

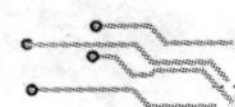

【任务检查】

任务检查单	任务名称	姓　名	学　号
检　查　人	检查开始时间	检查结束时间	

检查内容		是	否
1. 三相异步电动机的拆卸	（1）拆卸步骤是否正确		
	（2）拆卸方法是否规范		
2. 三相异步电动机的装配	（1）装配步骤是否正确		
	（2）装配步骤是否规范		
	（3）装配流程是否熟悉		
3. 安全文明	（1）操作是否存在不安全因素		
	（2）是否遵守劳动纪律		
	（3）穿戴及工位是否清洁		

任务 12.2　三相异步电动机的重绕

【任务目的】

1. 熟悉三相异步电动机定子绕组的分析方法。
2. 了解三相异步电动机重绕前的准备工作。
3. 掌握三相异步电动机的重绕技术。

【任务内容】

1. 三相异步电动机重绕前的分析方法。
2. 三相异步电动机定子绕组的重新绕制。

任务训练　三相异步电动机的重绕

1. 训练目的：

（1）熟悉三相异步电动机的重绕流程；

（2）掌握定子绕组的绕制方法；

（3）熟悉三相异步电动机重绕用到的各种工量器具。

2. 训练内容：

（1）三相异步电动机定子绕组的分析；

（2）三相异步电动机重绕前的准备；

（3）三相异步电动机定子绕组的重绕。

3. 训练方案：2 个人组成一个小组，小组的每个人单独完成电动机定子绕组的绕制，其中一人做监护；从5个小组中选择一人作为组长，能够组织小组的工作，并能够做出技术指导。

【注意事项】

1. 绝缘纸不要剪得太小，否则将影响绝缘性能；但也不要剪得太大，以免影响嵌线和封槽口。

2. 绕线模的尺寸不能太小，否则将造成嵌线困难并影响散热；但也不能太大，否则不仅影响电动机的电气性能，还有可能影响正常装配。

3. 绕制线圈时，应保证槽模中的导线排列整齐，层次分明，线头的长度应适度。绕制好后，应用绑扎带扎紧，并对首尾端做好标记。

知识链接　三相异步电动机定子绕组的重绕

一、电动机绕组的基本概念及构成原则

1. 绕组的基本概念

绕组是电动机的电路部分。一般绕组都是由多个线圈或线圈组按一定的方式连接构成的，这种绕组的基本元件是线圈。

（1）槽数和磁极数。槽数指铁芯上的线槽总数，用字母 Z 表示。磁极数指每相绕组通电后所产生的磁极数。电动机的磁极数一般用 $2P$ 表示，P 为磁极对数。

$$P=\frac{60f}{n_1}$$

（2）极距和节距。极距指两个相邻磁极轴线之间的距离，用字母 τ 表示。极距的大小也可以用铁芯上的线槽数表示。若定子总槽数为 Z，磁极数为 $2P$，则电动机的极距为：

$$\tau=\frac{Z}{2P}$$

节距指一个线圈两有效边所跨定子圆周上的距离，用字母 y 表示。一般可用槽数表示。

整距绕组：$y=\tau$；

短距绕组：$y<\tau$；

长距绕组：$y>\tau$。

为节省铜线，一般采用短距或整距绕组。

（3）电角度。磁场在空间按正弦波分布，则经过N、S一对磁极时，恰好相当于正弦曲线的一个周期，导体中所感生的正弦电势的变化亦为一个周期。变化一个周期即经过360°电角度，而一对磁极占有的空间是360°电角度，因此：

电角度 $=P\times$ 机械角度

槽距角指相邻槽之间的电角度，用字母 α 表示。

$$\alpha=\frac{P\cdot 360^\circ}{Z}$$

（4）每极每相槽数。在三相电动机中，每个磁极所占槽数要均等地分给三相绕组，

每一个极下每相所占的槽数，称为每极每相槽数，用字母 q 表示。相数用字母 m 表示，例如三相电动机的 $m=3$。

$$q=\frac{Z}{2Pm}=\frac{\tau}{m}$$

（5）相带。相带指每个极距内属于每相的槽所占有的区域。一般三相异步电动机中采用60°相带的三相绕组。

2. 三相绕组的构成原则

（1）每相绕组每对磁极下按相带顺序 U1→W2→V1→U2→W1→V2 均匀分布；

（2）绕组展开图中相邻相带电流参考方向相反；

（3）同相绕组线圈之间应顺着电流参考方向连线；

（4）线圈节距应尽量短，以节省铜线。

二、三相异步电动机绕组展开图

1. 单层绕组

单层绕组的每一个槽内只有一个线圈边，整个绕组的线圈数等于总槽数的一半。常用的单层绕组有同心式、链式、交叉式等，本项目主要以同心式绕组和链式绕组进行介绍。

（1）同心式绕组。例如：有一个三相异步电动机（定子槽数 $Z=24$，同步转速 $n_1=3000$ 转/分），画出单层同心式绕组展开图。

① 计算数据：

$$P=\frac{60f}{n_1}=\frac{60\times 50}{3000}=1 \qquad \tau=\frac{Z}{2P}=\frac{24}{2}=12$$

$$q=\frac{Z}{2Pm}=\frac{24}{2\times 1\times 3}=4 \qquad \alpha=\frac{360°\times 1}{24}=15°$$

② 绘制绕组展开图。U 相绕组展开图如图 12-33 所示，三相 2 极 24 槽电动机单层同心式绕组展开图如图 12-34 所示。

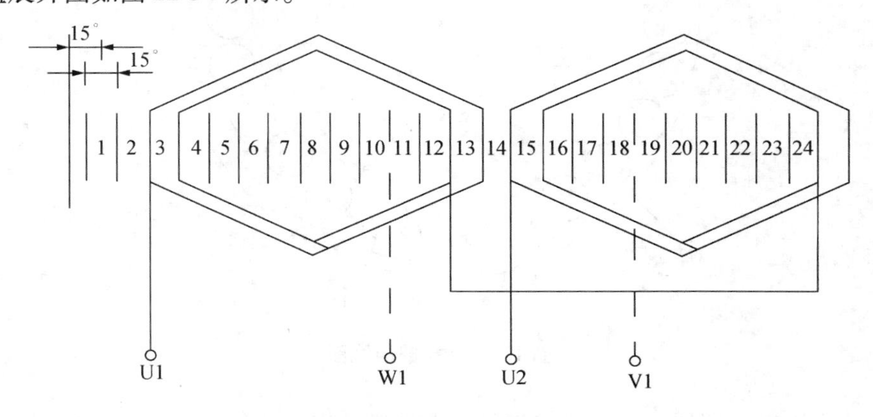

图 12-33　U 相绕组展开图

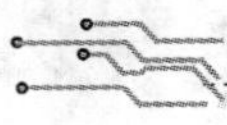

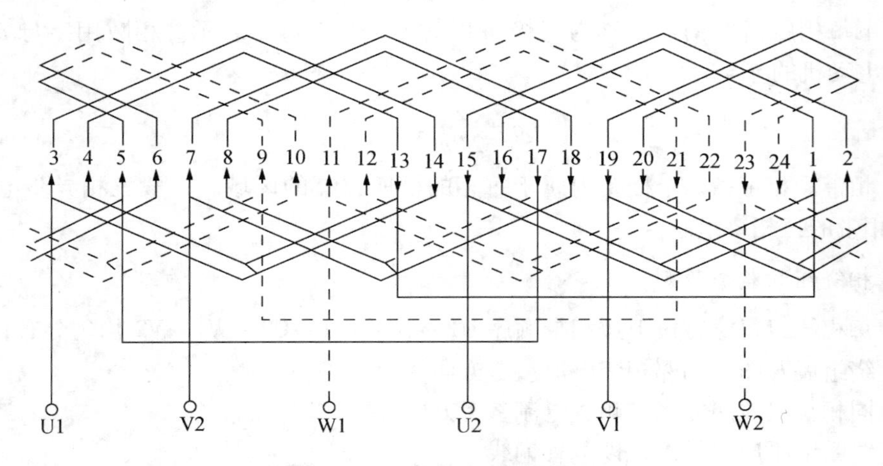

图 12-34　单层同心式绕组展开图

③ 检查方法。同心式绕组的特点是绕圈组中各线圈节距不等，各绕圈的轴线重合。同心式绕组的优点是端接部分互相错开，重叠层数较小，便于布置，散热较好；缺点是线圈大小不等，绕线不方便。

④ 端部接线规律、嵌线规律。根据绕组展开图可知，定子绕组嵌线规律为：嵌二空二吊四。

⑤ 端部接线图。根据上述定子绕组端部接线规律可画出 U 相绕组端部接线图（如图 12-35 所示）。

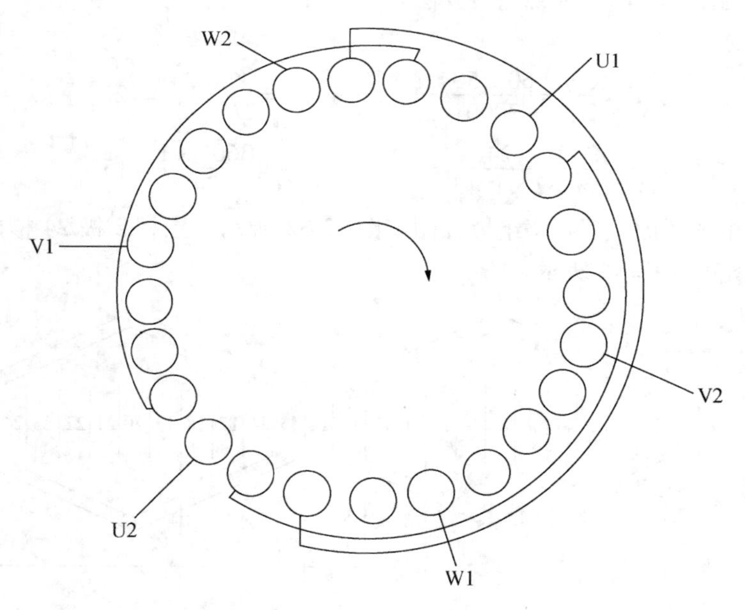

图 12-35　端部接线图

（2）链式绕组。例如，有一个三相异步电动机，定子槽数 $Z=24$，极数 $2P=4$，画出定子单层链式绕组展开图。

① 计算数据：

$$P=\frac{2P}{2}=2 \qquad \tau=\frac{Z}{2P}=\frac{24}{4}=6$$

$$q=\frac{Z}{2Pm}=\frac{24}{4\times 3}=2 \qquad \alpha=\frac{360^\circ}{Z}=\frac{360^\circ\times 2}{24}=30^\circ$$

② 绘制绕组展开图。24 槽 4 极三相异步电动机链式绕组展开图如图 12-36 所示。

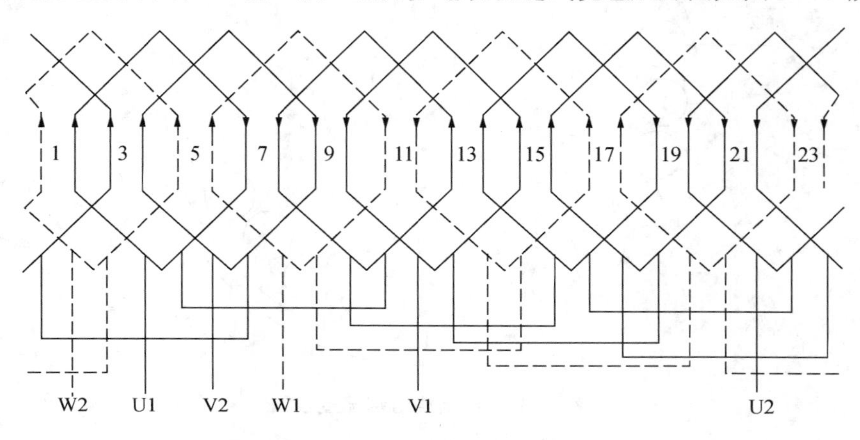

图 12-36　链式绕组展开图

③ 检查方法。同检查同心式绕组一样，设 U、W 相电流为正，V 相为负；设 U1→U2、W1→W2、V1→V2 的方向，看电流方向是否正确；或检查是否形成 4 个磁极。

④ 端部接线规律、嵌线规律。设线圈左边线头为头，右边为尾，根据绕组展开图可确定 24 槽 4 极三相异步电动机链式定子绕组端部接线规律为：头接头，尾接尾。

24 槽 4 极三相异步电动机链式定子绕组嵌线规律为：嵌一空一吊二。

⑤ 端部接线图。根据上述定子绕组端部接线规律可画出 U 相绕组端部接线图（如图 12-37 所示）。

2. 双层绕组

双层绕组的每个线圈内有上、下两条线圈边，每个线圈的一条边如果在某一个线槽的上层，则另一边放在相隔节距 y 的下层。整个绕组的线圈数等于槽数。

双层绕组的所有线圈尺寸相同，便于绕制；端接部分形状排列整齐，有利于散热和增强机械强度，并且可以灵活选择线圈的节距，以调整线圈各有效边的分布，改善磁场波形，提高电气性能，故双层绕组广泛应用于三相异步电动机中。常用的双层绕组有双层叠绕组、双层波绕组、分数槽绕组等，在此不做详细介绍。

三、三相异步电动机线圈的重绕

1. 记录原始数据

（1）铭牌数据。铭牌数据包括电动机的额定功率、额定电压、额定电流和转速等基本数据、型号、接法和绝缘等级等内容。

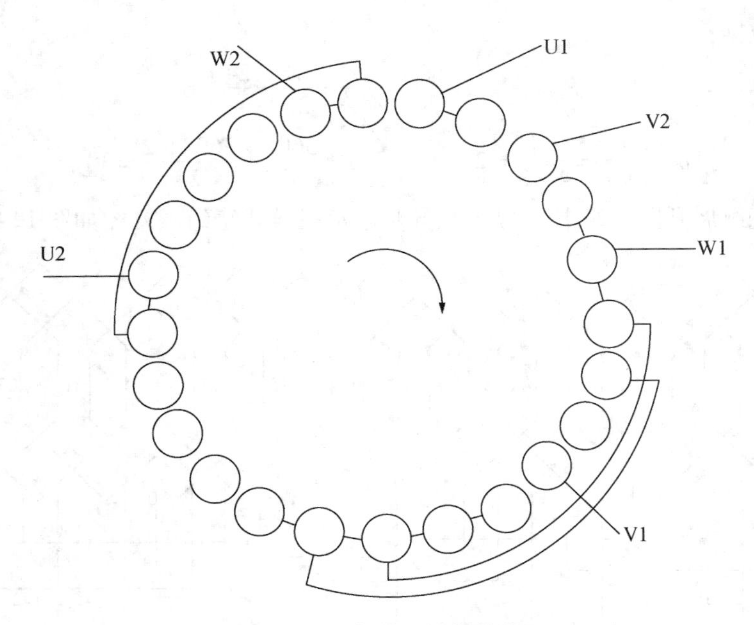

图 12-37 U 相绕组端部接线图

（2）铁芯和绕组数据。铁芯和绕组数据包括以下内容：定子铁芯的内、外径，定子铁芯长度，定子铁芯槽数，转子铁芯的外径，转子铁芯的槽数，定子铁芯磁轭厚度和齿宽。

（3）绕圈尺寸。在绕组拆下前，应先记下绕组端部伸出铁芯和长度；拆下线圈后，根据线圈的形式，测量、记录线圈各部分尺寸；最后，还应称出拆下旧绕组的全部重量，以备重绕时参考。如果旧绕组为分数槽时，还要记下各极相组线圈的排列次序。应采用“电动机维修记录卡”的方式记录以上各项数据，从而让维修人员一目了然，便于维护和再次修理。

2. 拆除旧绕组

（1）冷拆法。冷拆法即借助电工工具将旧绕组拆下来的方法，如图 12-38 所示为拆下定子绕组的前后。

图 12-38 拆下定子绕组

（2）热拆法。热拆法包括通电加热法和热烘法。

通电加热法适用于大、中型电动机。但如果绕组中有断路或短路的线圈，则不能应用此法。

热烘法是用电烘箱对定子加热，待绝缘软化后，趁热拆除旧绕组。若没有热烘条件，可用通电加热和冷拆法。注意，最好不要用火烧，因为火烧法容易破坏铁芯的绝缘，使电磁性能下降。

3. 清理定子铁芯槽

先用压缩空气对定子铁芯槽进行清理，若清扫不干净，可用细钢刷进行清扫。

4. 准备工量具及材料

（1）准备漆包线。根据需要准备好合适的漆包线。

（2）选择线模。根据绕组的大小选择合适的线模或者将可调线模调至合适的大小。

（3）准备绝缘材料和制作槽楔。需要准备的绝缘材料有绝缘纸、绝缘套管、绝缘漆等，槽楔用毛竹制作。

5. 绕制线圈

根据电动机的型号，查《电工手册》可以找到对应线模的大小、导线的直径及绕组匝数。将线模的大小调整到合适的大小即可开始绕线。在绕线前应检查所用导线是否符合要求，线圈的绕制如图 12-39 所示。在绕制线圈的过程中，应注意匝数正确，排列整齐紧密，线圈的开始与结束端留头要适当，一般以线圈周长的 1/3 为宜。

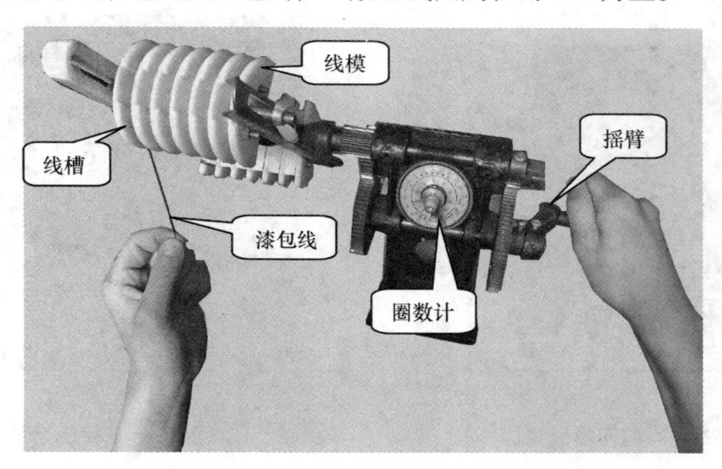

图 12-39　绕制线圈

6. 嵌放线圈

一般电动机的嵌线工艺流程是：绝缘材料的选用和放置→槽楔的制作→嵌线→封槽口→端部整形。

（1）绝缘材料的选用和放置。电动机所用的绝缘材料应以电动机的工作温度来确定选取什么材料。将选好的绝缘材料裁剪合适放入槽内。

为了加强槽口的绝缘及其机械强度，槽口两端部伸出铁芯的长度一般为 10 ～15 mm。槽绝缘的宽度等于槽形的周长。对于双层绕组，在上、下层之间要垫以层间绝缘，层间绝缘的长度要比铁芯长 20 ～30 mm，而宽度则要比槽宽 5 mm 左右。绕组端部相与相之间也要垫一层相间绝缘，以防止发生相间击穿。

（2）槽楔的制作。槽楔是用来压住槽内导线，防止绝缘和导线松动的。槽楔一般用竹、玻璃层布板作材料，横截面成梯形。槽楔的形状和大小要与槽口内侧相吻全，长度一般比槽绝缘短 2 ～3 cm，厚度为 3 mm 左右。槽楔的底面要削薄且成斜口状，方便插入线槽，以免损坏槽绝缘。

（3）嵌线工艺。嵌线是一项细致工作，须小心谨慎。嵌线的关键是保证绕组的位置和次序的正确，以及良好的绝缘性。

① 前两槽嵌线。前两槽的嵌线与后面的嵌线稍有不同（如图 12-40 所示）。前两槽嵌线时，在嵌入线圈的一边后，另外一边空起不嵌，也就是平时我们所说的“吊线”；而后面几槽的嵌线是嵌完线圈的一边后紧接着就嵌入线圈的另外一边。这样做的目的是保证嵌完线圈后，线圈呈现一层叠一层的美观实用样式。

注意，嵌线的时候，应把“吊起”的线圈用绝缘纸挡住，以免被定子铁芯伤到。

② 将绕组用划线板划入槽内。在嵌线的时候，有些绕组不容易放入槽内，需要用划线板将导线划入槽内（如图 12-41 所示）。

注意，划线的时候不能太用力，划线的次数也不易过多，否则容易损伤导线和槽间绝缘。

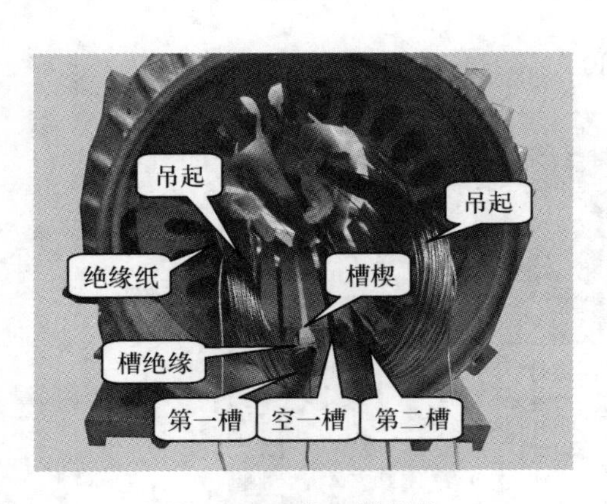

图 12-40　前两槽嵌线

图 12-41　将绕组划入槽内

③ 剪去多余绝缘纸。嵌完一槽线后，将线圈用槽楔压住，然后用剪刀将多余的部分剪去即可（如图 12-42 所示）。

注意，剪绝缘纸的时候，剪刀不要伤到绕组线圈。

④ 使绝缘纸包紧绕组。剪去多余绝缘之后，用划线板使绝缘纸包紧绕组，然后用压线板将绕组压紧，以方便槽楔的插入（如图 12-43 所示）。

注意，一定要用绝缘纸包紧绕组，否则槽间绝缘将下降，影响电动机性能，严重时可能造成短路等故障。

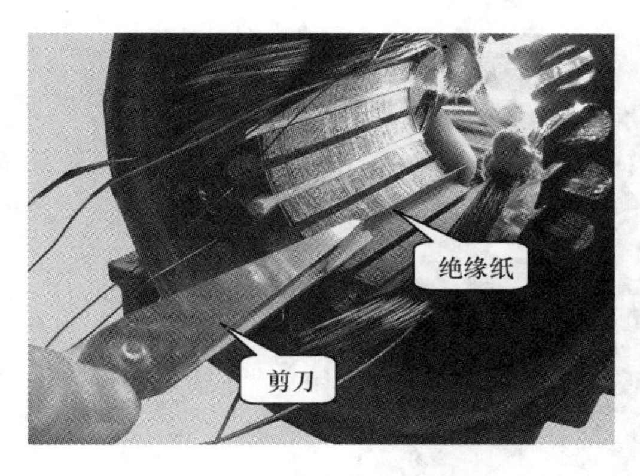

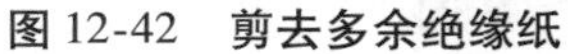

图 12-42　剪去多余绝缘纸

图 12-43　压紧绝缘纸

⑤ 依次将绕组嵌入槽内。将绕组依次嵌入槽内，到最后会留下两个绕组的下边，也就是嵌入的第一槽和第二槽时“吊起”的两边（如图 12-44 所示）。

⑥ 将最后“吊起”的两槽嵌入。将绕组依次嵌入槽内后，会留下最先嵌入槽内时“吊起”的两槽，嵌完后如图 12-45 所示。

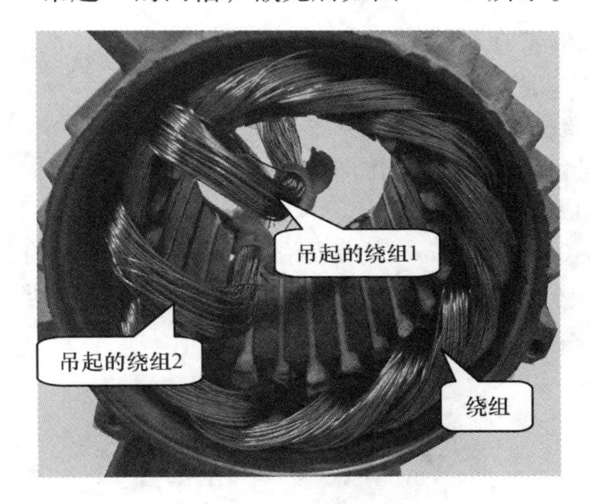

图 12-44　依次嵌入绕组

图 12-45　嵌完绕组

⑦ 相间绝缘。嵌完绕组后，要做好相间绝缘，相间绝缘采用绝缘纸剪成“半椭圆”形，插入至绕组相间（如图 12-46 所示）。

注意，绝缘纸不能剪的太大，也不能剪的太小，以高出绕组嵌入定子槽内后数毫米为宜。

（4）封槽口。封槽口是用事先制作好的槽楔从槽口的一端插入，以压住槽内导线。注意，在插入槽楔时不要损坏绝缘纸。

（5）顶部整形。制作好的绕组两端不能与端盖和转子相接触，因此需要对其进行整形，以免绝缘损坏。整形时必须考虑绕组既不接触端盖也不接触转子这两方面的因素。

7. 接线

绕组的连接包括线圈与线圈连接成极相组，极相组与极相组连接成相绕组，以及相绕组首末端与引出线的连接。

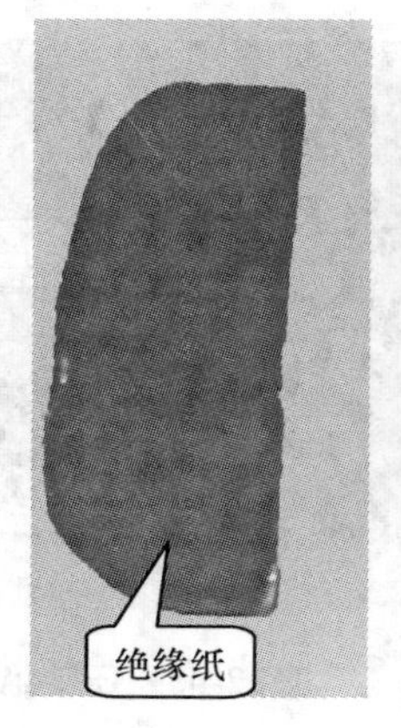

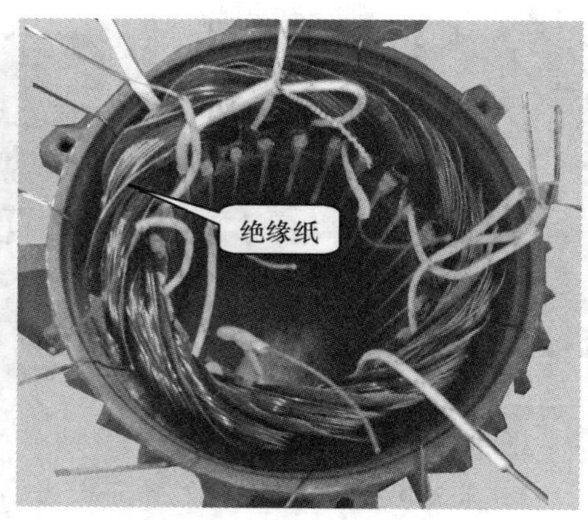

图 12-46　相间绝缘

（1）绕组线头的连接。接线的步骤如下：

① 接线前弄清并联支路数、接法及出线方向，确定出线位置，然后整理好线圈接头，留足所需的引线长度，将多余部分剪去。

② 用刮漆刀刮去线头上的绝缘漆，并将套管套在引线上。

③ 按绕组的连接方法进行线头的连接。

④ 导线的接头连接好后，需要进行焊接。绕组线头连接完毕后如图 12-47 所示。

注意，在锡焊时，电烙铁不可过热，否则会造成过热氧化而搪不上锡。在焊接过程中要保护好绕组，切不可使熔锡掉入线圈内造成短路。

（2）引出线与绑扎。引出线一般用直径在 0.5～1.0 mm 的裸铜线；绑扎的作用是将绕组扎成一个整体，从而增强绕组的牢固性等（如图 12-48 所示）。通常用绑扎线进行绑扎，也可用白纱带进行绑扎。

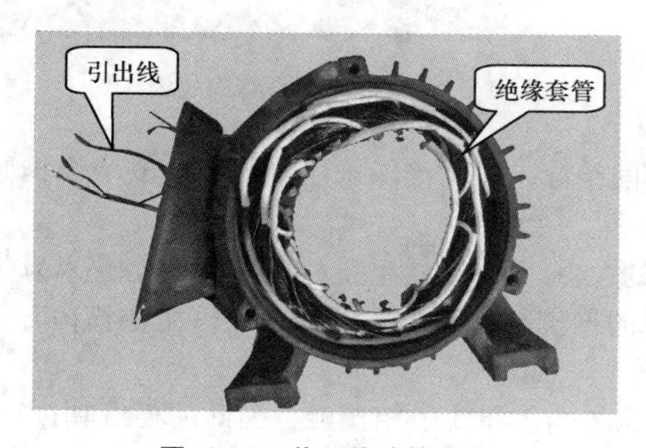

图 12-47　绕组线头的连接

图 12-48　引出线与绑扎

8. 浸漆与烘干

浸漆的目的是为了增强绕组的电气绝缘强度，提高防潮能力、导热性和散热效果，提高机械性能和保护绕组端部。

浸漆与烘焙工艺过程如下。

（1）预烘。预烘的目的是把绕组间隙及绝缘内部的潮气烘出来，同时预热工件，以便浸漆时漆有较好的流动性和渗透性。预烘温度要逐渐增加，如果加得太快，则会造成绕组内外温差大。一般温升速度以不大于 20 ～30℃/h 为宜。

预烘的温度为：A 级绝缘保持在 105 ～115℃，E 级与 B 级绝缘保持在 115 ～125℃；时间一般为 4 ～7 h。烘干后的绕组绝缘电阻达到 30 ～50 MΩ 后，就可以进行第一次浸漆了。

（2）第一次浸漆。预烘后绕组要冷却到 60 ～80℃才能浸漆。第一次浸漆要求绝缘漆黏度小一些，浸漆时间长一些。漆面高于绕组约 20 cm，直到不冒气泡为止。

（3）滴漆。取出定子绕组后，在常温下放置 30 min，滴去多余的漆（可回收再用）。

（4）第一次烘干。烘干的目的是使漆中的溶剂和水分挥发掉，使绕组表面形成较坚固的漆膜。应将烘烤分成高温和低温两个阶段，低温保持在 60 ～70℃约 3 个小时，然后开始升温。A 级绝缘温度升到 115 ～125℃，E 级与 B 级绝缘温度升到 125 ～135℃，烘焙 6 ～8 h。炉温下热态绝缘电阻应稳定在 3 MΩ 以上才合格。烘干的方法有以下几种。

① 电流烘干法。将定子绕组接在低压电源上，靠绕组自身发热进行干燥。烘焙过程中，须经常监视绕组温度。若温度过高应暂时停止通电，以调节温度。此外还要不断测量电动机的绝缘电阻，符合要求后就停止通电。

② 灯泡烘干法。此法工艺、设备简单方便，耗电少，适用于小型电动机，也是日常维修中常用的方法。具体操作流程是：在烘干室内将电动机定子放置在灯泡之间，灯泡可选用红外灯泡或普通白炽灯泡，注意监视定子内温度不得超过规定的温度，灯泡也不要过于靠近绕组，以免烤焦（如图 12-49 所示）。

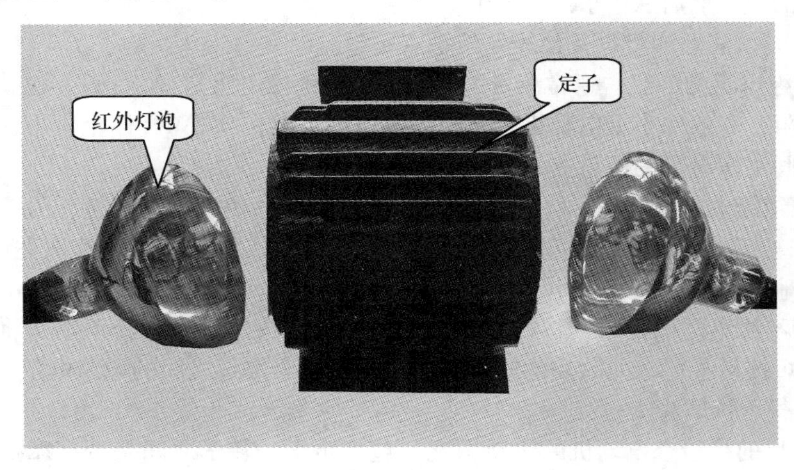

图 12-49　灯泡烘干法

③ 电炉干燥法。将定子架空放于一个较大的铁桶中间，铁桶上盖个铁板，并留有通风口，将电炉放在铁桶中间地面上通电加热。铁桶用石块垫起，调整垫起的高度可以调节温度。用此法干燥时，如果铁桶较小，要注意防止温度过高。

④ 烘箱烘干法。采用专用的电动机维修烘箱进行烘烤。用烘箱烘烤的优点是稳定性

高，容易操作，并且安全系数高；缺点是烘箱价格较高。

（5）第二次浸漆。第二次浸漆的目的是增加漆膜厚度，提高绕组防潮能力。定子绕组冷却到60～70℃时进行第二次浸漆。此次漆的黏度要略高些，浸漆时间可短些，10～15 min 即可。

（6）第二次滴漆。取出定子绕组后，常温下放置30 min 以上，滴去多余的漆。

（7）第二次烘干。烘焙温度：A级绝缘控制在115～125℃，E级与B级绝缘控制在125～135℃，时间在10 h 以上。烘干过程中，每隔1 h 用兆欧表测量一次绝缘电阻，若连续三次测出的数值基本不变时，即可停止烘干。

9. 重绕后的参数测量

（1）绕组直流电阻的测量。电动机绕组冷态直流电阻，按电动机功率的大小可以分为高电阻和低电阻。电阻在10 Ω 以上的为高电阻，电阻在10 Ω 以下的为低电阻。高电阻可以用万用表直接测量，低电阻则必须用精度较高的电桥进行测量。测量的具体步骤如下。

① 测量绕组电阻时，应同时测量绕组的温度。

② 电路直接接在引出线端（接线端子或滑环等），测转子绕组电阻时需把变阻器取出来。

③ 如果在做发热试验时要测量绕组的冷态电阻，则须在稳定的热状态下进行，即在空气中测得的温度与周围介质的温度差不超过3℃的状态下进行。

④ 测量仪表的精度不应低于0.5级。

⑤ 仪表的读数须在测量的同时记下。为了避免错误，测量可连续进行3～4次，除去差距较大的值，然后从中求出平均值。

⑥ 测量时须注意测量设备接线处的触点质量。

（2）绝缘电阻的测量。通常测量的绝缘电动机绝缘电阻是“冷态”，也就是电动机不工作时的电阻。一般中小型电动机冷态绝缘电阻都要求在0.5 MΩ 以上。下面简述对地绝缘电阻和相间绝缘电阻的测量方法。

① 对地绝缘电阻的测量：将兆欧表接地的一端与电动机机壳相接，另一端依次与所测线圈相接；当摇柄以120转/分的转速均匀转动时，待指针稳定后读取兆欧表的数值，即为绕组对地（机壳）的绝缘电阻值。

② 相间绝缘电阻的测量：将线圈的六个引出线接头用砂纸打磨干净，将每个绕组的两端短接，短接后夹持在兆欧表的鳄鱼夹上，测量两个绕组之间的绝缘电阻。

（3）空载运转试验。

① 试验目的：检查电动机的运转情况，包括定子、转子之间是否有摩擦，运转是否平稳、轻快，运转过程中是否夹带杂声，轴承是否有过高的温升；检测空转试验电流，三相电流应保持平衡，任一相电流与三相电流的平均值最大偏差不应超过10%；检查电动机空载电流的数值是否符合标准。

② 试验时应注意的事项：空载电流的数值不应过高；试验运行的时间一般小于半小时，额定功率较高的电动机，运转时间可适当增加或减少，一般使电动机达到稳定状态即可。

（4）温升超速试验。

① 温升试验。修复后的电动机，额定输出的容量是否符合要求，负载到底有多大，应由温升试验决定。电动机运转中温度不断上升，运行数小时后温度达到某一稳定值而不再上升，这个温度与环境温度之差，就是电动机的温升。

可用温度计直接测量电动机的温升。测量时，用温度计紧贴于被测量的部位（一般主要是测量铁芯温度与绕组温度），温度计的玻璃球可用锡箔、棉絮裹住并扎牢。对于封闭式电动机来说，不可能用温度计直接贴在线圈上测量，可将温度计用锡箔裹住玻璃球，塞在吊环孔中测量，四周用棉絮裹住。

温度计法测量温升应注意以下事项：

一是温度计使用的是玻璃温度计，注意不要将其损坏；

二是用温度计测量的都是表面温度，而内部都高于温度计测量值，且比测量值大致高5～10℃，因此，应把测量温度加上5～10℃，才是电动机的实际温度。

② 超速试验。超速试验用以检查电动机修复后的安装质量，考验转子各部分承受离心力的机械强度和轴承在超速时的机械强度。超速试验一般是将电动机转速提高到其额定转速的120%。方法是提高电源电压的频率，使之转速提高。目前超速试验大多采用可控硅变频装置。

【任务检查】

<table>
<tr><td rowspan="2">任务检查单</td><td>任务名称</td><td>姓　　名</td><td>学　　号</td></tr>
<tr><td></td><td></td><td></td></tr>
<tr><td>检　查　人</td><td>检查开始时间</td><td colspan="2">检查结束时间</td></tr>
<tr><td></td><td></td><td colspan="2"></td></tr>
</table>

<table>
<tr><td colspan="2">检查内容</td><td>是</td><td>否</td></tr>
<tr><td rowspan="2">1. 三相异步电动机的绕线</td><td>（1）线径选择是否正确</td><td></td><td></td></tr>
<tr><td>（2）线圈绕制是否合理</td><td></td><td></td></tr>
<tr><td rowspan="3">2. 三相异步电动机的嵌线</td><td>（1）嵌线准备是否充分</td><td></td><td></td></tr>
<tr><td>（2）嵌线是否正确</td><td></td><td></td></tr>
<tr><td>（3）嵌线接头处理是否正确</td><td></td><td></td></tr>
<tr><td rowspan="2">3. 绝缘处理</td><td>（1）浸漆是否满足要求</td><td></td><td></td></tr>
<tr><td>（2）烘干是否满足要求</td><td></td><td></td></tr>
<tr><td rowspan="3">4. 安全文明</td><td>（1）操作是否存在不安全因素</td><td></td><td></td></tr>
<tr><td>（2）是否遵守劳动纪律</td><td></td><td></td></tr>
<tr><td>（3）穿戴及工位是否清洁</td><td></td><td></td></tr>
</table>

参考文献

[1] 赵广平. 常用电子元器件识别/检测/选用一读通 [M]. 北京：电子工业出版社，2011.

[2] 张军. 电子元器件检测与维修完全学习手册（实战范例教学）[M]. 北京：电子工业出版社，2011.

[3] 李延廷. 移动通信设备原理与维修 [M]. 北京：机械工业出版社，2003.

[4] 王玫. 电子装配工艺 [M]. 北京：高等教育出版社，2004.

[5] 龙立钦. 电子产品结构工艺（第二版）[M]. 北京：电子工业出版社，2005.

[6] 陶宏伟，韩广兴. 收录机原理与维修 [M]. 北京：电子工业出版社，2007.

[7] 王来喜. 电子整机装配工艺与技能训练 [M]. 北京：北京邮电大学出版社，2007.

[8] 李洋. 维修电工操作技能手册 [M]. 北京：机械工业出版社，2005.

[9] 劳动部培训司. 维修电工生产实习（第二版）[M]. 北京：中国劳动社会保障出版社，1988.

[10] 李伟. 机床电器与 PLC [M]. 西安：西安电子科技大学出版社，2006.

[11] 周萃. 怎样使用和维护电动机 [M]. 上海：上海科学技术出版社，1983.

[12] 马香普. 电机维修实训 [M]. 北京：中国水利水电出版社，2007.

[13] 李德俊. 电机控制与维修 [M]. 北京：化学工业出版社，2009.